T0216251

Digitalisierung und Künstliche Intelligenz in der Produktion

Andreas Mockenhaupt · Tobias Schlagenhauf

Digitalisierung und Künstliche Intelligenz in der Produktion

Grundlagen und Anwendung

2. Aufl.

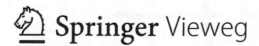 Springer Vieweg

Andreas Mockenhaupt
Wirtschaftsingenieurwesen
HS Albstadt-Sigmaringen
Sigmaringen, Deutschland

Tobias Schlagenhauf
Bosch Research
Renningen, Deutschland

ISBN 978-3-658-41934-9   ISBN 978-3-658-41935-6 (eBook)
https://doi.org/10.1007/978-3-658-41935-6

Die Deutsche Nationalbibliothek verzeichnet diese Publikation in der Deutschen Nationalbibliografie; detaillierte bibliografische Daten sind im Internet über http://dnb.d-nb.de abrufbar.

Planung/Lektorat: Leonardo Milla
Springer Vieweg ist ein Imprint der eingetragenen Gesellschaft Springer Fachmedien Wiesbaden GmbH und ist ein Teil von Springer Nature.
Die Anschrift der Gesellschaft ist: Abraham-Lincoln-Str. 46, 65189 Wiesbaden, Germany

Das Papier dieses Produkts ist recyclebar.

Geleitwort[1]

Europa hat Zukunft – Wenn wir es wollen!

von Jürgen Rüttgers

Prof. Dr. Dr. h. c. mult. Jürgen Rüttgers war Ministerpräsident von Nordrhein-Westfalen und Bundesminister für Bildung, Wissenschaft, Forschung und Technologie. Er arbeitet als Anwalt in der Rechtsanwaltsgesellschaft Beiten Burkhardt und als Professor am Institut für Politische Wissenschaft und Soziologie der Universität Bonn. Die Europäische Kommission berief ihn von 09.2017 bis 09.2018 zum Vorsitzenden der Independent High Level Strategy Group on Industrial Technologies und von 10.2018 bis 11.2019 zum Sonderberater der EU-Kommission.

---

[1] Mit einem Geleitwort von Jürgen Rüttgers (Ministerpräsident des Landes Nordrhein-Westfalen a.D., Bundesminister für Bildung, Wissenschaft, Forschung und Technologie a.D., ehem. Vorsitzender der Independent High Level Strategy Group on Industrial Technologies der EU-Kommission, ehem. Sonderberater der EU-Kommission).

Europa braucht mehr Wachstum, und zwar ein Wachstum, das „smart, nachhaltig und inklusiv" ist, weil 80 % des Wirtschaftswachstums der Europäischen Union auf Produktivitätssteigerungen beruhen.[2]

Alle reden von Digitalisierung. Viele kündigen an, wie wir im Jahre 2050 leben werden. Viele schwärmen von einer Welt, die wir aus Science-Fiction-Filmen kennen. Bei genauem Hinschauen reden wir wohl eher über den Einsatz von Robotern in der industriellen Fertigung, über schnellere Kommunikation, über eine bessere und transparente öffentliche Verwaltung, Künstliche Intelligenz (KI), mehr Fahrassistenten und Ähnliches. All das hat Auswirkungen auf unser Leben, unser Arbeiten, unser Lernen, unser Forschen, unser Reisen. Es geht also um die Orte, in denen wir leben, ob in Metropolen, im Umland, im ländlichen Raum. Es geht auch um Gerechtigkeit.

Für die Industrie heißen die Themen der Digitalisierung: Internet of Things, Industrie 4.0, autonomes Fahren und Energiewende.[3]

Seit ich mich mit den Themen ‚Zukunft‘ und ‚Wissensgesellschaft‘ befasse, höre ich: „Die Anderen sind besser!" Viele Delegationen sind deshalb zum legendären MITI, dem Ministry of International Trade and Industry, das als mächtige Agentur der japanischen Regierung die japanische Industriepolitik, die Forschung und die Direktinvestitionen förderte, gefahren, um von Japan zu lernen. Deutsche Unternehmer fahren heute ins ‚Silicon Valley‘. Angstvoll schaut der Westen nach China, das anscheinend unaufhörlich versucht, das stärkste und modernste Land der Welt zu werden.[4] Dabei entsteht Ähnliches wie ‚Cyber Valley‘ zwischen Stuttgart, Tübingen und Bodensee und in Bonn.

Dennoch sagt der Direktor des Deutschen Forschungszentrums für Künstliche Intelligenz (DFKI) Wolfgang Wahlster: „KI-Horrorszenarien halte ich für Unsinn." Der „Enabling-Digitalization-Index" der Fa. EULER HERMES titelt „Westeuropa, weltweit führend". Deutschland hat Platz 2, die Niederlande Platz 3 im Hinblick auf Regulierung, digitalen Bildungsgrad, Vernetzung, Infrastruktur und Marktgröße. Insgesamt 16 westeuropäische Nationen sind unter den besten des EDI-Rankings ‚Digital Pioneers‘ vom 30.03.2018.[5]

Die digitale Welt ist eine globale Welt. Nationale Kriterien reichen nicht mehr. Nur die EU kann für klare Standards und Normen in der digitalen Welt sorgen und damit weltweit die ökonomischen Regeln definieren, wie dies beim Datenschutzgesetz und beim Verbraucherschutz bereits gelungen ist. Und sie muss massiv in die KETs (Key Enabling

---

[2] Rüttgers, Jürgen (2020): Die Zukunft von ‚Smart City‘ und ‚Smart Country‘, Essay, Erschienen auf: regierungsforschung.de, S. 24.

[3] Rüttgers, Jürgen (2020): Die Zukunft von ‚Smart City‘ und ‚Smart Country‘, Essay, Erschienen auf: regierungsforschung.de, S. 10.

[4] Rüttgers, Jürgen (2020): Die Zukunft von ‚Smart City‘ und ‚Smart Country‘, Essay, Erschienen auf: regierungsforschung.de, S. 6, 7.

[5] Rüttgers, Jürgen (2020): Die Zukunft von ‚Smart City‘ und ‚Smart Country‘, Essay, Erschienen auf: regierungsforschung.de, S. 9.

Technologies, Schlüsseltechnologien) investieren, besonders in Künstliche Intelligenz, digitale Sicherheit und Konnektivität.

Schlüsseltechnologien (KETs) haben seit 2009 Priorität in der EU-Industriepolitik. KETs wurden 2009 als „wissensintensiv und mit hoher FuE-Intensität, schnellen Innovationszyklen, hohen Investitionsausgaben und hochqualifizierten Arbeitsplätzen verbunden" definiert. Sie ermöglichen Prozess-, Waren- und Dienstleistungsinnovationen in der gesamten Wirtschaft und sind von systemischer Relevanz. Sie sind multidisziplinär und erstrecken sich über viele Technologiebereiche mit einem Trend zu Konvergenz und Integration. KETs können Technologieführern in anderen Bereichen helfen, ihre Forschungsanstrengungen zu nutzen. Die von der EU-Kommission identifizierten sechs KETs waren:

- fortgeschrittene Fertigungstechnologien,
- neue Werkstoffe,
- Nanotechnologie,
- Mikro-/Nanoelektronik,
- industrielle Biotechnologie und
- Photonik.

Das Konzept der KETs war im Vorfeld des aktuellen mehrjährigen Finanzrahmens (2014–2020) maßgeblich an der Politik- und Programmgestaltung beteiligt.[6]

Die anhaltende Revolution in der industriellen Produktion – Industrie 4.0 – resultiert aus dem Zusammenfluss sich schnell entwickelnder Technologien. Diese reichen von einer Vielzahl digitaler Technologien (wie 3D-Druck, Internet der Dinge, moderne Robotik) und neuen Werkstoffen (auf Bio- und Nanobasis) bis zu neuen Prozessen (z. B. datengesteuerte Produktion, künstliche Intelligenz und synthetische Biologie). Europa verfügt bei einer Reihe dieser Technologien über beträchtliche Stärken und nimmt in einigen Fällen eine weltweite Führungsrolle ein. Dies gilt insbesondere für Künstliche Intelligenz, digitale Sicherheit und Konnektivität. Sie wurden von China in seiner Strategie „Made in China 2015", von Südkorea im Rahmen einer Initiative in Höhe von 1,5 Mrd. USD und von den USA im Rahmen eines Programms der US National Science Foundation als strategische Technologien identifiziert.

In Bezug auf Zukunftstechnologien haben mehrere vorausschauende Studien gezeigt, dass der derzeitige Satz von sechs KETs immer noch zu den Technologien gehört, die die Wirtschaft und Gesellschaft in den nächsten 10 bis 15 Jahren am wahrscheinlichsten beeinflussen werden. Die OECD hat auf der Grundlage mehrerer technologischer vorausschauender Untersuchungen in ihren Mitgliedsländern und in Russland 40 wichtige und neue Technologien ermittelt, die die verschiedenen „großen Herausforderungen" der Welt

---

[6] European Commission (2018): Re-Finding Industry – Defining Innovation, Report of the independent High Level Strategy Group on Industrial Technologies, chaired by Jürgen Rüttgers, COM (2018) 306 final, S. 15.

am besten bewältigen können. Zehn davon stehen in Verbindung mit Digitalisierung und Künstlicher Intelligenz.

Die sechs KETs zeigen maßgeblich auf, dass KETs auch in Zukunft eine sehr wichtige Rolle spielen werden. Darüber hinaus werden Studien der Kommission über Zukunftstechnologien zufolge die bestehenden KETs weiterhin wichtig bleiben, um die großen Herausforderungen zu bewältigen, denen sich die Gesellschaft in den kommenden Jahren stellen muss.[7]

Neben diesen großen Zukunftsvisionen gibt es für die Industrie bei aktuellen Anwendungen bereits Herausforderungen im Detail.

Alex Pentland, Informatikprofessor am Massachusetts Institute of Technology (MIT), schreibt dazu: „Eine der aufschlussreichsten Erkenntnisse bei der Betrachtung von KI ist, dass Bürokratien der Künstlichen Intelligenz ähneln: Sie operieren nach Vorschriften." Empathie, Intuition, Kreativität und manchmal der gesunde Menschenverstand bleiben auf der Strecke. Bürokratien sind selten innovativ. „Wir müssen die Daten aufzeichnen, die in jede ihrer Entscheidungen eingeflossen sind, und wir müssen die Resultate analysieren lassen", fordert Pentland weiter.[8]

Dies ist bei KI systembedingt (z. B. wegen Black-Box-Phänomen) nicht immer möglich; daher wird für Konformitätsprüfungen an der „Erklärbaren KI" (XAI) gearbeitet.

Darüber hinaus verdienen sie eine neue Forschungsrichtung, die mit dem XAI-Projekt „Explainable Artificial Intelligence" an der Stanford University aufgenommen wurde, durch die Prozesse und Entscheidungsketten im Detail umfassend und verständlich gemacht werden sollen. Darüber hinaus müssen wir ein neues Verständnis dafür entwickeln, ob und inwieweit Korrelationen die kausale Entscheidungsfindung ergänzen oder sogar ersetzen können.[9]

In diesem Zusammenhang muss auch die Haftung für den Einsatz ‚künstlicher Intelligenz' gesetzlich geklärt werden.[10]

Aber es gibt auch Gefahren.

Der französische Philosoph Gaspard König weist darauf hin, dass Menschen, denen man die Freiheit nimmt und sie mittels KI fremdsteuert, wie man aktuell in der

---

[7] European Commission (2018): Re-Finding Industry – Defining Innovation, Report of the independent High Level Strategy Group on Industrial Technologies, chaired by Jürgen Rüttgers, COM (2018) 306 final, S. 20.

[8] Rüttgers, Jürgen (2020): Die Zukunft von ‚Smart City' und ‚Smart Country', Essay, Erschienen auf: regierungsforschung.de, S. 21.

[9] European Commission (2020): Re-Finding Industry – Defining Innovation, Report of the independent High Level Strategy Group on Industrial Technologies, chaired by Jürgen Rüttgers, COM (2018) 306 final, S. 38.

[10] Rüttgers, Jürgen (2020): Die Zukunft von ‚Smart City' und ‚Smart Country', Essay, Erschienen auf: regierungsforschung.de, S. 17.

Volksrepublik China besichtigen kann, sich politisch wehren oder praktisch verweigern werden: „Heute entscheiden die Algorithmen, so wie früher Gott."[11]

Europa muss seine Industrie schützen. Daten sind für die digitale Industrie wichtig. Sie gehören aber den Datenproduzenten. Wer Daten nutzt, muss für Sicherheit sorgen.[12]

Die digitale Transformation eröffnet enorme Chancen, indem Bürger und Industrie durch neue partizipative Instrumente und eine effizientere, wettbewerbsfähigere und innovative Industrie gestärkt werden, Behördendienste effizienter und partizipativer werden und die Produktivität im privaten Sektor gesteigert wird. Gleichzeitig wirft sie viele neue Fragen auf, wie zum Beispiel: Dürfen wir Algorithmen in unserem Rechtssystem verwenden? Wer ist für die Fake News in sozialen Netzwerken verantwortlich? Wer sollte handeln, um sicherzustellen, dass Hacker demokratische Wahlen nicht manipulieren? Können soziale Netzwerke Algorithmen, die den Nutzern unbekannt sind, verwenden, um die Kommunikation zu steuern und so das politische Denken der Nutzer zu beeinflussen? Könnten Einstellungsentscheidungen automatisch auf der Grundlage von Merkmalen getroffen werden, die von Internetdaten abgeleitet wurden? Inwieweit dürfen Informationen über Alter, Geschlecht und Krankheit für wirtschaftliche Entscheidungen oder für die Genforschung, Materialwissenschaft oder elektronische Miniaturisierung verwendet werden? Werden wir noch im Wertschöpfungsprozess gebraucht? Machen sich Maschinen selbstständig?

Die wichtigste Aufgabe wird jedoch die Durchsetzung der Menschen- und Bürgerrechte auch in der Digital- und Cyberwelt sein. Im Gegensatz zu den Versprechungen des Neoliberalismus, der die Regulierung verweigert und die Märkte die Zukunft bestimmen lässt, wissen wir aus Erfahrung, wie vorteilhaft klare Rahmenbedingungen für die Gesellschaft und ihre Grundwerte sind. Dies impliziert, dass die Grundregeln von demokratisch legitimierten Institutionen festgelegt werden sollten und nicht privaten Unternehmen überlassen werden dürfen.

Um ein neues Gleichgewicht zwischen dem Grundrecht auf Privatsphäre und dem Schutz personenbezogener Daten einerseits und dem Recht auf Sicherheit andererseits zu gewährleisten, ist unter Berücksichtigung der technologischen Entwicklung und der Marktnachfrage danach ein hohes Maß an Schutz des europäischen Datenschutzrechts erforderlich. Die neue Europäische Allgemeine Datenschutzverordnung (European General Data Protection Regulation) ist das ehrgeizigste Regelwerk der Welt und wird dem Einzelnen ein stärkeres Recht auf Information, Zugang und Löschung einräumen („Recht auf Vergessenwerden").

Neben dem Rechtsrahmen werden weitere Investitionen in die Cybersicherheit eine wirksame Vorsichtsmaßnahme sein, um den Missbrauch der Datenschutzrechte der EU-Bürger zu verhindern. Eine weitere Erweiterung unseres Wissens über die digitale Welt

---

[11] Rüttgers, Jürgen (2020): Die Zukunft von ,Smart City' und ,Smart Country', Essay, Erschienen auf: regierungsforschung.de, S. 17.

[12] Rüttgers, Jürgen (2020): Die Zukunft von ,Smart City' und ,Smart Country', Essay, Erschienen auf: regierungsforschung.de, S. 22.

und die Entwicklung der digitalen Wirtschaft auf der Grundlage unserer europäischen Werte werden den Märkten die richtigen Signale geben.[13]

Die europäische Industrie muss daher Start-ups und KMU mit einem Potenzial für bahnbrechende Innovationen mehr Aufmerksamkeit schenken, bei denen neue Innovationen mit hohem Risiko das Physische und das Digitale auf neuartige Weise miteinander verbinden.

Der Europäische Rat sollte seine Unterstützung auf die Notwendigkeit konzentrieren, wissenschaftliche Ergebnisse in Technologien umzuwandeln und die Anwendung von Technologien und technologiebasierten Lösungen zu erweitern. Dies würde ein schnelles Wachstum von Start-ups in der kritischen Phase der Unterbeweisstellung ihres Geschäftsmodells fördern und es ihnen ermöglichen, die kritische Masse zu erreichen, die sie zur Aufrechterhaltung ihres Geschäfts benötigen.

---

[13] European Commission (2020): Re-Finding Industry – Defining Innovation, Report of the independent High Level Strategy Group on Industrial Technologies, chaired by Jürgen Rüttgers, COM (2018) 306 final, S. 40.

Vorwort zur 2. Auflage

Seit Erscheinen der ersten Auflage ist die Entwicklung in der Digitalisierung und Entwicklung Künstlicher Intelligenz erwartungsgemäß schnell vorangegangen. In der Technik sind hier vor allem Fortschritte in der Modellierung von Prozessen sowie neue Erkenntnisse, Fragen und Herausforderungen bei der Implementierung von Maschinellem Lernen in der Produktion zu nennen. Für diese Gebiete konnte mit Herrn Dr.-Ing. Tobias Schlagenhauf ein kompetenter Co-Autor gewonnen werden.

Momentan verstärkte sich die Problematik, dass international andere Länder durch einen ungehemmteren Umgang mit Datenschutz und persönlichen Freiheitsrechten einen Vorteil in der Entwicklung und dem Einsatz von KI-Systemen haben. Diesen Weg möchte aber Deutschland bzw. Europa aus wohlüberlegten und gewichtigen Gründen nicht gehen! Daraus entsteht aber eine zusätzliche wirtschaftliche Herausforderung.

Es gibt Lösungsansätze: Die Normungsroadmap KI beschäftigt sich in ihrer zweiten Version vom Dezember 2022 mit Empfehlungen, „die die deutsche Wirtschaft und Wissenschaft im internationalen KI-Wettbewerb stärken, innovationsfreundliche Bedingungen schaffen und Vertrauen in die Technologie aufbauen sollen." Dies mit dem Ziel ‚Artificial Intelligence (AI) made in Germany' als weltweit anerkanntes Gütesiegel für eine vertrauenswürdige Technologie zu schaffen". Darüber hinaus beschäftigt sich der Deutsche Ethikrat mit dem Thema mit dem Fazit: „Die KI muss dem Menschen nutzen - und nicht andersherum."

In der öffentlichen Aufmerksamkeit stehen aber vielmehr medienwirksame Anwendungen, die nicht aus dem klassischen industriellen Wertschöpfungsbereich kommen, wie z. B. Chat-Bots, insbesondere ChatGPT. Hier ein Beispiel über die Fähigkeiten des Bots:

Eingabe: „Schreibe ein Vorwort zur 2. Auflage des Buchs „Digitalisierung und Künstliche Intelligenz in der Produktion" mit einem neuen zweiten Autor.

Ausgabe:

Liebe Leserinnen und Leser,
wir freuen uns sehr, Ihnen die zweite Auflage unseres Buches „Digitalisierung und Künstliche Intelligenz in der Produktion" präsentieren zu dürfen. In dieser überarbeiteten Ausgabe

haben wir nicht nur unsere Erfahrungen und Erkenntnisse aus den vergangenen Jahren ein-gearbeitet, sondern auch einen neuen zweiten Autor gewonnen, der seine umfangreiche Expertise in den Bereichen Produktion und Technologie einbringt.

Die fortschreitende Digitalisierung und der Einsatz von Künstlicher Intelligenz haben unsere Arbeitswelt in den letzten Jahren stark verändert. Insbesondere in der Produktion eröffnen sich dadurch neue Möglichkeiten, die Effizienz und Qualität zu steigern, Prozesse zu automatisieren und somit langfristig Wettbewerbsvorteile zu sichern. In unserer ersten Auf-lage haben wir uns bereits mit diesen Themen auseinandergesetzt und praxisnahe Einblicke in die Umsetzung gegeben.

Mit der Aufnahme unseres neuen Autors erweitern wir nun unseren Blick auf die Produk-tion der Zukunft und zeigen auf, welche Entwicklungen in diesem Bereich bereits stattfinden und welche Auswirkungen sie auf Unternehmen haben werden. Dabei gehen wir auch auf die ethischen und gesellschaftlichen Fragen ein, die mit dem Einsatz von Künstlicher Intelligenz einhergehen.

Wir hoffen, dass diese zweite Auflage Ihnen wertvolle Einblicke in die Digitalisierung und Künstliche Intelligenz in der Produktion bietet und Ihnen bei der Umsetzung in Ihrem Unternehmen hilft.

Herzliche Grüße

Andreas Mockenhaupt und Tobias Schlagenhauf

Quelle: https://chat.openai.com/chat *abgerufen am 26. März 2023*

In diesem Sinne versichern die Autoren, dass der Rest des vorliegenden Buches von Menschen und mit menschlicher Intelligenz geschrieben ist.

April 2023   Prof. Dr. Andreas Mockenhaupt
                                                                        Dr. Tobias Schlagenhauf

Vorwort zur 1. Auflage

Wer vom Anfang an genau weiß, wohin sein Weg führt, wird es nie weit bringen.

Napoleon I. (Kaiser der Franzosen)

Die Berichterstattung Ende Juli 2020 zur Audi-Hauptversammlung und seinem neuen Chef Markus Ducsmann titelte für mich mit einem Paukenschlag: Der Automobilkonzern sei beim Thema Digitalisierung nur in der zweiten Reihe (Handelsblatt 2020). In der ersten Reihe steht keiner der altbekannten Wettbewerber, sondern ein neuer Name. Nie hätte ich gedacht, dass ein neuer Automobilkonzern entsteht, das Know-how der bekannten Automarken war für mich uneinholbar. Nun habe der Newcomer Tesla zwei Jahre Vorsprung. Grund: Rechner, Software, autonomes Fahren – also Digitalisierung und Künstliche Intelligenz – nicht Motorentechnik und Karosseriebau.

Digitalisierung und Künstliche Intelligenz (KI) verändern die Welt zügig. Da sehen die einen große Chancen auf eine bessere und gerechtere Zukunft. Dies ist durchaus berechtigt: Produkte werden sicherer und besser auf die Wünsche des Anwenders zugeschnitten. Die Produktion wird passgenauer, umweltfreundlicher und nachhaltiger. Die Arbeit soll weniger monoton, interessenorientiert und dezentral werden. Unternehmen erhalten eine höhere Planungssicherheit. Der Einzelne kann sich besser informieren und es entsteht in vielen Bereichen eine hohe Transparenz. Letzteres ist ein großer Beitrag zur Demokratie.

Nicht wenige aber haben Angst vor den Veränderungen. Dies ist nicht ganz unbegründet, da technischer Fortschritt immer auch soziale Veränderungen mit sich brachte: Es gab und gibt Gewinner, aber auch Verlierer.

Vor allem im industriellen Bereich, vorneweg in der Produktion, zeichnen sich bereits heute große Veränderungen ab. Produkte und Produktionsprozesse verändern sich rapide, werden intelligenter, also smarter. Damit verbunden ändern sich die Qualifikationsanforderungen, diese werden i. A. höher. Geeignete Berufswahl, ggf. frühzeitige Umorientierung sowie lebenslanges Lernen sind wichtige Faktoren, um auf der Gewinnerseite zu stehen.

Industrieferne Autoren wie der Philosoph Richard David Precht (Buchtitel: Künstliche Intelligenz und der Sinn des Lebens) und der israelische Historiker Yuval Noah Harari (Buchtitel: 21 Lektionen für das 21. Jahrhundert) hadern mit der KI, indem sie auf ggf. negative Effekte auf die Arbeitswelt fokussieren. Harari unterscheidet die ersten industriellen Revolutionen, die im Wesentlichen körperliche Arbeit automatisierte, und die jetzige vierte industrielle Revolution, die auch die geistige Arbeit an Maschinen übergibt. Da bleibe, so der Tenor, nichts mehr übrig. In den ersten Revolutionen hätte sich der Kutscher noch zu einer höherwertigen Aufgabe umschulen lassen können, jetzt müsse man aufpassen, nicht das Schicksal der Pferde zu teilen, d. h. unnötig zu werden.

Der Autor sieht diese Gefahr weniger. In den 1980er-Jahren wurden tatsächlich viele menschliche Aufgaben unnötig. Es sind aber neue hinzugekommen, auch solche, von denen man damals gar nicht wusste, dass es sie gibt. Insbesondere in der IT-Branche sind so mehr Berufe entstanden, als anderswo weggefallen sind. Schon Henry Ford behauptete, seine Kunden würden auf die Frage, was sie sich wünschten, „schnellere Pferde" antworten. Wie die Mobilitätskunden von damals wussten wir um 1990 nichts von Systemadministratoren, App-Designern, Datenanalysten, Influencern, Digitalisierungsmanagern, Sozial-Media-Redakteuren u. v. m. Mit der heutigen Digitalisierung und der KI wird es ähnlich sein: Es wird Aufgaben geben, die wir heute noch nicht kennen (können), auch und besonders im industriellen Umfeld.

Die Arbeit an diesem Buch hat gezeigt, dass viele deutsche Großunternehmen, z. B. Daimler und Porsche, sowie auch Mittelständler, wie z. B. Kößler, den Mensch weiterhin zentral und unverzichtbar im Mittelpunkt sehen. Damit unterscheiden sie sich deutlich von mancher düsteren Prognose in der Populärliteratur.

Eine Herausforderung gibt es aber dabei: Die neuen Arbeiten verlangen ein immer höheres Bildungsniveau. Dem wird mit neuen Bildungskonzepten begegnet. Klar ist aber leider auch, nicht jeder kann dabei aufschließen und bei den hohen Anforderungen an Qualifikation mithalten. Früher gab es stolze Schrankenwächter, Maschinenbediener, ungelernte Hilfsarbeiter u. Ä. Heute machen deren Aufgabe Automaten, die noch programmiert werden müssen. In Zukunft macht dies dann eine KI. Alle mitzunehmen wird zusehends eine gesellschaftspolitische Herausforderung. Hierzu sind neue Konzepte notwendig. Staatliche Alimentation wird es nicht richten, weil die Menschen eine sinnvolle und sinnstiftende Aufgabe brauchen. Die Technologiefolgen abzuschätzen und Handlungsoptionen zu entwickeln, ist eine Aufgabe der Politik. Wichtig hier ist der Vorschlag des Wissenschaftsjournalisten Ranga Yogeshwar, der die Chance sieht, die Prioritäten des Lebens neu zu setzen und die Spielregeln entsprechend anzupassen (Yogeshwar, 2018).

Die Politik stellt sich diesen Herausforderungen und ist bemüht wirtschaftlichen Chancen und gesellschaftliche Entwicklung positiv zu lenken. Viele Definitionen und Perspektiven in diesem Buch sind politikgetragen. Die Bundesregierung und die EU-Kommission haben viele und lange Strategiepapiere und Weißbücher in Auftrag gegeben. Erstellt werden diese durch Expertenkommissionen. Der Autor ist Mitglied in solchen beim VDI und beim DIN. Doch das Gebiet ist neu und unerschlossen. So sind sich die

Experten auch nicht immer einig, was sich in diesem Buch bei den Definitionen zeigt. Klärung ist aber mittelfristig in Sicht.

Es gibt aber auch Irrationales: Verschwörungstheoretiker befürchten, dass die Roboter autonom Kriege führen oder gar die Weltherrschaft übernehmen. Das sieht die Wissenschaft allerdings als komplette Utopie an. Wie es allerdings zu einer solch hohen öffentlichen Wahrnehmung kommt und mit welchen Werkzeugen für welchen Zweck dabei gearbeitet wird, das ist schon interessant. Denn solche Nonsense bzw. Fake News beeinflussen bei geeigneter Verbreitung die öffentliche Meinung, mit entsprechenden Folgen auch auf die Demokratie. Immerhin glauben 36 % der Befragten einer Studie der British Science Association, dass die Entwicklung von intelligenten Programmen eine Bedrohung für das langfristige Überleben der Menschheit darstellt (Seng, 2019). Kann man in diesem Zusammenhang zumindest Falschinformationen und politisch extremistische Darstellungen unterbinden? Dies ist schwierig zu fassen, denn hier tritt ein Dilemma hervor: Meinungsfreiheit gegen Schutz vor Agitation.

Dabei sollte auch nicht aus dem Auge verloren werden, dass manche Staaten die Digitalisierung und Künstliche Intelligenz ausnutzen, um ihre Bevölkerung zu kontrollieren. Hier tritt ein zweites Grundrechtedilemma hervor: Sicherheit und in Aussicht gestellter Wohlstand gegen Freiheitsrechte. In George Orwells Roman 1984 (geschrieben 1948) und in QualityLand von Marc-Uwe Kling (2017) wurde bereits die totale Überwachung mittels Digitalisierung zum Wohle der Bevölkerung beschrieben. Es gibt Länder, die dies bereits heute im Rahmen des technisch Möglichen voll ausnutzend umsetzen.

Damit sind wir aber bei einem wichtigen Aspekt der Künstlichen Intelligenz: KI muss die Existenz von Irrationalitäten anrechnen, unterschiedliche kulturelle Bewertungen anerkennen, dabei Grundrechte nicht aus dem Blick verlieren und, wenn nicht alle relevanten Daten vorhanden sind, Unsicherheiten aushalten. Darüber hinaus können verschiedenen Ansichten existieren, ohne dass sie klar als wahr/falsch oder hilfreich/nicht hilfreich klassifiziert werden können.

Das ist eine Herausforderung an die KI und aus mehreren Gründen schwierig:

Einerseits sind KIs mathematisch-logisch agierende Systeme. Irrationalitäten und verschiedene Meinungen kommen dabei eigentlich nicht vor. Auch werden rein mathematisch-faktenorientierte Entscheidungen oft als gefühlskalt, wenig empathisch empfunden, was zu wenig Akzeptanz führt. Das wiederum kann zum Versagen der eigentlich logisch richtigen Lösung führen.

Zum anderen sind abweichende, auch irrationale Ansichten oder Ideen nicht einfach auszufiltern. Während oben bereits der Nutzen für die Demokratie herausgestellt wurde, widerspricht ein Filteralgorithmus dem Recht auf freie Meinungsäußerung – wie oben gezeigt ein Dilemma.

Darauf muss noch eine Antwort gefunden werden, genau wie zu einem weiteren Dilemma, der doppelten Verwendbarkeit – Gut und Böse gleichzeitig:

KI kann helfen, indem die Ergebnisse zu „guten" Zwecken genutzt werden. Wir bekommen Hinweise zum gesünderen Leben, das Auto ruft bereits vor dem Unfall den

Rettungsdienst. In der Wirtschaft weiß ich, wo meine Produkte sind, wie sie genutzt werden und vor allem, wo Probleme liegen sowie wann sie gewartet oder erneuert werden müssen.

Umgekehrt möchte vielleicht nicht jeder, dass sein Druckerhersteller über das Internet of Things weiß, wie viel er druckt und womöglich noch Rückschlüsse anstellen kann, was er druckt. Dies kann auch die Tür zur unlauteren staatlichen Überwachung öffnen, Beispiele gibt es bereits jetzt.

Sie bekommen keinen Kredit oder kein Einreisevisum? Dies kann daran liegen, dass ein undurchsichtiger Algorithmus eine gewisse Wahrscheinlichkeit ausrechnet, dass Sie straffällig werden (was Sie natürlich nicht vorhaben) oder sie wohnen einfach in der falschen Gegend.

Was sind also Chancen, was Risiken?

Bei den Chancen der KI neigen wir dazu, der angeblich immer richtigen Mathematik, also den Algorithmen zu vertrauen. Dies basiert auf einer Managementtheorie, dass nur das messbare und berechenbare im positiven Sinne gemanagt werden könne: „What you can't measure, you can't manage" (Bill Hewlett, Mitbegründer von Hewlett-Packard) bzw. „You can't manage what you can't measure." (Peter Drucker).

Zunächst gilt hier aber die einfache Weisheit, dass das Leben grundsätzlich nicht berechenbar ist. So sind industrielle Prozesse durchaus mit KI zu optimieren, wir sollten aber im menschlichen Umfeld den Algorithmen nicht zu sehr Macht geben. Daher ist es wichtig, sich mit der KI-Ethik zu beschäftigen, auch wenn es nur um, in diesem Sinn eher unverfängliche Produktionsthemen in diesem Buch geht. Hierzu gibt es mittlerweile neben der menschlichen Ethik auch eine sog. Maschinenethik.

Beide hängen aber oft zusammen: So können sinnvolle KI-Produktionsprozesse durchaus Mitarbeiter überwachen, was nicht sein sollte. Auch Maschinen müssen demnächst ethische Fragestellungen lösen. Hier ein noch eher unkritisches Beispiel bei Lieferengpässen: Wer soll beliefert werden, wer ist nicht so wichtig?

Schwieriger wird es, wenn Grundrechte gegeneinanderstehen: Wie viel KI-Überwachung ist akzeptabel zur Terrorabwehr oder für den Gesundheitsschutz (Freiheit gegen Sicherheit)? Soll eine KI bei der Rettung von Menschenleben denjenigen retten, der statistisch die höchste Überlebenswahrscheinlichkeit hat, oder den, der messbar für die Gesellschaft wichtiger ist? Wo kann dabei auf Transparenz von automatisierten Entscheidungen verzichtet werden, wo ist die Grenze? Interessant ist, dass diese Fragen kulturell und individuell sehr unterschiedlich beantwortet werden (siehe oben).

Für eine breite gesellschaftliche Akzeptanz wird die Nachvollziehbarkeit und Transparenz solcher Entscheidungen wesentlichen Einfluss haben. Schon hier gibt es aber Schwierigkeiten, insbesondere beim Maschinellen Lernen und Deep Learning gibt es Transparenz- und Nachvollziehbarkeitsgrenzen, weswegen man, weniger anspruchsvoll, auf die Erklärbarkeit setzt.

Im Sinne des o. g. Napoleon-Zitats wissen wir also nicht, wohin Digitalisierung und KI uns führt. Es lohnt sich aber, diese Technologie weiterzuentwickeln. Richtig eingesetzt wird sie einen sehr positiven Beitrag für unser Leben mit sich bringen. Daher ist wichtig, den Prozess kritisch zu begleiten und positiv zu gestalten.

Dieses Buch soll mit Blickrichtung auf die produzierenden industriellen Bereiche einen Beitrag dazu leisten. Dabei ist es aber auch wichtig, den Blick weiter als nur auf die Produktionsebene zu richten, alles hängt mit allem zusammen.

Anmerkungen zur Nutzung dieses Buchs

Viele Quellen dieses Buchs stammen nicht aus wissenschaftlichen Abhandlungen, sondern, für die Ingenieurwissenschaft unüblich, von politischen Institutionen (EU, Bund), aus der allgemeinen Presse oder sogar direkt von Herstellern. Dies ist verschiedenen Umständen geschuldet:

Zum einen wird die Technologie weniger von der universitären Forschung getrieben, sondern vielmehr sind es Wirtschaftskonzerne wie Apple, Google, Facebook, aber auch Einzelpersonen wie Elon Musk, die voranschreiten. Wissenschaftliche Organisationen sind hier zumeist zu langsam, auch will sich nicht jedes Unternehmen in die Karten blicken lassen. Damit müssen die Quellen aber auch kritischer gesehen werden.

Zum anderen kümmert sich die Politik mehr um das Thema, natürlich aus wirtschafts-politischen Erwägungen, aber auch wegen der großen gesellschaftlichen Relevanz, in Form von Auswirkungen auf die Arbeitswelt, Persönlichkeitsrechte (Datenschutz) und sogar die Demokratie (Fake News, Wahlbeeinflussung).

Als Lehrbuch konzipiert wird nicht davon ausgegangen, dass der gesamte Text hinterein-ander gelesen wird. Vielmehr wird sich der geneigte Leser wohl einzelnen, für ihn interessan-ten Kapiteln verstärkt widmen. Daher gibt es, wo sinnvoll, kurze Stichwortwiederholungen und eine Reihe von Querverweisen.

Die Didaktikforschung hat herausgefunden, dass sich Sachverhalte besser verinnerlichen, wenn sie mit konkreten Beispielen und Geschichten verbunden werden. Aus diesem Grund wird dort, wo sinnvoll, etwas weiter ausgeholt – der eilige Leser mag dies überspringen.

Die Fragen zu den Kapiteln sind z. T. als Transferfragen gedacht. Das heißt, Grundlagen für die Lösungen finden sich im Kapitel, einige Aspekte erfordern aber ein Darüber-Hinaus-Denken und das kreative Einbinden eigener Erfahrung. Gegebenenfalls gibt es dabei kein konkretes Richtig oder Falsch, sondern eine nachvollziehbare Argumentation. Letzteres soll durch die Fragen didaktisch gefördert werden.

Digitalisierung und KI sind ein sehr globales Phänomen, daher gibt es viele englisch-sprachige Begriffe. Für viele gibt es auch deutsche Übersetzungen, die aber wenig genutzt werden, z. T. fast unbekannt sind. Es gab Versuche, das Themengebiet einzudeutschen (so Industrie 4.0, bewusst mit „ie" geschrieben), der Erfolg blieb aber gering. Auch gibt es das umgekehrte Phänomen, z. B. Digitalisierung ist in der hierzulande genutzten Bedeutung nicht ins Englische zu übersetzen (dort wird „Technology" genutzt, aber mit leicht anderer Geltung). Bisweilen haben sich deutsche Worte durchgesetzt, z. B. Maschinelles Lernen (für Machine Learning), manchmal sind die angelsächsischen Begriffe verbreiteter, z. B. Deep Learning (statt tiefergehendes Lernen) oder Big Data statt Massendaten. Zwar ist der Autor

Befürworter einsprachiger Texte, also entweder komplett Deutsch oder komplett Englisch, dies ist hier aber kaum machbar und wenig hilfreich. Es verblieb eine Kompromisslösung.

Prof. Dr.-Ing. Andreas Mockenhaupt hat an der RWTH Aachen Maschinenbau studiert und promoviert an der Universität Essen. Industrielle Erfahrungen sammelte er bei der Barmag AG (Akzo-Nobel, heute Barmag Oerlikon) und anschließend langjährig in Führungspositionen beim US-Konzern 3M. Heute ist er Professor an der Hochschule Abstadt-Sigmaringen im Bereich (Wirtschafts-)Ingenieurwesen. Während seiner Laufbahn dort war bzw. ist er Gutachter, u. a. beim DAAD, FIBAA und AQUIN, sowie in Expertengremien für Qualitätsmanagement und Künstliche Intelligenz, u. a. beim DIN und beim VDI.

Sigmaringen   Andreas Mockenhaupt
im Frühjahr 2021

Inhaltsverzeichnis

Über die Autoren

Prof. Dr. Andreas Mockenhaupt promoviert 1994 in der Medizintechnik (Automatisie-rung & Roboter), war Manager beim US-Konzern 3M und ist seit 20 Jahren Professor an einer Hochschule für Angewandte Forschung (HAW)/University of Applied Sciences.

Dr.-Ing. Tobias Schlagenhauf promovierte am Karlsruher Institut für Technologie an der Schnittstelle zwischen Maschinenbau und Informatik im Bereich der Zustandsüberwa-chung von Maschinenkomponenten mit Methoden des Maschinellen Lernens.

Aktuell befasst er sich in der zentralen Forschung der Robert Bosch GmbH mit Fragen, wie KI-Systeme robust, skalierbar und wirtschaftlich in der Produktion implementiert werden können.

Abkürzungsverzeichnis

AGB	Allgemeine Geschäftsbedingungen
AI	Artificial Intelligence (siehe auch KI)
AutoML	Automatisiertes Maschinelles Lernen (Automated Machine Learning)
BMBF	Bundesministerium für Bildung und Forschung
BMWi	Bundesministerium für Wirtschaft und Energie
CCM	Collaborative Condition Monitoring
CIM	Computer-Integrated Manufacturing
CPS	Cyberphysische Systeme (Cyber-Physical Systems)
CPPS	Cyberphysische Produktionssysteme
CSP	Cloud-Service-Provider
DSGVO	Datenschutz–Grundverordnung
DIN	Deutsches Institut für Normung
DPMA	Deutsches Patent- und Markenamt
ERP	Enterprise-Resource-Planning
etc.	etcetera
ggf.	gegebenenfalls
GmbH	Gesellschaft mit beschränkter Haftung
GRPS	General Packed Radio Services
HiL (auch HitL)	Hardware in the Loop
Http	Hypertext Transfer Protocol
i. A.	im Allgemeinen
i. d. R.	in der Regel
i. W.	im Wesentlichen
IaaS	Infrastructure as a Service
IoT	Internet of Things
IIoT	Industrial Internet of Things
IoTS	Internet of Things and Services
IP-Adresse	Adresse im Computernetzwerk basierend auf dem Internetprotokoll (IP)
IPv4	Internet Protocol Version 4

IPv6	Internet Protocol Version 6
IT	Informationstechnik
IuK	Informations- und Kommunikationssysteme
KI	Künstliche Intelligenz (siehe auch AI)
KMU	Kleine und mittlere Unternehmen (siehe auch SME)
KPI	Key Performance Indicator – Schlüsselkennzahlen
lat.	lateinisch
LVS	Lagerverwaltungssystem
M2M	Maschine-zu-Maschine-Kommunikation
MES	Manufacturing Execution System
MIL	Model in the Loop
o. g.	(bereits) oben genannt
OPC UA	Open Platform Communications Unified Architecture
MMI	Mensch-Maschine-Interaktion
NIST	National Institute of Standards and Technology
NFC	Near Field Communication
PDA	Personal Digital Assistant
PDM	Produktdatenmanagement
PdM	Predictive Maintenance
PDW	Prinzip der Doppelwirkung
RFID	Radio-Frequency Identification
RTLS	Real-Time Locating System (Echtzeit-Lokalisierungssystem)
SaaS	Software as a Service
SCADA	Supervisory Control and Data Acquisition
SCC	Supply Chain Collaboration
SME	Small and Medium Enterprises (siehe auch KMU)
sog.	sogenannt
SoS	System of Systems
SPS	Speicherprogrammierbare Steuerung
u. a.	unter anderem
u. ä.	und ähnlich
u. g.	(weiter) unten genannt
usw.	und so weiter
u. U.	unter Umständen
u. v. m.	und vieles mehr
VDI	Verein Deutscher Ingenieure
VUKA	Volatilität, Unsicherheit, Komplexität und Ambiguität
WSN	Wireless Sensor Network
XAI	Explainable AI (Erklärbare KI)
z. T.	zum Teil

Abbildungsverzeichnis

Tabellenverzeichnis

Industrie und Gesellschaft im digitalen Wandel

1.1 Digitale Transformation

Tempora mutantur (Die Zeiten ändern sich)

Digitalisierung und Künstliche Intelligenz gelten als die vielleicht größten Zukunftsthemen. Sicher ist: Innovationen aus KI und Digitalisierung werden die Welt verändern. Dies nicht nur im technisch-ingenieurwissenschaftlichen Sinne, sondern auch mit Konsequenzen für das gesellschaftliche Zusammenleben – mit gewinnbringenden Auswirkungen, aber auch mit Ängsten, Risiken und Herausforderungen.

Der **Digitale Wandel** betrifft daher alle Lebensbereiche.

Die **Digitale Transformation,** häufig synonym zum Digitalen Wandel genutzt, beschreibt die Veränderung mit Fokus auf Unternehmen. Damit ist aber nicht nur der reine Technologiewandel gemeint. Vielmehr verändert sich auch die Organisation, das Zusammenarbeiten von Menschen und Maschinen und vor allem die Art und Weise der Entscheidungsfindung und Verantwortlichkeit.

Wie bei vielen Change-Management-Prozessen kann die Digitale Transformation Unsicherheit und Bedenken hervorrufen. Beim Mitarbeiter, der seine Qualifikation weiter entwickeln muss (und ggf. damit überfordert ist) oder gar um seinen Arbeitsplatz bangt. Beim Management durch einen veränderten Informationsfluss und die damit verbundenen Verschiebungen in der Einflussnahme („Wissen ist Macht") sowie durch die Problematik, am Ende Verantwortung für einen maschinellen Entscheidungsprozess übernehmen zu müssen, den man nicht durchschaut oder nicht beeinflussen kann.

Dabei ist Digitalisierung selbst kein IT-Thema (Weber, 2017). Dieses Denken ist zwar weit verbreitet, aber es ist Vorsicht geboten: Insbesondere die Künstliche Intelligenz (KI) ist IT-Technologie-getrieben, also Technology-Push (siehe Abschn. 1.5.2). Nun

A. Mockenhaupt and T. Schlagenhauf, *Digitalisierung und Künstliche Intelligenz in der Produktion*, https://doi.org/10.1007/978-3-658-41935-6_1

muss geklärt werden, wie die Anwendungen, z. B. im Wertschöpfungsbereich, aussehen können. Damit ist die Digitalisierung ein Querschnittsthema, so bezeichnet von der DLR-Vorstandsvorsitzenden Pascale Ehrenfreund (Ehrenfreund, 2020).

Die Informationstechnologie entwickelt Werkzeuge, die KI ist eines, Anwender aus allen Gebieten nutzen diese dann breit und vielfältig. Ähnlich wie beim kalifornischen Goldrausch Mitte des 19. Jahrhunderts gibt es Goldgräber und diejenigen, die die Werkzeuge bereitstellen – mit der Einschränkung, dass seinerzeit eher die Werkzeughersteller reich geworden sind.

Die Digitale Transformation basiert auf zwei technologischen Säulen:

Zum einen hat sich die Rechnerleistung stark gesteigert – ein Effekt, der sich durch Cloud Computing noch einmal verstärkt. Was früher ein teurer und großer Hochleistungsrechner für Spezialisten war, ist heute preiswert und vor allem auch bei sehr kleiner Baugröße für jedermann erschwinglich. Dadurch konnte die Digitalisierung in den Massenmarkt, aber auch in die industrielle Produktion einziehen.

Die zweite Säule ist die Sensortechnik, die ebenfalls kleiner, schneller und preiswerter bei höherer Auflösung wurde. Vor allem sind hierbei Kameras und GPS-Systeme zu nennen, aber auch Bewegungssensoren sowie die Sensoren zur Erfassung menschlicher Gesundheitsdaten.

Beides zusammen ermöglicht, riesige Datenmengen zu erfassen, zu speichern und zu verarbeiten.

So wurden in der DDR in den 1980er-Jahren Telefonate noch von der Staatssicherheit (Stasi) manuell abgehört und verarbeitet, per Schreibmaschine und Karteikarte, so zu sehen im Film *Das Leben der Anderen* (Henckel von Donnersmarck, 2006). Schon 2014 soll laut Whistleblower Edward Snowden die amerikanische NSA in der Lage gewesen sein, 100 % der Telefonate eines Ziellandes automatisiert abzuhören (Süddeutsche Zeitung, 2014). Anschließend können die tausenden Anrufe, ebenfalls automatisiert, auf Schlüsselworte hin untersucht werden. Wie von Alexa (Amazon), Siri (Apple) oder Übersetzungsapps bekannt, stellt die elektronische Verarbeitung von gesprochener Rede mittlerweile selbst für den Endverbraucher kein Problem mehr da.

Diese Möglichkeit, mit bisher für unmöglich gehaltener Geschwindigkeit und Präzision extrem große Datenmengen in Echtzeit zu analysieren und daraus Informationen für personalisierte Dienste und individuelle Bedürfnisse bereitzustellen, birgt hohe Wachstumschancen. Daraus resultiert eine Art „Goldgräberstimmung" auf allen Seiten, der IT, bei den Anwendern in Industrie, im Handel und der Medizin sowie beim Endverbraucher.

Dabei hat die bereits fortgeschrittene Einführung der Digitalisierung tiefgreifende Auswirkungen auf die Wirtschaft und die hier beschäftigten Personen sowie für die Gesellschaft im Allgemeinen.

Dabei gilt es, die Vorteile der Digitalisierung zu nutzen, aber auch mögliche Gefahren zu erkennen und abzuwenden.

Ein Beispiel:

Eine Internet-Suchmaschine erkennt schneller eine mögliche Schwangerschaft oder den Ausbruch einer Grippewelle nur über das Suchverhalten seiner Nutzer(in). Das klassische Gesundheitssystem ist eher träge, wartet z. B. auf statistisch abgesicherte Laborergebnisse.

Mit der frühzeitigen Information können im positiven Sinne schneller entsprechende Vorkehrungen getroffen werden. Umgekehrt könnte die zunächst nur von einem Algorithmus vermutete Schwangerschaft bzw. Krankheit negative Konsequenzen für den Einzelnen haben.

Darüber hinaus könnten die Daten zur (staatlichen) Überwachung genutzt, Fake News verbreitet oder Stimmungen in eine bestimmte Richtung beeinflusst werden.

Vor allem die Bewertung (zukünftigen) menschlichen Verhaltens ist kritisch zu sehen, denn trotz statistischer Relevanz können Daten in die falsche Richtung weisen:

Eher unkritisch sind dabei Marketingprognosen (z. B. „Käufer, die dieses und jenes im Warenkorb haben, haben sich auch Folgendes angesehen …").

Kritisch wird es aber, wenn auf zukünftiges Verhalten geschlossen wird. Beispielsweise wird diskutiert, ob in der Verbrechensbekämpfung oder bei der Vergabe von Einreisevisa datenbasierte Prognosen genutzt werden dürfen, ohne dass die entsprechende Person bislang in irgendeiner Form auffällig war (z. B. „Personen mit diesem Datenprofil neigen zu bestimmten Verbrechen"). Letzteres wurde bereits in der Terrorismusbekämpfung der späten 1970er-Jahre unter dem Begriff „Rasterfahndung" kontrovers diskutiert.

Letztlich muss auch der Endnutzer in der Digitalisierung „mitgenommen" werden. Nicht alles menschliche Verhalten ist dabei rational: So ziehen an britischen Universitäten drei von vier Studierenden Lehrbücher digitalem Material vor (Blackwell's, 2020). Dies obwohl digitale Medien mit mächtigen Such- und Speicherfunktionen gerade in Forschung und Lehre große Vorteile gegenüber Printmedien haben.

1.2   Mythen & Fakten

Um die Digitalisierung und die Künstliche Intelligenz ranken viele Mythen, die hier kurz angesprochen werden sollen, im dann Folgenden weiter vertieft werden. **Eine Künstliche Intelligenz kann alles (Was kann eine KI, was nicht?).** Eine KI kann aus (vergangenen bzw. aktuellen) Daten lernen und daraus auf zukünftige Entwicklungen schließen. Dies ist ein starkes Werkzeug, insbesondere weil sehr große Datenmengen (Big Data) verarbeitet werden können und die KI darin Muster erkennen kann, die dem Menschen verborgen bleiben. Aber die KI unterliegt den Gesetzen der Statistik: Beispielsweise dem Gesetz der großen Zahlen folgend kann die Statistik eine Aussage darüber treffen, wie sich beim Roulette die Ergebnisse insgesamt verteilen, nicht aber konkret, ob beim nächsten Spielvorgang rot oder schwarz kommt. Die Kugel hat kein Gedächtnis und weiß nicht, ob vorher bereits x-mal rot gefallen ist. Sie hat eine jeweils eigene Wahrscheinlichkeit, die Vergangenheit spielt keine Rolle. Das ist dann die Grenze der KI-Intelligenz: Wenn vergangenheitsbezogene Daten keinen Einfluss auf die Zukunft haben, kann eine KI keine Wahrscheinlichkeit für eine konkrete Entwicklung geben.

Der Digitale Wandel kostet Arbeitsplätze:

Alle technologisch orientierten Veränderungen haben auch Veränderungen in der Arbeitswelt mit sich gebracht. Es sind Aufgaben weggefallen, die fortan von Maschinen erledigt wurden, neue sind hinzugekommen. Nach einiger Zeit waren aber immer mehr Arbeitsplätze entstanden als weggefallen, volkswirtschaftlich also ein Gewinn. Dennoch gibt es auch Verlierer. Für Unternehmen bedeutest dies, zukunftsorientiert innovativ zu handeln. Für den Einzelnen bedeutet dies, durch lebenslanges Lernen mit der Entwicklung Schritt zu halten (siehe hierzu auch das Vorwort bzw. Abschn. 1.8).

Künstliche Intelligenz (KI) wird bald intelligenter sein als der Mensch

Derzeitige Anwendungen entsprechen der schwachen KI. Dabei handelt es sich letztlich um Datenauswertung, weniger um Intelligenz. Nur sind die Datenreservoirs aufgrund der billigeren und kleineren Sensorik sowie der Datenspeicherungs- und Datenübertragungstechnik um ein Vielfaches gewachsen (Big Data). Auch sind die Berechnungsprogramme aufgrund der gestiegenen Rechnerleistung schneller, effizienter und smarter. Eine KI hat keine „schlechten Tage": Eine KI urteilt nicht, sondern entscheidet nach Daten und deren Auswertung durch Algorithmen. Menschen interpretieren und urteilen immer: Ein Beispiel für die Allgegenwart menschlicher Beurteilung ist die „Albatros-Kultur" (Bundeszentrale für politische Bildung, 2008).

Eine der menschlichen Intelligenz ähnlich starke KI soll es laut Expertenmeinung frühestens in 30 Jahren geben. Ob diese dann auch emotional, überraschend oder kreativ mit dem Menschen mithalten kann, ist noch offen. Auch hier wird es Grenzen geben, siehe nächster Mythos.

Es besteht die Gefahr, dass eine KI über unser Leben bestimmt

Bereits jetzt entscheiden Algorithmen darüber, ob wir z. B. einen Kredit oder ein Reisevisum bekommen. Wichtigstes Kriterium bei der Zulassung (Zertifizierung) solcher Systeme ist aber die Transparenz, d. h., es muss nachgewiesen werden, warum eine KI was tut. Kann dies, z. B. aufgrund eines intransparenten maschinellen Lernprozesses, nicht belegt werden, kann eine KI zwar entscheidungsunterstützend sein, aber ein Mensch behält das letzte Wort. Dieses Vorgehen steht aber im gewissen Widerspruch zum Maschinellen Lernen. Die Lösung hier heißt erklärbare KI, d. h., alle zur Entscheidung herangezogenen Umstände müssen erklärbar sein. Wie eine solche Erklärbarkeit überprüft werden soll, daran wird noch gearbeitet.

KI wird das Leben einfacher und sicherer machen

Jeglicher technische Fortschritt hat dazu geführt, dass das Leben einfacher und sicherer wird. Ein Kennzeichen dafür ist die Lebenserwartung der Menschen, die weltweit gestiegen ist. Dennoch sollte man nicht glauben, KI-Systeme sind fehlerlos. Dies wird z. B. beim autonomen Fahren gerne fälschlich angenommen. So irrte im September 2020 z. B. das eigentlich zuverlässige automatisierte Entscheidungsverfahren der Deutschen Börse (Mohr, 2020). KI-Systeme werden andere Fehler machen als Menschen, sicherlich aber weniger. Derzeitige Herausforderungen sind die Robustheit und die Angriffssicherheit. Robustheit bedeutet, dass ein System nicht wegen eines kleinen Fehlers den Dienst komplett aufgibt. Angriffssicherheit bedeutet, dass KI-Systeme nicht von Fremden für möglicherweise schädliche Zwecke, vom Datendiebstahl über Finanzkriminalität oder einfach zum Spaß, umprogrammiert werden können.

KI kann besser Zusammenhänge erkennen
Wenn ausreichend Daten vorhanden sind, ist eine KI wesentlich besser darin, Muster und Zusammenhänge zu erkennen, als der Mensch. Dies nutzt die KI beim Maschinellen Lernen und ist ihr großer Vorteil. Aber Vorsicht: Eine KI scheitert sehr oft an statistischen Scheinzusammenhängen (scheinbarer, aber nicht vorhandener Zusammenhang, z. B. zwischen der Geburtenrate und der Anzahl an Klapperstörchen). Auch können einzelne falsche Pixel das Erkennen eines Bildes stören, was auch als Angriff auf ein System zu unlauteren Zwecken genutzt wurde. Bedeutungszusammenhänge, also z. B. ist ein Satz ironisch gemeint oder ernst, sind derzeit eine Herausforderung für KI-Systeme.

KI ist nichts für den Mittelstand
Leider ist dies eine weitverbreitete Ansicht. Aber gerade bei mittelständischen Unternehmen sind aktuell die größten Chancen: Zumeist sind sie in einem sehr speziellen Fachgebiet unterwegs (Hidden Champions) und kennen dadurch ihr Produkt und den Markt bzw. ihre Kunden sehr gut. Dadurch haben sie Zugriff auf sehr spezielle Daten, die nicht auf dem freien Markt erhältlich sind. Umgekehrt können sie ihren Kunden Daten als Produkt anbieten, die dann z. B. die effiziente Nutzung oder die Wartung der Produkte im Einsatz optimieren oder deren KIs trainieren. Viele auf dem Markt befindliche KI-System lassen sich auf ein bereits vorhandenes System aufsetzen, was das Implementieren vereinfacht.

KI macht die Produktion effizienter und die Qualität besser
Eine KI kann viel mehr Daten überwachen und aus deren Entwicklung selber lernen. Dadurch wird der gesamte Wertschöpfungsprozess firmenintern und extern besser aufeinander abgestimmt. Durch das Internet of Things (IoT) melden Maschinen automatisiert ihre „Bedürfnisse", Nutzungsdaten können weitläufig erhoben werden. Hierdurch können Probleme vorausschauend erkannt und Wartungsarbeiten optimiert werden. Beispielsweise durch Virtual Reality (VR), cyberphysische Systeme (CPS) oder einen Digitalen Zwilling können Szenarien durchgetestet und erst, wenn erfolgreich, in die reale Welt übertragen werden.

1.3   Technologische Veränderungen

Seit Anbeginn der Menschheit bis Anfang der 1980er-Jahre standen materielle Produkte im Vordergrund, vom Faustkeil bis zum Fernseher. Diese Produkte waren gegenständlich und damit durch einfaches Wegschließen zu schützen. Zwar waren Urheberrechte beispielsweise an Texten oder Musik bekannt, diese waren aber an Medien (Buch bzw. Schallplatte) gebunden, die für den Endverbraucher das eigentliche „Produkt" darstellten.

In den 1980er-Jahren kam dann mit dem Aufkommen des Personal Computers die Unterscheidung zwischen Hard- und Software. Die Bedeutung des materiellen Produkts, der Hardware, sank, während die immateriellen Produkte (Software, Ton- und Videodateien) an Wichtigkeit gewannen. Beispiel hierfür ist das Aufkommen des Betriebssystems MS-DOS durch Microsoft bzw. IBM. Nach einiger Zeit war es für den Endverbraucher irrelevant, welche Hardware er nutzte – IBM oder ein anderer Hersteller – die Kompatibilität zum MS-DOS-Betriebssystem war entscheidend.

Grundlegende technologische Veränderung über die Zeit zeigt Abb. 1.1.

Software war aber durch den Endverbraucher einfach zu kopieren, was für das Geschäftsmodell „Verkauf von Software" schwierig war. Infolge hat sich dieses Problem auf die sogenannten Medien (u. a. Text, Audio und Video in digitaler Form) übertragen.

Es folgten verschiedene Methoden, die entsprechenden Urheberrechte zu sichern, mit zumeist nur sehr zeitlich begrenztem Erfolg. Die derzeit häufig eingesetzte Form ist die

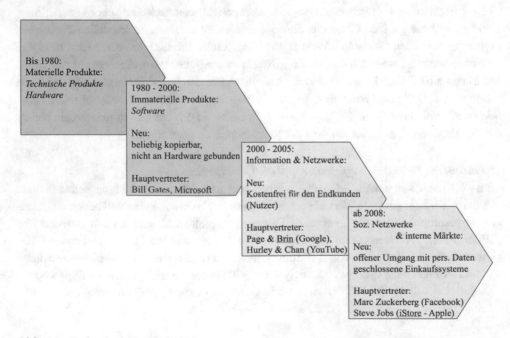

Abb. 1.1 Technologische Veränderungen

Onlineregistrierung, die individuelle Aktivierung und Überwachung von Lizenzen über das Internet. Dabei fallen individuell zuzuordnende Daten an (z. B. was wann von wem gekauft wurde, wie lange es genutzt wurde …), Daten, die im Sinne der Digitalisierung interessant sind, aber auch eine Herausforderung für den Datenschutz darstellen.

Mit dem Aufkommen des Internets kam ab der Jahrtausendwende um 2000 „Information" als Produkt hinzu. Viele vormalig kostenpflichtige Softwares wurden kostenfrei zur Verfügung gestellt. Die Geschäftsmodelle orientierten sich an der Informationsgewinnung und -vermarktung. Der Endverbraucher „zahlte" nicht mit Geld, sondern mit den Informationen, die er durch die Nutzung der Software über sich preisgab. Diese Information wurde dann weiter an Anbieter von Produkten und Dienstleistungen gewinnbringend verkauft. Am bekanntesten hierbei wurde das Unternehmen Google (Alphabet).

Datenschutzrechtlich galt dieses Geschäftsmodell zunächst als problemfrei, der Nutzer gibt ja seine Daten freiwillig und hat die Geschäftsbedingungen akzeptiert. Durch die Monopolstellung einiger Anbieter und den Quasi-Zwang, die Geschäftsbedingungen zu akzeptieren, wird dies aber zunehmend als kritisch gesehen.

Mit dem Aufkommen des Smartphones (das erste iPhone wurde 2007 vorgestellt) verstärkte sich der Effekt. Das Smartphone entwickelte sich zu einem wichtigen, stark personalisierten Werkzeug der Endnutzer, welches ständig Daten versendet, die genutzt werden können. Dabei sind Anzahl und Qualität der Daten gestiegen, in Echtzeit, Ortsdaten, Gesundheitsdaten usw.

Hieraus wurden neue Geschäftsmodelle entwickelt mit durchaus großen Vorteilen für die Nutzer. Umgekehrt birgt es jedoch auch Gefahren, insbesondere der ungewollten Überwachung.

Eines dieser neuen Geschäftsmodelle ist, dass Information nicht mehr nur in die Richtung vom Anbieter zum Nutzer gehen, sondern dass die Endnutzer selber und zumeist kostenlos Inhalte generieren. Erfolgreiche Anbieter sind hierbei Facebook und YouTube, aber auch die vielen Hilfs- bzw. Bewertungsplattformen.

1.4   Technologiebruch und Disruption

> *„Als Henry Ford günstige und verlässliche Autos gebaut hat, haben die Leute gesagt ‚Was ist falsch an Pferden?' Er ist da eine große Wette eingegangen und es hat funktioniert."*
>
> Elon Musk (TESLA & SpaceX)

Durch das Aufkommen der Digitalisierung werden zahlreiche neue Betriebs- und Geschäftsmodelle entstehen – und andere verschwinden. Josef Alois Schumpeter, ein österreichischer Ökonom, prägte hierfür Anfang des 20. Jahrhunderts den Begriff der ***„Schöpferischen Zerstörung".***

Diese Schöpferische Zerstörung tritt meist im Zusammenhang mit Technologiebrüchen auf. Beim **Technologiebruch** wird eine veraltete Technologie **innerhalb kurzer Zeit** durch eine neue Technologie ersetzt.

Beispiele hierfür sind der Übergang vom Propellerflugzeug zum Düsenjet oder die Ablösung von mechanischen Rechenwerken durch elektronische Taschenrechner. Aktuell ist die Umstellung der Automobilindustrie vom Kolbenmotor zum Elektroantrieb solch ein Technologiebruch.

Die Herausforderung hierbei ist weniger der technologische Wandel selbst, sondern vielmehr die kurze Zeitspanne für die Veränderung.

Neben den technischen Veränderungen bezüglich des Produkts und der Produktion müssen auch die Marktausrichtung (Kunden und Kundenwünsche verändern sich), die Organisation (z. B. Entwicklung und Vertrieb) sowie die Qualifikation der Mitarbeiter angepasst werden (z. B. durch Schulung, Entlassungen, Neueinstellungen).

Während bei der Automobilindustrie die technische Umstellung allein schon eine Herausforderung ist, so muss zusätzlich das Personal angepasst werden. Zum einen wird beim Elektroantrieb deutlich weniger Personal benötigt, zum anderen braucht man weniger Mitarbeiter mit Qualifikation im Metallbereich und mehr mit Know-how im Elektrik-/Elektronikbereich.

Konzernen mit gewachsenen Strukturen fällt dies häufig schwer, weil häufig die Anpassung der Organisation bei Konzernen mit vielen Mitarbeiten recht träge vonstattengeht, während der Markt sich schnell ändert. Im ungünstigen Fall verschwinden sie oder es verbleibt nur der Markenname. Aufgrund des Hauptauslösers Digitalisierung sind zwischen 2000 und 2016 in den USA gut die Hälfte der Fortune-500-Firmen verschwunden, man rechnet mit noch einmal 40 % bis 2025 (Kroker, 2016). Währenddessen etablieren sich neue Unternehmensgründungen (z. B. Start-ups). Tesla als Automarke, gegründet 2003, gewachsen durch Risikokapitalinvestoren, zunächst unterschätzt und eigentlich erst in den letzten Jahren richtig sichtbar, ist ein gutes Beispiel hierfür.

Dieses Phänomen des Technologiebruchs wird heutzutage auch als „Disruption" (engl. „to disrupt" = stören, unterbrechen) bezeichnet:

- **Disruption** (lat. disrumpere = zerreißen) ist ein Prozess, bei dem ein gesamter Markt durch eine schnell wachsende Innovation zerstört wird.
- Eine **„disruptive Technologie"** ist demnach eine neu aufgekommene Technik, die eine alte völlig ablöst oder weitestgehend verdrängt.

Erstmalig benutzt wurde der Begriff Disruption in einem anderen Sinne, nämlich 1843 bei der Abspaltung der Free Church of Scotland von der Church of Scotland. Der heutige Begriff kommt aus der Digitalwirtschaft in Verbindung mit der Start-up-Szene und beschreibt in diesem Sinne das revolutionäre Denken eines Gründers und die immer wiederkehrende Zerstörung und Erneuerung. Disruption war das Wirtschaftswort des Jahres 2015 (Meck & Weiguny, 2015).

Disruption bedeutet auch, dass etwas wegfällt. Das ist aber zumeist nicht kostenlos. Der Produktauslauf muss geplant werden. Die Ersatzteilversorgung muss über längeren Zeitraum aufrechterhalten werden, gesetzlich vorgeschrieben, aber auch zur Imagepflege. Der Personalbestand muss umgebaut werden. Dies alles muss geplant und gemanagt werden, es müssen auch Aufwand und Kosten für das berücksichtigt werden, was eigentlich wegfällt.

Übersicht

So mancher wurde ein „altes" Produkt einfach nicht los, z. B. Porsche mit einem Flugzeugmotor, interessanterweise weil dieser besser war als der Wettbewerb (Manager Magazin, 2005; SPIEGEL, 2005):

Porsche hatte versucht sein Motoren-Know-how auf Flugzeugmotoren auszuweiten, stellte dieses neue Geschäftsfeld nach einiger Zeit aber wieder ein. Ersatzteile u. Ä. mussten aber auch danach noch weiter bereitgestellt werden, was eine kleine Tochterfirma übernahm. Diese machte Millionenverluste. 2005 beschloss der damalige Vorstandsvorsitzende Wendelin Wiedekings in einem Sanierungsplan daher, alle Maschinen mit Porsche-Motoren aufzukaufen und stillzulegen. Den Besitzern wurde eine kostenlose Umrüstung ihrer Flugzeuge mit einem neuen, anderen Motor angeboten. Viele Eigentümer weigerten sich aber, weil der Porsche-Motor als überlegen galt. Ein Hurrikan half dann, einige am Boden stehende Flugzeuge aus dem Verkehr zu bringen (ohne Personenschaden; siehe Abb. 1.2 und 1.3).

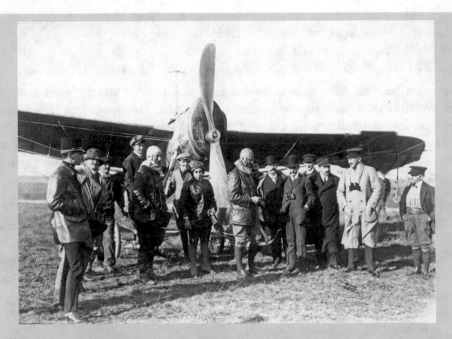

Abb. 1.2 Historisches Flugzeug mit Porsche-Motor. (Quelle: Unternehmensarchiv Porsche AG)

Abb. 1.3 Mooney mit Porsche-Motor PFM 3200. (Quelle: Unternehmensarchiv Porsche AG)

Tab. 1.1 Beispiele für Gewinner & Verlierer von Technologiebrüchen & Disruption

	Technologie alt	Unternehmen alt	Technologie neu	Unternehmen neu
Fotografie	Fotofilme	Kodak, Agfa	Digitale Fotografie	Sony
	Sofortbildkamera	Polaroid	Computer-Drucker	–
	Digitalkamera	Samsung (Fotosparte), Olympus	Integriert in Handys	Huawei, Apple
Handys	Tastentechnologie	Nokia	Smartphones	Huawei, Apple, Samsung
Kfz-Antrieb	Verbrennungsmotoren	BMW, VW, Daimler …	Elektroantrieb	Tesla
Audio, Video	Schallplatte, Tonband (Kassette), VHS, CD, Blu-ray	Div	Streamingdienste	Spotify, Netflix, Amazon, Apple …
Abspielgeräte	Zweckgebundene Einzelgeräte: Schallplattenspieler, TV …	Grundig, Dual, Loewe, Uher, Metz, Phillips, Saba …	Integriert in Computer & Handys	Huawei, Apple

Letztlich geht es dabei auch um *Technologieführerschaft.* Bis heute geben z. B. in der Automobilindustrie die bekannten großen Namen (VW, BMW, Daimler …) den Ton an. Mit Tesla ist ein vollkommen neuer Wettbewerber entstanden, der seine Kernkompetenz aber auf einer anderen Technologiebasis hat (Akku, E-Mobilität, Laden). Auch Apple, Google arbeiten von der Seite ihrer Technologieführerschaft aus an der Automobilität der Zukunft. Dass es aber nicht ganz so einfach ist, zeigt der Staubsaugerhersteller Dyson. Auch Dyson arbeitet am Elektroauto der Zukunft, gab aber das Projekt Ende 2019 auf. Tab. 1.1 zeigt Beispiele für Gewinner und Verlierer von Disruption.

Über Gewinner und Verlierer entscheidet heutzutage, ob und wie es gelingt, den digitalen Wandel technologisch und bezüglich der Belange von Stakeholdern zu gestalten. Denn es ist nicht alleine die Technik mit *Technologie Push* oder Kunde mit *Market Pull* (siehe Abschn. 1.5.2), sondern viel allgemeiner sind es die Interessengruppen, die (Rahmen-)Bedingungen und Märkte gestalten.

1.5   Innovative Grundstrategien

Variatio delecat (Verschiedenartigkeit erfreut)

Innovationen haben unterschiedliche Wirkungen: Zum einen können sie immensen wirtschaftlichen Erfolg haben, obwohl ihr Beitrag zur Technologieweiterentwicklung eher gering ist. Andere Innovationen betreten technologisches Neuland und verursachen infolge eine große Vielfalt an Nachfolgeinnovationen. Dabei kann es einige Zeit dauern, bevor sich der wirtschaftliche Erfolg zeigt. Großen Einfluss auf das gesellschaftliche Zusammenleben haben sie kaum. Dann gibt es Innovationen, die die Gesellschaft verändern. Beispiele für solche Basisinnovationen sind das Auto, die Antibabypille oder das Smartphone.

Meist wird dieses Potenzial aber am Anfang nicht erkannt. So unkten einige Wettbewerber bei der Vorstellung des ersten Smartphones, dem iPhone 2007 durch Apple-Gründer Steve Jobs, das „Ding" werde schnell wieder verschwinden. Verschwunden sind stattdessen einige der vorher erfolgreichen Mobiltelefonhersteller und das Smartphone ist nicht mehr wegzudenken aus unserer Gesellschaft, mit durchaus beträchtlichen Konsequenzen.

Digitalisierung und Künstliche Intelligenz haben das Potenzial zu Basisinnovationen. Nach Hauschildt gibt es dafür mehrere Dimensionen der Innovation (vgl. Hauschild & Gemünden, 2011):

- inhaltliche Dimension (Was ist neu?),
- Intensitätsdimension (Wie neu?),
- subjektive Dimension (Für wen?),
- prozessuale Dimension (Wo beginnt und wo endet die Neuerung?),
- normative Dimension (Ist neu gleich erfolgreich?).

1.5.1   Innovationsgrad

Für die Einschätzung der technischen Neuartigkeit wird zwischen inkrementeller und radikaler Innovation unterschieden.

- *Inkrementelle Innovation basiert auf geringen Änderungen von Produkten bzw. Produktionsabläufen. Der Fortschritt ist evolutionär, d. h. es wird vorhandenes Wissen weiterentwickelt und optimiert. Dabei ist die technologische Unsicherheit gering, der Markt ist weitgehend bekannt.*
- *Radikale Innovation ist disruptiv, z. B. durch die Nutzung vollkommen neuer Technologien (vgl. Abschn. 1.4). Sie basiert anfänglich i. d. R. nur auf Grundlagenwissen von Experten. Produkte sind am Markt zunächst unbekannt. Daher besteht eine hohe Unsicherheit bezüglich technischer Umsetzbarkeit und Markterfolg. Allerdings birgt eine radikale Innovation größere Gewinnchancen, z. B. durch Alleinstellungsmerkmale (Patent, USP – „unique selling proposition, unique selling point").*

Ein Beispiel für inkrementelle bzw. radikale Innovation stellt das Auto dar. Über Jahrzehnte hat es sich in kleinen Schritten inkrementell weiterentwickelt. Das Grundprinzip (Fahrgestell, Verbrennungsmotor, Eigentum) wurde stetig, aber immer nur gering verändert. Schon im Gründungsjahr der Ford Corp. 1903 rieten namhafte Bankiers davon ab, in das Unternehmen zu investieren mit den Worten: „The horse is here to stay but the automobile is only a novelty, a fad" (Das Pferd ist hier, um zu bleiben, aber das Auto ist nur eine Neuheit eine Modeerscheinung). Selbst das renommierte Magazin *Scientific American* schrieb schon 1909 „[…], dass das Automobil praktisch die Möglichkeiten seiner Entwicklung erreicht habe…". (Kramer [IBM], 2017):

Nun kommen radikale Innovationen, ein verändertes Antriebskonzept (Elektromotor) verbunden mit anderer Produktionstechnologie (weniger Zerspanung, mehr Elektrik) sowie andere Marktkonzepte (Shared Economy). Es tauchen neue Anbieter auf (z. B. Tesla), vielleicht verschwindet die Tankstelle.

In Abschn. 2.2 wird weiter hierauf eingegangen und der Standpunkt vertreten, dass Digitalisierung eine inkrementelle Innovation und Künstliche Intelligenz eine radikale Innovation ist.

1.5.2 Innovation und das Verhältnis von Technik & Markt

„Wenn ich die Menschen gefragt hätte, was sie wollen, hätten sie gesagt:

Schnellere Pferde. "

Henry Ford & Bundespräsident Horst Köhler (Köhler, 2010)

Innovationen haben zwei Gesichter: Das eine ist der Technologie zugewandt, das andere dem Markt. Dabei gibt es den ewigen Streit zwischen Ingenieuren und Marketing, was wichtiger sei: Ohne geniale technische Erfindungen gäbe es nichts zum Verkaufen, sagen die einen. Die anderen entgegnen: „If you build a better mousetrap, will the world beat a path to your door?", also frei übersetzt: Die innovativste Erfindung taugt nichts, wenn der Kunde sie nicht wahrnimmt.

Dabei können die Anstöße zur Innovation tatsächlich aus zwei Richtungen kommen: von der Marktseite oder von der Technologieseite (siehe Abb. 1.4).

- *Market Pull:*
   Nutzer (Kunden) wünschen sich neue Funktionen und können dies auch klar artikulieren. Diese Wünsche werden dann als neue Anforderungen an die Produktentwicklung weitergeleitet. Ein Beispiel ist die Memory-Sitzverstellung bei Autos.
- *Technology Push:*
   Aufgrund einer vielversprechenden, ggf. nur Experten bekannten neuen Technologie werden Produkte ohne konkrete Kundenanforderung entwickelt. Ein Beispiel ist das iPhone, aber auch das feuchte Toilettenpapier.

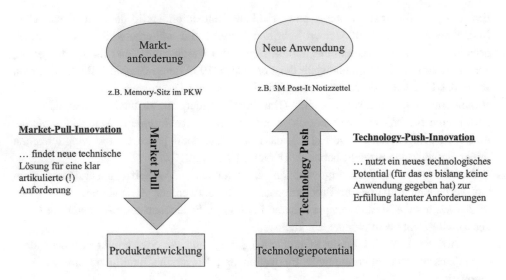

Abb. 1.4 Market Push & Technology Pull

Gerade bei Basisinnovationen haben nur Spezialisten Einblick in und Verständnis für grundlegende technologische Neuerungen. Industrie 4.0 ist bisher sehr stark technologiegetrieben und gilt daher als Technology Push.

Die Herausforderung dabei ist, dass diese technischen Spezialisten häufig wenig Wissen um Marketingzusammenhänge und kaum Erfahrungen mit Nutzern haben. Die Gefahr ist es, weit weg von einem potenziellen Markt Produkte von Techniknerds entwickeln zu lassen, mit kryptischen Bedienungsanleitungen, deren Genialität vom Normalnutzer nicht verstanden werden.

Market Pull setzt aber wiederum eine gewisse Grundkenntnis des Nutzers bzw. des Marketings über die technischen Entwicklungsmöglichkeiten voraus. Dies ist ebenfalls eine Herausforderung, bedingt die Technik doch ein vertieftes naturwissenschaftlich-mathematisches Verständnis.

Für erfolgreiche Innovationen gilt es, beide Denkschulen zusammenzuführen. Ein Ansatz hierfür ist das sog. Rekursive Innovationsmanagement (vgl. Frank & Reitmeier, 2003).

1.5.3 Handlungsoptionen im innovativen Umfeld

„Es ist wirklich schwer, ein Produkt für eine Zielgruppe zu entwerfen.

Meistens wissen die Leute nicht, was sie wollen, bis man ihnen es zeigt.“

Steve Jobs, Apple-Gründer (1998)

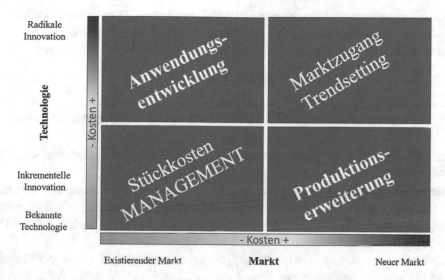

Abb. 1.5 Handlungsoptionen im Spannungsfeld Technik und Markt

Im innovativen Bereich der Digitalisierung und KI sind es derzeit vor allem US-amerikanische sowie asiatische Konzerne, die den Takt angeben. Es gibt den Vorwurf, die Europäer hatten die Entwicklung verschlafen: Deutsche Unternehmer verschlafen, so ist zu lesen, den KI-Trend mit Robotern, Big Data und autonom fahrenden Fahrzeugen. Zwar dringe Künstliche Intelligenz (KI) langsam in den Alltag vor, doch gestandene deutsche Unternehmen schreckten vor dem KI-Einsatz noch zurück (Steinbach, 2018).

Was gibt es also für Handlungsoptionen (siehe Abb. 1.5)?

- *Anwendungsentwicklung:*
  Eine radikale Innovation auf einem existierenden Markt muss den Nutzern zunächst nähergebracht werden, z. B. durch die Entwicklung geeigneter Anwendungen. Hierbei war beispielsweise der Apple-Gründer Steve Jobs Vorreiter (siehe Zitat oben): Die radikale Innovation war 2007 das iPhone (Smartphone), der Markt für Mobiltelefone existierte aber schon. Damit die Nutzer wussten, was damit anzufangen sei, stellte er direkt die ebenfalls innovativen und bislang unbekannten Apps vor.
- *Marktzugang/Trendsetting:*
  Ist darüber hinaus der Markt neu, so muss zusätzlich ein geeigneter Marktzugang geschaffen werden. Bei radikal innovativen Produkten ist hier das Setzen (aktiv) oder Folgen (passiv) eines Trends hilfreich.
- *Stückkostenmanagement & Produktionserweiterung:*
  Bei geringerem Innovationspotenzial stellt sich die Frage: Was ist noch auf dem Markt möglich? Bei existierenden, gesättigten Märkten sind die Wachstumschancen eher als gering einzuschätzen. Die Strategie dabei ist dann Produktionsoptimierung

(Stückkostenmanagement). Hier kann Digitalisierung und KI mit seinen Analysetechniken helfen. Kann demgegenüber der Markt ausgebaut oder neue Märkte erschlossen werden, ist die Strategie eher, die Produktion auszubauen bzw. zu erweitern.

1.6   Gesellschaftlicher Wandel durch technische Innovationen

Technische Innovationen hatten schon immer auch Einfluss auf das gesellschaftliche Zusammenleben.

So hat die (erste) industrielle Revolution, beginnend im 18. Jahrhundert mit der Erfindung der Dampfmaschine, zu Landflucht und einer Verstädterung der Gesellschaft geführt. Infolge kam es zu einem wirtschaftlichen Aufschwung, im weiteren Verlauf aufgrund von Überproduktion und Preisverfall aber auch zu sozialen Nöten.

Daher ist der technologische Wandel häufig mit sozialen Ängsten der Betroffenen verbunden, insbesondere vor Verlust des Arbeitsplatzes und damit der finanziellen Existenzgrundlage, soweit nicht über Sozialsystem abgefedert.

> Das Wort „Sabotage" soll in Zusammenhang mit technologischem Wandel auf das französische Wort „Sabot" (Holzschuh) zurückgehen: Arbeiter hatten aus Angst davor, dass die Mechanisierung ihre Arbeitsplätze wegrationalisiert, ihre Schuhe in zerstörender Absicht in Feldmaschinen geworfen.

Häufig wurde der technologische Wandel von sozialen Auseinandersetzungen begleitet. Die daraufhin erarbeiteten Lösungen waren z. T. hilfreich, z. T. aber auch kontraproduktiv:

> Mit der Sozialgesetzgebung reagierte z. B. der deutschen Reichskanzler Otto von Bismarck im ausgehenden 19. Jahrhundert auf die durch die Industrialisierung entstandene soziale Not der Arbeiter. Nicht nachzuahmen dagegen ist der Fall des Heizers auf britischen Lokomotiven: Dieser wurde zwar auf E-Loks nicht mehr benötigt, die Gewerkschaften setzten aber in den 1950er-Jahren die Weiterbeschäftigung durch. Diese Reglung wurde erst in den 1980er-Jahren durch die britische Premierministerin Margaret Thatcher nach einem kurzen, erfolglosen Streik der Gewerkschaft gekippt.

Heutzutage wird dem vorausschauend mit Qualifikationsmaßnahmen, z. B. dem lebenslangen Lernen oder Umschulungsmaßnahmen, begegnet. Dennoch bestehen Ängste vor Jobverlust, der durchaus berechtigt ist, wenn man in der „falschen" Branche arbeitet. Auch sind nicht alle qualifizierungsfähig – eine Gesellschaft benötigt auch einfache Jobs. Umgekehrt wird es boomende Wirtschaftsbereiche geben.

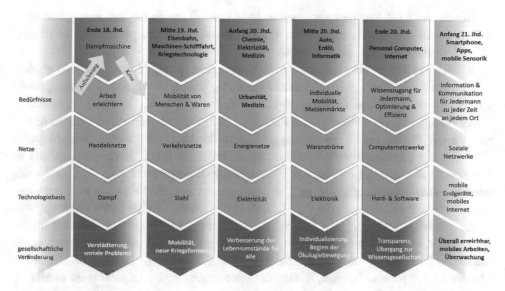

Abb. 1.6 Kondratjew-Zyklen und gesellschaftliche Veränderung. (Eigene Beschreibung)

Dass Innovationen sporadisch auftreten, eine gesellschaftliche Relevanz haben und sich in ähnliche Zyklen entwickeln, hat Anfang des 20. Jahrhunderts der sowjetische Wissenschaftler Nikolai Dimitrijewitsch Kondratjew erkannt. Kondratjew (Namensschreibweise z. T. unterschiedlich) entwickelte in den 1920er-Jahren die Theorie der zyklischen Wirtschaftsentwicklung (Kondratjew, 1926). Der Begriff „Kondratjew-Zyklus" wurde aber erst vom österreichischer Wirtschafts- und Sozialwissenschaftler Joseph Alois Schumpeter (1883–1950) erstmalig 1939 verwendet (siehe Abb. 1.6).

Darauf aufbauend wurden in den 1960er- und 1970er-Jahren Theorien zum Zusammenhang von technischen Lösungen und gesellschaftlichen Veränderungen entwickelt (z. B. David McClelland und Johann Millendorfer).

- *Der **Kondratjew-Zyklus** im heutigen Verständnis berücksichtigt eine technische Innovation als Auslöser für einen Konjunkturzyklus. Infolge eröffnet diese Basisinnovation dann neue soziale Perspektiven und wirkt so gesellschaftlich strukturverändernd.*

Für die Vergangenheit sind fünf Kondratjew-Zyklen nachgewiesen. In jüngster Zeit beschäftigen sich mehrere Autoren, u. a. Erik Händeler, mit der Frage nach dem „Sechsten Kondratjew-Zyklus" (Händeler, 2018).

Dreißig Jahre nach dem fünften Kondratjew-Zyklus hat sich die Digitalisierung als neue Basisinnovation mit großen wirtschaftlichen Auswirkungen für die nächsten Dekaden etabliert, mit sich abzeichnenden gesellschaftlichen Veränderungen als „Digitale Revolution".

Kontrovers wird diskutiert, ob neben anderen Entwicklungen Digitalisierung und Künstliche Intelligenz der Ausgangspunkt für den nächsten Kondratjew-Zyklus ist (Böhm, 2016; Porschen, 2018; Nefiodow, 2020).

Wenn diese Zyklen als gesellschaftliche Veränderungen aufgrund von technologischen Innovationen begriffen werden können, so war sicherlich die Einführung des Smartphones ausschlaggebend für den aktuellen Zyklus. Unter dem Begriff Ubiquitous Computing (siehe Abschn. 10.11) verbirgt sich der „Überall-Computer": Informationen stehen immer und überall für jedermann zur Verfügung. Kontrolle durch die Gesellschaft, aber auch die Kontrolle der Gesellschaft sind dadurch einfacher möglich. Darüber hinaus gibt es mit iPhone & Co. neue Formen der Überall-Sofort-Kommunikation, z. B. über soziale Medien, Videokonferenzen u. v. m. Diese Informationsmöglichkeiten, gepaart mit einer Immer-Erreichbarkeit, haben die Gesellschaft in der letzten Dekade sehr verändert.

Der nächste Zyklus entsteht gerade: Wir treten in das Zeitalter der digitalen Intelligenz ein. Kern dabei ist die Erhebung, Speicherung und Verarbeitung von Daten sowie autonome Schlussfolgerungen und Handlungen von Maschinen. Dies ist bereits in der aktuellen Literatur verarbeitet, z. B. Dan Browns Roman *Origin*, der nicht mehr so einfach in die Kategorie Science-Fiction einordbar ist.

Die Herausforderung für die Industrie ist, wie antizipiert (vorweggenommen) wird, d. h.: Wie kann ich vorausschauend agieren und wie kann dies in neue Prozesse, Produkte und Geschäftsmodelle umgesetzt werden?

1.7   Wandel durch die Digitale Transformation

„Das Versprechen der Künstlichen Intelligenz und der Informatik überwiegt im Allgemeinen bei weitem die Auswirkungen, die es auf einige Arbeitsplätze haben könnte, genauso wie die Erfindung des Flugzeugs die Eisenbahnindustrie negativ beeinflusst hat, aber eine viel größere Tür für den menschlichen Fortschritt geöffnet hat."

Paul Allen (Microsoft-Mitgründer)

Der digitale Wandel hat neue Auswirkungen, dies ist besonders durch das Aufkommen des Smartphones ab 2008 erkennbar: Es sind neue Geschäftskonzepte entstanden, z. B. über Apps, andere sind verschwunden. Die Kommunikation der Menschen untereinander hat sich verändert und soziale Medien übernehmen die Funktion des Treffpunktes mit positiven wie negativen Aspekten.

Die Herausforderung heute ist die im Vergleich zum 20. Jahrhundert nochmals höhere Geschwindigkeit, mit der sich der digitale Wandel vollzieht.

Gesellschaftlich stellen sich neue Fragen, z. B. nach dem Datenschutz. Neue Möglichkeiten, beispielsweise einfach, auch käuflich, eine große Anzahl von Zuhörern (Follower) zu bekommen und damit gewichtig zu erscheinen, schaffen auch neue Herausforderungen: Wie gegen ungewollte Beeinflussung, Mobbing oder Verbreitung von Unwahrheiten vorgehen? Wie dabei die demokratischen Rechte auf freie Meinungsäußerung nicht aushöhlen? …

Letztlich wird das Konzept der Demokratie beeinflusst, positiv, weil viele Menschen sich einfacher am öffentlichen Diskurs beteiligen können, negativ, weil über die Verbreitung von Fake News demokratiefeindliche Beeinflussung einfach und im großen Stil möglich wird. Auch stärkere Überwachung durch den Staat ist möglich, wie das Beispiel China zeigt.

Der Zusammenhang zwischen KI und Demokratie wird dabei als **Automated Public Sphere** bezeichnet. Diese entstehe laut Paul Nemitz, Hauptberater in der Generaldirektion Justiz und Verbraucher der Europäischen Kommission, durch die von KI gesteuerten Medien, die zur Grundlage der Demokratie gemacht werden (Schwarzkopf-Stiftung & Vorbeck, 2018). Eines der populärsten Beispiele hierfür sei, so Nemitz, die von dem Unternehmen Cambridge Analytics behauptete Erfolgskampagne für US-Präsident Donald Trump: Anhand der Auswertung von Daten aus sozialen Netzwerken, u. a. besonders im eigentlich prodemokratischen „rust belt", soll eine wahlkreisgenaue Beeinflussung stattgefunden haben.

Für den Einzelnen ergibt sich die Frage nach dem Stellenwert seiner Privatsphäre. Persönliche Sicherheit steht dabei häufig im Widerspruch zu dem Wunsch, bestimmte Sachverhalte nicht öffentlich zu machen. So ist eine flächendeckende Überwachung per Gesichtserkennung der öffentlichen Sicherheit bezüglich Verbrechens- und Terrorismusbekämpfung zuträglich. Dies ist aber unvereinbar mit dem Wunsch, sich unerkannt in der Öffentlichkeit bewegen zu können. Auch ist der bargeldlose Zahlungsverkehr sicherlich praktisch und schützt bei Pandemie (Corona-Krise) gegen Ansteckung. Dritte wissen aber über mein Konsumverhalten, können dies überwachen und versuchen, mich unbemerkt zu steuern.

Interessant ist auch der Faktor „Berechenbarkeit": Die Digitalisierung hat hier einen ambivalenten Beitrag: positiv, weil plan- und kalkulierbar, negativ, weil nicht jeder Mensch in seiner Reaktion vorausberechenbar sein möchte. Auch ist eine prognostizierbare Welt vielleicht langweilig und in Verhandlungen ist Berechenbarkeit vermeintlich kontraproduktiv. So beruht der Verhandlungsstil des US-amerikanischen Präsidenten Donald Trump auf seiner „Unberechenbarkeit" und so möchte er auch wahrgenommen werden (Ross, 2017). „Trump ist unberechenbar, und er ist stolz darauf" (Mounk, 2016). Damit haben wiederum digitale Prozesse Schwierigkeiten.

1.8   Auswirkungen auf die Arbeitswelt (Arbeit 4.0)

„Die Automatisierung von Fabriken hat bereits Arbeitsplätze in der traditionellen Fertigung dezimiert und der Aufstieg der künstlichen Intelligenz wird diese Zerstörung von Arbeitsplätzen wahrscheinlich tief in die Mittelschicht ausdehnen, wobei nur noch Aufgaben in den Bereichen Fürsorge, Kreativität sowie Aufsicht übrigbleiben."

Stephen Hawking (Astrophysiker), aus dem Englischen übersetzt (Hawking, 2016)

„Roboter verbessern die Arbeitsbedingungen und Jobchancen für unsere Mitarbeiter, sie ersetzen keine Mitarbeiter. In Wahrheit stellen wir weiter Menschen ein, darunter viele in Positionen, die mit in den neuen Gebäuden entstehen, wo Menschen und Roboter Hand in Hand arbeiten."

Tye Brady, Technologie-Chef bei Amazon Robotics (t3n Digital Pioneers, 2017).

Digitalisierung und Künstliche Intelligenz beeinflussen die Arbeitswelt bereits jetzt stark. Dieser Trend wird sich noch beschleunigen. Die Auswirkungen werden durchaus unterschiedlich bewertet. Während der Philosoph Richard David Precht (Precht, 2020) und der Historiker Yuval Noah Harari (Harari, 2018) ein eher düsteres Bild entwerfen, sehen die Vertreter des Silicon Valley große Chancen. Dazwischen liegt der Wissenschaftsjournalist Ranga Yogeshwar, der zwar sieht, dass unzählige Berufe aussterben werden, aber auch Positives sieht und Aktionen anregt: „Dahinter verbirgt sich eine großartige Chance, denn die Prioritäten des Lebens werden neu gesetzt. Also müssen wir über neue Spielregeln nachdenken." (Yogeshwar, 2018). Wie sieht es aktuell aus?

Bereits jetzt sind große Veränderungen im Bereich der Wertschöpfung zu sehen. Sehr konkret ist dies in der Automobilindustrie zu erkennen, wo digitalisierte Produktion auf ein KI-gesteuertes Produkt, das autonom fahrende Auto, trifft.

Aber auch in der Medizin ändert sich, derzeit wenig beachtet, dramatisch viel: Die Corona-Pandemie hat die Entwicklung der Telemedizin beflügelt. Wo jetzt noch Ärzte am anderen Ende sitzen, können dies und vieles mehr demnächst vielleicht Alexa & Co. Vor allem die großen amerikanischen Technologieunternehmen wie Apple, Amazon und Google greifen nach Chancen in der Gesundheitsbranche (Baier, 2020). „Doktor Big Tech", wie der Focus titelt, wird den Arztberuf verändern, vielleicht weitreichender aber vor allem schneller als beispielsweise im klassischen Wertschöpfungsprozess in der Industrie.

Der digitale Hausarzt könnte mit Echtzeitzugriff auf Vitaldaten, z. B. Blutzucker-Echtzeitmessung über smarte Uhren, diese mit dem tagesaktuellen Stand der Wissenschaft kombinieren. Auch Stimmanalysen können diagnostische Informationen liefern (Anthes, 2020a; Anthes, 2020b). Google erkennt bereits seit 2008 eine Grippewelle früher, ohne einen Patienten zu sehen, alleine anhand von Suchanfragen (Helft, 2008). Vielleicht hätte ein KI-Arzt die Pandemie in Wuhan früher erkannt und den vermutlich ersten Corona-Fall in Frankreich bereits Ende 2019 richtig zugeordnet. Darüber hinaus revolutioniert die KI-gesteuerte Robotik die Chirurgie und die KI-Mustererkennung die medizinisch-bildgebenden Verfahren. Auch wenn, wie häufig gefordert, der Arzt die letzte Entscheidungsgewalt behalten soll, welche Möglichkeiten bleibt ihm, gegen eine abgesicherte KI-Prognose zu stimmen – allein haftungsrechtlich?

Katja Kallenbach vom Fraunhofer IOA sieht es in einem Blog unter dem Titel *„KI in der Produktion: Menschliche Startschwierigkeiten mit der Künstlichen Intelligenz"* allerdings so:

Der Mensch habe Kreativ-, Sozial- und Beziehungsintelligenz, eine KI nicht. Zentrale Aufgabe einer KI-Strategie sei es deshalb, diese neue Arbeitsteilung zu moderieren und zu implementieren. Sich wiederholende Prozesse können von einer KI gesteuert werden, demgegenüber sollen Menschen dabei komplexe Ausnahmen kontrollieren (nach Kallenbach, 2020).

Das hört sich zunächst an wie einst bei der Automatisierung. Richtig ist: Die Veränderungen im Wertschöpfungsbereich sind derzeit (noch) evolutionär. Die technologische Entwicklung wird aber revolutionär wirken und wesentlich weiter in das Arbeitsleben und die Zusammenarbeit Mensch-Maschine reichen.

Optimistisch sieht es zunächst der Bürogerätehersteller Brother: „Vernetzte Geräte, die Daten sammeln und Algorithmen anwenden, werden bald anfangen, Lösungen für Produktivitätsprobleme anzubieten, die Menschen in vielen Fällen nie identifiziert hätten. […] [Die] Mitarbeiter haben mehr Zeit und Freiraum, um strategische, geschäftskritische und wertschöpfende Aufgaben zu erledigen." Im Weiteren warnt Brother aber bereits vor „massiven Arbeitsplatzverlusten, vor allem für gering qualifizierte Beschäftigte" (Brother, 2019).

Ein Beispiel für die Anwendung im administrativen Bereich ist die Google-Gmail-Funktion „Intelligentes Schreiben", die auf Maschinellem Lernen beruht und personalisierte Vorschläge direkt beim Schreiben der E-Mail gibt (Google, 2020). Ob eine gefällige Nachricht überhaupt den Empfänger emotional erreicht, wenn er vermuten muss, dass der auf ihn zugeschnittene Inhalt auf einem Algorithmus beruht, sei dahingestellt. Im Marketing, bei persönlich zugeschnittenen Kaufvorschlägen, scheint es jedenfalls gut zu funktionieren.

Tatsache ist aber, dass sich bislang durch den technologischen Wandel die Beschäftigung volkswirtschaftlich gesehen eher erhöht hat. Allerdings fielen Arbeitsplätze in einigen Wirtschaftsbereichen weg, wie Abb. 1.7 zeigt. Dafür entstanden in einem anderen Bereich neue. Schwierig vorherzusagen ist allerdings, was hinzukommen wird. Henry Fords Kunden sollten sich angeblich schnellere Pferde gewünscht haben in Unkenntnis der Möglichkeiten eines Autos. Alle industriellen Revolutionen haben neue Berufsfelder hervorgebracht, die vorher nicht bekannt waren. Insofern sollte eine heutige Berufswahl Flexibilität vorsehen oder eine berufliche Spezialisierung in einem Bereich erfolgen, der voraussichtlich auch noch in 20 Jahren erfolgversprechend nachgefragt wird. Eine Prognose für die Veränderungen der nachgefragten Berufe zeigt Abb. 1.8 . Mittelfristig, insbesondere seit dem verstärkten auftreten generativer KIs, wie z.B. Chat-GPT, sieht Rodney Zemmel von McKinsey Digital für den Produktionsbereich hohe Kosteneinsparungen und das Potential zu enormen Kosteneinsparungen, Dies geht jedoch Hand in Hand mit Veränderungen in der Arbeitswelt. Zum Teil wird es in einzelnen Bereichen weniger Beschäftigung geben, netto aber mehr Arbeitsplätze. Das so Zemmel sei eine „gute Nachricht" (Zemmel, 2024).

Die jetzt ins Berufsleben eintretenden Generationen zeigen sich mehrheitlich interessiert von Digitalisierung und Industrie 4.0, so eine Studie von Deloitte über das

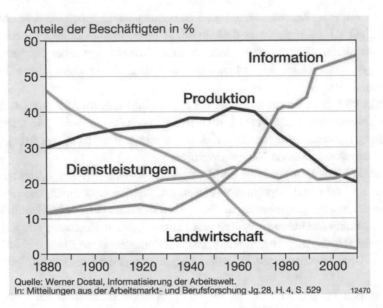

Abb. 1.7 Veränderung der Beschäftigung bis zum Beginn der Digitalen Revolution 2010. (Quelle: Institut für Arbeitsmarkt-und Berufsforschung)

Vertrauen der Millennials (Geburtsjahrgang 1983 bis 1994) und der nachfolgenden Generation Z (zwischen 1995 und 1999 geboren; Deloitte, 2018). Die Hauptaussage lautet: „Industrie 4.0 wird meinen Job erweitern und mich dabei unterstützen, mich auf kreativere, menschlichere und wertschöpfendere Arbeiten zu konzentrieren" (siehe Abb. 1.9).

Nicht außer Acht gelassen werden sollte allerdings eine gewisse Diskrepanz zwischen dem, was die junge Generation erwartet, und dem, was ihrer Meinung nach die Prioritäten der Arbeitgeber sind. Besonders interessant für Industrie 4.0 ist die Antwort auf die Effizienzsteigerung eines der erklärten Ziele der Digitalen Revolution (siehe Abb. 1.10). Bei der Frage „Drive efficiency, find quicker and better ways of doing things" gibt es eine deutliche Diskrepanz.

Wichtig ist aber auch der Blick auf die bestehende Belegschaft. Bei Technologiebrüchen sind viele Unternehmen sehenden Auges in den Konkurs gefahren, weil sie zu viele Mitarbeiter mit falscher Qualifikation hatten.

> **Übersicht**
> So trat beim Kassen- und Rechnerhersteller NCR Anfang der 1970er-Jahre das Problem auf, dass ein großes Know-how sowohl in der Entwicklung als auch in der Produktion bei mechanischen Rechenwerken vorlag.

The Jobs Landscape in 2022

emerging
roles,
global
change
by 2022

Top 10 Emerging

1. Data Analysts and Scientists
2. AI and Machine Learning Specialists
3. General and Operations Managers
4. Software and Applications Developers and Analysts
5. Sales and Marketing Professionals
6. Big Data Specialists
7. Digital Transformation Specialists
8. New Technology Specialists
9. Organisational Development Specialists
10. Information Technology Services

declining
roles,
global
change
by 2022

Top 10 Declining

1. Data Entry Clerks
2. Accounting, Bookkeeping and Payroll Clerks
3. Administrative and Executive Secretaries
4. Assembly and Factory Workers
5. Client Information and Customer Service Workers
6. Business Services and Administration Managers
7. Accountants and Auditors
8. Material-Recording and Stock-Keeping Clerks
9. General and Operations Managers
10. Postal Service Clerks

Source: Future of Jobs Report 2018, World Economic Forum

Abb. 1.8 Veränderungen der nachgefragten Berufe durch Digitalisierung & KI (World Economic Forum, The Jobs Landscape, 2018)

Plötzlich waren diese aber nicht mehr nachgefragt, elektronische Rechner wurden bezahlbar und waren besser. Natürlich hatte das Management diese Entwicklung vorhergesehen, aber aus einem Dreher für Zahnräder macht man nicht über Nacht einen Elektrotechniker. Dies führte letztlich zur Pleite.

Hinsichtlich der Auswirkungen von Künstlicher Intelligenz in der industriellen Arbeitswelt fordern Arbeitnehmervertreter klare Regeln zum Einsatz von KI-Systemen. So existiert ein Konzeptpapier des Deutschen Gewerkschaftsbund (DGB, 2020) mit einem 10-Punkte-Plan:

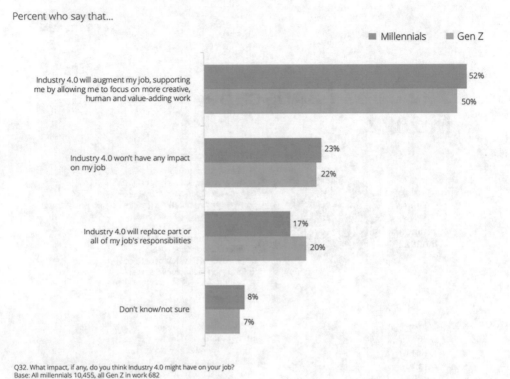

Percent who say that...

Q32. What impact, if any, do you think Industry 4.0 might have on your job?
Base: All millennials 10,455, all Gen Z in work 682

Abb. 1.9 Millennials und Generation Z sehen in Industrie 4.0 meist eher einen Wegbereiter als eine Bedrohung. (Quelle: Deloitte Millennial Survey 2018)

10-Punkte-Plan des DGB für einen gesetzlichen Ordnungsrahmen für einen verlässlichen KI-Einsatz

1. Schaffung eines gesetzlich verankerten Zertifizierungsverfahrens und Aufbau von unabhängigen Prüf- und Beschwerdestellen zur demokratisch legitimierten Aufsicht und Kontrolle
2. Förderung betrieblicher Aushandlungsprozesse durch eine Stärkung der Mitbestimmungsrechte
3. Förderung der Kompetenzentwicklung von Betriebs- und Personalräten für den betrieblichen KI-Einsatz (Komplexität von KI-Systemen sowie datafizierungspolitische Sensibilisierung und Qualifizierung), bspw. durch staatlich geförderte Qualifizierungs- und Beratungsangebote

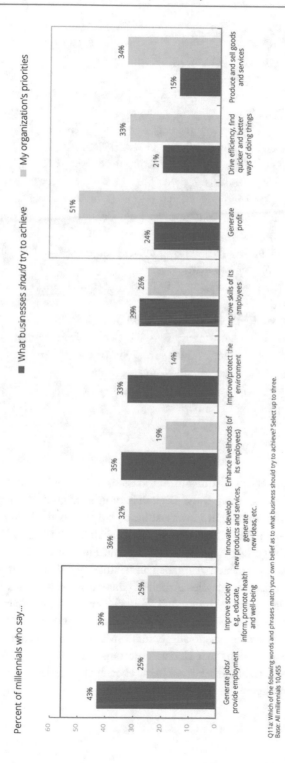

Abb. 1.10 Die Arbeitgeber sind mit den Prioritäten der Millennials „nicht im Einklang" - (Quelle: Deloitte Millennial Survey 2018)

4. Einführung eines eigenständigen Beschäftigtendatenschutzgesetzes, um den besonderen Anforderungen bei der Verarbeitung personenbezogener Daten im Betrieb gerecht zu werden.

5. Sachvortragsverwertungsverbot und Beweisverwertungsverbot für rechtswidrig erlangte Beschäftigtendaten und deren Nutzung

6. Konkretisierung und Verbesserung der bestehenden Regelungen des Allgemeinen Gleichbehandlungsgesetzes (z. B. § 3, 12 und 15 AGG), um Beschäftigte vor algorithmenbasierter Diskriminierung zu schützen

7. Verbindlichkeit bei der Umsetzung von Prozessen für Folgenabschätzung und Evaluation von KI-Anwendungen (analog zur Datenfolgenabschätzung nach DSGVO) hinsichtlich der Veränderung der Belastungssituation im Betrieb

8. Verbindlichkeit für die gesetzlich vorgeschriebene Gefährdungsbeurteilung psychische Gesundheit und deren Anpassung an KI-Systeme (insb. Anti-Stress-Verordnung, Stärkung der Aufsicht)

9. Ausbau der Arbeitsforschung und kritischen Datafizierungsforschung zur Förderung der sozialpartnerschaftlichen Umsetzung von KI-Projekten (Entwicklung von verbindlichen Standards/Rahmenbedingungen)

10. Sozialpartnerschaftlich abgestimmte Entwicklung und Einführung ethischer Leitlinien in der Ausbildung und eines hippokratischen Eids für KI-Entwicklung hinsichtlich der arbeits- und gesellschaftspolitischen Implikationen von KI-Systemen sowie Unterstützungsmaßnahmen zur betrieblichen Orientierung an ethischen Leitlinien

Quelle: DGB (2020)

Der BDA – Die Arbeitgeber weist darauf hin, dass es zwar Veränderungen und Wegfall einzelner Berufsbilder geben wird, die Digitalisierung aber große Chancen aufzeigt. „Horrorprognosen" von massenhaftem Jobverlust treten sie entgegen mit Argumenten wie „Schaffung von Teilhabe in der digitalisierten Arbeitswelt", „Work-Life-Balance" und der Chance, dass „auch geringer qualifizierte Beschäftigte durch die Unterstützung intelligenter Systeme bei komplexen Aufgaben unterstützt werden". Auf Arbeitgeberseite werden unter dem Stichwort „agiles Arbeiten" andere Arbeitsformen eingefordert. Genannt werden Flexibilisierung, Freiraum und Weiterbildung. „Kennzeichnend für agile Organisationen und Teams sind eine hohe Reaktionsgeschwindigkeit auf sich verändernde Rahmenbedingungen sowie eine stark ausgeprägte Markt- und Kundenorientierung. Prozesse sind innovationsgetrieben." Als Herausforderungen beim agilen Arbeiten werden die z. T. festgefahrenen betrieblichen Hierarchien, aber auch das deutsche Arbeitsrecht, z. B. das Arbeitszeitgesetz, gesehen (BDA, 2023).

Auch Microsoft-Gründer Bill Gates sieht die Künstliche Intelligenz als Vortragender auf der partizipativen, digitalen Diskussionsplattform Europe 2023 nicht als Gefahr, sondern als Bereicherung, sich im Job auf „wichtige Aspekte" konzentrieren zu können. Es werde weder weniger Lehrer noch weniger Ärzte geben, aber KI könne durchaus dazu führen, dass wir in Zukunft weniger Arbeiten, so Gates (Gates, 2023).

Die Konzentration auf das Wesentliche bei der Arbeit kann also als große Chance gesehen werden. Es bleibt aber abzuwarten, ob KI dann zu weniger Arbeit führt oder bei gleicher Arbeit bzw. Arbeitszeit zu Rationalisierung und Leistungsverdichtung führt.

Wichtig ist aber, sich frühzeitig Gedanken über Weiterqualifikation und lebenslanges Lernen zu machen. Auch sollte man sich klar machen: Nicht alle Mitarbeiter sind aus den verschiedensten Gründen qualifikationsfähig. Betrieblich und gesellschaftlich ist wichtig, auch für diese eine geeignete Lösung zu finden. Nach den Erfahrungen des Autors sind es übrigens genau diese Mitarbeiter, die z. B. bei Kaizen (Mitarbeiter getragener Prozess der kontinuierlichen Verbesserung im Produktionsbereich) die besten Ideen haben. Das Yes-we-can-Vorrücken sollte vom Erfahrungsschatz begleitet werden. Letztlich wird es wegweisend sein, die Expertise aller Mitarbeiter richtig zu kombinieren, was auch das Nutzen neuer digitalisierter bzw. KI-basierter Formen im Personalmanagement miteinschließt.

1.9   Personalmanagement im Wandel (HR 4.0)

Die Veränderungen bei Arbeit 4.0 im Blick wird klar: Das Personalmanagement, also u. a. Personalbeschaffung, -qualifizierung und -führung, wird sich ebenfalls verändern (siehe Abb. 1.11). Bereits jetzt haben einige Unternehmen den Personalbeschaffungsprozess weitgehend automatisiert und nutzen Künstliche Intelligenz mithilfe von Algorithmen und Big Data. Automatische Entscheidungssysteme (***Algorithm Decision Making [ADM]***, siehe Abschn. 7.12) haben darüber hinaus den Vorteil, dass sie unbestechlich und frei von ***Bias*** (kognitive Verzerrungen, Befangenheit, Vorurteilen etc.) sind. Genau deshalb ist aber eine solche ADM ***„teilhaberrelevant"***, d. h., die Entscheidungen haben direkte Auswirkungen auf Personen (nach Zweig et al., 2018) und müssen besonders beobachtet werden.

- ***Recruiting 4.0*** *(alternative Bezeichnung:* ***Social Recruiting****) steht für die digital gestützte Personalsuche und den digitalen Bewerbungsprozess mit erhöhter Geschwindigkeit und Effizienz, optimiert für mobile Anwendungen. Recruiting 4.0 beinhaltet zumeist das Robot-Recruiting (siehe unten).*

Hierunter fallen, neben für mobile Endgeräte optimierten Bewerbungsmöglichkeiten, auch Imagekampagnen (Unternehmenswahrnehmung), Stellenausschreibungen sowie Karriereseiten. Die Ausschreibungen sollen auch von Suchmaschinen sowie Bots bzw.

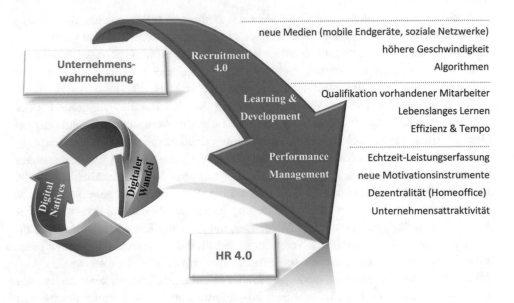

Abb. 1.11 Personalmanagement im Wandel (HR 4.0)

maschinellen Suchagenten gefunden werden. Das bedeutet, dass sie anders geschrieben sein müssen. Man spricht hierbei vom *Computional Thinking* – denken wie ein Computer.

Darüber hinaus beinhaltet Recruiting 4.0 die Automatisierung des Bewerbungsprozesses unter Zuhilfenahme von Algorithmen:

- *Robo-Recruiting als Teil von Recruiting 4.0 bezeichnet den Einsatz von intelligenten Technologien und Künstlicher Intelligenz bei der Personalauswahl. Algorithmen treffen die (Vor-)Auswahl.*

Die neuen Werkzeuge des digitalen Personalmanagements sind:

1. *Social Media & Talent Mining*

   Hier gibt es zunächst die Möglichkeit, die Unternehmenswahrnehmung zu verbessern und aktiv nach Talenten zu suchen und proaktiv mit Interessenten in Kontakt zu bleiben.

   Darüber hinaus sollte aber die Unternehmensbewertung durch externe und interne User beobachtet und so weit wie möglich gesteuert werden, z. B. über *Influencer.*

2. *Online-Jobbörsen*

   Zur Talentgewinnung, aber auch zur Unternehmensdarstellung, Wettbewerbsbeobachtung, Erkennung von Abwanderungstendenzen …

3. *Mobile Recruiting*

Dezentrale Technologien, z. B. die Überall-Erreichbarkeit, wird an Wichtigkeit zunehmen. Hierzu gehört auch das sog. Talent-Relationship-Management.

4. *Software as a Service (SaaS) und Cloud-Dienstleistungen*

    Für standardisierte Prozesse, wobei datenschutzrelevante bzw. schützenswerte Daten weiterhin im Unternehmen verbleiben.

5. *Digitale Personalakte & automatisierte Zeugniserstellung*

6. *Harvesting: Profile Mining & CV-Database Search*

    Harvesting meint verfügbare Quellen systematisch „abzuernten". Dies bedeutet die Nutzung von Big Data bei der Personalbeschaffung (z. B. Lebensläufe vervollständigen), Personalplanung (z. B. Trendscouting – Wissen, was morgen gebraucht wird) und Qualifikationsplanung (wo wird Know-how knapp), aber auch bei der Personaleinsatzplanung (Wissen, welcher Bedarf morgen abgefragt wird).

7. *Talent Mining & Recruiting 4.0*

    Automatisierte & algorithmenbasierte Personalsuche, -beschaffung und -auswahl.

Im Gegensatz zu anderen Mitarbeitern sehen nach einer Untersuchung von JobStairs die wenigsten Personalentscheider in der Automatisierung von Recruitingprozessen eine Bedrohung, nur 13,05 % befürchten negative Auswirkungen (Jäger, 2017).

Nicht unerwähnt sein soll aber in diesem Zusammenhang, dass der *Bewerber 4.0* sich auf die automatisierten Prozesse vorbereiten kann: Im Internet gibt es bereits Hinweise darauf, wie ein Algorithmus zu täuschen oder zu manipulieren ist – allerdings sind umgekehrt auch die Algorithmen lernfähig. Auch können Algorithmen Fehler machen (siehe Mohr, 2020).

Die Herausforderung derzeit ist, dass Unternehmen viele Oldschool-Mitarbeiter beschäftigen, die entweder qualifiziert werden müssen oder – viel schwieriger – mit dem digitalen Wandel nicht Schritt halten können. Umgekehrt sind die Personalmärkte mit geeigneten „digitalen" Talenten leer gefegt. Die Unternehmen wetteifern daher um entsprechende Fachleute, umgarnen sie teilweise mit besonderen Angeboten, um moderne Hightech-Mitarbeiter zu bekommen bzw. zu binden (Stichwort: *„War of Talents"*). Hinzu treten Effekte der Globalisierung, des demografischen Wandels und der Generation Y bzw. Z (Digital Natives). Dies ist ein Dilemma, auch weil die Erfahrung der älteren Mitarbeiter wichtig ist und nicht verloren gehen darf. Es stellt sich immer wieder heraus, dass altgeglaubtes Wissen von Bedeutung ist. Erfolgreich ist, wer zusammenführen kann.

1.10 Evolutionäre & disruptive Transformation

Auch im industriellen Bereich ist der Wandel allgegenwärtig. Zunächst ergeben sich große Chancen, die es zu nutzen gilt: Produkte können, z. B. durch die Auswertung großer Datenmengen, passgenau für den Kunden angeboten werden. Die zugehörige Produktion wird flexibler, effizienter und kann sich autonom schnell an wechselnde

Bedürfnisse anpassen. Durch bessere Planungsgenauigkeit gelingt es, nachhaltiger und ressourcenschonender zur produzieren.

Daneben gibt es neue, häufig innerbetriebliche Herausforderungen: Der technologische Wandel selbst muss beherrscht sein und die damit verbundene personelle Umstellung erfordert Fingerspitzengefühl.

Wird die technologische Veränderung nicht angegangen, verliert das Unternehmen Marktanteile an innovativere Wettbewerber. Gelingt der Umbau auf der Mitarbeiterseite nicht, so werden i. A. die Kosten zu hoch. Beides kann u. U. auch ein großes Unternehmen zerstören.

Im Produktionsbereich herrscht derzeit (noch) eine evolutionäre Transformation vor.

- *Von **evolutionärer (weiterentwickelnden) Transformation** spricht man, wenn bestehende Strukturen und Prozesse um neue Technologien **ergänzt** werden.*

In der produzierenden Industrie sind diese neuen Technologien zunächst Vernetzung (z. B. Internet of Things bzw. Industrial Internet of Things) und die damit verbundene Verarbeitung großer Datenmengen (z. B. Big Data). Auch wenn jetzt nicht nur lokale Produktionsdaten aus der eigenen Fabrik verarbeitet werden, sondern – vollkommen neu – auch vom Produkt während der Nutzung, und ach, wenn jetzt Maschinen und Produkte selbstständig untereinander kommunizieren, an den grundsätzlichen Abläufen im Unternehmen hat sich (noch) wenig geändert.

- *Eine **disruptive (zerstörenden) Transformation** verändert die Basis von Strukturen und Prozessen. Sie müssen vollkommen neu ausgerichtet werden, mit umfassenden Konsequenzen.*

Eine weitreichende Konsequenz ist, dass disruptive Transformation neben der eingesetzten Technik auch die Qualifikation der Mitarbeiter betrifft. Dies ist häufig auch ein zeitliches Problem. Disruption in Form eines Technologiesprungs (siehe Abschn. 1.4) vollzieht sich i. A. schnell. Mitarbeitern mit dann nicht mehr passender Qualifikation müssen umgeschult werden bzw. man wird sich mittelfristig von ihnen trennen müssen. Beides ist nicht einfach und dauert. Personal mit der notwendigen Qualifikation ist aber häufig schwierig anzuwerben, da auf dem Arbeitsmarkt gesucht, selten passgenau zu finden und teuer.

1.11   Fragen zum Kapitel

1. Ab 1980 fand ein Wandel von materiellen zu immateriellen Produkten statt. Nennen Sie Beispiele und überlegen Sie, welche Herausforderungen sich durch den Wandel ergeben.

2. Was ist „Disruption"? Beschreiben Sie anhand eines Beispiels, welche Handlungsoptionen sich für einen produzierendes Unternehmen mit Schwerpunkt in diesem disruptiven Bereich daraus ergeben.

3. Unterscheiden Sie „Technology Push" und „Market Pull". Wo würden Sie Digitalisierung und Künstliche Intelligenz zuordnen? Stellen Sie Überlegungen zur jeweiligen Strategie für ein innovatives, forschungsstarkes Unternehmen an.

4. Beschreiben Sie die innovativen Dimensionen der Digitalisierung und der Künstlichen Intelligenz. Unterscheiden Sie dabei evolutionäre und revolutionäre Veränderungen.

5. Stellen Sie strategische Überlegungen an für den Fall:
   a) Sie arbeiten mit einer allgemein bekannten Technologie, können aber zusätzlich neue Märkte eröffnen.
   b) Sie haben ein innovatives Produkt, das anders ist als alles bislang bekannte. Ihre existierenden Kunden reagieren verhalten, die Entwicklung neuer Märkte ist derzeit kaum möglich.

6. Beschreiben Sie den Zusammenhang von technologischer und sozialer Entwicklung anhand eines Kondratjew-Zyklus. Was könnte der Auslöser für einen neuen Kondratjew-Zyklus sein?

7. Welches sind bei der Elektromobilität „interessierte Parteien"? Wie ist deren Interessenlage, deren Strukturierung und wie werden Entscheidungen innerhalb dieser interessierten Parteien sowie übergreifend herbeigeführt? Was können Sie als ein Hersteller von mechanischen Getrieben tun?

8. Die Kostenexplosion im Gesundheitswesen wird häufig mit der technologischen Entwicklung und innovativen Verbesserungen begründet. Im Gegensatz dazu wurden Mobiltelefone im Laufe der Zeit ebenfalls besser, der Funktionsumfang stieg, nur der Preis sank drastisch. Warum ist dies so gegensätzlich?

   Analysieren Sie tabellarisch beide Innovationsmärkte in Bezug auf die beteiligten Interessengruppen (Politik, Gesellschaft, Anbieter, Kunden etc.), Ziele, Struktur, Einflussmöglichkeiten sowie Beitrag zur Entscheidungsfindung.

9. Was sind die Veränderungen bei Arbeit 4.0? Unterscheiden Sie dabei positive Entwicklungen sowie Risiken. Wie könnte ein Unternehmen sich darauf vorbereiten?

10. Warum sind bezüglich der Arbeitswelt die Produktion, die Automobilindustrie und die Medizin besonders von KI-Veränderungen betroffen? Wo sehen Sie Chancen, wie begegnen Sie den Risiken?

11. Was ist Recruiting 4.0? Wie kann ein mittelständisches Unternehmen sich gegenüber Großkonzernen dabei durchsetzen?

12 Im Zusammenhang mit Industrie 4.0 wird häufig vom lebenslangen Lernen gesprochen. Diskutieren Sie die gesellschaftliche Dimension und überlegen Sie, ob den Vorteilen auch Herausforderungen gegenüberstehen. Wie wollen Sie diesen begegnen?

Literatur

Anthes, E. (9. Oktober 2020a). KI erkennt Krankheiten: Alexa, habe ich Covid-19? https://www.spe
ktrum.de/news/kuenstliche-intelligenz-unterscheidet-stimme-von-gesunden-und-kranken/177
7593. Zugegriffen: 8. Okt. 2020.

Anthes, E. (30. September 2020b). Alexa, do I have COVID-19? https://www.nature.com/articles/
d41586-020-02732-4. Zugegriffen: 30. Sept. 2020.

Baier, C. (19. Oktober 2020). Doktor Big Tech. https://www.focus.de/finanzen/news/gesundheit-dok
tor-big-tech_id_12522846.html. Zugegriffen: 18. Okt. 2020.

BDA – Die Arbeitgeber. (2023). Agiles Arbeiten. https://arbeitgeber.de/themen/digitalisierung-und-innovation/,
https://arbeitgeber.de/themen/digitalisierung-und-innovation/agiles-arbeiten/, https://arbeitgeber.
de/themen/digitalisierung-und-innovation/zukunft-der-arbeit/. Zugegriffen: 1. März 2023.

Blackwell's. (23. 03 2020). Umfrage der Buchhandlungskette Blackwell's. DIE ZEIT Wissen hoch
3 (E-Mail-Newsletter).

Böhm, J. (23. Mai 2016). Meinung: Ist Digitalisierung der 6. Kondratieff? https://www.computerw
oche.de/a/digitale-transformation-trend-oder-industrielle-revolution,3312556. Zugegriffen: 17.
Mai 2020.

Brother, I. (6. August 2019). Arbeit 4.0: So sieht das Büro der Zukunft aus. https://www.brother.de/
blog/digitalisierung/2019/arbeit-4. Zugegriffen: 28. Mai 2020.

Bundeszentrale für politische Bildung. (15. 01 2008). Die Albatros-Kultur. https://www.bpb.de/ler
nen/grafstat/projekt-integration/134613/info-06-01-uebung-die-albatros-kultur. Zugegriffen: 15.
Dez. 2020.

Deloitte. (2018). Deloitte Millennial Survey 2018. Das Vertrauen junger Talente in die Wirtschaft
nimmt ab und die Loyalität gegenüber Unternehmen sinkt. https://www2.deloitte.com/de/de/
pages/innovation/contents/Millennial-Survey-2018.html. Zugegriffen: 28. Mai. 2019 Arbeitgeber.

DGB – Deutscher Gewerkschaftsbund. (2020). Klare Regeln für Künstliche Intelligenz – DGB-
Konzeptpapier mit 10-Punkte-Plan und Leitfragen für Betriebe und Politik. https://www.dgb.de/
themen/++co++69b497c4-74ca-11ea-a51f-52540088cada Zugegriffen 1. Dez. 2022.

Ehrenfreund, P. (01 2020). Fünf Minuten mit Pascale Ehrenfreund. Harvard Business Manager, 106.

Gates, B. (7. Februar 2023). Auf der Digitalkonferenz der ZEIT, Tagesspiegel, Handelsblatt und
wirtschaftsWoche, in *ZEITonline*.

Frank, K., & Reitmeier, P. (2003). *Rekursives Innovationsmanagement*. Eul.

Google. (2020). Intelligentes Schreiben. https://support.google.com/mail/answer/9116836?hl=de.
Zugegriffen: 28. Mai 2020.

Händeler, E. (2018). *Die Geschichte der Zukunft – Sozialverhalten heute und der Wohlstand von
morgen – Kondratieffs Globalsicht*. Brendow.

Harari, Y. (2018). *21 Lektionen für das 21. Jahrhundert*. Beck.

Hauschild, J., & Gemünden, H. (2011). Dimensionen der Innovation. In S. Albers, & O. Grassmann
(Hrsg.), *Handbuch Technologie- und Innovationsmanagement* (S. 21 ff.). Gabler.

Hawking, S. (1. Dezember 2016). This is the most dangerous time for our planet. https://www.the
guardian.com/commentisfree/2016/dec/01/stephen-hawking-dangerous-time-planet-inequality.
Zugegriffen: 11. Okt. 2020.

Helft, M. (11. November 2008). Google uses searches to track Flu's spread. https://www.nytimes.
com/2008/11/12/technology/internet/12flu.html?_r=1&scp=1&sq=Google%20Influenza&st=
cse&oref=slogin. Zugegriffen: 30. Sept. 2020.

Henckel von Donnersmarck, F. (Regisseur) (2006). Das Leben der Anderen [Kinofilm].

Jäger, W. (2017). Recruiting 4.0 – Zukunftsvision oder Realität. https://hr-marketing.com/recruiting-4-0-zukunftsvision-oder-realitaet/. Zugegriffen: 6. Apr. 2020.

Kallenbach, K. (9. Januar 2020). KI in der Produktion: Menschliche Startschwierigkeiten mit Künstlicher Intelligenz. https://blog.iao.fraunhofer.de/ki-in-der-produktion-menschliche-startschwier igkeiten-mit-kuenstlicher-intelligenz/. Zugegriffen: 28. Mai 2020.

Köhler, H. (14. Januar 2010). Anders ans Ziel kommen. https://www.bundespraesident.de/Sha redDocs/Reden/DE/Horst-Koehler/Reden/2010/01/20100114_Rede.html. Zugegriffen: 13. Juni 2020.

Kondratjew, N. (1926). Die langen Wellen der Konjunktur.

Kramer (IBM), M. (2017). Die technischen Hilfsmittel, um Kunden zu befragen, sind vorhanden. Woran es mangelt, sind die adäquate Fragestellung und das Ziehen der richtigen Schlüsse. https://e-3.de/schnellere-pferde/. Zugegriffen: 13. Juni 2020.

Kroker, M. (24. August 2016). Digitale Transformation: 40 Prozent der Fortune-500-Firmen verschwinden in nächster Dekade. https://blog.wiwo.de/look-at-it/2016/08/24/digitale-transform ation-40-prozent-der-fortune-500-firmen-verschwinden-in-naechster-dekade/. Zugegriffen: 30. März 2020.

Manager Magazin. (2005). Flugzeugmotoren Porsche macht Millionenverluste. https://www.man ager-magazin.de/unternehmen/artikel/a-345044.html. Zugegriffen: 30. Aug. 2020.

Meck, G., & Weiguny, B. (27. Dezember 2015). Disruption, Baby, Disruption!. *Frankfurter Allgemeine Zeitung.* https://www.faz.net/aktuell/wirtschaft/wirtschaftswissen/das-wirtschaftswort-des-jahres-disruption-baby disruption-13985491.html. Zugegriffen: 17. Mai 2020.

Mohr, D. (6. September 2020). Die Deutsche Börse hat sich geirrt. https://www.faz.net/aktuell/finanzen/deutsche-boerse hat-sich-geirrt-wichtiger-aktienindex-16940485.html. Zugegriffen: 8. Sept. 2020.

Mounk, Y. (29. Februar 2016). Trump vertritt auch deutsche Interessen. Seite 2: Trump ist unberechenbar – und ist stolz darauf. https://www.zeit.de/politik/ausland/2016-02/donald-trump-us-wahl-kandidat-republikaner/seite-2. Zugegriffen: 20. Mai 2020.

Nefiodow, L. (2020). Häufig gestellte Fragen zum 6. Kondratieff. https://www.kondratieff.net/digita lisierung. Zugegriffen: 10. Juni 2020.

Porschen, H. (2018). Was Unternehmertum und Digitalisierung mit der Theorie der langen Wellen zu tun hat. https://www.hubertusporschen.com/2018/06/19/was-unternehmertum-und-digitalis ierung-mit-der-theorie-der-langen-wellen-zu-tun-hat. Zugegriffen: 10. Juni 2020.

Precht, R. (2020). *Künstliche Intelligenz und der Sinn des Lebens.* Goldmann.

Ross, A. (13. Februar 2017). Amerikas Außenpolitik: Unberechenbar aus Prinzip. https://www.faz. net/aktuell/politik/trumps-praesidentschaft/aussenpolitk-von-donald-trump-ist-gewollt-unbere chenbar-14874604.html. Zugegriffen: 20. Mai 2020.

Schwarzkopf-Stiftung, & Vorbeck, K. (23. Januar 2018). Konferenzraum der Schwarzkopf-Stiftung. https://schwarzkopf-stiftung.de/events/recht-und-demokratie-im-zeitalter-der-kuenstlichen-intell igenz-der-beitrag-der-europaeischen-union-mit-paul-nemitz/. Zugegriffen: 18. Mai 2020.

SPIEGEL. (2005). Verluste bei Porsche. *Der Spiegel, 10,* S. 73.

Steinbach, A. (18. September 2018). Unternehmen verschlafen den KI-Trend. https://www.spring erprofessional.de/transformation/kuenstliche-intelligenz/unternehmen-verschlafen-den-ki-trend/ 16038826. Zugegriffen: 13. Juni 2020.

Süddeutsche Zeitung (18. März 2014). NSA kann alle Telefonate eines Landes abhören. https:// www.sueddeutsche.de/digital/internet-ueberwachung-nsa-kann-alle-telefonate-anderer-staaten-abhoeren-1.1916436. Zugegriffen: 17. Mai 2020.

t3n Digital Pioneers. (12. Januar 2017). Amazon zeigt, wie Roboter und Menschen zukünftig zusammenarbeiten werden. https://t3n.de/news/amazon-robotics-logistikzentrum-762335/2/. Zugegriffen: 11. Okt. 2020.

Weber, A. (2017). *Digitalisierung – Machen! Machen! Machen!* Gabler.

World Economic Forum. (2018). The jobs landscape. https://www.weforum.org/agenda/2018/09/future-of-jobs-2018-things-to-know/.

Yogeshwar, R. (28.01.2018). "So wird die Zukunft" (Stern Titelthema), "Die Roboter kommen", in: STERN 05/2018, S. 38ff.

Zemmel, (2024). KI wird die Produktion enorm steigern, in: Focus Money, 2/2024, S. 32 ff.

Zweig, A., Fischer, S., & Lischka, K. (2018). Wo Maschinen irren können – Verantwortlichkeiten und Fehlerquellen in Prozessen algorithmischer Entscheidungsfindung. https://www.bertelsmann-stiftung.de/fileadmin/files/BSt/Publikationen/GrauePublikationen/WoMaschinenIrrenKoennen.pdf. Zugegriffen: 10. Juni 2020.

Grundlagen der Digitalisierung und Industrie 4.0

2

2.1 Was ist neu?

„Ada Lovelace (* 1815, † 1852) hoffte, das Gehirn in Formeln fassen zu können. Sie sah voraus, was wir heute KI nennen."

Hürter (2021)

Die Idee von Automatisierung und Digitalisierung reicht geschichtlich sehr weit zurück: Ca. 60 v. Chr. konstruierte Heron von Alexandria einen Wagen, der eine vorgegebene Strecke abfahren konnte. Das Fuhrwerk wurde von einem Seil mit einem Gewicht angetrieben. Die Richtung des Wagens konnte mithilfe von Stiften geändert werden, sozusagen einem primitiven Vorläufer des heutigen Binärcodes (EU Automation, 2016).

Bereits im 19. Jahrhundert beschäftigte sich dann die Mathematik mit Problematiken, die wir heutzutage der Informatik zuordnen. Herausragend war damals die recht freidenkende Augusta Ada King-Noel, Countess of Lovelace, genannt Ada Lovelace (siehe Abb. 2.1). Lady Lovelace entwickelte die mechanische Rechenmaschine weiter, wenngleich diese nie fertiggestellt wurden. Inspiriert wurde sie dabei von der bereits bekannten Lochkartentechnik, mit der verschiedene Stoffmuster auf Webstühlen produziert wurden. Zusammen mit ihrem Mentor Charles Babbage, einem reichen Bankierserben und Erfinder, erkannten sie das visionäre Potential: Maschinen können mehr als einfach nur rechnen. Während Babbage seine theoretische Vision einer „Analytical Engine" verfolgte, die von der Idee her schon nahe an einer KI war, arbeitete Lovelace an konkreteren Problemen, wie beispielsweise der Berechnung von Bernoulli-Zahlen. Da sie hierfür eine Art Programm entwickelte, gilt sie als die Begründerin von Software bzw. als erste Erstellerin von Computerprogrammen.

© Der/die Autor(en), exklusiv lizenziert an Springer Fachmedien Wiesbaden GmbH, ein Teil von Springer Nature 2024
A. Mockenhaupt and T. Schlagenhauf, *Digitalisierung und Künstliche Intelligenz in der Produktion*, https://doi.org/10.1007/978-3-658-41935-6_2

Abb. 2.1 Portrait Ada, Countess of Lovelace von Alfred Edward Chalon, 1840 (Creative Commons Attribution-Non-Commercial-Share Alike 4.0 Licence)

Vieles, was heute neu erscheint, hat, wie hier gezeigt, seine Wurzeln schon etwas früher. Auch in der heutigen Euphorie um Innovationsführerschaft wird vieles vermischt, manches ist eigentlich schon als Vorstellung längst bekannt, anderes wirklich neu.

Dies kann besonders gut am Begriff „Computer Integrated Manufacturing (CIM)" gezeigt werden: Ende der 1980er-Jahre kam die Idee des CIM auf, einer vernetzten, automatisierten Fertigung. Geforscht wurde an CIM bereits seit Anfang der 1970er-Jahre, die Umsetzung erlebte aber erst in Ende der 1980er-Jahre und vor allem in den 1990er-Jahren einen Höhepunkt. Eine Literaturstudie der TU Darmstadt beschäftigt sich mit der Frage, ob Industrie 4.0 wirklich neu ist (Meudt et al., 2017):

„Häufig wird Industrie 4.0 mit Bezeichnungen wie ‚CIM reloaded‘, ‚CIM 2.0‘ oder ‚Alter Wein in neuen Schläuchen‘ in Verbindung gebracht. Hiermit wird die Frage aufgeworfen, ob Industrie 4.0 eine grundsätzlich neue Idee darstellt oder vielmehr dem bereits existierenden CIM-Ansatz entspricht." Die Autoren der Studie kommen dann zu dem Fazit: „Grundsätzlich ist es empfehlenswert, bei der Entwicklung Industrie-4.0-spezifischer Konzepte auf bestehende CIM-Ansätze zurückzugreifen. Eine Eins-zu-eins-Übertragung auf heutige Unternehmensstrukturen erscheint jedoch kaum erfolgver-sprechend." CIM solle, so die Studie, gemäß den Anforderungen von Industrie 4.0 gezielt modifiziert und weiterentwickelt werden.

Derzeit sieht es tatsächlich so aus, dass die aktuellen Anwendungen in der Produktion, aus der Digitalisierung kommend, eher inkrementelle Innovationen sind. Gerne werden diese dann mit dem Hypewort „Industrie 4.0" firmiert, doch für viele Anwendungen gilt:

„Das Thema KI wird, wie jeder Hype, später abflachen und realistisch eingeordnet werden. Wir sprechen hier technisch von Konzepten, die 20 Jahre alt sind. Jetzt sind sie vielfach anwendbar und werden ihren Platz im Bereich Datenintelligenz finden bzw. haben ihn teilweise schon gefunden." (Interview: Was sind die Erfolgsfaktoren für die künstliche Intelligenz? Interview mit Herrn Dr. Sönke Iwersen von der HRS Group, 2019).

Ähnlich sieht es die Fraunhofer Gesellschaft, die meint, dass sich aktuell auf dem Shopfloor vorrangig KI-Anwendungsfälle befinden, die auf Maschinendaten basieren (Fraunhofer IAO, 2020). Bei der Verleihung des zweiten Deutschen KI-Preises im Oktober 2020 brachte es ein Teilnehmer der Podiumsdiskussion so auf den Punkt: Derzeit sei KI angewandte Statistik in Kombination mit einem guten Marketing.

Die radikale Innovation wird gespeist aus der Künstlichen Intelligenz (KI) und dem Deep Learning. Diese ist in manchen Bereichen, insbesondere in reinen IT-Produkten, bereits angekommen, aber in der industriellen Produktion (noch) eher im Experimentier-stadium als Pilotprojekte.

„Die KI hat heute Einzug gehalten in die Industrien der Logistik & Transport, Banken, Auto-mobilbranche & Travel. Dort werden KI-Themen genutzt, um Prozesseffizienzen zu heben. Darüber hinaus kommen wertstiftende Ergebnisse aus intelligenten Datenprozessen, indem Datenprodukte genutzt werden, die KI beinhalten. Vieles davon ist aber noch im Laboratorium und sucht noch nach Marktreife für sich."

Nguyen, L. C. Interview: Was sind die Erfolgsfaktoren für die künstliche Intelligenz? Interview mit Herrn Dr. Sönke Iwersen von der HRS Group (2019)

Das ändert sich aber aktuell rapide. Als Annäherung kann die Entwicklung wie folgt beschrieben werden:

• Reaktive Automaten (gibt es bereits) können nicht auf „Erfahrungen" zurückgreifen.

- Statistik- und algorithmenbasierte Maschinen als schwache Künstliche Intelligenzen (aktuelle Entwicklungen) nutzen vergangenheitsbezogene bzw. aktuelle Daten, lernen selbstständig daraus und prognostizieren die Ergebnisse in die Zukunft.
- Starke Künstliche Intelligenzen ähneln der menschlichen Intelligenz, benötigen aber in der letzten Ausbaustufe auch Empathie, Kreativität sowie darüber hinaus Selbsterkenntnis (Bewusstsein). Die Umsetzung liegt weit in der Zukunft, ggf. ist sie technologisch nicht realisierbar.
- Generative künstliche Intelligenz (z.B. ChatGPT) kann neue Inhalte und Ideen wie Konversationen, Geschichten, Bilder, Videos und Musik aus synthetischen Daten erstellen.

2.2   Definitionen Automatisierung, Digitalisierung & Industrie 4.0

Betrachtet man die Geschichte der industriellen Produktion, so verläuft diese von der manuellen Fertigung über die Automatisierung und Digitalisierung zu dem, was heute als Industrie 4.0 bezeichnet wird. Diese Begriffe sollen hier zunächst definiert werden und im nächsten Kapitel voneinander und zusätzlich zur Künstlichen Intelligenz abgegrenzt werden.

- *Automatisierung (aus dem Griechischen für „selbsttätig handeln") bezeichnet das Ausrüsten einer Einrichtung, sodass sie ganz oder teilweise ohne Mitwirkung des Menschen bestimmungsgemäß arbeitet (nach DIN 19233).*

Automatisierung kann rein mechanisch realisiert werden, aber auch programmgesteuert ablaufen. Es handelt sich aber immer um rein repetitive, sich wiederholende Handlungen, die automatisiert werden. Nicht automatisieren lassen sich demnach Tätigkeiten, die Kreativität oder Intelligenz benötigen.

In seiner ursprünglichen Bedeutung meint Digitalisierung das Umwandeln von analogen Werten in digitale Formate, notwendig zur weiteren Verarbeitung durch Computer. Neben dieser Begriffsbestimmung hat sich im ökonomisch-industriellen Umfeld eine erweiterte Deutung etabliert:

- *Digitalisierung bezeichnet als Oberbegriff den Einsatz vernetzter, digitaler Technologien in allen Bereichen von Wirtschaft und Gesellschaft.*

Für Anwendungen in der Produktion kann nach neuerer Begriffsbestimmung griffiger formuliert werden:

- *Digitalisierung automatisiert die Datenverarbeitung und erlaubt damit die Verarbeitung sehr großer Datenmengen.*

Digitalisierung ist ein Werkzeug, dass es ermöglicht, selbstständig (maschinell) Daten zu ordnen, sie besser zu verstehen und daraus (Optimierungs-)Potential zu schöpfen.

Im Bereich der industriellen Fertigung wird bei Digitalisierung zusätzlich der Begriff Industrie 4.0 verwendet:

- *Industrie 4.0 ist spezialisiert auf den industriellen Einsatz und bezeichnet die Integration der Digitalisierung in Produktionsprozesse. Dabei kommen zusätzlich Elemente der (schwachen) Künstlichen Intelligenz (KI) zum Tragen.*

Als Zukunftsprojekt bezeichnet, gehört Industrie 4.0 laut Bundesregierung zu den Schlüsseltechnologien mit besonderer volkswirtschaftlicher Hebelwirkung (BMBF, 2014). Das Bundeswirtschaftsministerium (BMWI) spricht von der „intelligenten Fabrik" (siehe auch Kapitel „Smart Factory" 10.3) und formuliert (BMWi, 2020): „In der Fabrik der Industrie 4.0 koordinieren intelligente Maschinen selbstständig Fertigungsprozesse; Service-Roboter unterstützen Menschen in der Montage bei schweren Arbeiten, fahrerlose Transportfahrzeuge kümmern sich eigenständig um Logistik und Materialfluss." „Industrie 4.0 bestimmt dabei die gesamte Lebensphase eines Produktes: Von der Idee über die Entwicklung, Fertigung, Nutzung und Wartung bis hin zum Recycling."

Eine Auswahl von Kennzeichen sowie von Herausforderungen bei Industrie 4.0 zeigt Abb. 2.2.

Das übergeordnete Ziel von Digitalisierung und Industrie 4.0 ist die Effizienz- und Produktivitätssteigerung. Im industriellen Bereich ist damit zum einen die Kostensenkung verbunden, zum anderen eine starke Flexibilisierung. Hierbei sind zwei Richtungen zu unterscheiden – die Vernetzung und die Selbststeuerung innerhalb der Wertschöpfungskette:

Vernetzung ist die systemtechnische Verbindung aller beteiligten Produktionsmittel, mit dem Ziel, automatisiert Daten untereinander auszutauschen und intelligent miteinander zu interagieren. Dabei muss die *virtuelle Welt* (der Daten) mit der realen, *physischen Welt* (der Menschen) zusammengeführt werden.

Selbststeuerung bezeichnet die Fähigkeit von Maschinen, aktiv und in Echtzeit die Umwelt zu erfassen, die Situation selbstständig zu analysieren und zu interpretieren sowie angemessen darauf zu reagieren. Dieser Prozess ist für die Digitalisierung und Industrie 4.0 essenziell und setzt eine autonome Entscheidungsfähigkeit (vgl. Künstliche Intelligenz) voraus.

Industrie 4.0 führt letztlich zur intelligenten Produktion (*Smart Factory,* siehe Abschn. 10.3), bei der die gesamte Wertschöpfungskette intelligent auf veränderliche Rahmenbedingungen reagiert.

Kennzeichen

• Vernetzung:	Maschinen, Geräten, Sensoren können miteinander kommunizieren (Internet der Dinge – IoT, IIoT)
• Technische Assistenz:	Unterstützung des Menschen durch verständliche Aufarbeitung von Information (Big Data – Smart Data)
• Cyberphysische Systeme & Eingebettete Systeme	Verbindung reale & virtuelle Welt verbesserte Sensorik und Daten-Kommunikation
• VR & Digitaler Zwilling:	Virtuelles Abbild der realen Welt
• Teilautonome Entscheidungen:	menschliches Eingreifen nur noch in Ausnahmen (z.B.: Störungen, Zielkonflikte)

Herausforderungen

• Komplexitätsmanagement:	Verarbeitung großer Datenmengen (Big Data) in Echtzeit, Datenintegrität (Durchgängigkeit der Datenstruktur, Datenrückführung)
• Fehlertolerante Systeme:	Fehlerresistenz, kein Komplettausfall, Weiterproduktion bei Fehlern
• Autonome Regel- und Entscheidungsprozesse:	Angemessenheit, Rechts- & Wertekonformität, Kontext & Bedeutungserkennung (Interpretationsspielraum)
• Angriffssicherheit:	kein unbemerktes bzw. unerlaubtes Ändern, Löschen, Nutzen von Daten, Sicherheit vor Computerviren, Verfahren zur Aufrechterhaltung des Betriebs bei Virenbefall & Angriffen
• Transparenz:	Systementscheidungen klar nachvollziehbar klare Systemgrenzen und Eingriffsregeln Verhinderung eines „Selbstständigmachens" des Systems

Abb. 2.2 Auswahl von Kennzeichen und Herausforderungen bei Industrie 4.0

2.3 Abgrenzung: Automatisierung, Digitalisierung, Industrie 4.0, Künstliche Intelligenz

Im Zuge der Entwicklung von der Automatisierung zur Digitalisierung bzw. Industrie 4.0 treffen zwei Welten aufeinander, bei der Automatisierung die *Operational Technology (OT)* und bei der Digitalisierung die *Informationstechnologie (IT)*. Beide Technologien haben unterschiedliche Prioritäten:

Die OT fokussiert auf den operativen Produktionsprozess, weitgehend mechanisch ausgelegt mit begrenzten digitalen Steuerungskomponenten als Insellösungen und ohne Datenvernetzung. Die digitalen Komponenten haben bei OT vor allem die Aufgabe, eine permanente Verfügbarkeit von Maschinen und Anlagen zu sichern.

Beim Übergang zur Digitalisierung und Industrie 4.0 findet die Vernetzung der Maschinen und Anlagen, aber auch des Qualitäts- und Umweltmanagements eine zentrale Rolle. Einheitliche Datenprotokolle und (drahtlose) Kommunikation für eine Maschine-zu-Maschine-Kommunikation (M2M) werden wichtig.

Dies führt zu einem Paradigmenwechsel, der von den Mitarbeitern zunächst verstanden werden muss. Dazu ist es auch wichtig, die Unterschiede zwischen den Begrifflichkeiten zu verstehen. Diese werden häufig vermischt bzw. synonym benutzt, was aber zu einer beständig gestellten Frage führt, was ist neu und was ist wirklich neu?

- *Digitalisierung in der Produktion* ist die Fortführung dessen, was als Automatisierung begonnen hat. Hier steht der Computer im Vordergrund, die digitale Auswertung von Daten. Fortschritte entstehen durch den Zugriff auf riesige, bisher nicht gekannte Datenreservoirs (Big Data) sowie die Möglichkeit durch höhere Rechnerleistungen, diese auch auszuwerten. Soweit der Stand der Technik.
- Bei *Industrie 4.0* ist es die Vernetzung von Maschinen und Produkten, welche innovativ wirkt. Hinzu treten die Miniaturisierung und Einbettung der Sensorik in Maschinen und Produkten, die mehr und vor allem bessere Daten liefern. Die aktuelle Umsetzung in der Produktion wird noch von der Datenauswertung bestimmt, „Intelligenz" in Form der schwachen KI tritt aktuell hinzu.
- *Künstliche Intelligenz* definiert sich über das Maschinelle Lernen sowie über autonomes Entscheiden und Handeln. Anwendungen in der Produktion befinden sich, je nach Definition (siehe Abschn. 3.2), in der Experimentier- oder Pilotphase.

Eine Einordnung der Begrifflichkeiten zeigt Abb. 2.3:

Digitalisierung nutzt Verfahren, die bereits seit einiger Zeit angewendet werden. Letztlich geht es darum, Daten zu erfassen, sortieren zu analysieren und als Information darzustellen bzw. automatisiert zu nutzen. Das ist nicht wirklich neu. Dennoch gibt es in der letzten Dekade einen großen, evolutionären Entwicklungssprung.

Dieser speist sich aus der exponentiell gestiegenen Rechnerleistung, Speichervolumina (auch in der Cloud) und den Möglichkeiten der digitalen High-Speed-Vernetzung. Zusätzlich entwickelte sich der Effekt der Daten-Dezentralisierung und Überall-Vernetzung,

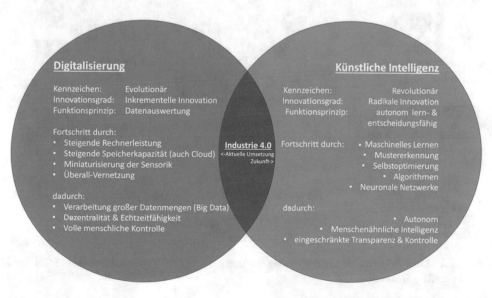

Abb. 2.3   Abgrenzung Digitalisierung, Industrie 4.0 und Künstliche Intelligenz

getragen u. a. durch die Einführung des Smartphones (2007, iPhone). Dadurch entstanden riesige Datenmengen, die, zunächst ungenutzt brach liegend, jetzt in Echtzeit, aber eher sortierend verarbeitet werden können.

Industrie 4.0 ist quasi das Bindeglied zwischen Digitalisierung und Künstlicher Intelligenz (siehe Abb. 2.4 und Abb. 2.5). Der Fortschritt hier kommt durch die vollständige Vernetzung innerhalb der Wertschöpfungskette, aber auch durch die Vernetzung mit dem Produkt, das durch die o. g. Überall-Vernetzung Nutzungsdaten in Echtzeit an den Hersteller sendet. Beides wird begünstigt durch große Fortschritte in der Sensortechnik, insbesondere deren Miniaturisierung, sowie eine weitreichende Integrationsmöglichkeit durch Einbettung (Embedded Systems, siehe Abschn. 10.8) in (Produktions-)Maschinen, aber eben auch in Endprodukten.

Bei der derzeitigen Umsetzung von Industrie 4.0 handelt es sich noch um eine evolutionäre, inkrementelle Transformation: Nach und nach werden digitale Technologien zu bestehenden Prozessen und Strukturen hinzugefügt, derzeit noch eher auswertend.

Die neuen Werkzeuge sind die der datengetriebenen Prozessanalyse und heißen Process Analytics, Data Mining & Process Mining, Predictive Analysis u. ä., Grundlage ist Big Data. Darüber hinaus gibt es neue Werkzeuge wie die Vernetzung, das (Industrial)

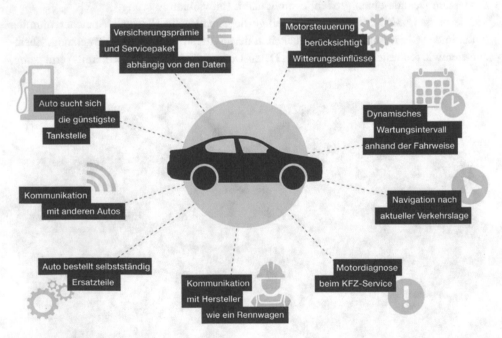

Abb. 2.4 Möglichkeiten der Digitalisierung, Industrie 4.0 und KI. (Quelle: Carl Zeiss MES Solutions GmbH – Guardus)

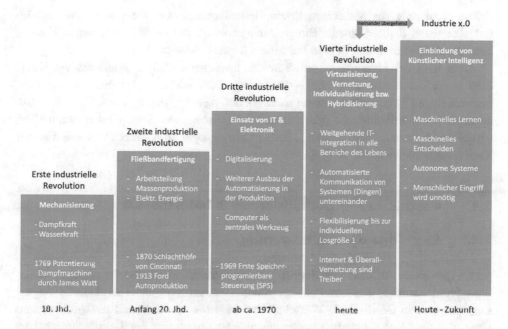

Abb. 2.5 Die vier industriellen Revolutionen

Internet of Things (IoT – IIoT), das cyberphysische System (CPS) oder auch den Digitalen Zwilling. Letztlich sind aber Digitalisierung und der derzeitige Stand der Industrie 4.0 nur mit Einschränkungen „intelligent".

Die Durchforstung gigantischer Kundendaten durch Digitalisierung (Big Data) mit dem Resultat einer Kaufempfehlung à la „Andere Kunden mit ähnlichem Warenkorb hatten noch folgendes gekauft […]" mag der Umsatzsteigerung dienen. Die Optimierung von Wertschöpfungs- und Produktionsprozessen durch Maschine-zu-Maschine-Kommunikation (M2M), mehr Sensorik sowie durch automatisierte Rückmeldungen aus der Anwendung innerhalb von Industrie 4.0 mag ganz neue Effizienzhorizonte eröffnen. Aber dies hat noch nicht wirklich etwas mit „Intelligenz" zu tun.

Innovativ und damit wirklich neu bei KI ist das Maschinelle Lernen und die damit einhergehende Selbstoptimierung. Daten werden nicht mehr sortiert und determiniert, d. h. mit vorgegebenen Baumstrukturen analysiert. Jetzt sind Maschinen in der Lage, unbekannte Muster zu erkennen, daraus autonom Bewertungsschemata zu entwickeln, um diese dann mit dem Ziel der Selbstoptimierung wieder infrage zu stellen. Durch den autonomen, maschinellen Lernprozess kommt so etwas wie wirkliche „Intelligenz" ins Spiel.

Der wirkliche Innovationssprung kommt mit der Zusammenführung von Industrie 4.0 und der Künstlichen Intelligenz. Diese ist der Treiber bei der aktuellen Weiterentwicklung der Industrie 4.0 in Richtung revolutionäre Transformation. Kennzeichen sind die Einbindung der Digitalisierung zusammen mit Autonomie, selbstständiges Lernen und

Selbstoptimierung von Maschinen in ein Gesamtkonzept über die gesamte Wertschöpfungskette und darüber hinaus. Einige Autoren sehen das unter einem neuen Namen,
nämlich als Weiterführung in eine Industrie x.0 (siehe Abschn. 2.4).

Auch wird der Lernprozess selbst immer menschenähnlicher. Wie lernt ein Kind?
Zum einen durch Anleitung und Nachahmung. Dies wir z. T. im überwachten bzw.
unüberwachten Maschinellen Lernen nachgebildet. Aber es lernt auch erfinderisch selbst,
angespornt durch intrinsische oder extrinsische Belohnungen. Dies wird maschinell im
verstärkten Lernen nachempfunden. Hierbei kann es sogar zu Ansätzen von maschineller
Kreativität kommen (siehe Kap. 6).

2.4   Geschichte der Digitalisierung & Industrie 4.0

2.4.1   Geschichte der Digitalisierung

Vorab interessant ist, dass der Begriff „Digitalisierung" nicht von der Technik eingeführt wurde, sondern aus der Politik stammt. Gemeint sind dabei strukturelle Anpas-
sungsprozesse in Gesellschaft, Wirtschaft und Industrie, die aufgrund des Aufkommens
einer digitalen Automatisierung notwendig wurden. Auch war der Begriff zunächst im
angelsächsischen Sprachraum unbekannt, dort wird eher von „Technology" gesprochen,
was aber wiederum im Deutschen nicht mit „Technologie" übersetzt werden kann, sondern eher mit „Digitale Technologien". Im Gegensatz zur Deutschen „Digitalisierung"
beschäftigt sich „Technology" aber weniger mit dem gesellschaftlichen Wandel, sondern
mehr mit technologischen bzw. innovativen Chancen.

Die digitale Automatisierung begann in den 1970er-Jahren mit dem Erscheinen der speicherprogrammierbaren Steuerung (SPS) in der Produktion. Neben höherer Produktivität
durch Prozessautomation und -optimierung hatte dies auch weitreichenden Auswirkungen
auf die Arbeitswelt: Es wurde eine andere, vor allem höhere Qualifikation benötigt –
vom Maschinenbediener zum Anlagenprogrammierer – und führte wegen der schnellen
Weiterentwicklung u. a. zur Anforderung an lebenslanges Lernen.

- *Die speicherprogrammierbare Steuerung (SPS) ist ein digital arbeitendes elektronis-
  ches System für den Einsatz in industriellen Umgebungen mit einem programmierbaren
  Speicher zur internen Speicherung der anwenderorientierten Steuerungsanweisungen zur
  Implementierung spezifischer Funktionen (nach DIN EN 61131 Teil 1). Als Entwickler
  der SPS gilt Richard E. Morley, der im Jahr 1969 ein auf einem Halbleiter basierendes
  Logiksystem vorstellte (genannt: Modicon 084).*

Waren diese Automaten zunächst Insellösungen, d. h., die Maschinen standen für sich
alleine, wurden sie durch die aufkommende Vernetzungstechnologie immer weiter zu
einem Gesamtsystem integriert.

Mit Computer Integrated Manufacturing (CIM, siehe Abschn. 2.1) wurden Produktionsanlagen vernetzt, wenngleich noch an feststehende Leitungen zwischen den Maschinen gebunden. Profitierte diese Entwicklung zusätzlich vom Aufkommen hochflexibler Handhabungsgeräte wie Industrierobotern, fehlte es aber an digitaler Verarbeitungsgeschwindigkeit, Vernetzungsstandards, standardisierten Datenbanksystemen u. Ä. Die Vernetzung endete häufig innerhalb der Fabrik, die Rolle des Internets war damals noch nicht abschätzbar (siehe auch Abschn. 10.3).

Das änderte sich um 2010 durch stark verbesserte Rechnerleistung, Fortschritte im Bereich der Sensorik und eine leitungsunabhängige Vernetzung über das Internet. Insbesondere veränderte sich die Produktion grundlegend, 2011 war der Begriff der „vierten industriellen Revolution" geboren.

Im industriellen Sektor stellt die Digitalisierung eine Erfolgsgeschichte dar, allerdings gab es auch Phasen der Besinnung bzw. Abkühlung. Diese entstanden i. W. durch die Erkenntnis, dass die Datensicherheit nur schwierig in den Griff zu bekommen ist. Besonders sichtbar wurde dies ab Anfang der 2010er-Jahre durch Whistleblower wie Edward Snowden und Julian Assange. Industriell ging es aber eher um den nicht autorisierten Know-how-Abfluss – eine Problematik, die immer noch schwelt.

2.4.2 Die Industriellen Revolutionen 1.0 bis 4.0 sowie Industrie x.0

Der Begriff *„Industrie 4.0"* wurde im Zuge der Hannover Messe 2011 vorgestellt. Im internationalen Wettbewerb sollte bewusst ein auf den deutschen Sprachraum angepasstes Wort genutzt werden (Endschreibweise mit „ie"), um die deutsche Ambition auf Mitgestaltung des Themas zu signalisieren (Lindekamp, 2015). Dementsprechend gibt es keine direkte englische Übersetzung. Im angelsächsischen Sprachraum gibt es aber Synonyme wie „Smart/Advanced Manufacturing" u. v. m.

Nach einem anfänglichen Hype wurde ab Mitte 2017 „Industrie 4.0" als Begriff zurückhaltender verwendet, wenngleich er nicht verschwand. Auslöser damals waren u. a. mehrere Cyberangriffe auf Unternehmen, die die Euphorie vorübergehend bremsten und zu einer gewissen Ernüchterung führten, so Sandro Gaycken, Cybersecurity-Experte und Direktor vom Digital Society Institute, zu Industrie 4.0 im ZDF heute-journal (Gaycken, 2017).

Insbesondere der Mittelstand ist seither eher abwartend (vgl. Ruderschmidt, 2019).

Die mit Industrie 4.0 zusammenhängende Strategie wurde aber weiterverfolgt, auch weil sie von der Bundesregierung, Verbänden und Interessengruppen breit gefördert wird. Die Endung „4.0" wird weiterhin in verschiedenen Zusammenhängen als Zeichen der Aktualität genutzt, z. B. „Arbeit 4.0", „Qualität 4.0" usw.

Industrie 4.0 steht für die vierte industrielle Revolution:

- *Die **erste industrielle Revolution,** beginnend mit der Erfindung der Dampfmaschine durch James Watt u. A. zeichnete sich durch die Mechanisierung der Arbeit aus. Mechanische Arbeit, vormals durch Tiere oder den Menschen geleistet, wurde durch Maschinen unterstützt bzw. ersetzt.*
- *Die **zweite industrielle Revolution** war die Einführung der Fließbandarbeit. Erstmalig industriell Mitte des 19. Jahrhunderts in den Schlachthöfen von Chicago eingeführt*, verhalf Henry Ford 1913 dieser Produktionstechnik zum Durchbruch. Kennzeichen sind Arbeitsteilung (nach Frederick Taylor als Taylorismus bezeichnet) und die Möglichkeit zur Massenproduktion.*

    *Upton Sinclairs Roman „The Jungle" von 1906 berichtet über die unmenschlichen Zustände auf den Schlachthöfen von Chicago.
- *Die **dritte industrielle Revolution** zeichnet sich durch den Einsatz von Elektronik in Informationstechnologie aus. Erschwingliche Computer ermöglichten einfache Datenverarbeitung und Steuerung von Maschinen. Die Digitalisierung war aber noch nicht „intelligent" und arbeitete nach einfachen Entscheidungsbäumen (If–Then-Schleifen). Die Systeme waren nicht vernetzt (Stand-alone).*
- *In der jetzt anstehenden **vierten Industriellen Revolution** ist die Informationstechnologie weitgehend in das tägliche Leben integriert. Große Datenmengen können in Echtzeit verarbeitet werden. Die Maschinen lernen selber und kommunizieren untereinander selbstständig. Menschliche Sprache und Gestik wird erkannt, worauf Maschinen autonom reagieren können.*

Wie bereits oben gezeigt, beinhaltet die derzeitige Umsetzung von Industrie 4.0 u. a. noch kaum Aspekte des Maschinellen Lernens oder der Künstlichen Intelligenz. Einige Autoren sehen dies als nächstes Ziel der aktuellen Entwicklung von Industrie 4.0 an, andere, z. B. Schaeffer (2017), führen statt der weitergehenden 5.0 bzw. 6.0 den Begriff Industrie x.0 ein.

- ***Industrie x.0** ist die konsequente Weiterentwicklung der Digitalen Transformation mit den Schwerpunkten Cyber-Physical Systems (CPS), Internet of Things (IoT), Cloud Services & Big Data, Maschinelles Lernen & Deep Learning sowie Blended Reality (wird von den meisten Autoren allerdings innerhalb Industrie 4.0 gesehen, Quelle hier: FGW, 2018; Schaeffer, 2017)*

Abb. 2.6 zeigt die strategische Technologiebasis von Industrie 4.0, so definiert vom World Economic Forum.

Aber Vorsicht, zwischen Industrie 3.0 und 4.0 (bzw. x.0) kann es zu Verwechselungen kommen, so Christoph Plass von der Managementberatung Unity über den Zusammenhang von Produktion und Internet:

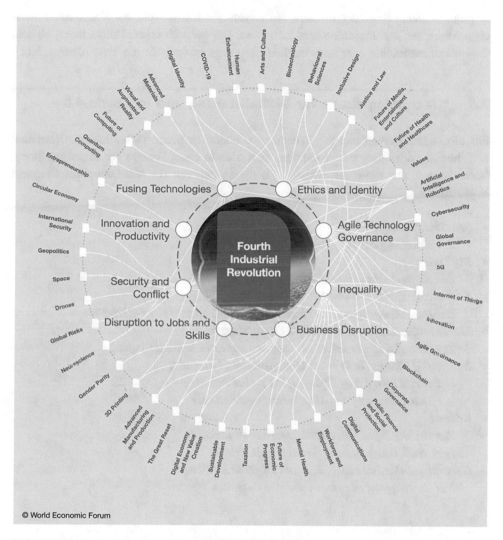

Abb. 2.6 Technologiebasis von Industrie 4.0 (World Economic Forum, 2016)

„Viele zu Industrie 4.0 veröffentlichte Beispiele und Erklärungen stellen eigentlich Beiträge zur Industrialisierung auf dem Stand von Industrie 3.x dar, also der vorangegangenen Revolution. Bei Industrie 4.0 ist jedoch nicht der Computer die zentrale Technologie, sondern das Internet. Dabei sind Werkstücke und Produktionsmittel digital miteinander verbunden und untereinander kommunikationsfähig. Das ermöglicht es, kundenindividuelle Produkte zu den Bedingungen der Massenproduktion herzustellen."

Plass (2015)

In einer weiteren Stufe der Industriellen Revolution würde wohl der Unterschied zwischen Menschen und Maschine verschwimmen. Der Mensch erkennt nicht mehr, ob sein Gegenüber natürlichen oder maschinellen Ursprungs ist (vgl. Turing-Test, Abschn. 3.11).

2.5   Technologiebasis für Digitalisierung und Industrie 4.0

Für die Digitalisierung und für Industrie 4.0 bedarf es neuer Technologien. Diese sind z. T. bereits vorhanden, andere befinden sich noch in einen Prozess der Erstentwicklung, Verbesserung und Weiterentwicklung. Zu diesen gehören (in Anlehnung an: Cernavin et al., 2018):

- *Sensortechnologie*
    Zur Erfassung der Umgebung
- *Big Data*
    Zur Analyse sehr großer Datenmengen
- *Kommunikationstechnologien*
    Zur Datenübertragung in Echtzeit (Real Time) oder in Near-Real-Time
- *Maschinelles Lernen und Künstliche Intelligenz*
    Zur Einordnung der Informationen und zur Entscheidungsfindung
- *Internet of Things (IoT)* – bei Digitalisierung allgemein
    Industrial Internet of Things (IIoT) – bei Industrie 4.0
    zur Selbststeuerung von Maschinen untereinander
- *Robotik*
    Zur vollständigen Automatisierung der Produktion
    (ggf. auch Dienstleistungsbereich, z. B. Pflege)
- *Cyberphysische Systeme (CPS) und Digitale Zwillinge*
    Zur Verknüpfung der realen und der virtuellen Welt

2.6   Agilität, Komplexität

In der Digitalisierung werden häufig die Begriffe Komplexität und Agilität verwendet.

- *Agilität* beschreibt in diesem Zusammenhang die Fähigkeit eines Systems, sich veränderten äußeren Bedingungen bezüglich Volatilität, Unsicherheit, Komplexität und Ambiguität (VUKA) anzupassen (Mockenhaupt, 2023; Aulinger, 2019):
    - *Volatility/Volatilität:*
        Zunehmende Häufigkeit, Geschwindigkeit und Reichweite von Veränderungen
    - *Uncertainty/Unsicherheit:*

Abnehmende Möglichkeit, Ereignisse und Entwicklungen vorauszusagen
- **Complexity/Komplexität:**
Zunehmende Anzahl relevanter Variablen, deren Wirkungsweise aufeinander nicht berechenbar ist (siehe auch weiter unten)
- **Ambiguity/Ambiguität:**
Zunehmende Viel- oder Mehrdeutigkeit von Informationen
- **Komplexität** *beschreibt die Eigenschaft eines Systems, dessen Gesamtverhalten sich nicht aus der Summe des Verhaltens seiner einzelnen Teilsysteme beschreiben lässt.*

Einfacher ausgedrückt: Auch wenn wir das Verhalten aller an einem Vorgang beteiligten Systeme kennen und verstehen, in Kombination kann die Reaktionsweise dennoch überraschen.

Komplexe Systeme sind oft in ihrer Reaktionsweise schwierig einzuschätzen. Damit sind sie sozusagen die Vorstufe von chaotischen Systemen (die wenig mit dem landläufigen Begriff „Chaos" zu tun haben – siehe Abschn. 7.8). Chaotische Systeme reagieren selbst auf kleinste Veränderungen der Eingangsgrößen mit sehr großen, zumeist unberechenbaren Veränderungen im Resultat.

Es geht aber nicht immer darum, die Komplexität zu beherrschen, ggf. kann sie auch reduziert werden. Das menschliche Gehirn ist sehr gut in der Lage, bei einem „zuviel" an Informationen bzw. Zusammenhängen die Komplexität zu reduzieren mit dem Ziel, eine Handlungsfähigkeit aufrechtzuerhalten. So sollte auch eine KI nicht mit Daten überfrachtet werden, wichtiger ist die Fähigkeit zur Lösungsfindung zu optimieren.

- **Komplexitätsreduzierung** *ist eine menschliche Fähigkeit, um eine Handlungsfähigkeit in unübersichtlichen Situationen aufrechtzuerhalten. Sie funktioniert über den Abgleich mit gespeicherten Modellen, die bereits klassifiziert sind.*

Ein Beispiel ist ein unbekanntes Tiergeräusch. Die Ursachensuche und vor allem die Einschätzung des Risikopotentials wäre viel zu komplex, um in der zur Verfügung stehenden Zeit zu einem Ergebnis zu kommen. Also wird ein Modell genutzt. Modell 1 (Zoobesuch): Tiergeräusche werden als ungefährlich klassifiziert. Modell 2 (wildes Camping in Afrikas Savanne): Klassifikation als gefährlich.

Beim autonomen Fahren gibt es als weiteres Beispiel die Erkennungsproblematik Ball vs. Blätter: Die KI muss nicht genau wissen, wie die Gegenstände aussehen oder welche Farbe sie haben, aber während die Blätter eher unwichtig sind, folgt dem einen Ball vielleicht ein Kind. Der Mensch ordnet einfach in ein bekanntes Modell ein – Herbst vs. Fußball.

Die Übertragung dieses Prinzips der Komplexitätsreduzierung auf autonome KI-Systeme bzw. Roboter ist allerdings noch begrenzt (vgl. Abschn. 8.5 bzw. 13.5). Allerdings macht der Mensch hierbei auch recht häufig Fehler, was zu Entscheidungsanomalien

(z. B. „gute Qualität kostet") oder zum sog. Herdentrieb (im Notfall rennen alle auf den einen, bereits überfüllten Notausgang zu) führt.

2.7 Fragen zum Kapitel

1. Unterscheiden Sie Automatisierung, Digitalisierung und Künstliche Intelligenz. Wie würden Sie Industrie 4.0 dabei einordnen?
2. Was ist bei Digitalisierung und Künstlicher Intelligenz ist disruptiv? Woraus speisen sich diese disruptiven Innovationen technologisch?
3. Beschreiben Sie die vier Industriellen Revolutionen. Was ist jeweils neu gewesen und wie hat es das gesellschaftliche Zusammenleben beeinflusst?
4. Was ist revolutionär (wirklich neu) und was ist evolutionär bei der Digitalisierung?
5. Was ist Technologiebasis von Industrie 4.0 bzw. welches sind die Schlüsseltechnologien für Industrie 4.0? Wie könnte es weitergehen (Industrie x.0)?
6. Definieren Sie die vier Dimensionen der Agilität und finden Sie Beispiele hierfür aus dem Bereich der industriellen Fertigung.
7. Überlegen Sie sich Beispiele für komplexe und chaotische Systeme.
8. Wozu ist eine Komplexitätsreduzierung gut, wie läuft sie ab?

Literatur

Aulinger, A. (2019). Die drei Säulen agiler Organisationen. https://steinbeis-iom.de/app/uploads/2016-10-Whitepaper_Die_drei_Sa%CC%88ulen_agiler_Organisationen.pdf. Zugegriffen: 10. Juni 2020.

BMBF. (2014). Die neue Hightech-Strategie. Innovationen für Deutschland. https://www.bmbf.de/upload_filestore/pub_hts/HTS_Broschure_Web.pdf. Zugegriffen: 10. Juni 2020.

BMWi (GAIA-X). (4. Juni 2020). Broschüre: GAIA-X – das europäische Projekt startet in die nächste Phase. https://www.bmwi.de/Redaktion/DE/Publikationen/Digitale-Welt/gaia-x-das-eur opaeische-projekt-startet-in-die-naechste-phase.html. Zugegriffen: 5. Juni 2020.

BMWi. (2020). Digitale Transformation in der Industrie. https://www.bmwi.de/Redaktion/DE/Dos sier/industrie-40.html. Zugegriffen: 10. Juni 2020.

Cernavin, O., Lemme, G., & Stowasser, S. (2018). 2. Technologische Dimensionen der 4.0-Prozesse. In Prävention 4.0. Wiesbaden: Springer. https://www.springerprofessional.de/technologische-dimensionen-der-4-0-prozesse/15188074abgerufen.

EU Automation. (26. September 2016). Eine kurze Geschichte der Robotik. https://www.euautomat ion.com/de/automated/article/eine-kurze-geschichte-der-robotik. Zugegriffen: 11. Okt. 2020.

FGW. (2018). Digitale Transformation. https://www.fgw.de/digitalisierung/themenfelder.html. Zugegriffen: 16. Juni 2020.

Fraunhofer IAO. (2020). Innovationsnetzwerk – Menschzentrierte KI in der Produktion. https://www.engineering-produktion.iao.fraunhofer.de/de/innovationsnetzwerke/innovationsnetzwerk-kuenstliche-intelligenz-in-der-produktion.html. Zugegriffen: 28. August.

Gaycken, S. (28. Juni 2017). heute-journal. ZDF.

Nguyen, L. C. ()2019. Interview: Was sind die Erfolgsfaktoren für die künstliche Intelligenz? Interview mit Herrn Dr. Sönke Iwersen von der HRS Group. https://www.dataleaderdays.com/interv iew-was-sind-die-erfolgsfaktoren-fuer-die-kuenstliche-intelligenz/. Zugegriffen: 30. Apr. 2020.

Hürter, T. (2021) Die großen Denkschulen – Ada Lovelace. *ZEIT* Wissen Nr. 4/2021, S. 74 ff.

Lindekamp, C. (14. April 2015). Plattform Industrie 4.0. Deutschland wehrt sich gegen das „Y". Handelsblatt. https://www.handelsblatt.com/technik/hannovermesse/plattform-industrie-4-0-deutschland-wehrt-sich-gegen-das-y/11636154.html?ticket=ST-5219658-9y2Tev669gljmfscgQ 15-ap4. Zugegriffen: 18. Mai 2020.

Meudt, T., Pohl, M., & Metternich, J. (24. Juli 2017). Modelle und Strategien zur Einführung des Computer Integrated Manufacturing (CIM). https://tuprints.ulb.tu-darmstadt.de/6653/1/201 70609%20-%20V%C3%96%20-%20Literaturueberblick%20CIM.pdf. Zugegriffen: 13. Juni 2020.

Mockenhaupt, A. (2023). *Qualitätssicherung – Qualitätsmanagement*. Handwerk und Technik.

Plass, C. (15. Oktober 2015). Internet und Produktion: Vor Industrie 4.0 kommt noch Industrie 3.0. https://www.com-magazin.de/praxis/business-it/industrie-4.0-kommt-industrie-3.0-101 3483.html. Zugegriffen: 16. Juni 2020.

Ruderschmidt, R. (2019). Digitalisierungsmöglichkeiten der Produktion durch Industrie 4.0. Bachelor-Thesis an der Hochschule Albstadt-Sigmaringen, Studiengang Wirtschaftsingenieur wesen.

Schaeffer, E. (2017). *Industry X.0 Digitale Chancen in der Industrie nutzen*. Redline.

World Economic Forum. (2016). Strategic Intelligence. https://intelligence.weforum.org/topics/a1G b0000001RIhBEAW?tab=publications. Zugegriffen: 10. Juli 2020.

Grundlagen der Künstlichen Intelligenz (KI)

3

„Künstliche Intelligenz (KI) ist der nächste, konsequente Schritt im Rahmen der digitalen Transformation."

Dieter Westerkamp, Bereichsleiter des VDI Technik und Gesellschaft (van den Heuvel, 2019)

3.1 Intelligenz

„If you expect a machine to be infallible, it cannot also be intelligent." („Wenn man erwartet, dass eine Maschine unfehlbar ist, kann sie nicht auch intelligent sein.")

Alan Turing

Großes Ziel der Künstlichen Intelligenz ist die Nachbildung menschlicher Intelligenz. Hierzu muss zunächst definiert werden, was Intelligenz überhaupt ist. Leider gibt es für eine solch einfache Frage keine universell verbindliche Antwort:

- *Intelligenz (lat. intellegere: erkennen, verstehen) bezeichnet in der Psychologie ein hypothetisches Konstrukt, das die Fähigkeit, Kognition (erkennen) und individuelles Wissen kreativ zu kombinieren, beschreibt.*

Durch die Fertigkeit, Beziehungen zu erfassen, entsteht Kreativität. Es können neue Erkenntnisse bzw. Lösungen entstehen oder es kann Bekanntes weiterentwickelt werden. Auch erhält der Mensch hierdurch die Fähigkeit, mit unbekannten Situationen und informeller Unsicherheit umzugehen.

Von menschlicher Intelligenz ist die Künstliche Intelligenz allerdings noch weit entfernt. Erfolgreich sind jedoch auf ein konkretes Anwendungsgebiet spezialisierte KIs,

© Der/die Autor(en), exklusiv lizenziert an Springer Fachmedien Wiesbaden GmbH, ein Teil von Springer Nature 2024
A. Mockenhaupt and T. Schlagenhauf, *Digitalisierung und Künstliche Intelligenz in der Produktion*, https://doi.org/10.1007/978-3-658-41935-6_3

Spiele-KIs beispielsweise, wie beim Schach oder Go. Auch digitale Sprachassistenten (Anwendungsgebiet: Verständnis natürlich gesprochener Sprache) funktionieren bereits gut, wenngleich Bedeutungsinterpretation der Worte in Richtung „was gemeint war" noch zu wünschen übriglässt.

Ein Textverständnis (Abfolge der Worte) hat eine KI bereits. Auch eine Anweisung daraus extrahieren und umsetzen ist für Siri, Alexa & Co. kein Problem. Menschliches Sinnverständnis für die Feinheiten der Sprache (den wirklichen Inhalt erfassen): diese Fähigkeit ist bei KIs derzeit nur sehr begrenzt vorhanden.

Es liegt an zweierlei Gründen:

Zum einen ist die Funktion des menschlichen Gehirns hochkomplex und auch wissenschaftlich noch nicht vollkommen verstanden. Was *Bewusstsein* ist und wofür es evolutionär gut sein könnte, wissen wir kaum. Neuronale Netzwerke, die technischen Nachbildungen des menschlichen Gehirns, stoßen hier an ihre Grenzen.

Zum anderen bezieht der Mensch seine Informationen aus einer Vielzahl von Sensoren (Sinnen), die in dieser Perfektion und gegenseitiger Abstimmung technisch (noch) nicht realisierbar oder derzeit für den vorgesehenen Einsatzzweck schlichtweg zu teuer sind. Zum Sinnverständnis in der Kommunikation gehört sicherlich auch die Erfassung und Einordnung der Gestik und Mimik, ggf. der Geruchs- und Berührungssignale etc. Hier könnte aber der technologische Fortschritt schneller voranschreiten. Erste Erfolge gibt es bereits (siehe Roboterin „Sophia" in Abschn. 3.4).

Was eine KI aber deutlich besser kann als der Mensch, ist der Abgleich mit einem riesigen Wissensreservoir in Form von Daten. Die KI gründet ihre „Intelligenz" aus der Verarbeitung riesiger Datenmengen sowie dem Schlüsse ziehen über mathematische Algorithmen. Stichworte sind: Big Data, Maschinelles Lernen – dies ist aber als schwache KI derzeit noch die evolutionäre Fortführung der Digitalisierung und bereits gut in Anwendungen, z. B. in der Produktion, umgesetzt.

Es gibt aber Ansätze. So können bereits Zeichnungsinhalte über neuronale Netzwerke erkannt werden. Ein Beispiel hierfür, von Google entwickelt, kann über die Webseite https://quickdraw.withgoogle.com ausprobiert werden. Während sich früher noch das Erkennen rudimentärer Zeichnungen für ein Ratespiel eignete (siehe Abb. 3.1), kann dies bereits jetzt eine KI erledigen. Ansätze dies im Bereich der Konstruktion und Produktion einzuführen, etwa durch Abgleich von Qualitätsdaten direkt aus einer Zeichnung, sind im Entstehen.

Umgekehrt können KI-Bildgeneratoren aus Texten Bilder zeichnen. Beispiele für diese Text-to-Image-Programme sind DALL-E, Craiyon, Midjourney oder Stable Diffusion, die es ermöglichen, auf Basis von Texteingaben passende Bilder zu erstellen. Insgesamt werfen diese Ansätze aber Fragen zu Urheberrechten sowie zur Definition von Kreativität auf.

„Es gibt diese diffuse Idee, dass eine KI klug sei. Sehr oft wird dabei der Grundmechanismus nicht verstanden – nämlich, dass die Methoden, die heute so viel diskutiert sind, einfach statistische Verfahren sind, die nach Mustern in Daten suchen. Und es ist

Abb. 3.1 Der Autor 1974 bei den Montagsmalern im ARD

vielen Menschen nicht bewusst, wie viele Steuerungsmöglichkeiten es dabei gibt" (Zweig, 2020).

Weitergehend und noch im Experimentierstadium geht es um die technologische Umsetzung von biologischer Intelligenz (Stichworte hier: starke KI, neuronale Netze, Deep Learning). „Derartige Fähigkeiten, die nicht auf einem Verständnis von biologischer Intelligenz beruhen, können wir als *Silicon Intelligence* bezeichnen, da sie eng mit Fähigkeiten siliziumbasierter Informationstechnologie verknüpft sind" (Brock, 2018).

Daher stellt sich die Frage: Was genau ist Intelligenz? Reimund Neugebauer, Präsident der Fraunhofer-Gesellschaft stellte anlässlich der Wissenschaftskonferenz „Futuras in Res" die Frage „Was ist IQ bei KI?" und definierte in seiner Antwort darauf *fünf Schlüsseldimensionen* für Intelligenz (Fraunhofer, 2019):

1. Reasoning (Vernunft, Überlegung, Begründung),
2. Communication (Sprache, Ausdruck, Verstehen),
3. Perception (Wahrnehmung mit Sinnen),
4. Consciousness (Bewusstsein, Problemlösungskompetenz),
5. Empathy (Einfühlungsvermögen).

Als sechste Schlüsseldimension könnte noch eine sehr menschliche Eigenschaft der Intelligenz hinzugefügt werden:

6. Humor

Die Problematik für eine KI ergibt sich hierbei durch die Zweideutigkeit von Aussagen. Auf Abb. 3.2… ist ein Esel versteckt. Die Frage lautet nur: Ist es das Tier oder der Mensch?

In der Psychologie gibt es in diesem Zusammenhang den Ansatz der Theory of Mind (ToM), der aber über o. g. Schlüsseldimensionen noch hinausgeht:

Abb. 3.2 Kunstwerk von Cornelius Hackenbracht, Kunst am Ried, Wald/Sigmaringen, http://www.neue-kunst-am-ried.de, 2021

- *Die **Theory of Mind (ToM)** beschreibt die Fähigkeit, sich in die Gedanken anderer hineinversetzen zu können, d. h., die Gedanken und Überzeugungen anderer logisch erschließen zu können* (Stangl, 2020).

Damit KIs schlüssig auf Menschen reagieren können, müssen sie einschätzen können, zu welchen Überzeugungen und Schlüssen der Gegenüber kommt. Dies selbst dann, wenn die KI, z. B. aufgrund eines Informationsvorsprungs, weiß, dass die Annahmen des Gegenübers nicht der Realität entsprechen.

Dieses Konzept der „individuell gedachten Realität", in der Erkenntnistheorie als Konstruktivismus bezeichnet, bereitet einer Künstlichen Intelligenz Schwierigkeiten.

3.2 Definitionen und Aufbau einer KI

Das Verständnis für Künstliche Intelligenz (KI), im Englischen Artificial Intelligent (AI) genannt, ist sehr unterschiedlich und komplex. Eine allumfassende Definition gibt es derzeit nicht, auch weil sich das Verständnis für KI stetig und dynamisch weiterentwickelt. Der Fortschritt soll hier auch anhand der Definitionsentwicklung in drei Stufen dargestellt werden:

Stufe 1: ein gewisses Maß an Intelligenz

- *„KI ist die Fähigkeit digitaler Computer oder computergesteuerter Roboter, Aufgaben zu lösen, die normalerweise mit den höheren intellektuellen Verarbeitungsfähigkeiten von Menschen in Verbindung gebracht werden [...]"* (Encyclopaedia Britannica, 1991)

Damit fielen in den Anfängen der computergesteuerten Produktion z. B. die speicherprogrammierbaren Steuerungen (SPS) in die Definition. Heutzutage würde sie nicht als KI bezeichnet.

Stufe 2: Lernen und Autonomie

Im neueren Verständnis beinhaltet KI darüber hinaus die Fähigkeit, situationsabhängig **autonom** zu entscheiden oder durch Lernen neue Wege zu gehen (statt sich auf vom Ersteller vorgesehene Entscheidungsbäume bzw. If–Then-Schleifen zu stützen):

- ***Künstliche Intelligenz (KI)*** *[bedeutet die] Fähigkeit einer Funktionseinheit, solche Fähigkeiten auszuführen, die im allgemeinen menschlicher Intelligenz zugeordnet werden, z. B. Schlussfolgern und Lernen. (ISO/IEC 2382 [1998] bzw. DIN SPEC 13266:2020–04)*
- ***Künstliche Intelligenz (KI)*** *bezeichnet Systeme mit einem „intelligenten" Verhalten, die ihre Umgebung analysieren und mit einem gewissen Grad an Autonomie handeln, um bestimmte Ziele zu erreichen. KI-basierte Systeme können rein softwaregestützt in einer virtuellen Umgebung arbeiten (z. B. Sprachassistenten, Bildanalysesoftware, Suchmaschinen, Sprach- und Gesichtserkennungssysteme), aber auch in Hardwaresysteme eingebettet sein (z. B. moderne Roboter, autonome Pkw, Drohnen oder Anwendungen des ‚Internet der Dinge'). (Europäische Kommission, 2018)*

Stufe 3: Unsicherheit und veränderliche Bedingungen

- *[Bei **Künstlicher Intelligenz**] geht es darum, technische Systeme so zu konzipieren, dass sie Probleme eigenständig bearbeiten und sich dabei selbst auf **veränderte Bedingungen** einstellen können.*

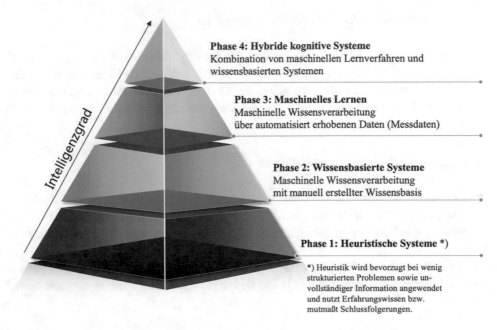

Abb. 3.3 Vier Phasen der Künstlichen Intelligenz. (In Anlehnung an: IEC TS-1–1 und DIN, & DKE, 2020)

*Diese Systeme haben also die Eigenschaft zu lernen und mit **Unsicherheiten** (Wahrschein-lichkeiten) umzugehen, statt klassisch programmiert zu werden (BMBF, 2019; vgl. auch Abschn. 7.10: Entscheiden bei Unsicherheit).*

Heutzutage werden vier Entwicklungsstufen der Künstlichen Intelligenz unterschieden (siehe Abb. 3.3).

Grundsätzlich besteht ein KI-System aus (siehe Abb. 3.4):

- Computersystem (Hardware),
- Programmcode (Software),
- Algorithmen (Verarbeitungs- und Entscheidungslogik),
- Sensoren (extern, intern oder als eingebettete Systeme – Embedded Systems) zur Wahrnehmung der Umwelt,
- Kommunikationstechnik (Netzwerke, Mensch-Maschine-Schnittstellen) zur Verständigung mit der Umwelt,
- Aktoren (zum Agieren, Manipulation in der realen Welt, z. B. Räder, Greifer, Roboter),
- Gedächtnis (Modelle, Simulationen, Digitaler Zwilling, interne Datenspeicher & Wissen),
- Zugriff auf virtuelle Welt (Internet, externe Daten & Wissen, Virtual Reality …).

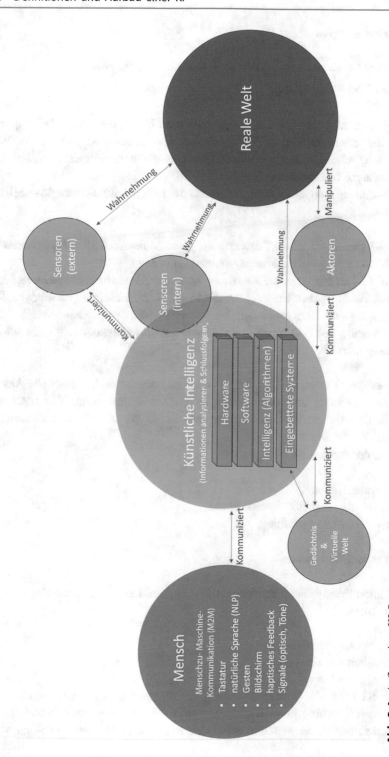

Abb. 3.4 Aufbau eines KI-Systems

3.3   Starke & schwache KI

„Die KI ist noch Lichtjahre davon entfernt, einen Biologen im All zu ersetzen."

    Astronaut Ulrich Walter (2020)

Zur besseren Einordnung von lernenden Systemen wird häufig die Unterscheidung zwischen starker und schwacher KI (englisch: „weak AI" oder „narrow AI") verwendet. Während sich die schwache KI mit konkreten Anwendungsproblemen beschäftigt, simuliert starke KI tatsächliche (menschliche) Intelligenz.

Begriffsbestimmung Bundesregierung innerhalb der nationalen KI-Strategie (BMBF & BMWi, 2018):

- *Die **starke KI** formuliert, dass KI-Systeme die gleichen intellektuellen Fertigkeiten wie der Mensch haben oder ihn darin sogar übertreffen können.*
- *Die **schwache KI** ist fokussiert auf die Lösung konkreter Anwendungsprobleme auf Basis von Methoden aus Mathematik und Informatik, wobei die entwickelten Systeme zur Selbstoptimierung fähig sind. Dazu werden auch Aspekte menschlicher Intelligenz nachgebildet und formal beschrieben bzw. Systeme zur Simulation und Unterstützung menschlichen Denkens konstruiert.*

Die **starke KI** existiert derzeit weitgehend nur im Forschungsumfeld. Industrielle Anwendungen existieren – wenn überhaupt – nur im Experimentalstadium. Wissenschaftler rechnen damit, dass die starke KI erst frühestens in 20 bis 40 Jahren realisierbar ist (Moeser, 2018).

    Kennzeichen der **starken KI** sind:

- Umgebungswahrnehmung,
- Verständnis für die erkannten Komponenten,
- zielgerichtete, sinnvolle Handlung.

Hierzu bedarf es weiter Aspekte:

- Kommunikation in natürlicher Sprache (NLP – Natural Language Processing),
- logisches Denken,
- Lernfähigkeit,
- Entscheiden bei Unsicherheit
- Planungsfähigkeit zur Erreichung eines übergeordneten Ziels.

Die schwache KI kann als Weiterentwicklung der klassischen Informationstechnologie verstanden werden. Die Innovationen speisen sich im Wesentlichen aus erheblich gesteigerten Rechnerleistungen, vergrößerten Speicherkapazitäten und Cloudtechnologie sowie dem Zugriff auf gigantische Datenreservoirs durch schnellere und bessere Netzwerke und das in der letzten Dekade wesentlich ausgebaute, flächendeckende Internet. Die schwache KI assistiert dem Menschen, benötigt aber auch noch menschliche Assistenz.

Starke KI geht einen großen Innovationssprung weiter und simuliert menschliche Fähigkeiten und Fertigkeiten. Damit soll die starke KI autonom ohne menschliche Kontrolle agieren, womöglich so, dass ein Außenstehender nicht unterscheiden kann, ob es sich um einen Menschen oder eine Maschine handelt. In der allerletzten Ausbaustufe könnte eine starke KI ein Bewusstsein für seine eigene Existenz entwickeln. Ob dies möglich, sinnvoll oder überhaupt wünschenswert ist, ist noch offen. Immerhin ist das menschliche Bewusstsein wissenschaftlich, wenn überhaupt, nur in Ansätzen wissenschaftlich erklärbar. Andererseits gibt es bereits Diskussionen darum, ob ein Chatbot, hier Googles LaMDA, ein Bewusstsein haben könnte (Holland, 2022).

3.4 Artificial General Intelligence (AGI)

Eine Variation der starken KI ist die *Artificial General Intelligence (AGI)*. Für die digitale Agenda des Deutschen Bundestags wird AGI gedeutet als (Westerheide, 2017): „Eine künstliche Intelligenz, die auf menschenähnlicher Intelligenz basiert und mit Menschen interagieren kann [Anmerkung: Turing-Test, siehe Abschn. 3.11]. Bisher gibt es keine AGIs."

So sieht es auch Facebooks KI-Chef Jerome Pesenti in einem Tweet gegen den Visionär sowie Chef von Tesla und SpaceX Elon Musk. Pesenti twittert (siehe Abb. 3.5): „[...] Elon Musk hat keine Ahnung, wovon er redet, wenn er über KI spricht. Es gibt keine AGI und wir treffen nicht annähernd menschliche Intelligenz" (Pesenti, 2020).

Andere wissenschaftliche Strömungen unterteilen innerhalb der AGI noch weiter:

- **Künstliche schmale Intelligenz ANI (Artificial Narrow Intelligence)**
  ANI (auch: schmale KI oder schwache KI) **konzentriert sich auf eine einzige, recht eng definierte Aufgabe**. ANI ist die einzige KI, die derzeit existiert und wird gerade im Bereich Produktion angewendet.
- **Künstliche Allgemeine Intelligenz AGI (Artificial General Intelligence)**

Abb. 3.5 Facebook KI-Chef Jerome Pesenti twittert an Elon Musk

 I believe a lot of people in the AI community would be ok saying it publicly. @elonmusk has no idea what he is talking about when he talks about AI. There is no such thing as AGI and we are nowhere near matching human intelligence. #noAGI

— Jerome Pesenti (@an_open_mind) May 13, 2020

AGI nähert sich der menschlichen Intelligenz an, wobei das menschliche Gehirn anders arbeitet als ein Algorithmus. Ob Maschinelles Lernen bzw. künstliche neuronale Netzwerke überhaupt zur Replikation der Gehirnfunktion geeignet sind, wird diskutiert. Darüber hinaus bestehen ethischen Herausforderungen sowie Fragen zu Rechenschaftspflicht, juristischen Bewertungen oder was gegen unkontrollierte Handlungen zu tun ist. AGI existiert noch nicht (siehe auch ASI).

- **Künstliche Superintelligenz ASI (Artificial Super Intelligence)**

    ASI soll die menschliche kognitive Fähigkeit übertreffen, dies sowohl bezüglich der Faktenerfassung (Daten, Big Data, Echtzeitfähigkeit) als auch im Bereich von Kreativität und Problemlösefähigkeit. Auch hier stellt sich die Frage der Kontrollierbarkeit.

Eine Herausforderung liegt an Folgendem: Während die textliche Spracherkennung kein Problem mehr darstellt (schwache KI – siehe Sprachassistenten wie Alexa, Siri u. a.), besteht die Problematik bei der *Einordnung von Situationen in einen Kontext.*

So kann eine verbale Äußerung, z. B. „mach schneller", eine klare Anweisung sein – verbindlich oder optional -, aber auch ironisch gemeint (also gegenteilig) sein.

Natural Language Processing (NLP) versucht, natürliche Sprache zu erfassen und mithilfe von Algorithmen computerbasiert den „Sinn" zu verstehen. Ziel ist die Kommunikation zwischen Mensch und Maschine auf Basis der natürlich gesprochenen Sprache.

Ebenfalls ist die *Entscheidung bei Unsicherheit* schwierig, nicht nur die Entscheidung selbst, sondern auch die Verantwortlichkeit für die Konsequenzen – Mensch oder Maschine. Unsicherheit kann beispielsweise durch das Fehlen von Daten entstehen oder durch die Interpretierbarkeit von Informationen, insbesondere beim NLP.

In diesem Zusammenhang spricht man von *Risikoentscheidung.* Die DIN EN ISO 9000:2015 definiert unter dem Stichwort Risiko auch den „Zustand des auch teilweise Fehlens von Informationen".

Führung und Management im Unternehmen besteht häufig auch darin, auf Basis unzureichender Informationen Entscheidungen zu treffen und die Konsequenzen dieser „Entscheidung bei Unsicherheit" zu tragen. Verlaufen im Wald: Muss man sich an einer Weggabelung entscheiden, ohne wirklich zu wissen, wohin es geht?

Unabhängig vom Begriff der starken KI werden noch „Fähigkeiten" wie *Bewusstsein, Selbsterkenntnis* und *Empfindungsvermögen* (Einfühlungsvermögen, Empathie) diskutiert.

Um einen Eindruck vom Stand der Technik bei der starken KI zu erhalten, sei auf die Roboterin „Sophia" verwiesen. Sophia ist ein in Hongkong entwickelter weiblicher humanoider Roboter mit menschlichem Aussehen und Verhalten. Sie kann menschliche Gestik und Mimik interpretieren und selbst imitieren. Am 25. Oktober 2017 verlieh Saudi-Arabien Sophia als weltweit erstem Roboter die Staatsangehörigkeit. Sophia wurde während der Verleihungszeremonie von dem CNBC-Moderator Andrew Sorkins interviewt (CNBC via YouTube, 2017).

Demgegenüber ist *schwache KI* für den Markt interessant. Wenngleich sehr selbstständig in abstrakten Aktivitäten agierend, liegt die Kontrolle der schwachen KI vollständig beim Menschen. Von der restlichen Informatik grenzt sich die schwache KI durch die Fähigkeit zur *Selbstoptimierung* ab.

Elemente der schwachen KI sind:

- Zeichen und Texterkennung,
- textliche Spracherkennung,
- Autovervollständigung,
- automatisiertes Übersetzen,
- Navigation,
- Selbstoptimierung.

Bei dem allermeisten, was sich derzeit unter „KI" firmiert und auf dem Markt befindet, handelt es sich um schwache KI. Dies sieht die Allianz Industrie 4.0 Baden-Württemberg ähnlich: *„Demnach dient die Anwendung von KI in einem ersten Schritt daher dazu, Maschinen, Roboter und Softwaresysteme zu befähigen, abstrakt beschriebene Aufgaben und Probleme ohne konkrete Handlungsanweisungen durch den Menschen auszuführen."* (Allianz Industrie 4.0, 2019).

Derzeitige KI Strategien, z. B. die der Bundesregierung, orientieren sich an der Lösung von Anwendungsproblematiken, also der schwachen KI (Bundesregierung, 2018). Dabei werden unterschieden:

1. Deduktionssysteme, maschinelles Beweisen
   (Beweis der Korrektheit von Hard- und Software),
2. wissensbasierte Systeme
   (Methoden zur Modellierung und Erhebung von Wissen),
3. Musteranalyse und Mustererkennung,
4. Robotik (autonome Systeme),
5. intelligente multimodale Mensch-Maschine-Interaktion
   (Analyse und „Verstehen" von Sprache, Gestik …).

Dennoch werden einige Ansätze der starken KI entwickelt bzw. wird daran geforscht: So gilt das Spracherkennungsmodell GPT-3 von Open AI (einer Non-Profit-Organisation, zu den Investoren gehört u. a. Elon Musk und Microsoft) als eines der ersten Allgemeinen Künstlichen Intelligenzen (Artificial General Intelligence, AGI; siehe Abschn. 3.4). GPT-3 steht dabei für Generative Pre-trained Transformer 3 und basiert auf einer Entwicklung von Google. Das System soll Kreativität künstlich erzeugen können, auch bekannt als Artificial Creativity (Katzlberger, 2020).

3.5 Hybride KI

Derzeit stößt die KI noch in vielen Bereichen an ihre Grenzen. Daher wird versucht, menschliches Wissen, Interpretations- und Entscheidungsfähigkeit mit den Fähigkeiten der KI, nämlich große Datenmengen zu verarbeiten, Mustererkennung, einordnen und klassifizieren von Daten etc., zu verbinden. Es entsteht ein hybrides System, das im Gegensatz zu einem monolithischen Ansatz steht.

Hybride KI-Systeme lernen nicht nur anhand von Daten, sondern der Mensch bringt sein Wissen mit ein. Damit lernen hybride KI-Systeme schneller, weil sie bestimmte „tote Äste" ausschließen können und auch bestimmte, für den Menschen situativ erkennbare Fehler nicht machen.

Damit handelt es sich um ein sog. soziotechnisches System. Bessere Ergebnisse werden erreicht, weil keiner der beteiligten Akteure alleine die Aufgabe bezüglich Inhalt und Zeit in gleicher Weise erledigen könnte. Ein Arbeitsplatz mit hybrider KI ist in Abb. 3.6 und 3.7 gezeigt.

Ein weiterer Vorteil des hybriden KI-Ansatzes liegt in der höheren Transparenz und Erklärbarkeit der Ergebnisse. Hier haben reine KI-System Schwierigkeiten. Bezüglich Produktionsanforderungen wie Nachvollziehbarkeit, Planbarkeit und letztlich auch Zertifizierbarkeit sind die Kombination von KI und Expertenwissen im Vorteil.

Neben der Produktion sind klassische Einsatzgebiete der hybriden KI Diagnoseverfahren in der Medizin.

Vorsicht ist allerdings wegen der *Diffusion von Verantwortung* geboten, siehe hierzu Abschn. 3.9.

Abb. 3.6 Hybride
KI – IT-Arbeitsplatz. (Quelle:
RUMPEL Präzisionstechnik)

Abb. 3.7 Hybride
KI – Übertragung auf die
Maschine. (Quelle: RUMPEL
Präzisionstechnik)

3.6 Symbolische und subsymbolische KI

Heutige KI-Ansätze unterscheiden sich weiter in symbolische und subsymbolische KI (siehe Abb. 3.8).

Bei der *symbolischen KI* werden aus Fakten, Ereignissen und Zusammenhängen abstrakte Modelle gebildet. Dabei sind die Modelle klar nachvollziehbar in Entscheidungsbäume bzw. -wege strukturiert. Diese erlauben dann logische und für den Menschen nachvollziehbare Folgerungen, z. B. die Planung komplexer Vorgänge. Symbolische KI ist Top-Down-Orientiert: erst die Daten, dann das Modell und schließlich die Schlussfolgerung.

Nachteil dieses eher klassischen KI-Verfahrens ist zum einen, dass die Datenbasis möglichst vollständig sein muss. Eine symbolische KI kann daher mit Datenunsicherheiten nur begrenzt umgehen. Zum anderen wirkt sich nachteilig aus, dass aufgrund der Modellbildung über vorab definierte Regeln wenig wirklich Neues entwickelt wird.

Merkmal einer *subsymbolischen KI* ist das Lernen aus Erfahrungen und Beispielen. Dabei werden neuronale Netzwerke genutzt, die u. a. Regelmäßigkeiten in großen Datenmengen erkennen können. Diese werden bewertet und können, beispielsweise bei Bildern oder Texten, vervollständigt werden.

Die Problematik hierbei ist, dass die Entscheidungsfindung für den Menschen nicht immer transparent dargestellt werden kann. Wir wissen teilweise nicht, was die KI warum macht. Eine Lösungsmöglichkeit dabei ist, äußere Grenzen, Leitplanken, zu bestimmen, innerhalb derer sich die KI frei bewegen kann.

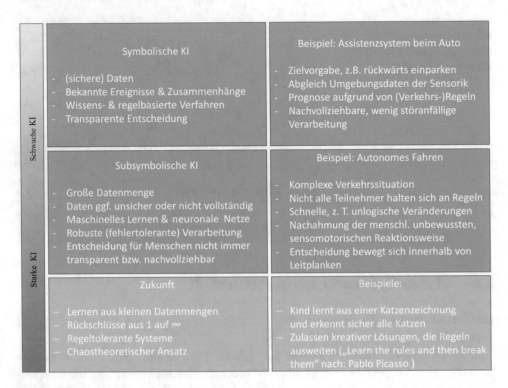

Abb. 3.8 Symbolische und subsymbolische KI

3.7   Autonomiestufen

„Ein völlig KI-gesteuertes Auto wird es nie geben."

  Michael Bolle, Bosch-Digitalvorstand (FOCUS, 2020)

Bei der Anwendung von KI ist wichtig zu wissen, welche Art bzw. Stufe der Eigenständigkeit erreicht werden soll.

Gut umgesetzt und eingeführt sind mittlerweile Assistenzsysteme (Stufe 1). Die Maschine übernimmt schwierige Aufgaben, der Mensch trifft aber die Entscheidungen und ist auch verantwortlich. Auch sind begrenzt autonome System im Einsatz (Stufen 2 und 3). Wichtig dabei ist die menschliche Eingriffsmöglichkeit und Verantwortung, und sei es nur noch als (kurzfristige) Rückfallebene.

Schwierig und bislang nur im Experimentierstadium umgesetzt sind Anwendungen, in denen der Mensch außen vor bleibt. In der leichteren Variante (Stufe 4) ersetzt eine vorausschauende Programmierung den menschlichen Eingriff. Auch hier kann der Mensch als Notfallbackup dienen, allerdings mit deutlichem Zeitverzug. Vollautonomie der Stufe 5 ist noch wenig umgesetzt und eher Vision.

Die Plattform Industrie 4.0 unterscheidet fünf KI-beeinflussende Autonomiestufen in der industriellen Produktion. Nicht eingerechnet ist dabei die Stufe 0 – keinerlei Autonomie, Abb. 3.9 zeigt diese in Anlehnung an (Plattform Industrie 4.0 & BMWi, 2019).

Für das autonome Fahren sind ähnliche Autonomiestufen (hier Automatisierungsgrade genannt) vom VDA vorgeschlagen worden, diese seien hier zur Veranschaulichung mit aufgeführt (Abb. 3.10, 3.11; Quelle: VDA, 2015).

Prototypen für das autonome Fahren der Level 4 und sogar 5 gibt es bereits. Es stellt sich aber die Frage, ob die geforderte Sicherheit auch im harten Alltagsbetrieb ausreichend realisiert werden kann.

So existiert z. B. die Aussage, dass 90 % der Unfälle im Verkehr durch autonomes Fahren vermieden werden (McKinsey, 2015). Diese seien auf menschliches Versagen zurückzuführen, also Fehler, die autonome Autos nicht machen (vgl. auch Dahlmann, 2017). Dass dem so ist, dafür gibt es keinerlei belastbare statistische Untersuchung. Es ist eine Vermutung. Möglicherweise machen Maschinen aber auch einfach andere Fehler. Wichtig wäre der Nachweis, dass insgesamt das Unfallgeschehen reduziert würde.

Übersicht

Üblich in der Automobilindustrie ist ein Prozessfähigkeitsindex von $c_{pk} = 1$ (bzw. 1,33), was immerhin noch 2699 (bzw. 66) Fehler pro eine Million zulässt. Derzeit sind in Deutschland rund 58,2 Mio. Fahrzeuge zugelassen (Stand 01.01.2020), was bei Zugrundelegung der Prozessfähigkeitsindizes über 170.000 (bzw. 3842) Fehler bedeuten würde. Im Vergleich: 2019 gab es in Deutschland 3046 Verkehrstote und 380.000 Unfallverletzte.

Von beherrschten Prozessen ist gemäß dieser Definition der Stand der Technik beim autonomen Fahren derzeit noch entfernt. Das Ingenieurproblem ist, dass 99,9 %ige Sicherheit sich meist noch recht einfach erreichen lässt, benötigt wird aber zumeist mehr, und hier steigt der Aufwand exponentiell.

Allerdings fordern die Autohersteller mehr gesetzlichen Freiraum zum Testen von Level-4- und Level-5-Fahrzeugen (Delhaes, 2020). Level 4 auf öffentlichen Straßen soll zeitnah möglich werden.

Anmerkung zum Prozessfähigkeitsindex: Ein Prozess gilt als bedingt beherrscht, wenn das Verhältnis von Toleranz zu Prozessstreubreite mindestens 1 ist, er gilt als beherrscht, wenn dieser Wert 1,33 übersteigt (Mockenhaupt, 2019).

Das Problem hierbei ist die Skalierbarkeit, d. h. das Anpassen von Erkenntnissen auf andere Größenverhältnisse. Dieses Skalierungsproblem taucht häufig auf, insbesondere dann, wenn Produkte aus dem Labormaßstab in eine Massenproduktion übergehen sollen (Upscaling). Aktuelles Beispiel ist der Corona-Impfstoff: Die Herstellung im Labor funktionierte gut, beim Impfstart der Bevölkerung, Anfang 2021, traten dann aber Engpässe aufgrund von Produktionsschwierigkeiten auf. So musste die EU-Kommissionspräsidentin eingestehen, unterschätzt zu haben, welche Komplikationen bei der Produktion von Corona-Vakzinen auftreten können (Finke & Süddeutsche Zeitung, 2021). Gerade in der

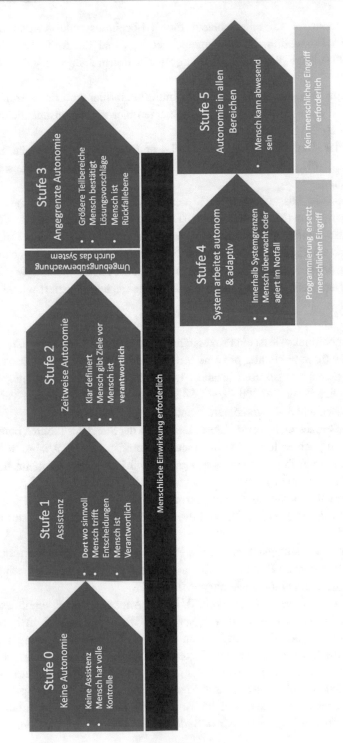

Abb. 3.9 KI-beeinflussende Autonomiestufen in der industriellen Produktion in Anlehnung an Plattform Industrie 4.0

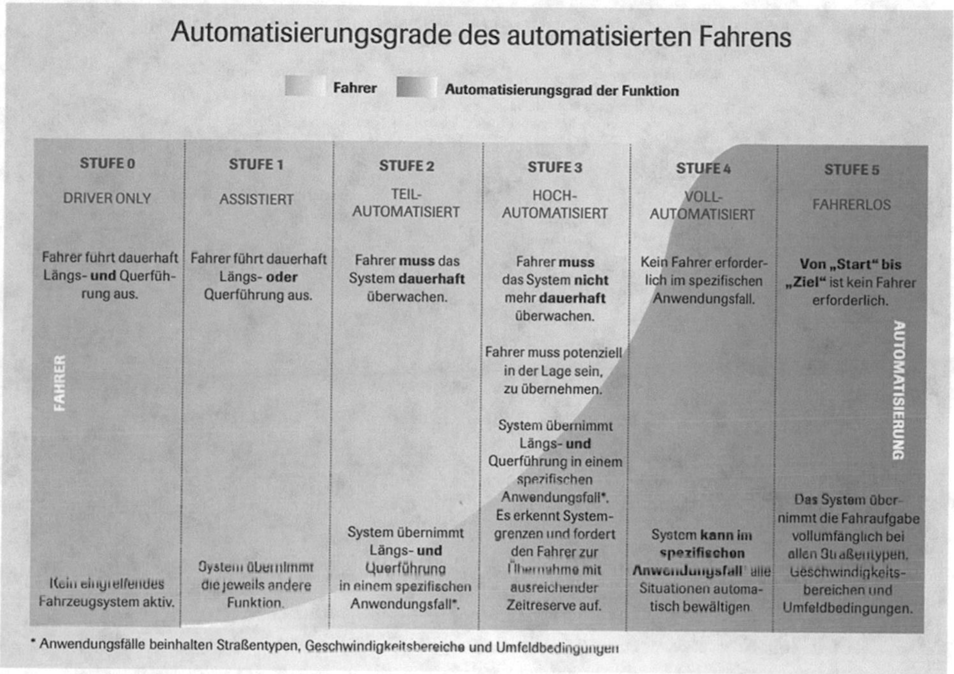

Automatisierungsgrade des automatisierten Fahrens

Fahrer | Automatisierungsgrad der Funktion

STUFE 0	STUFE 1	STUFE 2	STUFE 3	STUFE 4	STUFE 5
DRIVER ONLY	ASSISTIERT	TEIL-AUTOMATISIERT	HOCH-AUTOMATISIERT	VOLL-AUTOMATISIERT	FAHRERLOS
Fahrer führt dauerhaft Längs- **und** Querführung aus.	Fahrer führt dauerhaft Längs- **oder** Querführung aus.	Fahrer **muss** das System **dauerhaft** überwachen.	Fahrer **muss** das System **nicht** mehr **dauerhaft** überwachen.	Kein Fahrer erforderlich im spezifischen Anwendungsfall.	Von „Start" bis „Ziel" ist kein Fahrer erforderlich.
			Fahrer muss potenziell in der Lage sein, zu übernehmen.		
			System übernimmt Längs- **und** Querführung in einem spezifischen Anwendungsfall*.		
		System übernimmt Längs- **und** Querführung in einem spezifischen Anwendungsfall*.	Es erkennt Systemgrenzen und fordert den Fahrer zur Übernahme mit ausreichender Zeitreserve auf.	System **kann im spezifischen Anwendungsfall** alle Situationen automatisch bewältigen	Das System übernimmt die Fahraufgabe vollumfänglich bei allen Straßentypen, Geschwindigkeitsbereichen und Umfeldbedingungen.
Kein eingreifendes Fahrzeugsystem aktiv.	System übernimmt die jeweils andere Funktion.				

FAHRER / AUTOMATISIERUNG

* Anwendungsfälle beinhalten Straßentypen, Geschwindigkeitsbereiche und Umfeldbedingungen

Abb. 3.10 Automatisierungsgrade des automatisierten Fahrens bis zum autonomen Fahren. (Quelle: VDA)

menschlichen Bewertung solcher Zusammenhänge ist die vorherrschende Ansicht der Unfehlbarkeit technischer Gerätschaften zentral. Autonome Entscheidungen sollen fehlerfreier, also grundsätzlich besser sein als menschliche. Dieser Zusammenhang wird aber von Wissenschaftlern u. a. aus den Geisteswissenschaften bzw. der Naturphilosophie angezweifelt, z. B. im Buch *Unberechenbar* von Thomas Schwartz und Harald Lesch (Lesch & Schwartz, 2020). Es gibt aber bezüglich autonomer System auch neue, ganz andere Erkenntnisse von der Marketing- bzw. Kundenseite: Colin Angel von iRobot, einem Hersteller von Saugrobotern, sagte in einem STERN-Interview (Kramper, 2020): Seine Kunden wollen gar nicht, dass der iRobot autonomer und selbstständiger würde. Ähnlich einer menschlichen Haushaltshilfe wollen sie mit ihm sprechen, um ihm etwa zu sagen, wann sie sich gestört fühlen. „Ich habe jahrelang gesagt, der perfekte Staubsauger ist ein Gerät, das Sie nicht sehen und berühren und das sie nie anfassen müssen. Nun musste ich einsehen, dass ich nicht richtig lag. Der perfekte Staubsauger ist ein Gerät, das zuhören kann. Der das tut, was sie wollen."

Für die Produktion gilt ähnliches: In Anlehnung an die o. g. Autonomiestufen definiert das Netzwerk SmartFactory^KL den sogenannte *Production Level 4* bewusst so, weil es die Integration des Menschen in die Produktionsabläufe der Industrie 4.0 weiterhin notwendig

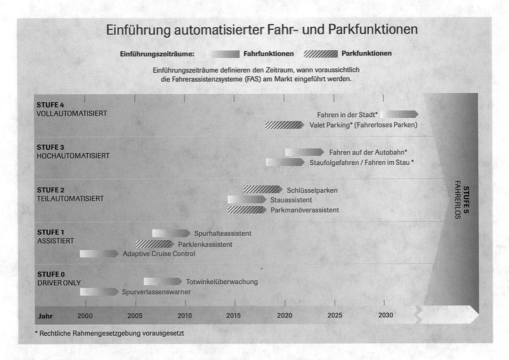

Abb. 3.11 Umsetzung des automatisierten Fahrens. (Quelle: VDA)

macht (SmartFactoryKL, 2020). Dass dies durchaus erwünscht ist, sieht auch Sascha Kößler vom Mittelstandsunternehmen Kößler Technologie GmbH so: „Viele KI-Chancen hören sich gut an, funktionieren aber nur, wenn der Mensch im Prozess bleibt."

3.8 Geschichte der KI

Der Begriff „Artificial Intelligence" geht auf den US-amerikanischen Informatiker John McCarthy zurück, der am 31.08.1955 einen Projektantrag nutzte (McCarthy et al., 1955). Im Sommer 1956 lud er Wissenschaftler aus verschiedensten Disziplinen zu einem Workshop mit dem Titel *Dartmouth Summer Research Project on Artificial Intelligence* ein. „Ziel einer Künstlichen Intelligenz ist es, Maschinen zu entwickeln, die sich verhalten, als verfügten sie über Intelligenz".

Bereits in diesem Antrag formulierte McCarthy sieben konkrete Forschungsschwerpunkte:

1. Automatische Computer.
2. Wie muss ein Computer programmiert werden, um eine Sprache zu benutzen?

3. Neuronale Netzwerke.

4. Theoretische Überlegungen zum Umfang einer Rechenoperation.

5. Selbstverbesserung.

6. Abstraktionen.

7. Zufälligkeit und Kreativität.

In Deutschland startete die KI-Forschung 1975. Damals fand am Lehrstuhl für Informatik der Universität Bonn ein erstes informelles Treffen mit dem Titel „Künstliche Intelligenz" statt. Künstliche Intelligenz entstand in der Folge als Teilgebiet der Informatik. Ansatzpunkte kommen aus der Kybernetik (wissenschaftliche Forschungsrichtung, die u. a. biologische, technische, soziologische Systeme auf selbsttätige Regelungs- und Steuerungsmechanismen hin untersucht) sowie der Kognitions- und Neurowissenschaften. Ziel ist es, intelligentes Verhalten auf Maschinen zu übertragen und damit zu automatisieren.

Im weiteren Verlauf der Zeit entwickelte sich die KI über mehrere Stufen, wie Abb. 3.12 zeigt. Eine Auswahl der bisherigen Meilensteine bei der Entwicklung der Künstlichen Intelligenz beinhaltet Tab. 3.1.

Treiber der KI waren Fortschritte bei Geschwindigkeit, Speicherkapazitäten und der Vernetzung (dabei insbesondere das Internet), aber auch die Miniaturisierung der Sensorik. Entscheidender Wendepunkt war der Übergang von Expertensystemen zu Endgeräten und Anwendungen für Jedermann mit der Einführung des Smartphones. Auf die Vorstellung des Apple iPhones (2007) kann das Ubiquitäre Computing (*Ubiquitous Computing*), der „allgegenwärtige und überall Computer" datiert werden, das aber neben Endkundenanwendungen auch industriell eingesetzt wird (siehe Abschn. 10.11). Möglich war dieser industrielle Einsatz zum einen durch o. g. technische Fortschritte, aber auch wegweisend dadurch, dass die Technologie für den Massenmarkt preislich erschwinglich wurde und sich beide Bereiche z. T. vermischten.

Aktuelle Anwendungen beschränken sich im Wesentlichen auf die Verarbeitung großer Datenmengen aus den verschiedensten Quellen. Bei Entscheidungen bleibt der Mensch letztes Glied in der Kette. Die aktuelle Weiterentwicklung, in vielen Fällen bereits mit Einzelanwendungen in der Testphase, geht in Richtung tatsächlicher Autonomie der Maschinen. Dies setzt u. a. eine Normierung der maschinellen Kommunikation (Interoperabilität) und zusätzlicher Sensorik in Form von eingebetteten Systemen (Embedded Systems) voraus, aber auch abstrahierte Informationsverarbeitungs- und Entscheidungsstrategien bei Unsicherheit und im veränderlichen Umfeld.

Letztlich haben die Möglichkeiten der Künstlichen Intelligenz auch Autoren und Filmemacher inspiriert, Tab. 3.2 und 3.3 zeigen eine aktuelle Auswahl.

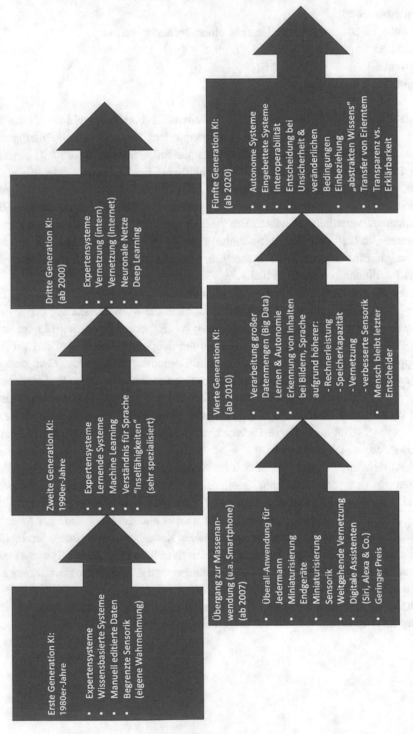

Abb. 3.12 Entwicklung der Künstlichen Intelligenz (KI)

Tab. 3.1 Meilensteine der Künstlichen Intelligenz (Auswahl)

1943	Vereinfachtes Modell für künstliche neuronale Netzwerke (Warren McColloch und Walter Pitts)
1950	Turing-Test zur Feststellung menschlichen Denkvermögens bei Maschinen (Alan Turing)
1956	„Artificial Intelligence" taucht erstmalig als Begriff auf (Dartmouth Conference, USA)
1957	General Problem Solver (GPS), gescheitertes Softwareprojekt zur allgemeinen Problemlösung
1958	Programmiersprache LISP (MIT, USA)
1960	Perzeptrom (von „perception", engl. Wahrnehmung), Grundstein für neuronale Netzwerke
1966	ELIZA, erster Chatbot (simuliert Gesprächspartner)
1986	NETtalk: System zur Generierung gesprochener Sprache, trainiert durch ein künstliches neuronales Netz
1997	Erste Roboter-Fußballweltmeisterschaft mit 38 Teilnehmern IBM-Schachcomputer „Deep Blue" besiegt Schachweltmeister Garri Kasparow
1998	„Furby": Plüschtier für Kinder, das „gepflegt" werden muss
2002	Erster autonomer Roboter für zu Hause (Staubsauger Roomba von iRobot)
2010	IBM-Computer „Watson" gewinnt des Jeopardy! Quiz (TV-Quizshow)
2011	Siri (Apple) erkennt und verarbeitet gesprochene Sprache auf einem Handy
2012	Googles autonom fahrendes Auto erhält Straßenzulassung in Nevada, USA
2014	General Adversarial Networks (GANs): Algorithmen für überwachtes Lernen, Fähigkeit zur Kreativität
2016	Amazon Echo („Alexa"): sprachgesteuerter Assistent für zu Hause Selbstlernender Microsoft Chatbot „Tay" musste nach wenigen Stunden vom Netz genommen werden, weil er von rassistischen Eingaben einiger Nutzer lernte und selbst rassistisch wurde „AlphaGo" von Google DeepMind gewinnt im Strategiespiel Go (komplexer als Schach) gegen Champion Lee Sedol
2017	„AlphaGo Zero" lernt nach Eingabe der Spielregeln ausschließlich durch Spiele gegen sich selbst, nach 72 h gewann es 100:0 Spiele gegen AlphaGo KI „Liberatus" gewinnt im Poker Roboterin Sophia erhält die Staatsangehörigkeit von Saudi-Arabien
2018	KI „Duplex" von Google ruft u. a. beim Frisör an und vereinbart einen Termin
2029	*Nach dem Moor'schen Gesetz (Verdoppelung der Prozessorleistung alle zwei Jahre) wird ein Computer die Leistung des menschlichen Gehirns erreichen*
2045	*Vorhersage der technischen Singularität, d. h.: KI ist dem Menschen überlegen und entwickelt sich selbstständig weiter*

Tab. 3.2 Künstliche Intelligenz im Film (Auswahl)

1943	Vereinfachtes Modell für künstliche neuronale Netzwerke (Warren McColloch und Walter Pitts)
1950	Turing-Test zur Feststellung menschlichen Denkvermögens bei Maschine (Allan Turing)
1956	„Artificial Intelligence" taucht erstmalig als Begriff auf (Dartmouth Conference, USA)
1957	General Problem Solver (GPS), gescheitertes Softwareprojekt zur allgemeinen Problemlösung
1958	Programmiersprache LISP (MIT, USA)
1960	Perzeptrom (von perception, engl. Wahrnehmung), Grundstein für neuronale Netzwerke
1966	ELIZA, erster Chatbot (simuliert Gesprächspartner)
1986	NETtalk: System zur Generierung gesprochener Sprache, trainiert durch ein künstliches neuronales Netz
1997	Erste Roboter-Fußballweltmeisterschaft mit 38 Teilnehmer IBM Schachcomputer „Deep Blue" besiegt Schachweltmeister Garri Kasparow
1998	„Furby" Plüschtier für Kinder, das „gepflegt" werden muss
2002	Erster autonomer Roboter für zu Hause (Staubsauger Roomba von iRobot)
2010	IBM Computer „Watson" gewinnt des Jeopardy! Quiz (TV-Quizshow)
2011	Siri (Apple) erkennt und verarbeitet gesprochene Sprache auf einem Handy
2012	Googles autonome fahrendes Auto erhält Straßenzulassung in Nevada, USA
2014	General Adversarial Networks (GANs): Algorithmen für überwachtes lernen, Fähigkeit zur Kreativität
2016	Amazon Echo („Alexa"): sprachgesteuerter Assistent für zu Hause Selbstlernender Microsoft Chatbot „Tay" musste nach wenigen Stunden vom Netz genommen werden, weil er von rassistischen Eingaben einiger Nutzer lernte und selbst rassistisch wurde „AlphaGo" von Google DeepMind gewinnt im Strategiespiel Go (komplexer als Schach) gegen Champion Lee Sedol
2017	„AlphaGo Zero" lernt nach Eingabe der Spielregeln ausschließlich durch Spiele gegen sich selbst, nach 72 h gewann es 100:0 Spiele gegen AlphaGo KI „Liberatus" gewinnt im Poker Roboterin Sophia erhält die Staatsangehörigkeit von Saudi-Arabien
2018	KI „Duplcx" von Google ruf u. a. beim Frisör an und vereinbart einen Termin
2029	*Nach dem Moor'schen Gesetz (Verdoppelung der Prozessorleistung alle zwei Jahre) wird ein Computer die Leistung des menschlichen Gehirns erreichen*
	Vorhersage der Technischen Singularität, d. h.: KI ist dem Menschen überlegen und entwickelt sich selbstständig weiter
1927	Metropolis Regisseur: Fritz Lang (D)

(Fortsetzung)

Tab. 3.2 (Fortsetzung)

1968	2001: Odyssee im Weltraum Regisseur: Stanley Kubrick
1982	Blade Runner Regisseur: Ridley Scott
1984	Terminator Regisseur: James Cameron
1999	The Matrix Regisseur: Die Wachowskis
2015	Ex Machina Regisseur: Alex Garland

Tab. 3.3 Künstliche Intelligenz in der Literatur (aktuelle Auswahl)

2014	ZERO – Sie wissen was du tust Autor: Marc Elsberg
2017	Origin Autor: Dan Brown
2017	QualityLand (dunkle Edition/helle Edition) Autor: Marc-Uwe Kling
2018	Die Tyrannei des Schmetterlings Autor: Frank Schätzing
2019	2024 - Singularity Autor: Matt Javis

3.9 Interaktion von Menschen & KI

Die Künstliche Intelligenz soll dem Menschen nutzen, daher müssen Menschen und KI interagieren. Umgekehrt ist es wichtig, dass der Mensch erkennt, er kommuniziert bzw. interagiert mit einer Maschine. Bislang ist dies schwierig, wird auch nicht immer so gewünscht: So stellte Google 2018 anlässlich der Google I/O Keynote den Telefonassistenten Google Duplex vor, der in einer Demo eine Reservierung in einem Restaurant vornahm (GoogleWatchBlog, 2018). „Die künstliche Intelligenz streut „mm-hs" und „ahs" in das Gespräch ein, macht Denkpausen in Momenten, in denen auch ein Mensch kurz innehalten würde, und reagiert mit einer bisher nicht gekannten Natürlichkeit dem menschlichen Gesprächsteilnehmer gegenüber. Dem ist dabei nicht bewusst, dass er gerade mit einer KI telefoniert, wie bei den Demo-Telefonaten, die Google auf der I/O zeigte, deutlich wird" (Pförtner, 2018). Die Frage, ob ein Mensch erkennt, dass er mit einer Maschine interagierte, wurde bereits im Turing-Test als Nachweis der KI-Fähigkeit angewendet (siehe auch Abschn. 3.11 „Turing-Test und Botometer").

In der industriellen Wertschöpfung wird das KI-getriebene Zusammenwirken von Mensch und Maschine im Rahmen unterschiedlicher Abstufungen beschrieben (Winter, 2018). Dabei wird unterschieden zwischen:

- ferngesteuerten Systemen,
- Assistenzsystemen,
- automatisierten Systemen, die Teilaufgaben selbstständig erledigen,
- vollautonomen Systemen.

Auch in der Produktion sollen Menschen und KI-gesteuerte Roboter (sog. Cobots) zusammenarbeiten. Dies wird Mensch-Maschine-Kollaboration genannt (siehe Abschn. 13.8), Abb. 3.13 zeigt einen BionicSoftHand der Firma Festo.

Eine besondere Problematik ist die *Diffusion der Verantwortung*. Abgesehen von einer rechtlichen Bewertung, wer haftet (siehe Abschn. 4.3), vermengt sich die Verantwortung schon bei jeder Entscheidung, die der Mensch mit Unterstützung einer KI trifft. Die Maschine macht einen Vorschlag, der Mensch übernimmt sie, übernimmt sie nicht oder übernimmt sie verändert. Derzeit basieren alle sicherheitsrelevanten Zertifizierungen darauf, dass der Mensch die letzte Entscheidungsgewalt hat. Da dieser aber kaum alle Daten kennt und auch den Algorithmus nur in Ansätzen versteht, verlässt er sich auf die Expertise der Maschine.

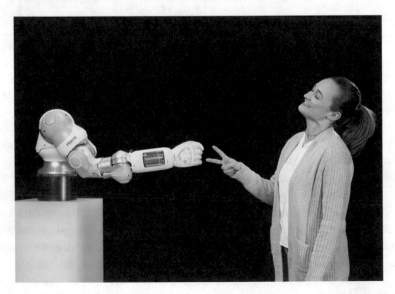

Abb. 3.13 Mensch und Maschine arbeiten zusammen. (Quelle: ©Festo SE & Co. KG, alle Rechte vorbehalten)

Dies kann zu einer **Komplizenschaft** zwischen Menschen und Maschine führen. Verstärkt wird ein solcher Effekt durch die menschliche Erkenntnis der eigenen Fehlerhaftigkeit in Verbindung mit einem medial getriebenen, quasi grenzenlosen Vertrauen in die Fehlerlosigkeit einer Machine (siehe „autonomes Fahren", Abschn. 3.7). Es aber gibt Beispiele, wo sich auch Maschinen irren (Mohr, 2020).

3.10 Bots

Ein **Bot** ist eigentlich ein Computerprogramm, dass bestimmte Aufgaben automatisiert selbstständig ausführt. Dabei werden KI-Technologien genutzt. Bots können auch untereinander kommunizieren, hierbei spricht man von **Botnet**.

Eingesetzt werden Bots beispielsweise, um das Internet nach Informationen für Suchmaschinen zu durchforsten (sog. **Webcrawler**) oder um in Diskussionsforen bedenkliche Inhalte zu finden und zu bereinigen. Hierbei muss immer das Grundrecht auf freie Meinungsäußerung abgewogen werden, was den Betreibern der sozialen Netzwerke derzeit Mühe macht.

Social Bots wiederum agieren in sozialen Netzwerken und können u. a. automatisiert liken und kommentieren. Dies täuscht menschliche Aktivität vor. Allerdings sind Social Bots bei den meisten Anbietern entsprechender Plattformen per AGB (allgemeine Geschäftsbedingungen) nicht erlaubt. Die Herausforderung für die Betreiber liegt jedoch beim Erkennen der Social Bots. Wenn erkannt, werden sie zumeist gelöscht oder isoliert, dann können sie nur noch „untereinander" kommunizieren.

Interessant wird es, wenn KIs natürliche sprachliche Fähigkeiten besitzen und in der Lage sind, mit Menschen synchron zu kommunizieren. Diese werden im Fachjargon **textbasierte Dialogsysteme** genannten oder einfacher **Chatbot**. Social Bots können dabei auch als Chatbot fungieren, der Unterschied ist fließend. Diese Technologie ist mittlerweile so weit fortgeschritten, dass es schwierig ist, zwischen einem realen Chatpartner und einer Maschine zu unterscheiden (siehe Turing-Test, Abschn. 3.11). Dies kann unkritisch sein, z. B. bei Pflegerobotern, die mit ihren Patienten natürlich kommunizieren sollen, aber auch gefährlich im Sinne einer Beeinflussung. Denn klar ist: Bei Chatbots geht es um die intelligente Täuschung des Gegenübers. Noch (!) ist es einfach: „Computer erkennt man daran, dass sie nicht plaudern können" (SWR2 Wissen & Rooch, 2020).

Eine Herausforderung für industrielle Anwendungen ist: Nach einer Untersuchung von Radware (Radware Ltd., 2019) mit einer Umfrage von über 260 industriellen C-Level- Führungskräften sind mehr als die Hälfte des Internet-Bot-Verkehrs bösartige Bots (siehe Abb. 3.14). Anmerkung: C-Titel werden wegen ihrer Internationalität gerne im Bereich IT/Digitalisierung genutzt. Positionen im C-Level-Management erkennt man an den Bezeichnungen „Chief … Officer" (CxO). Diese Titel sind lediglich englischsprachige Bezeichnungen des obersten Managements im Unternehmen.

Abb. 3.14 Gutartige und
bösartige Bots im
Internetverkehr.
(Nach Radware Ltd., 2019)

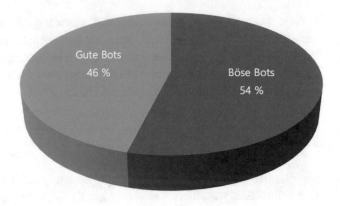

Gute Bots
46 %

Böse Bots
54 %

3.11   Turing-Test & Botometer

„KI ist die Wissenschaft und Technik zur Herstellung intelligenter Maschinen, insbesondere intelligenter Computerprogramme."

Alan Turing

Bereits 1950 stellte der britische Mathematiker und visionäre Informatiker Alan Mathison Turing (1912–1954) Überlegungen zu „Computing Machinery Intelligence" (Computerintelligenz) an. Er schlug ein Experiment vor, das herausfinden sollte, ob eine Maschine das Denken des Menschen nachahmen kann. Im Jahr 2021 ehrte die Bank of England Alan Turing auf der 50-Pfund-Banknote (siehe Abb. 3.15) u. a. wegen seines Beitrags zur Entschlüsselung des Enigma-Codes im 2. Weltkrieg, aber auch als späte Wiedergutmachung für das Leid, das er als homosexueller Wissenschaftler ertragen musste.

Beim sog. Turing-Test treten Mensch und Maschine in einer schriftlichen Unterhaltung gegeneinander an. Dadurch wird ausschließlich die Funktionalität der Software untersucht, nicht aber der Einfluss von Mimik, Gestik, Tonalität etc. Auch das Vorhandensein eines Bewusstseins wird nicht geprüft. Der Test gilt als bestanden, wenn 30 Teilnehmer, jeweils in einem fünfminütigen schriftlichen Chat, nicht einordnen können, ob sie sich mit einem Menschen oder mit einer Maschine unterhalten haben.

In 2008 verfehlte eine Software diesen Test an der University of Reading knapp, 2014 wurde er erstmalig bestanden (ZEITonline, 2014).

Der Schachgroßmeister Kasparov beschuldige jedenfalls nach einem verlorenen Spiel 1997 die Konstrukteure seines Gegners, des IBM-Supercomputers Deep Blue, dass einige der Züge so intelligent und kreativ gewesen seien, dass nur Menschen dahinterstecken können. Er war der Überzeugung, dass eine moderne Version des Schachtürkens hilfreich war (siehe Abb. 3.16: Mechanischer Schachroboter von Wolfgang von Kempelen [1769], genannt „Der Schachtürke", woher auch der umgangssprachliche Begriff „getürkt" kommt). Originalzitat: „Wissenschaftlich ausgedrückt war das Match ein Betrug. IBM hat keine Beweise vorgelegt, dass dem nicht so ist, obwohl sie die Beweislast getroffen hat.

Abb. 3.15 Abbildung: Alan Touring auf 50-Pfund-Banknote. (©Bank of England. This image is approved by the Bank of England for public use provided the following conditions are satisfied: www.bankofengland.co.uk/banknotes/using-images-of-banknotes) *Anmerkung: Die Banknote ist von der Bank of England als Download (s. o.) freigegeben, muss aber beim Druck deren Requirements erfüllen (z. B. 25 % kleiner als das Original).*

Wenn ich sage, dass durch menschliche Einwirkungen manipuliert wurde, so hätten sie mit den Rechenprotokollen widerlegen oder darstellen müssen, dass ich Unrecht habe" (Schach Nachrichten, 2005).

Das Problem beim Turing-Test ist: Grundsätzlich erfordert das Zusammenarbeiten von Menschen und KI Vertrauen und Akzeptanz. Diese wird aber gar nicht abgefragt. So können Drohnen sicher fliegen, vielleicht sogar sicherer als der Mensch, und sie können selbstständig landen. Kaum jemand würde sich aber in ein Passagierflugzeug ohne Piloten an Bord setzen. Obwohl der Mensch Fehler macht, ist das Vertrauen in ihn größer.

Um den Turing-Test zu bestehen, muss der Computer sich daher dümmer anstellen als er ist: Auf die Frage, wie viele Einwohner Köln hat, würde die Antwort „am 31.12.2018 waren es 1.089.984 Personen" eine KI sofort entlarven, beim Turing-Test wäre sie durchgefallen. Auch kommen in der Industrie, insbesondere im Vertrieb, aber auch in der Produktionsplanung, taktische Erwägungen hinzu: Sich „dumm zu stellen" oder auch einmal über Nichtigkeiten zu plaudern, um vom Thema abzulenken, ist eine gängige Praxis in der menschlichen Kommunikation. Aber auch wäre ein Schachspiel uninteressant, wenn die KI ständig gewinnt, umgekehrt auch, wenn die KI einen gewinnen lässt. So ließe sich eine KI auch durchschauen.

Um den Turing-Test zu bestehen, müsste eine KI sich also an den Gegenüber anpassen und, wenn nötig, hinter den eigenen Möglichkeiten zurückstehen, sich taktisch verhalten,

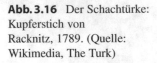

Abb. 3.16 Der Schachtürke:
Kupferstich von
Racknitz, 1789. (Quelle:
Wikimedia, The Turk)

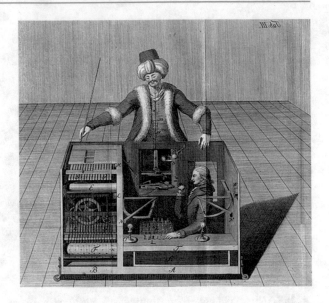

auch einmal freundlich – höflich die Wahrheit dehnen (siehe „Notlüge" 7.2). Dies mindert
aber das Vertrauen in die Künstliche Intelligenz.

Alternativ wird heutzutage ein sog. Botometer eingesetzt. Hierbei handelt es sich um
einen Algorithmus des Maschinellen Lernens, der eine Aussage darüber trifft, wie wahrscheinlich ein Social-Media-Account automatisiert ist (null = Mensch, eins = Maschine).
Ab einem Wert von 0,75 kann man davon ausgehen, dass ein Account ein sog. Bot (siehe
Abschn. 3.10), also eine KI ist.

3.12   Anforderungen an eine KI

> *„Mehr als alle Maschinen brauchen wir Menschlichkeit. Mehr als Klugheit brauchen wir
> Freundlichkeit und Güte. Ohne diese Fähigkeiten wird das Leben grausam und alles verloren
> sein."*
>
>   Charlie Chaplin in „Der große Diktator"

3.12.1 Vertrauenswürdige KI (Trusted AI)

Wichtig für eine Akzeptanz, aber auch darüber hinaus für eine rechtskonforme, sichere
Anwendung ist die vertrauenswürdigkeit einer KI. Hierbei gibt es international verschiedene Ansätze. Die deutschen KIs versuchen hier mit einem Label **AI Made in Germany**

zu Punkten. Der Slogan soll für eine verlässliche, durchsichtige KI stehen und ein Güte-
sigel werden. „Es geht um individuelle Freiheitsrechte, Autonomie, Persönlichkeitsrechte,
die Entscheidungsfreiheit des Einzelnen. Um Hoffnungen, Ängste, Potenziale und Erwartungen. Es geht aber auch um neue Märkte für deutsche Unternehmen, den weltweiten
Wettbewerb, vor allem mit den USA und China, und um die Zukunft Deutschlands als
Industriestandort" (KI-Strategie Deutschland, 2020).

Einige Unternehmen sehen eine vertrauenswürdige KI dann auch als Wettbewerbs-
vorteil. Beispielsweise meint Michael Bolle, Bosch-Technikchef: „Wenn KI für den
Menschen keine Blackbox ist, entsteht Vertrauen, das in einer vernetzten Welt zum
wesentlichen Qualitätsmerkmal wird" (dpa, 2020).

Die EU-Kommission hat für KI-Anwendungen 2019 sieben Kernanforderungen aufgestellt, damit sie vertrauenswürdig gelten (hier verkürzt wiedergegeben). Diese wurden
2020 im Weißbuch zur Künstlichen Intelligenz übernommen (siehe Abb. 3.17;Quellen:
Europäische Kommission, 2019; Europäische Kommission, 2020):

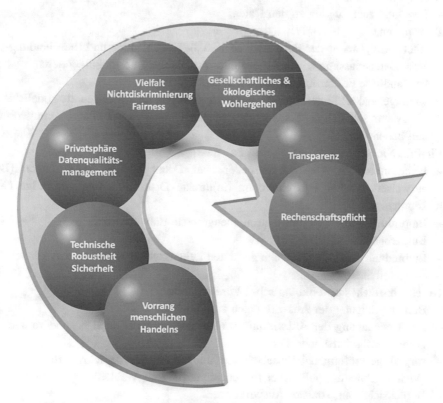

Abb. 3.17 Kernanforderungen an eine vertrauenswürdige KI. (Nach: EU-Kommission)

- **Vorrang menschlichen Handelns und menschlicher Aufsicht** – hierbei wird weiter unterschieden:
  - Human-in-the-Loop: interaktive Einbindung des Menschen,
  - Human-on-the-Loop: Überprüfung und Kontrolle durch den Menschen,
  - Human-in-Command: Gesamtsteuerung durch den Menschen.
- **Technische Robustheit und Sicherheit** – dies umfasst:
  - Fehlertoleranz (angemessener Umgang mit Fehlern),
  - sicher gegen subtile Manipulationsversuche,
  - Rückfallstrategie im Fall von Problemen (kein Totalabsturz),
  - klären und bewerten von Risiken.
- **Privatsphäre und Datenqualitätsmanagement**
  - Anforderungen an den Schutz von Daten, insbes. personenbezogene Daten,
  - Integrität der Daten,
  - Behebung von Verzerrungen und Ungenauigkeiten in den Daten,
  - Dokumentation,
  - Regelung zum Zugang zu den Daten.
- **Transparenz**
  - Rückverfolgbarkeit der Entscheidungen, d. h. Entscheidung und Entscheidungsprozess, Datenerfassung sowie Algorithmus protokollieren & dokumentieren,
  - verständliche Erklärung des Entscheidungsalgorithmus,
  - weitergehende Erläuterungen u. a. zu der Transparenz des Geschäftsmodells,
  - KI-System soll sich nach außen als solches zu erkennen geben und Verantwortlichkeit benennen.
- **Vielfalt, Nichtdiskriminierung und Fairness**
  - Insbesondere die Übernahme historischer Daten können Verzerrungen (Bias) aufweisen, die bei Fortschreibung (in)direkte Diskriminierung zur Folge haben könnten.
  - Empfohlen werden vielfältig zusammengesetzte Entwurfsteams.
  - Bürgerbeteiligung.
  - Einbindung derer, die über den gesamten Lebenszyklus betroffen sein können.
  - Barrierefreiheit.
- **Gesellschaftliches und ökologisches Wohlergehen**
  - Berücksichtigung der Auswirkungen auf Umwelt,
  - Berücksichtigung der Auswirkungen nicht nur aus individueller, sondern auch aus gesamtgesellschaftlicher Sicht,
  - sorgfältige Prüfung bei Einsatz in Zusammenhang mit demokratischen Prozessen (Meinungsbildung, politischer Entscheidungsprozess, Wahlen),
  - Berücksichtigung sozialer Auswirkungen.
- **Rechenschaftspflicht**
  - Regelung für Verantwortlichkeit des KI-Systems und der Ergebnisse vor & nach der Umsetzung,

- externe Nachprüfbarkeit bei sicherheitskritischen Anwendungen und
- bei Auswirkungen auf Grundrechte,
- methodisches Vorgehen bei notwendigen Kompromissen,
- Folgeabschätzung,
- leicht zugängliche und angemessene Rechtsschutzmechanismen.

Die Leitlinien sind aber unverbindlich und sollen unter Berücksichtigung der Folgen **verhältnismäßig umgesetzt** werden:

„Der KI-Vorschlag eines unpassenden Buches, so die Leitlinie, sei weniger gefährlich als eine falsche Krebsdiagnose und könne daher einer weniger strengen Aufsicht unterliegen."

Einige dieser Forderungen, besonders bei der Transparenzanforderung und Rechenschaftspflicht, werden durchaus kritisch wegen einer fraglichen Machbarkeit diskutiert. Speziell wehren sich Unternehmen gegen die Offenlegung von Algorithmen und Geschäftsmodellen. Auch ist bei Machine Learning und Deep Learning der Entscheidungsprozess letztlich nicht bekannt. Hierzu wurde statt Transparenz der Begriff „Erklärbare KI" geprägt (für konkrete Entscheidungen werden die wesentlichen Einflussfaktoren aufgezeigt, siehe Abschn. 3.12.3 „Erklärbare KI").

Für Technik und Qualitätsmanagement konkreter gibt sich das Referenzmodell der VDE-AR-E 2842 für eine *vertrauenswürdige KI*. Die zugrundeliegende Problematik bei der Komplexität von KIs ist: „Funktionen können nicht einfach (durch den Menschen) geprüft werden. Das System muss die Sicherheit selbst gewährleisten und beispielsweise Anforderungen der funktionalen Sicherheit inhärent erfüllen. [...] Hierzu gehören der Entwurf auf Systemebene (u. a. Vertrauenswürdigkeitsattribute), Komponentenebene (u. a. Hardware, Software und KI-Blaupausen zur Anwendung einer KI-Methodik), Integration, Verifikation und Validierung sowie Abnahme und Freigabe" (VDE, 2020).

Dabei werden elementar bedeutende Herausforderungen definiert, für die es gilt, Antworten zu finden:

- Vertrauenswürdigkeitsanforderungen („trustworthiness"),
- physische Sicherheit („safety"),
- Informationssicherheit („security"),
- Gebrauchstauglichkeit („usability"),
- ethische und regulatorische Fragestellungen.

Darüber hinaus gibt es eine Initiative der Kompetenzplattform KI.NRW, die Vorschläge erarbeitet, wie eine vertrauenswürdige KI sichergestellt bzw. durch eine sachkundige und unabhängige Prüfung zertifiziert werden kann (Fraunhofer IAIS, 2019; siehe dazu auch Abschn. 12.5).

3.12.2 Black-Box-Problematik & Black-Box-Test

... denn sie wissen nicht, was sie tun ...

Deutscher Titel eines Spielfilms mit James Dean (1955)

Viele menschliche Entscheidungen werden intuitiv getroffen, ohne dass hinterher explizit gesagt werden könnte, wie genau, unter Abwägung welcher Fakten, mit welcher Gewichtung und unter welchen Bedingungen das Ergebnis zustande gekommen ist. Häufig notwendig sind auch Entscheidungen unter unsicherer bzw. nicht vollständiger Informationslage sowie die Inkaufnahme von Risiken. Beim Mitmenschen wird dieses Verhalten durchaus akzeptiert und manchmal als „man solle auf sein Bauchgefühl vertrauen" sogar angeraten (siehe auch Abschn. 7.1).

Bei KI ist es dies anders. Der Mensch möchte genau wissen, was die KI macht, bevor er sich ihr anvertraut. Dabei gibt es aber ein sehr grundsätzliches Problem: Insbesondere bei starken KIs bzw. beim Deep Learning sind die Entscheidungsalgorithmen nicht mehr transparent darstellbar, z. T. vollkommen unbekannt. Dies wird Black-Box-Problematik genannt:

- *Die **Black-Box-Problematik** bezeichnet ein Phänomen, dass selbst der Softwareentwickler, der das Programm geschrieben hat, nicht darlegen kann, wie ein Algorithmus zu einer bestimmten Entscheidung gekommen ist (oder kommen wird).*

Die Black-Box-Problematik „liegt vor allem an der Lernfähigkeit von KI-Systemen – einem Grundprinzip und zugleich einer Stärke: Die Systeme können im Laufe der Zeit immer besser werden und damit auch bessere Ergebnisse als ‚klassische Methoden' erzielen. Allerdings wird die Stärke mit dem Nachteil erkauft, dass ein einzelnes Ergebnis nicht mehr oder nur mit unverhältnismäßig hohem Aufwand nachvollziehbar ist" (Bitkom, 2017).

Die Hochrangige Expertengruppe der EU für Künstliche Intelligenz (High Level Expert Group – HLEG) hat es so formuliert:

„Einige Verfahren des maschinellen Lernens sind zwar im Hinblick auf die Genauigkeit sehr erfolgreich, aber gleichzeitig auch sehr undurchsichtig, was die Art und Weise ihrer Entscheidungsfindung betrifft. Solche Szenarien sind mit dem Begriff ‚Black-Box-KI' gemeint – wenn also der Grund für bestimmte Entscheidungen nicht nachvollziehbar ist" (Hochrangige Expertengruppe der EU für KI, 2018).

Es gibt jedoch Testmethoden, die versuchen, diese Problematiken zu umgehen, indem nicht der Entscheidungsvorgang selbst untersucht wird, sondern nur das Ergebnis (siehe: Abb. 3.18).

Der **Black-Box-Test (BB-Test)** zählt zu den dynamischen Testverfahren und arbeitet ohne Kenntnis der Programmlogik, d. h. dem Tester ist weder die Software bekannt noch

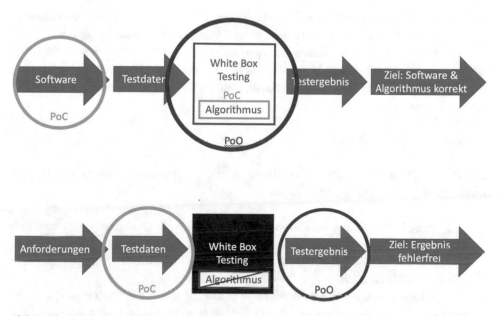

Abb. 3.18 White-Box- & Black-Box-Test

der Entscheidungsalgorithmus. Es soll nicht die Korrektheit der Entscheidungsstruktur (Software + Algorithmus) getestet werden, sondern die Fehlerfreiheit des Ergebnisses.

Beim BB-Test wird Verhalten des Testsystems von außen betrachtet, d. h. der *Point of Observation (PoO)* liegt außerhalb des Testobjekts. Bekannt sind aber die Anforderungen an das Ergebnis. Der Test wird über definierte Eingaben gesteuert, der *Point of Control (PoC)* ist dort angelegt. Ziel ist es zu überprüfen, ob das Ergebnis die vorher definierten Erwartungen erfüllt, der Weg ist dabei irrelevant. Dieses Verfahren ist auch als *Stresstest* bekannt.

Demgegenüber ist beim *White-Box-Test (WB-Test)* die Programmlogik bekannt, also sowohl die Software (Quellcode) als auch der zugrunde liegende Entscheidungsalgorithmus. Das Testsystem ist sozusagen gläsern, der PoO ist das Testobjekt selbst. Ist das Ergebnis fehlerhaft, kann in der Software oder im Algorithmus nachgesteuert werden, dort liegt auch der PoC. Somit kann das Zustandekommen des Ergebnisses, der Weg, transparent gemacht werden.

Eine Kombination aus beiden Testverfahren ist der *Grey-Box-Test (GT)*. Hier sind z. B. die Eingangsbedingungen inklusive Software-Quellcode bekannt, nicht bekannt ist der Entscheidungsalgorithmus. Dieser kann sich, z. B. durch autonomes Lernen, selbst anpassen.

Wichtig im Zusammenhang mit der rechtlichen Bewertung einer KI-Entscheidung ist allerdings zu wissen, dass der Black-Box-Test zwar eine Fehlerfreiheit für bekannte Trainingsdaten nachweisen kann, bei einem Fehler in der späteren Anwendung bleibt die systemische Ursache allerdings unbekannt. Daher ist bei den Trainingsdaten darauf zu achten, dass diese die spätere Anwendungswirklichkeit auch vollständig abbilden.

Eine Alternative ist *LIME („local interpretable model-agnostic explanations")*. LIME ist ein System, das diejenigen Eigenschaften isoliert, die eine Entscheidung vorantragen, und damit ein annäherungsweises Verständnis von komplexen KI-Modellen ermöglicht.

3.12.3 Transparente KI

Der Begriff „Transparenz" ist sehr vieldeutig, durchläuft aber eine gewisse Evolution, wie die folgenden Zitate aus knapp zehn Jahren zeigen:

- *„We know where you are. We know where you've been. We can more or less now what you're thinking about. "*
    Eric Schmidt, Google CEO auf einem Forum der Monatszeitschrift „Atlantic Monthly" (Schmidt, 2010)
- *„If you look at how much regulation there is around advertising on TV and print, it's just not clear why there should be less on the internet. We should have the same level of transparency required. "*
    Mark Zuckerberg, Facebook CEO 2018 in CNN (Zuckerberg, 2018)
- *„Es muss verhindert werden, dass KI anonym Entscheidungen über uns trifft, die aus einer „Black Box" kommen und nicht überprüfbar sind. […] Ergebnisse von KI-Analysen müssen so aufbereitet werden, dass Menschen sie nachvollziehen und bewerten können. "*
    Microsoft KI Grundprinzip Nr. 5 (Brinkel, 2019)

Eine der Hauptforderungen an KI-Systeme ist die Rechenschaftspflicht. Diese wird nach allgemeinem Verständnis durch Transparenz erreicht.

- *Transparenz bedeutet die vollständige Offenlegung der Verarbeitungskriterien (z. B. der Algorithmen).*

Transparenz sollte nicht mit Beweisbar verwechselt werden:

- *Beweisbar: mathematisch belegbare Gewissheit, wie eine Entscheidung abläuft.*

Die Problematik mit der Transparenz von Algorithmen ist zweierlei:

Zum einen betreffen die Art und Weise, wie Algorithmen arbeiten, die Geschäfts-modelle von Unternehmen und Konzernen. Es ist m. E. verständlich und rechtmäßig, dass diese ihre Firmengeheimnisse waren. Aber kaum eines der großen, mit Algorithmen arbeitenden Unternehmen ist gewillt, seine Algorithmen zu veröffentlichen oder einen White-Box-Test zuzulassen und damit sein Geschäftskonzept offenzulegen. Selbst die deutsche Schufa, ein Unternehmen, das bei Krediten die Kreditwürdigkeit des Gläubigers per Scorewert berechnet, warnt vor allzu viel Transparenz und Offenlegung (Schufa, 2018). So auch bei dem von Präsident Trump initiierten Deal, der Übernahme der Video-App TikTok für den US-Markt durch Walmart und Oracle. Der chinesische Mutterkonzern ByteDance will die Algorithmen, also das Geheimnis des Geschäfts, für sich behalten (ZEITonline, 2020).

Allerdings muss in anderen Fällen, z. B. bei Patenten, Know-how vollständig offengelegt werden – im Tausch gegen einen rechtlichen Schutz.

Zum anderen sind algorithmenbasierte KIs häufig eine Black Box, bei der selbst die Entwickler nicht genau wissen, was darin passiert (siehe Abschn. 3.12.2). Vor der Enquete-Kommission des Deutschen Bundestags zu Künstlicher Intelligenz forderte daher Clara Hustedt von der Enquete-Kommission: „Nicht jede Black Box muss geöffnet werden. … unterstreicht [aber] zudem, dass mit Kennzeichnung, Nachvollziehbarkeit sowie Überprüfbarkeit unterschiedliche Arten von Transparenz nötig seien" (Hustedt, 2019b).

Da gesetzliche Regulierung aber noch nicht gefestigt ist, verbleiben die Definitionen häufig im politischen Formulierungsbereich und damit vage: „Da selten deutlich wird, was mit Transparenz genau gemeint ist, können alle der Forderung zustimmen, ohne Gefahr zu laufen, später darauf festgenagelt zu werden" (Hustedt, 2019a, b). In einer Studie der Bertelsmann Stiftung (Bertelsmann Stiftung et al., 2020) wird ein Vorschlag zur Bewertung von Transparenz gemacht (siehe Abb. 3.19 und vgl. Abschn. 4.9). Da Transparenz dennoch nicht immer gewährleistet werden kann, ist ein anderer Ansatz zur Lösung dieser Herausforderung die *Erklärbare KI*.

Die IEEE hat bezüglich von Transparenzanforderung für autonome Systeme einen Standard vorgeschlagen (IEEE, 2021).

3.12.4 Erklärbare KI (Explainable AI – XAI)

Bei selbstlernenden, insbesondere starken KI-Systemen, sind angesichts großer Datenmengen und komplexer Zusammenhänge, Anforderungen an eine vertrauenswürdige KI kaum realistisch umsetzbar. An die Stelle der Vertrauenswürdigkeit tritt Erklärbarkeit als Kernanforderung für einen Einsatz von KI im industriellen Bereich.

„Die Erklärbarkeit wiederum ist eine Eigenschaft jener KI-Systeme, die eine Art von Begründung für ihr Verhalten liefern können" (Hochrangige Expertengruppe der EU für KI, 2018).

- *Erklärbare KI bzw. Explainable AI (XAI) bedeutet, dass für konkrete Entscheidungen die wesentlichen Einflussfaktoren aufgezeigt werden können* (Fraunhofer-Gesellschaft, 2018).

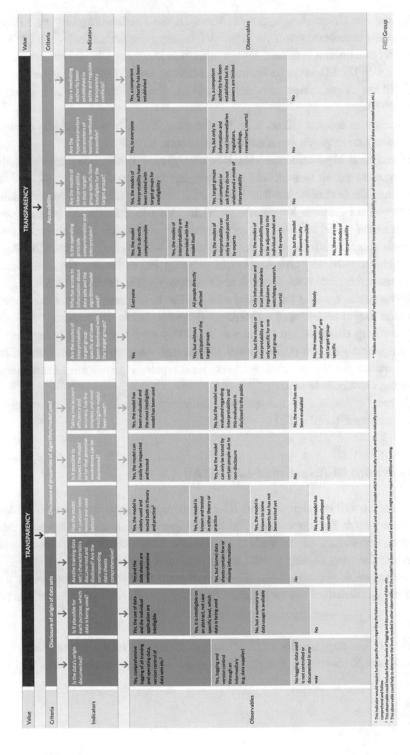

Abb. 3.19 Ansatz zur Bewertung von KI-Transparenz (Bertelsmann Stiftung et al., 2020)

Dies ist auch für Konformitätsprüfungen, z. B. im Rahmen von Zertifizierungen, unumgänglich. Dennoch ist bislang unklar, wie dies technisch machbar ist sowie normativ bzw. rechtlich umgesetzt werden kann.

Erklärbarkeit kann z. B. durch einen **transparenten Lernprozess** erreicht werden. Der Nachweis kann durch einen Black-Box-Test erfolgen. Mittels Trainingsdaten wird eine KI geschult und über Testdaten wird überprüft, ob ein vorgegebenes Ergebnis erzielt wird.

Dieser Prozess kann zertifiziert werden und das System kann nun mit neuen, unbekannten Aufgaben autonom, aber innerhalb spezifizierter Grenzen (Leitplanken) arbeiten. Offen dabei ist jedoch die Frage, wie mit kontinuierlich weiterlernenden Systemen verfahren werden soll.

Eine ähnliche Richtung schlägt ein Forschungsprojekt der Volkswagenstiftung ein und nutzt die Begrifflichkeit **Explainable Intelligent System (EIS)**. Hierbei geht es um die sehr grundsätzliche Frage, was „Erklärbarkeit" überhaupt ist und wie sie erreicht werden kann. Hintergrund sind auch gesellschaftliche Fragen zu Akzeptanz und Vertrauen in eine KI sowie Einbettung in neue Normen und Richtlinien bzw. in bestehende Rechtsstrukturen.

3.12.5 Zielgerichtete KI

Ein anderes Verfahren, das Transparenzproblem zu lösen, ist die zielgerichtete KI.

- **Zielgerichtete KI** *bedeutet, dass ihnen vom Menschen ein bestimmtes Ziel vorgegeben wird, welches sie mithilfe bestimmter Verfahren umsetzen. Sie bestimmen ihre Ziele nicht selbst. (Hochrangige Expertengruppe der EU für KI, 2018)*

Diese Form ist aber eher bei der schwachen KI einsetzbar, beim Maschinellen Lernen sowie beim Deep Learning wird die Zielfindung z. T. der KI selbst überlassen.

Die verschiedenen Möglichkeiten, einen KI-Entscheidungsablauf zu erläutern, zeigt Abb. 3.20.

3.12.6 Diskriminierungsfreiheit, Verzerrungseffekte (Bias)

Die Anforderung an KI-Systeme, diskriminierungsfrei zu sein, ist so selbstverständlich wie richtig. Aber, so schreibt M.B. Zafar in seiner 2019 erschienenen Dissertation (Zafar, 2019): „Die Aufnahme von Nichtdiskriminierungszielsetzungen bei der Gestaltung algorithmischer Entscheidungs- bzw. Klassifizierungssysteme hat sich jedoch als große Herausforderung herausgestellt."

Im Jahr 2015 beispielsweise beschriftete die Bilder-App Google Fotos Menschen mit schwarzer Hautfarbe als „Gorilla" (SPIEGEL-Online, 2015).

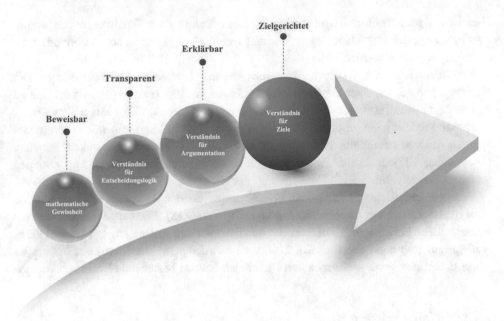

Abb. 3.20 KI-Entscheidungsablauf: beweisbar, transparent, erklärbar & zielgerichtet

Eine mögliche Quelle von Diskriminierung ist das Vorhandensein von Verzerrungen, ein sog. Bias.

- **Bias** *ist ein Verzerrungseffekt, der durch selektive Wahrnehmung der Umwelt verursacht werden kann. Dies kann unbewusst beeinflussen (impliziter Bias) oder bewusst zugelassen werden (expliziter Bias).*

Ein *statistisches Bias* entsteht durch falsche Datenerhebung (Fehler in der Stichprobe), aber auch durch eine bewusste bzw. unbewusste Beeinflussung der Befragten. Auch kann es bei der Verwendung historischer Datensätze zu Verzerrungen kommen. So gab es in der Vergangenheit eine andere (Moral-)Vorstellung über das Rollenverhalten Mann/Frau und andere gesetzliche Bestimmungen zu LGBT (Lesbian, Gay, Bisexual and Transgender), damals z. T. eine Straftat. Weitere Beispiele, die zu statistischen Verzerrungen (Bias) bei der Nutzung historischer Daten führen können, sind: Allgemein waren Mensch früher kleiner. Die Stellung der Frau war früher anders, daher war ihr Zugang zu Bildung häufig eingeschränkt und sie übten andere Tätigkeiten aus. Kinderarbeit war lange erlaubt, daher traten mehr und andere Krankheiten auf.

Es gibt mehrere Kategorien von Verzerrung (vgl. auch: Friedmann & Nissenbaum, 1996):

- **Präexistierender Bias:**

  Eine existierende Voreingenommenheit überträgt sich in das System, z. B. durch die Nutzung historischer Datensätze (Diskriminierung, s. o.).

- **Technischer Bias:**

  Sensorik und andere Technologien können Menschen u. U. unterschiedlich behandeln. So funktionierte ein Seifenspender nur bei Weißen, weil der verwendete Sensor versehentlich nur auf weiße Hautfarbe reagierte (Fussell 2017).

- **Emergenter Bias:**

  Die Verzerrung entsteht in einem spezifischen Kontext, bei dem die Anwendungsfälle anders geartet sind als beim Training der Software. Beispielsweise können sich Bewertungsmuster ändern, während Technologie unverändert bleibt.

- **Availability Bias:**

  Es werden nur die zur Verfügung stehenden Daten berücksichtigt, ohne sicherzustellen, dass es weitere wichtige Einflussfaktoren/Daten gibt.

Beim Menschen gibt es darüber hinaus Bestätigungsverzerrungen:

- **Confirmation Bias:**

  Es werden nur Fakten berücksichtigt, die die eigene Position stützen. Wir wollen die Welt so sehen, wie es uns gefällt.

- **Barum-Effekt (Forer-Effekt)**

  Selbsttäuschung durch persönliche Validierung bei der Akzeptanz von vagen Aussagen über sich selbst.

  Ähnlich: Dunning-Krueger-Effekt (Aufgrund der eigenen Unfähigkeit erkennt man seine Unfähigkeit nicht).

- **Myside Bias:**

  Es wird ausschließlich nach Fakten gesucht, die die Gegenpositionen abwerten.

- **Affinity Bias**

  Personen mit höherer Ähnlichkeit zu einem selbst (z. B. Geschlecht, Alter, Kultur) bzw. Situationen mit Ähnlichkeiten zum eigenen Erfahrungsschatz werden als angenehm und damit als vertrauenswürdiger empfunden.

- **Unconscious Bias (unbewusste Vorurteile)**

  Diese basieren auf der Strategie des Gehirns der Reduktion einer unübersichtlichen *Komplexität* (vgl. Kahneman, 2012). Sie resultiert aus bekannten Denk- und Reaktionsmustern, kindheitsgeprägten „Wahrheiten" (vgl. Transaktionsanalyse „Eltern-Ich"), kultureller Einbindungen und eigenen stark positiven bzw. negativen Erfahrungen.

- **Authority Bias**

  Menschen neigen dazu, Aussagen von Vorbildern, Respektspersonen und Autoritäten mehr Gewicht zuzuschreiben.

- **Ingroup Bias**

Gruppendynamische Prozesse führen dazu, dass Aussagen von Außenseitern bzw. Nicht-Gruppenmitgliedern weniger wahrgenommen bzw. gewichtet werden.

Auch kann es hier zu Falschaussagen kommen, wie ein Konformitätsexperiment von Salmon E. Asch 1950 zeigte. Dabei wertete ein neues Gruppenmitglied eine offensichtlich falsche Aussage als richtig, nur weil die Gruppe (die im Experiment absichtlich eine Falschaussage machte), dies angeblich so sah.

Projekte scheitern z. T. daran, dass Beteiligte zu sehr Gründe suchen, warum ihr Plan erfolgreich sein könnte, und zu wenig die Gründe für ein mögliches Scheitern in Betracht ziehen. Gründe sind vielfältig, einer könnte das „Positive Thinking" sein, eine vom US-Amerikaner Dale Carnegie begründetet Lebens- und Selbstmotivationstheorie, die in manchen Unternehmen zum Führungsgrundsatz ernannt wurden. Als Lebensweisheit gab es diese allerdings bereits früher, z. B. in Köln mit dem Kölsche Grundgesetz § 3: Et hät noch immer jot jejangen (Es ist noch immer gut gegangen). Kritiker wenden jedoch ein, dass zwanghaftes Positivdenken nicht nur nutzlos, sondern kontraproduktiv ist.

Darüber hinaus kann es sein, dass ein korrekter Datensatz ein statistisch abgesichertes Ergebnis berechnet, dass wir dennoch aus Gründen der Moral als diskriminierend einordnen. So könnte eine auf Prozessoptimierung ausgelegte KI sich gegen Inklusion bei der Auswahl von Mitarbeitern entscheiden, was die Gesellschaft aus berechtigten Gründen nicht akzeptiert.

3.13   Patentsituation

„Das Internet ist ja nicht per se schlecht. Es ist nicht geschaffen worden, um alle Menschen auf diesem Planeten zu kontrollieren. **Die Erfinder haben es absichtlich nicht patentiert.** *Dann aber kamen die, die nur ein Ziel haben: so viel Geld wie möglich zu machen und die Kontrolle über unser Handeln, unser Kaufverhalten, zu erhalten. Wir dürfen ihnen nicht das Feld überlassen; es wäre schade um die großartigen Chancen."*

Wissenschaftsjournalist und Buchautor Ranga Yogeshwar im STERN, 25.01.2018 (Yogeshwar, 2018).

In seinem Jahresbericht 2019 sieht das Deutsche Patent- und Markenamt (DPMA) Digitalisierung als Techniktrend, wobei die Behörde hier i. W. vier Kernbereiche der digitalen Technologien definiert: Kommunikationstechnik, audiovisuelle Technik, Datenverarbeitungsverfahren für betriebswirtschaftliche Zwecke und Halbleiter (DPMA, 2020). Für den Bereich der Technik sieht das DPMA die Künstliche Intelligenz auf dem Vormarsch.

Nach Angaben des DPMA dominieren amerikanische Patentanmelder in Sachen KI die deutsche Innovationslandschaft. Demnach kamen 36,2 % der Patentanmeldungen aus den USA, Platz zwei belegt immerhin Deutschland mit 18,1 %, gefolgt von Japan (13,3 %), China (5,5 %), Korea, Frankreich und der Niederlande.

Kritisch wird dabei gesehen, dass Deutschland gegenüber den USA an Boden verliert. Insgesamt habe die Zahl der Patentanmeldungen für Deutschland in den letzten zehn Jahren um 80 % zugelegt. Interessant dabei ist, dass als Haupttreiber das automatisierte Fahren, die Medizintechnik und die Robotik gesehen werden (DPMA, 2019b).

Die Abb. 3.21, 3.22 und 3.23 zeigen statistische Daten des Deutschen Patent- und Markenamts zur Entwicklung im Bereich Künstlicher Intelligenz, Stand März 2019 (DPMA, 2019).

Derzeit steigen die Patentanmeldungen, im Jahr 2022 insgesamt um 2,5 %, wobei das Gebiet der digitalen Kommunikation mit + 11,2 % dominant zu Buche schlägt. „Die starke Zunahme der Patentanmeldungen bei digitalen Technologien wirkt sich auch stark

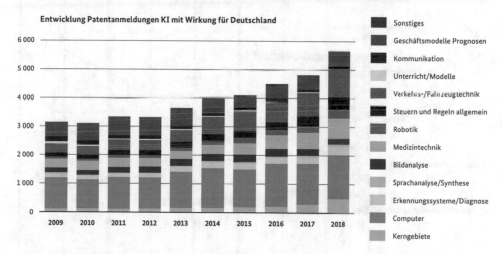

Abb. 3.21 Entwicklung der Patentanmeldungen im Bereich der Künstlichen Intelligenz mit Wirkung für Deutschland. (Quelle: Deutsches Patent- und Markenamt)

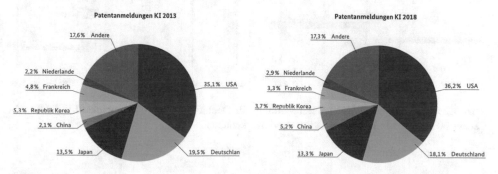

Abb. 3.22 Vergleich Patentanmeldungen im Bereich KI 2013 zu 2018 nach Ländern. (Quelle: Deutsches Patent- und Markenamt)

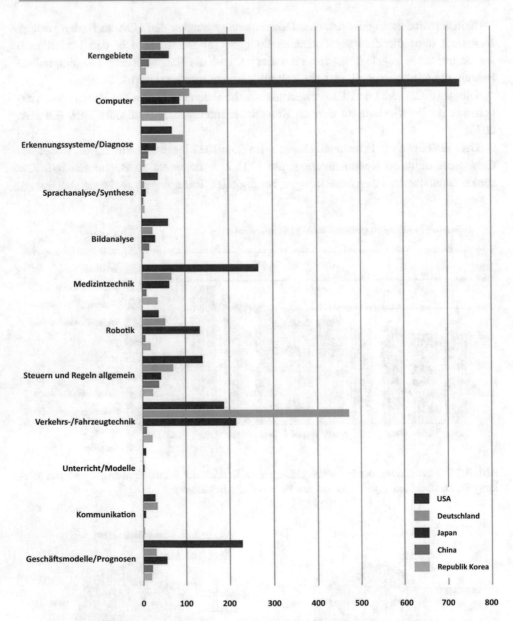

Abb. 3.23 KI-Patentanmeldungen mit Wirkung für Deutschland nach Teilgebieten für die Top-5-Länder 2018. (Quelle: Deutsches Patent- und Markenamt)

auf andere Bereiche wie Gesundheitswesen, Verkehr und Landwirtschaft aus." Interessant hierbei: Jede fünfte Patentanmeldung wurde von einem KMU eingereicht (Europäisches Patentamt, 2023).

Leider hat Deutschland im digitalen Bereich das Nachsehen. Der EPA-Volkswirt Ilja Rudyk formuliert das so: „Besonders großes Wachstum gibt es im digitalen Bereich. Diese spielen bei Patentanmeldungen in Deutschland keine so große Rolle." Eine ungünstige Entwicklung sei darüber hinaus dadurch begründet, dass in den hierzulande starken Feldern wie Maschinenbau und Fahrzeugtechnik die Patentanmeldungen stagnieren (Rudyk, 2023).

Letztlich stellt sich die Frage, was überhaupt patentiert werden soll (siehe Zitat eingangs dieses Unterkapitels) bzw. kann. Zum einen gibt es wirtschaftliche Erwägungen – ohne den ökonomischen Anreiz wird kein Unternehmen Investitionen tätigen –, was zum Erliegen des Innovationsprozesses führen würde. Schutzrechte fördern also Innovation dadurch, dass der Erfinder bzw. das Unternehmen als Patentinhaber für eine bestimmte Zeit (maximal 20 Jahre) die Erfindung alleine nutzen darf.

Auf der anderen Seite gibt es gute Gründe, Erfindungen allen Menschen zugänglich zu machen, nicht nur denen, die es sich finanziell leisten können. Damit sind wir bei Fragen der Ethik angelangt, die auch die Technologie der Digitalisierung und der Künstlichen Intelligenz betrifft.

Eine Patentierung verlangt aber auch eine vollständige Offenlegung der Erfindung. Das möchte ein Unternehmen vielleicht nicht, weil Fragen der Rechtsdurchsetzung schwierig sind: Beispielsweise könnte ein anderes Unternehmen einfach gemäß Anleitung in der Offenlegungsschrift nachbauen. Dieses Unternehmen ist aber vielleicht rechtlich nicht greifbar (Fernost) oder zu stark (David gegen Goliath). Auch werden mit der Urheberrechtssicherung ggf. Geschäftskonzepte öffentlich, was nicht jedes Unternehmen so möchte.

In manchen Fällen ist die geforderte Offenlegung gar nicht möglich. Gerade im Falle Deep Learning fehlt z. T. die genau Kenntnis über die Arbeitsweise der Algorithmen. Dabei ist aber zu beachten, dass mathematische Methoden sowieso grundsätzlich von der Patentierung ausgeschlossen sind (DPMA, 2020b), wobei es Ausnahmen gibt (JuraForum, 2015) sowie Alternativen, z. B. für Software (DPMA, 2019a). In den USA erlauben die entsprechenden Vorschriften mehr.

Interessant wäre auch die Frage, ob eine Künstliche Intelligenz selbst Erfinder sein kann. Eine Erfindung beruht auf einer kreativen Leistung. Das Patentrecht unterscheidet zwischen Patentinhaber, das kann ein Unternehmen sein, und dem Erfinder. Bislang ist der Erfinder immer eine natürliche Person. Denkbar wäre eine KI-Erfindung allerdings schon. Patentiert werden kann jedenfalls nur, was „neu" ist, wohinter eine kreative Tätigkeit steht. Ob eine KI kreativ sein kann, wird in Abschn. 3.14 diskutiert.

3.14   Künstliche Kreativität

„Die Alpha- oder Betatypen, vorzugsweise rekrutiert aus Ausbildungsstätten wie der Harvard oder der A. Huxley University, können naturgemäß nicht besonders kreativ sein und reagieren in der Regel sehr schematisch auf die dauernden Veränderungen des Marktes. "

Vorwort des „Kleinen Machiavelli" (Bachmann & Noll, 1987).

Nicolo Machiavelli's Buch „Der Fürst" (Il Principe bzw. De principatibus), um 1513, behandelt das Thema „Macht"

Eine wichtige Frage für die Produkt- bzw. Prozessentwicklung ist: Kann eine Künstliche Intelligenz kreativ sein?

Ende 2022 tauchten für alle niedrigschwellig zugängliche Chatbots auf, wie z. B. „ChatGPT" (Generative Pre-trained Transformer; openai.com) oder LaMDA (Language Model for Dialog[ue] Applications) von Google AI. Diese Systeme erstellen computergenerierte Texte, Bilder und Videos, die kaum mehr von den menschlich erstellten Werken zu unterscheiden sind. Auch Gespräche sind, je nach verwendetem System, möglich. Demnach sahen viele Kolumnisten das Ende der Kreativität, zumindest so, wie wir sie kennen.

Tatsache ist: Bei Spiele-KIs, wie z. B. Alpha Zero oder AlphaGo, entwickelten die KIs durch Deep Learning vollkommen neue Spielzüge, auf die bislang kein Mensch gekommen war. Aber ist dies „kreativ" oder nur Resultat eines Berechnungsprozesses, der es erlaubt, sehr viele mögliche Züge und Gegenzüge im Voraus zu berechnen?

Interessant an dieser Stelle ist, dass KI auch eine Rückwirkung auf menschliche Kreativität haben kann: Gemäß einer Studie hätten „nach dem Aufkommen ‚übermenschlich' guter KI die Menschen ‚signifikant bessere' Entscheidungen getroffen [...]". Die Qualität der Spielzüge sei bis 2016 vergleichsweise konstant geblieben, um dann signifikant zuzunehmen. „Insgesamt habe man so bestätigen können, dass professionelle Go-Spieler seit 2016 merklich stärker auf neuartige Spielzüge setzen und die Entscheidungen dadurch besser geworden sind" (Holland, 2023; Shin Minkyu et al., 2023).

Manche Kreative gehen auch davon aus, dass Kreativität erst durch menschliche Unzulänglichkeiten wie Irrationalität und Inkonsequenz, durch Zufall sowie durch Fehler entstehen kann. Auf Logik basierende mathematische Algorithmen haben da ihre Grenzen. So segelte Kolumbus nur los, weil er den Erdumfang dank fehlerhafter Informationen von Ptolemäus und einem eigenen Rechenfehler für viel kleiner ansetzte. Konsequent gewesen wäre, die 1500 Jahre alte Information zu verifizieren – ein Algorithmus hätte auch keine Rechenfehler gemacht. Mit drei Nussschalen sich über den Atlantik zu wagen, hatte auch zur damaligen Zeit etwas irrationales und Kolumbus war Zeit seines Lebens überzeugt, er hätte Inseln vor China und Indien entdeckt.

Im Journalismus, einer mit Sicherheit kreativen Tätigkeit, wird aber bereits intensiv mit KI und Textschreib-Robotern gearbeitet. Laut der englischen BBC sollen in wenigen Jahren bereits 90 % aller Texte von Algorithmen verfasst werden, was aber bezüglich des Sinns kontrovers diskutiert wird (BR, 2019). Auch schafft die KI „neue" Kunstwerke von längst verstorbenen Künstlern, z. B. einen „Rembrandt", der nicht von Rembrandt ist (Deutschlandfunk Kultur, 2019). Aber kann dies auf industrielle Anwendungen in der Produkt- bzw. Prozessentwicklung übertragen werden?

Kreativität gibt es wohl seit Menschengedenken, als Forschungsthema ist sie allerdings noch nicht so alt: Häufig genannt wird dabei der Forscher John P. Guilford, der 1950 erstmalig den Begriff „Creativity" in der Wissenschaft nutzte. Dabei unterschied er zwischen konvergentem Denken, der Intelligenz, und divergentem Denken, der Kreativität.

Allerdings hatte Graham Wallas bereits 1926 innerhalb der systemischen Theorie den *kreativen Prozess* in vier Phasen beschrieben, vereinfacht dargestellt wie folgt:

1. **Präparation (Vorbereitung):** Ein Problem wird als solches erkannt, bewusste oder unbewusste Beschäftigung aufgrund von Interesse bzw. Neugier.
2. **Inkubationsphase (Reifephase):** Unterhalb der bewussten Wahrnehmung starke Beschäftigung mit dem Problem mit ggf. ungewöhnliche Verknüpfungen.
3. **Illuminationsphase (Einsichtsphase):** Plötzliche bewusste Strukturerkennung, das Puzzle ergibt ein Bild. Problem hier: Der Geistesblitz (das Aha-Erlebnis, das „Heureka-Erlebnis") selbst bzw. der Weg dorthin ist für andere kaum erklärbar.
4. **Verifikation (Bewertungsphase):** Überlegung zu Machbarkeit und Umsetzung, Phase des Zweifels bzw. der Unsicherheit. Viele auch gute Ideen werden hier verworfen.
   Häufig wird noch eine fünfte Phase hinzugefügt:
5. **Elaboration (Ausarbeitungsphase):** Suche nach Möglichkeit der realen Umsetzung einer vielleicht idealistischen Idee (Edison: Kreativität besteht zu 1 % aus Inspiration und 99 % aus Transpiration).

Die heutige Wissenschaft definiert Kreativität u. a. so:

- *Kreativität (allg.): verbreitet die Attribute „neu" und „nützlich". Alternativ: Fähigkeit, möglichst viele verschiedenartige und ungewöhnliche (originelle) Lösungen einer Aufgabe produzieren zu können* (Strube, 1996).

Dabei werden drei Dimensionen unterschieden:

- *Explorative Kreativität: Anwendung bekannter Regeln für neue Lösungen innerhalb des von den Regeln begrenzten Bereichs, z. B. kreativer Spielzug beim Fußball.*
- *Kombinatorische Kreativität: Kombination von mehreren unterschiedlichen Lösungen aus ggf. anderen Bereichen, z. B. Smartphone als Kombination von tragbarem Computer, Internetanschluss, Telefon und Kamera.*
- *Transformative Kreativität: Bricht mit bestehenden Regeln, z. B. der Rock 'n' Roll.*

Die kombinatorischer Kreativität kann auch ein erfolgreiches Geschäftsmodell sein, wie BMW zeigt: „Wir sind selten die Speerspitze des Fortschritts, […] aber wir fügen die besten Innovationen meist zu etwas ganz Besonderem zusammen. Das ist das Erfolgsrezept von BMW von Beginn an" (Pander, 2007). Während KI bereits gute Ansätze bezüglich der explorativen und kombinatorischen Kreativität vorweist, tut sie sich mit der wirklich innovativen transformativen Kreativität schwer. Dies hat seine Ursache darin, dass KIs Regeln, möglichst mathematisch formulierbar, benötigen, um arbeiten zu können (siehe auch Abschn. 7.9). Der Verstoß gegen eine Regel muss definiert werden, was dann aber nicht zu Kreativität führt. Das Sprichwort von Pablo Picasso „Learn the Rules like a pro, so you can break them like an artist" funktioniert nicht im Bereich der Künstlichen Intelligenz.

Eine andere Auslegung für Kreativität unterscheidet zwei Komponenten:

1. Das **„verrückte Denken"** ist chaotisch, assoziativ, fehlerfreundlich sowie Regeln missachtend. Dies ist aus o. g. Gründen schwierig für KIs.
2. Das **„exakte Denken"** entspringt der Vorgabe der Faktenorientierung aus dem Controlling bzw. der Managementtheorie. Selbst ist sie wenig kreativ (siehe Zitat zum Abschnittsbeginn), überprüft aber die Ergebnisse des verrückten Denkens, was oft zu Zurückweisung führt. Eine KI-Kreativitätsevaluation würde vermutlich zu ähnlichen Ergebnissen kommen.

Kreativität entsteht aber häufig auch aus Zufall. Eine KI muss also auch offen sein für zufällige Erkenntnisse, um diese dann zu anderer Zeit und für andere Problemstellungen nutzen zu können. Beispiel ist hierfür die Erfindung der 3M-Post-It-Notes. Der Kleber für die gelben Klebezettel wurde in einem komplett anderen Zusammenhang entwickelt, zu diesem Zeitpunkt eine Fehlentwicklung: „Damals ging es darum, wirkungsvollere, stärkere und kräftigere Klebstoffe zu entwickeln. Diese Entdeckung entsprach den Vorgaben überhaupt nicht". Erst Jahre später erinnerte sich Arthur Fry in einem Gottesdienst an den Klebstoff, der nicht klebte, und entwickelte mit weiteren kreativen Ideen ein Produkt, das sich in 150 Ländern verkaufte (3M, 2017).

Für die industrielle Produktentwicklung gibt es bereits Anwendungen basierend auf KI. Dabei geht es darum, Effekte von Änderungen am Produkt zu prognostizieren. Für komplexere Abläufe und Prozesse gibt es Werkzeuge wie den digitalen Zwilling. Auch wenn diese Konzepte noch nicht kreativ sind, ist zu erwarten, dass künstliche Kreativität hier Einsatzbereiche findet.

Das Problem wird aber sein: Algorithmen können schöpferisch sein, sie reflektieren aber nicht, zumindest nicht so, wie es der Mensch mittels kritischen Denkens kann.

- *Das **kritische Denken** beinhaltet z. B. die bewusste, selbstregulative Urteilsbildung, welche Interpretation, Analyse, Bewertung und Schlussfolgerung beinhaltet (nach: Facione, 1990).*

Hierbei ist es wichtig, die Urteilsbildung verzerrungsfrei anzustellen, also weder zu versuchen, die eigene Ansicht zu bestätigen, statt nach möglichen Widerlegungen aktiv zu suchen *(„confirmation bias")*, noch Gegenpositionen abzuwerten bzw. nicht zu berücksichtigen *(„myside bias")* (Wessel, 2011).

Kreative KI-getragene Entscheidungsprozesse haben hier einen Vorteil, indem sie sehr faktenorientiert bewerten. Während der Mensch gerne die Sachverhalte so darstellt, dass er persönlich gut dasteht, ist solche Art der Emotionalität einer KI fremd. Allerdings zeigt eine KI Schwächen bei der aktiven kritischen Hinterfragung, insbesondere, wenn die Informationen hierfür diffus oder umstritten vorliegen. Dies ist bei politischen, ethischen bzw. philosophischen Fragestellungen häufig der Fall. Manchmal hilft ein Perspektivenwechsel. Dies ist allerdings schwierig für KIs. Zumindest im Bildungsbereich ist dies erkannt. So titelte die Neue Züricher Zeitung: „In der Bildung herrscht eine übertriebene Digitalisierungseuphorie. Dabei droht vergessen zu gehen, worauf kritisches Denken fußt" (Riedweg, 2019).

3.15 Fragen zum Kapitel

1. Unterscheiden Sie eine schwache und eine starke KI. Was davon ist derzeit bereits in der Umsetzung? Begründen Sie dies technisch.
2. Warum liegen die industriellen Hauptanwendungen der KI derzeit (noch) in der Auswertung von Maschinendaten?
3. Was unterscheidet eine symbolische von einer subsymbolischen KI?
   Diskutieren sie hierbei zusätzlich die Begriffe Faktenorientierung und Transparenz.
4. Beschreiben Sie die sechs Autonomiestufen. Welche Autonomiestufe wird in der industriellen Produktion bereits jetzt erreicht? Worin liegen die technologische und die gesellschaftliche Herausforderung bei der höchsten Automatisierungsstufe?
5. Was verstehen Sie unter „Komplizenschaft Mensch Maschine" bzw. „Diffusion der Verantwortung"?
6. Was ist ein Bot und wie kann er für die Produktion verwendet werden?
7. Wie wird festgestellt, dass eine KI wirklich „intelligent" ist?
8. Was verstehen Sie unter einer „vertrauenswürdigen KI"?
   Beschreiben Sie dabei die Herausforderungen bei Transparenz und Rechenschaftspflicht einer KI.
9. Erklären Sie die Black-Box-Problematik und warum die „erklärbare KI" eine Lösung sein kann.
10. Wieso können Maschinen diskriminierende Entscheidungen treffen?
11. Diskutieren Sie die Vor- und Nachteile einer Patentierung. Wann würden bzw. können Sie eine KI-Erfindung patentieren lassen, wann nicht? Kann eine KI Erfinder sein?

12. Was ist Kreativität? Was unterscheidet „amerikanische" Kreativität (z. B. Elon Musk
    von Tesla und SpaceX) von europäischen/deutschen Kreativen und diese wiederum
    von einer künstlichen Kreativität?
13. Was ist exploratorische, kombinatorische bzw. transformative Kreativität. Welche
    dieser Arten eignet sich besonders in der industriellen Produktion (Begründung)?
14. Können KIs „Kritisches Denken"? Wo liegen die Herausforderungen?

Literatur

3M. (2017). Die Geschichte der Marke Post-it. https://www.3mdeutschland.de/3M/de_DE/post-it-notes/contact-us/about-us/. Zugegriffen: 23. July 2020.

Allianz Industrie 4.0 (2019). EINSATZFELDER VON KÜNSTLICHER INTELLIGENZ IM PRODUKTIONSUMFELD. Kurzstudie im Rahmen von „100 Orte für Industrie 4.0 in Baden-Württemberg". https://www.i40-bw.de/wp-content/uploads/2020/09/Studie-Einsatzfelder-KI-im-Produktionsumfeld.pdf. Zugegriffen: 10. July 2019.

Bachmann, H. R., & Noll, P. (2018). *Der kleine Machiavelli Handbuch der Macht für den alltäglichen Gebrauch* (2. Aufl.). Piper. ISBN: 349231306X 2018.

Bertelsmann Stiftung (Hrsg.), Hustedt, C., & Hallensleben, S. (2020). From principles to practice: How can we make AI ethics measurable? https://www.bertelsmann-stiftung.de/de/publikationen/publikation/did/from-principles-to-practice-wie-wir-ki-ethik-messbar-machen-koennen. Zugegriffen: 18. Mai 2020.

Bitkom. (2017). Entscheidungsunterstützung mit Künstlicher Intelligenz – Wirtschaftliche Bedeutung, gesellschaftliche Herausforderungen, menschliche Verantwortung. https://www.bitkom.org/Bitkom/Publikationen/Entscheidungsunterstuetzung-mit-Kuenstlicher-Intelligenz-Wirtschaftliche-Bedeutung-gesellschaftliche-Herausforderungen-menschliche-Verantwortung.html. Zugegriffen: 11. Aug. 2020.

BMBF. (2019). Sachstand Künstliche Intelligenz. https://www.bmbf.de/files/Sachstand_KI.pdf. Zugegriffen: 15. Mai 2020.

BMBF, & BMWi. (2018). Nationale Strategie KI: Strategie Künstliche Intelligenz der Bundesregierung. https://www.bmbf.de/files/Nationale_KI-Strategie.pdf. Zugegriffen: 10. Juni 2020.

BR. (2019). Der Roboter als rasender Reporter. https://www.br.de/nachrichten/netzwelt/der-roboter-als-rasender-reporter,Ra4sGWd. Zugegriffen: 21. April 2020.

Brinkel, G. (2019). Unsere KI-Grundprinzipien – Nr. 5: Transparenz. https://www.microsoft.com/de-de/berlin/artikel/unsere-ki-grundprinzipien-nr-5-transparenz.aspx. Zugegriffen: 4. Juni 2020.

Brock, O. (2018). Künstliche Intelligenz und Robotik. Begriffsdifferenzierung und Forschungsperspektiven. https://www.kas.de/documents/252038/3346186/K%C3%BCnstliche+Intelligenz+und+Robotik.pdf/7d7cab64-4a52-8868-885b-c154aeb79147?version=1.1&t=1544430005315. Zugegriffen: 10. July 2018.

Bundesregierung. (2018). Strategie Künstliche Intelligenz der Bundesregierung. https://www.bmbf.de/files/Nationale_KI-Strategie.pdf. Zugegriffen: 30. Juni 2018.

CNBC via YouTube (2017). Interview with the lifelike hot Robot named Sophia (Full). CNBC. https://www.youtube.com/watch?v=S5t6K9iwcdw. Zugegriffen: 21. Juni 2020.

Dahlmann, D. (2017). Autonomes Fahren: An den meisten Unfällen sind Menschen schuld. https://www.welt.de/sonderthemen/noahberlin/article165739463/An-den-meisten-Unfaellen-sind-Menschen-schuld.html. Zugegriffen: 2. July 2020.

Daniel K. (2012). Schnelles Denken, Langsames Denken. Siedler Verlag, München, ISBN 978-3-88680-886-1 Original: Daniel Kahneman: Thinking, Fast and Slow. Macmillan, 2011, ISBN 978-1-4299-6935-2.

Delhaes, D. (2020). Autobauer fordern mehr gesetzlichen Freiraum beim autonomen Fahren. https://www.handelsblatt.com/technik/thespark/mobilitaet-autobauer-fordern-mehr-gesetzlichen-freiraum-beim-autonomen-fahren/26011838.html. Zugegriffen: 1. Aug. 2020.

Deutschlandfunk Kultur. (2019). Künstliche Intelligenz und Kunst: Die malenden Maschinen. https://www.deutschlandfunkkultur.de/kuenstliche-intelligenz-und-kunst-die-malenden-maschinen.1008.de.html?dram:article_id=450582. Zugegriffen: 21. April 2020.

DIN, & DKE. (2020). Deutsche Normungsroadmap Künstliche Intelligenz. DIN, Berlin und DKE, Frankfurt, https://www.din.de/resource/blob/772438/ecb20518d982843c3f8b0cd106f13881/normungsroadmap-ki-data.pdf. Zugegriffen: 5. Apr. 2021.

dpa. (2020). Bosch verspricht Einschränkungen für künstliche Intelligenz. https://www.sueddeutsche.de/wirtschaft/computer-bosch-verspricht-einschraenkungen-fuer-kuenstliche-intelligenz-dpa.urn-newsml-dpa-com-20090101-200219-99-978528. Zugegriffen: 11. Okt. 2020.

DPMA. (2019). Entwicklung Patentanmeldungen KI mit Wirkung für Deutschland. https://www.dpma.de/docs/presse/190411_infografik_ki.pdf. Zugegriffen: 5. April 2020.

DPMA. (2019a). Computerimplementierte Erfindungen. https://www.dpma.de/patente/patentschutz/schutzvoraussetzungen/schutz_computerprogramme/index.html. Zugegriffen: 3. April 2020.

DPMA. (2019b). Künstliche Intelligenz: US-Unternehmen bei Patentanmeldungen für Deutschland weit vorne. https://www.dpma.de/service/presse/pressemitteilungen/20190411.html. Zugegriffen: 11. Okt. 2020.

DPMA. (2020a). DPMA-Jahresbericht 2019: Techniktrends zu Digitalisierung und Automobilbranche. https://www.dpma.de/service/presse/pressemitteilungen/2020a0522.html. Zugegriffen: 21. Juni 2020a.

DPMA. (2020b). Schutzvoraussetzungen. https://www.dpma.de/patente/patentschutz/schutzvoraussetzungen/index.html. Zugegriffen: 30. Sept.

Europäische Kommission. (2018). Künstliche Intelligenz für Europa – COM(2018) 237 final. https://ec.europa.eu/transparency/regdoc/rep/1/2018/DE/COM-2018-237-F1-DE-MAIN-PART-1.PDF. Zugegriffen: 8. Okt. 2020.

Europäische Kommission. (2019). Schaffung von Vertrauen in eine auf den Menschen ausgerichtete KI – COM(2019) 168 final. https://ec.europa.eu/transparency/regdoc/rep/1/2019/DE/COM-2019-168-F1-DE-MAIN-PART-1.PDF. Zugegriffen: 8. Okt. 2020.

Europäische Kommission. (2020). Eine europäische Datenstrategie – COM (2020) 66 final. https://ec.europa.eu/info/sites/info/files/communication-european-strategy-data-19feb2020_de.pdf. Zugegriffen: 20. Mai 2020.

Europäisches Patentamt. (2023). Innovationskraft ungebremst: Patentanmeldungen in Europa nehmen 2022 weiter zu (Presseveröffentlichung vom 28.3.2023). https://www.epo.org/news-events/news/2023/20230328_de.html. Zugegriffen: 28. März 2023.

Facione, P. (1990). *Critical thinking: A statement of expert consensus for purposes of educational assessment and instruction.* The California Academic Press.

Finke, B., & Süddeutsche Zeitung (2021). Ursula von der Leyen im Gespräch: „Das hätten wir früher machen können". https://www.sueddeutsche.de/politik/von-der-leyen-interview-impfstoff-1.5196520?reduced=true. Zugegriffen: 5. Febr. 2021.

FOCUS. (2020). INDUSTRIE: „Ein völlig KI-gesteuertes Auto wird es nie geben". FOCUS 37/2020 S. 56. https://www.focus.de/finanzen/news/industrie-ein-voellig-ki-gesteuertes-auto-wird-es-nie-geben_id_12394739.html. Zugegriffen: 11. Okt. 2020.

Fraunhofer. (2019). Fraunhofer-Wissenschaftskonferenz „FUTURAS IN RES" – Künstliche Intelligenz – wo stehen wir, wo geht es hin? https://www.fraunhofer.de/de/presse/presseinform

ationen/2019/november/fraunhofer-wissenschaftskonferenz-futuras-in-res.html. Zugegriffen: 10. Juli 2020.

Fraunhofer IAIS. (2019). Whitepaper: Vertrauenswürdiger Einsatz von Künstlicher Intelligenz. https://www.iais.fraunhofer.de/content/dam/iais/KINRW/Whitepaper_KI-Zertifizierung.pdf. Zugegriffen: 11. Okt. 2020.

Fraunhofer-Gesellschaft (2018). Maschinelles Lernen. https://www.bigdata.fraunhofer.de/content/dam/bigdata/de/documents/Publikationen/Fraunhofer_Studie_ML_201809.pdf. Zugegriffen: 15. April 2020.

Friedman, B., & Nissenbaum, H. (1996). Bias in Computer Systems. https://vsdesign.org/publications/pdf/64_friedman.pdf. Zugegriffen: 28. Mai 2020.

Fussell, S. (2017). Why can't this soap dispenser identify dark skin? https://gizmodo.com/why-cant-this-soap-dispenser-identify-dark-skin-1797931773. Zugegriffen: 15. Juni 2020.

GoogleWatchBlog. (2018). Google Duplex: Der telefonierende Assistent wird freigeschaltet – So verläuft ein Gespräch. https://www.googlewatchblog.de/2018/11/google-duplex-der-assistent-2/. Zugegriffen: 18. Mai 2020.

Hochrangige Expertengruppe der EU für KI. (2018). EINE DEFINITION DER KI: WICHTIGSTE FÄHIGKEITEN UND WISSENSCHAFTSGEBIETE. https://elektro.at/wp-content/uploads/2019/10/EU_Definition-KI.pdf. Zugegriffen: 11. Okt. 2020.

Holland, M. (2022). Hat Chatbot LaMDA ein Bewusstsein entwickelt? Google beurlaubt Angestellten. https://www.heise.de/news/Hat-Chatbot-LaMDA-ein-Bewusstein-entwickelt-Google-beurlaubt-Angestellten-7138314.html. Zugegriffen 13. Juni 2022.

Holland, M. (2023). Seit AlphaGo-Sieg: Menschliche Go-Profis treffen deutlich bessere Entscheidungen. Heise Online 14.3.2023. https://www.heise.de/news/Seit-AlphaGo-Sieg-Menschliche-Go-Profis-treffen-deutlich-bessere-Entscheidungen-7545142.html. Zugegriffen 14. März 2023.

Hustedt, C. (2019a). Algorithmen-Transparenz. Was steckt hinter dem Buzzword? https://algorithmenethik.de/2019a/05/06/algorithmen-transparenz-was-steckt-hinter-dem-buzzword/. Zugegriffen: 4. Juni 2020.

Hustedt, C. (2019b). Enquete-Kommission „Künstliche Intelligenz": Transparenz-Anforderungen und rechtliche Fragen KI-basierter Systeme. https://www.bundestag.de/dokumente/textarchiv/2019b/kw19-pa-enquete-ki-635516?_lrsc=5e005313-dbdd-4207-9d39-1f6cadd5dcef. Zugegriffen: 4. Juni 2020.

IEEE. (2021). IEEE Standard for Transparency of Autonomous Systems (7001–2021) https://ieeexplore.ieee.org/document/9726144.

JuraForum. (2015). BGH erlaubt Patente auf mathematische Methoden. https://www.juraforum.de/wirtschaftsrecht-steuerrecht/bgh-erlaubt-patente-auf-mathematische-methoden-525388. Zugegriffen: 2. April 2020.

Katzlberger, M. (2020). GPT-3 – die erste allgemeine Künstliche Intelligenz? https://katzlberger.ai/2020/11/04/die-erste-allgemeine-kuenstliche-intelligenz/. Zugegriffen: 15. Dez. 2020.

KI-Strategie Deutschland. (2020). KI made in Germany. https://www.ki-strategie-deutschland.de/home.html. Zugegriffen: 30. Sept. 2020.

Kramper, G. (2020). Die Staubsauger von iRobot bekommen ein komplett neues Gehirn mit KI-Fähigkeiten. https://www.stern.de/digital/technik/die-staubsauger-von-irobot-bekommen-ein-komplett-neues-gehirn-mit-ki-faehigkeiten-9391212.html. Zugegriffen: 30. Aug. 2020.

Lesch, H., & Schwartz, T. (2020). *Unberechenbar - Das Leben ist mehr als eine Gleichung.* Herder.

McCarthy, J. et al. (1955). A proposal for the darthmouth summer research project of artificial intelligence. https://jmc.stanford.edu/articles/dartmouth/dartmouth.pdf. Zugegriffen: 3. Juli 2020.

McKinsey. (2015). Ten ways autonomous driving could redefine the automotive world. https://www.mckinsey.com/~/media/McKinsey/Industries/Automotive%20and%20Assembly/Our%20Insights/Ten%20ways%20autonomous%20driving%20could%20redefine%20the%20automot ive%20world/Ten%20ways%20autonomous%20driving%20could%20redefine%20the%20auto motive%20world. Zugegriffen: 21. Juni 2020.

Mockenhaupt, A. (2023). *Qualitätssicherung – Qualitätsmanagement*. Handwerk und Technik.

Moeser, J. (2018). Starke KI, schwache KI – Was kann künstliche Intelligenz? https://jaai.de/starke-ki-schwache-ki-was-kann-kuenstliche-intelligenz-261/. Zugegriffen: 18. Mai 2020.

Mohr, D. (2020). Die Deutsche Börse hat sich geirrt. https://www.faz.net/aktuell/finanzen/deutsche-boerse-hat-sich-geirrt-wichtiger-aktienindex-16940485.html. Zugegriffen: 8. Sept. 2020.

Pander, J. (2007). Mittendrin statt vorneweg. https://www.spiegel.de/auto/aktuell/90-jahre-bmw-mit tendrin-statt-vorneweg-a-480207.html. Zugegriffen: 23. Juli 2020.

Pesenti, J. (2020). Facebooks KI-Chef: „Elon Musk hat keine Ahnung, wovon er redet". https://www.derstandard.de/story/2000117509483/facebooks-ki-chef-elon-musk-hat-keine-ahnung-wovon-er. Zugegriffen: 20. Mai 2020.

Pförtner, J. (2018). Mensch oder Maschine – So enttarnst du eine KI am Telefon. https://www.fut urezone.de/digital-life/article214300471/So-erkennst-du-ob-dich-Google-Assistant-anruft.html. Zugegriffen: 18. Mai 2020.

Plattform Industrie 4.0, & BMWi (Hrsg.). (2019). Technologieszenario „Künstliche Intelligenz in der Industrie 4.0". https://www.plattform-i40.de/PI40/Redaktion/DE/Downloads/Publikation/KI-industrie-40.pdf?__blob=publicationFile&v=10. Zugegriffen: 28. Mai 2020.

Radware Ltd. (2019). Studie: Cybersicherheit und digitale Transformation – Was C-Level-Manager wirklich über Sicherheit und Datenschutz in Multicloud-Umgebungen denken. https://business-services.heise.de/it-management/digitalisierung/beitrag/studie-cybersicherheit-und-digitale-tra nsformation-3729?utm_source=whitepaper_newsletter&utm_medium=email&utm_campaign= wpnl&source=wpnl. Zugegriffen: 30. Aug. 2019.

Riedweg, C. (2019). Schon Platon wusste: Wer viel aufschreibt, wird vergesslich. Und ohne Rede scheitert das Denken. Damit hat er selbst im digitalen Zeitalter recht. https://www.nzz.ch/feu illeton/bildung-und-digitalisierung-schon-platon-kritisierte-die-schrift-ld.1468010. Zugegriffen: 12. July 2020.

Rudyk, I. (2023). In: Anzahl der Patentanmeldungen aus Deutschland geht zurück. ZEIT, dpa 28.3.2023. https://www.zeit.de/wirtschaft/2023-03/patente-deutschland-rueckgang-europaeis ches-patentamt. Zugegriffen: 28. März 2023.

Schach Nachrichten. (2005). Interview mit Garry Kasparov: Vollständige deutsche Version. https://de.chessbase.com/post/interview-mit-garry-kasparov-vollstndige-deutsche-version. Zugegriffen: 30. März 2020.

Schmidt, E. (2010). Google's CEO: ‚The Laws Are Written by Lobbyists' Eric Schmidt on the power of lobbyists, a google „implant", and how China resembles a big business. https://www.theatlantic.com/technology/archive/2010/10/googles-ceo-the-laws-are-written-by-lobbyists/63908/. Zugegriffen: 4. Juni 2020.

Schufa. (2018). „OpenSchufa"-Kampagne irreführend und gegen Sicherheit und Datenschutz in Deutschland. https://www.schufa.de/themenportal/detailseite/themenportal-detailseite.9856.jsp? Zugegriffen: 10. July 2020.

Minkyu S., Jin K., van Opeusden B., & Griffiths T. et al. (2023). Superhuman artificial intelligence can improve human decision making. In *Proceedings of the national Academy of Sciences (PNAS)*. https://doi.org/10.1073/pnas.2214840120. https://psyarxiv.com/rn3vxZugegriffen: 13. März 2023.

SmartFactoryKL. (2020). Was ist Production Level 4? https://smartfactory.de/production-level-4/. Zugegriffen: 11. Okt. 2020.

SPIEGEL-Online. (2015). Google entschuldigt sich für fehlerhafte Gesichtserkennung. https://www.spiegel.de/netzwelt/web/google-fotos-bezeichnet-schwarze-als-gorillas-a-1041693.html. Zugegriffen: 15. Juni 2020.

Stangl, W. (2020). Online Lexikon der Psychologie. https://lexikon.stangl.eu/511/theory-of-mind/. Zugegriffen: 10. Juli 2020.

Strube, G. (1996). *Wörterbuch der Kognitionswissenschaft*. Klett-Cotta.

SWR2 Wissen, & Rooch, A. (2020). SWR2 Wissen: Chatbots – Reden mit Maschinen. https://www.swr.de/swr2/wissen/chatbots-reden-mit-maschinen-swr2-wissen-2020-08-18-102.html. Zugegriffen: 11. Okt. 2020.

van den Heuvel, M. (2019). Gute Daten, gute Ideen – dann kommt KI ins Spiel. https://www.vdi.de/themen/kuenstliche-intelligenz-ki/gute-daten-gute-ideen-dann-kommt-ki-ins-spiel. Zugegriffen: 20. Mai 2020.

VDE. (2020). E VDE-AR-E 2842-61-1 (VDE -AR-E 2842-61-1):2020-07. https://www.dke.de/de/normen-standards/dokument?id=7141809&type=dke%7Cdokument. Zugegriffen: 30. Aug. 2020.

Verband der Automobilindustrie (VDA). (2015). Automatisierung von Fahrerassistenzsystemen zum automatisierten Fahren. https://www.vda.de/dam/vda/publications/2015/automatisierung.pdf. Zugegriffen: 28. Mai 2020.

Walter, U. (2020). *Focus, 27,* 69.

Wessel, D. (2011). Was ist eigentlich kritisches Denken? https://wissensdialoge.de/was_ist_kritisches_denken/. Zugegriffen: 11. Juli 2020.

Westerheide, F. (2017). Antwort auf den Fragenkatalog für das Fachgespräch zum Thema „Künstliche Intelligenz" des Ausschusses Digitale Agenda. https://www.bundestag.de/resource/blob/498712/7a03d0356e35cf64b26bbedc12e8a56d/a-drs-18-24-130-data.pdf. Zugegriffen: 18. Mai 2020.

Winter, J. (2018). *Service Business Development – Künstliche Intelligenz und datenbasierte Geschäftsmodellinnovationen – Warum Unternehmen jetzt handeln sollten.* Springer.

Yogeshwar, R. (28.01.2018). "So wird die Zukunft" (Stern Titelthema), "Die Roboter kommen", in: STERN 05/2018, S. 38ff.

Zafar, M. (2019). Discrimination in algorithmic decision making: From principles to measures and mechanisms. https://publikationen.sulb.uni-saarland.de/handle/20.500.11880/27359. Zugegriffen: 10. Juli 2020.

ZEITonline. (2014). Künstliche Intelligenz: Computerprogramm gaukelt erfolgreich Menschsein vor. https://www.zeit.de/wissen/2014-06/kuenstliche-intelligenz-turing-test. Zugegriffen: 16. Juni 2020.

ZEITonline. (2020). TikTok: ByteDance will Algorithmen für sich behalten. https://www.zeit.de/digital/2020-09/tiktok-videoplattfom-usa-markt-bytedance-technologie-transfer-walmart-oracle. Zugegriffen: 10. Sept. 2020.

Zuckerberg, M. (2018). Mark Zuckerberg in his own words: The CNN interview. https://money.cnn.com/2018/03/21/technology/mark-zuckerberg-cnn-interview-transcript/index.html. Zugegriffen: 4. Juni 2020.

Zweig, K. (2020). KI in der Arbeitswelt – der Einsatz Künstlicher Intelligenz braucht viel menschliche Kompetenz. https://www.denkfabrik-bmas.de/schwerpunkte/kuenstliche-intelligenz/ki-in-der-arbeitswelt-der-einsatz-kuenstlicher-intelligenz-braucht-viel-menschliche-kompetenz. Zugegriffen: 10. Juli 2020.

Ethische Aspekte

4

> *„Der Einsatz von KI muss menschliche Entfaltung erweitern und darf sie nicht vermindern. KI darf den Menschen nicht ersetzen."*
>
> *Alena Buyx, Vorsitzende des Deutschen Ethikrats* (Deutscher Ethikrat, 2023)

4.1 Grundbegriffe der Ethik

> *„Um zu erkennen, ob ein Unternehmen zu einer wahren, ganzheitlichen Entwicklung beiträgt, müssen in der gesamten Diskussion die folgenden Fragestellungen bedacht werden:*
>
> *Wozu?*
>
> *Weshalb?*
>
> *Wo?*
>
> *Wann?*
>
> *In welcher Weise?*
>
> *Für wen?*
>
> *Welches sind die Risiken?*
>
> *Zu welchem Preis?*
>
> *Wer kommt für die Kosten auf und wie wird er das tun?"*
>
> *Papst Franziskus zur Frage Produktion und Unternehmen in Enzyklika Laudato si' (2015)*

Die Anwendung der Digitalisierung und Künstlichen Intelligenz wirft neue ethische Fragen auf. Was für den einen menschlichen Akteur als moralisch gilt, kann für den anderen

© Der/die Autor(en), exklusiv lizenziert an Springer Fachmedien Wiesbaden GmbH, ein Teil von Springer Nature 2024
A. Mockenhaupt and T. Schlagenhauf, *Digitalisierung und Künstliche Intelligenz in der Produktion*, https://doi.org/10.1007/978-3-658-41935-6_4

moralischen Agierenden unangemessen bzw. unausgewogen erscheinen. Beides lässt sich nicht unbedingt auf eine Maschine übertragen, wobei sich bei einer KI zusätzlich die Frage stellt, ob diese selbst handelt oder ein reines Objekt ist.

Darüber hinausgehend besteht die Problematik, dass Ethik und der damit verbundene Wertekanon ein kulturelles Gut ist, das nicht überall in der Welt gleichgesehen wird. Daraus ergeben sich auch wirtschaftliche Herausforderungen: „Bei der Entwicklung wetteifern die Industrienationen, doch die USA sehen das Rennen schon verloren, weil China ethische Standards außen vor lasse" (Nicolas Chaillan, erster Chief Software Officer des Pentagon, Financial Times, Quelle: N-TV, 11.10.2021 – https://www.n-tv.de/wirtschaft/ China-im-Wetteifern-um-KI-uneinholbar-vorne-article22858250.html).

Derweil ist in der industriellen Produktion, wovon dieses Buch vorrangig handelt, diese Problematik weniger dominant als in anderen Bereichen, beispielsweise in der Medizin oder beim autonomen Fahren, wo es ggf. um Leben und Tod geht. Diese Gebiete tangieren aber den Wertschöpfungsprozess mit der Frage nach einer Maschinenethik, daher soll in diesem Kapitel zunächst Ethik mit technischem Fokus umfassender dargestellt werden.

Schon bei der klassischen Anwendung von Technik gibt es ethische Fragen wie „Darf alles umgesetzt werden, was technisch möglich ist?" Es gibt ethische und moralische Gründe, manches nicht zu tun, obwohl es technisch möglich und ökonomisch gewinnbringend ist. Allerdings werden solche Fragen häufig kontrovers diskutiert, weil insbesondere Moral ein weltanschaulicher Wert ist, der individuell differenzieren kann.

- *Ethik* ist als **Wissenschaft** *die Lehre von der Unterscheidung zwischen Gut und nicht Gut, hergeleitet aus rational nachvollziehbaren Erwägungen.*

Rational nachvollziehbare Erwägungen sind z. B. die Verantwortung gegenüber anderen (vgl. Immanuel Kant – Kategorischer Imperativ: *„Handle nur nach derjenigen Maxime, durch die du zugleich wollen kannst, dass sie ein allgemeines Gesetz werde."*).

Es wird weiter unterschieden zwischen der **allgemeinen Ethik** (normative Ethik, Metaethik), die Aussagen zum Glück des Einzelnen und dem gerechten kollektiven Zusammenleben macht, sowie zwischen der **angewandten Ethik,** die grundlegende Aussagen zu bestimmten gesellschaftlich relevanten Handlungsbereichen macht (Medizinethik, Wirtschaftsethik …). In Zusammenhang mit Digitalisierung und Künstlicher Intelligenz entstehen ethische Fragen häufig mit der Anwendung, weswegen im Weiteren die angewandte Ethik im Vordergrund steht.

- *Moral* ist ein **Normensystem,** *das für sich das Anrecht auf Allgemeingültigkeit erhebt. Dieses Normensystem kann weltanschaulich differieren und befürwortet bzw. abgelehnt werden (z. B. Moralvorstellung der Mafia).*

Moral kann unethisch sein, zur Unterscheidung
Die Sklavenhaltung in den US-amerikanischen Südstaaten im 19. Jahrhundert erfüllte die damalige Moral der Weißen im Süden (nicht der im Norden), da es dem dort dominierenden Normensystem entsprach. Eine Haltung, die scheinbar leider bis heute nicht ganz überwunden ist, wie die aktuellen Unruhen in den USA zeigen (Misteli & Moon, 2020).

Ethisch gerechtfertigt war und ist dies nicht, da es keine rationalen, nachvollziehbaren Gründe gab und gibt, warum eine bestimmte Hautfarbe eines Menschen ihn von den Menschenrechten ausschließt oder eine Diskriminierung begründet.

Ethische und moralische Grundlage heutzutage ist die Allgemeine Erklärung der Menschenrechte der Vereinten Nationen, insbesondere Artikel 1 (Alle Menschen sind gleich), Artikel 4 (Verbot der Sklaverei) sowie Artikel 7 (Diskriminierungsverbot) (UN, 1948).

Moral basiert auf Werten, die wiederum bewusste oder unbewusste Orientierungsstandards Einzelner oder von Gruppen widerspiegeln.

- *Werte sind tief verwurzelte und persönlich bedeutsame Überzeugungen, die u. a. auf Tradition, Herkunft, Religion, Kultur oder persönlicher Lebenseinstellung basieren. Sie werden zumeist nicht hinterfragt.*

In der vom Psychologen Eric Berne begründeten *Transaktionsanalyse (TA)* kann ein Mensch in der Kommunikation drei Rollen einnehmen: Kinder-Ich, Erwachsenen-Ich und Eltern-Ich. Während das Erwachsenen-Ich stark faktengetragen ist, ist das Eltern-Ich normativ, werteorientiert. Berne meint, diese Werte wären eine „Tonbandaufnahme" aus den ersten sechs Lebensjahren und danach vollkommen fest verankert und, so Berne, nicht mehr löschbar. Daher ist die Problematik: Ein im Eltern-Ich diskutierender Mensch ist kaum mit Argumenten zu überzeugen, da er die „Wahrheit" meint zu kennen. Sein normatives Wertesystem, also seine Vorstellung von Moral, wird nicht weiter hinterfragt.

Das Wertesystem ist häufig kulturell geprägt, was die Bewertung für KIs erschwert
So begründet China sein KI- und Big-Data-basiertes Sozialkreditsystem als Erziehung zum guten Menschen, ganz im Sinne des Konfuzianismus. „Erstaunlich viele Chinesen befürworten die Überwachung", so das Handelsblatt (Handelsblatt, 2018).

Diese wird vom westlichen Demokratieverständnis und von der Allgemeinen Erklärung der Menschenrechte der Vereinten Nationen nicht so gesehen: Insbesondere Artikel 12 sagt aus, jeder habe ein Recht auf Privatleben (UN, 1948). Auch der Deutsche Bundestag hat hierzu entsprechend Stellung genommen (Deutscher Bundestag, 2019).

Dass Moralvorstellungen auch heutzutage sehr unterschiedlich sein können und daher allgemeingültige Vorgaben für ein KI-System schwierig sind, beweist ein Experiment von Edmond Awad vom Massachusetts Institute of Technology in Cambridge, USA (Awad et al., 2018):

In seinem „The Moral Machine Experiment" lässt er Probanden ein moralisches Dilemma lösen („Älteren oder Kind überfahren", vgl. Abschn. 4.2). Dabei zeigte sich, dass die Probanden zwar Menschen über Tiere stellten, jedoch gab es bei einer Auswahl Menschen gegen Menschen kulturelle Unterschiede: So war die Tendenz, jüngere Menschen zu schonen, in asiatischen Ländern weniger ausgeprägt, womöglich weil der Respekt vor dem Alter in diesen Ländern höher eingeordnet wird. In Lateinamerika wurden überdurchschnittlich viele Frauen und Sportler gerettet und in Ländern mit großem Einkommensgefälle wurde scheinbar ein höherer sozialer Status vorteilhaft berücksichtigt.

4.2   Moralisches Dilemma

Beim moralischen Dilemma geht es um die philosophische Fragestellung zum Treffen einer Entscheidung, die sowohl logisch als auch moralisch ist, wobei sich beides zusammen ausschließt.

Das MIT Media Lab hat unter dem Namen Moral Machine (https://moralmachine. mit.edu) eine Plattform erstellt, mit der als laufendem Experiment erfasst werden soll, „wie Menschen zu moralischen Entscheidungen stehen, die von intelligenten Maschinen, z. B. selbstfahrenden Autos, getroffen werden."

Hierbei geht es um ein *moralisches Dilemma,* bei dem es mehrere Möglichkeiten gibt, die aber eigentlich alle ethisch bzw. moralisch abzulehnen sind. Das Beispiel der o. g. Plattform ist, dass ein autonom fahrendes (führerloses) Auto entscheiden muss, ob bei einem unvermeidbaren Unfall zwei Mitfahrer oder fünf Fußgänger getötet werden.

- *Ein **moralisches Dilemma** (Plural: Dilemmata) ist eine Situation, bei der eine Handlungsentscheidung erforderlich ist, obwohl jede möglich Handlungsoption, einschließlich der des Nichthandelns, unweigerlich gegen ein Moralpostulat verstößt.*

Übersicht

Ursprung dieses Gedankenexperiments ist das *„Trolley-Car-Problem",* das ein moralisches Dilemma beschreibt. Karl Englisch formulierte 1930 die Frage etwa so:

> *„Eine führerlose Straßenbahn rollt auf eine Menschenmenge zu, der unvermeidbare Zusammenstoß wird voraussichtlich viele Menschenleben kosten. Ein Weichensteller hat die Möglichkeit, die Bahn auf ein anderes Gleis zu lenken, wo ebenfalls Menschen zu Schaden kämen, aber weniger, als wenn man den Dingen ihren Lauf ließe. "*

Hierbei geht es zum einen um die Frage, dass der Weichensteller entscheidet, welche Menschen weiterleben dürfen und welche nicht. Das moralische Dilemma ist, dass bei jeder Handlungsoption Menschen unweigerlich getötet werden. Er entscheidet, welche und wie viele Menschenleben es trifft. Im Sinne der Logik ist eine Schadensminimierung (möglichst wenig Menschleben) angezeigt, die Moral verbietet aber jedes aktive Töten, eine Verstellung der Weiche wäre aktiv.

Darüber hinaus stellt sich die Frage, ob Passivität vor Verantwortlichkeit schützt. Die rechtliche Frage der Konsequenz von *Unterlassung* ist auch für maschinelle Entscheidungen wichtig.

Ebenfalls diffizil, aber für KI-Entscheidungen wichtig, ist die Frage, ob *Quantifizierbarkeit* bei der Entscheidung eine Rolle spielen darf. Im Fall des o. g. Dilemmas also: Die richtige Entscheidung ist die, die am wenigsten Menschenleben kostet. Für Computer ist es einfach, Zahlenwerte gegenseitig in Relation zu setzen und die Entscheidung über einer zahlenmäßigen Optimierung des Vorteils bzw. Minimierung des Schadens zu fällen.

Hierbei ist allerdings schon die Definition des Begriffs „Schadens" schwierig: Geht es um die Anzahl der Menschenleben, dann zählen zwei ältere Mitbürger mehr als ein Kind. Geht es um die verlorenen Lebensjahre, so hat das Kind vielleicht noch 70 Jahre vor sich, die zwei älteren Menschen jeweils zehn Jahre (zusammen also 20 Jahre). Ein moralisches Dilemma wird durch ein anderes ersetzt.

Das Bundesverfassungsgericht hat die Möglichkeit des „Verrechnens" von Menschenleben bereits 2006 untersagt. Damals ging es um das moralische Dilemma, ob ein entführtes, als Waffe eingesetztes Flugzeug vom Militär abgeschossen werden dürfe oder nicht (Bundesverfassungsgericht, 2006).

Ein Mensch würde vor Gericht dennoch freigesprochen, weil seine (ggf. falsche) Handlung nicht schuldhaft sei, so die juristische Formulierung. Auf eine KI lässt sich diese Anschauung allerdings nicht übertragen. Die Aussage „Menschenleben können nicht gegen Menschenleben aufgerechnet werden", so richtig sie letztlich ist, ist aber bei Programmierung von KI-Systemen wenig hilfreich.

Angesichts neuerer technologischer Entwicklung, hier dem autonomen Fahren, beauftragte der Bundesverkehrsminister Alexander Dobrindt 2017 die Ethik-Kommission, sich des Themas anzunehmen. Die Ethik-Kommission lehnt es zwar ebenfalls ab, Menschenleben, auch in Notsituationen, gegeneinander zu „verrechnen", öffnet sich aber in ihrem Bericht zum automatisierten und vernetzten Fahren, z. B. in den Leitlinien 8 und 9 (von 20) (Ethik-Kommission, 2017):

„Echte dilemmatische Entscheidungen, wie die Entscheidung Leben gegen Leben sind von der konkreten tatsächlichen Situation unter Einschluss „unberechenbarer" Verhaltensweisen Betroffener abhängig. Sie sind deshalb nicht eindeutig normierbar und auch nicht ethisch zweifelsfrei programmierbar. [...]

Bei unausweichlichen Unfallsituationen ist jede Qualifizierung nach persönlichen Merkmalen (Alter, Geschlecht, körperliche oder geistige Konstitution) strikt untersagt. Eine Aufrechnung von Opfern ist untersagt. Eine allgemeine Programmierung auf eine Minderung der Zahl von Personenschäden kann vertretbar sein. Die an der Erzeugung von Mobilitätsrisiken Beteiligten dürfen Unbeteiligte nicht opfern."

Genauer wird dies im Textteil des Berichts der Ethik-Kommission: Automatisiertes und Vernetztes Fahren, auf S. 18, erläutert: „Eine Programmierung auf die Minimierung der Opfer (Sachschäden vor Personenschäden, Verletzung von Personen vor Tötung, geringstmögliche Zahl von Verletzten oder Getöteten) könnte insoweit jedenfalls ohne Verstoß gegen Artikel 1 Absatz 1 Grundgesetz gerechtfertigt werden, wenn die Programmierung das Risiko eines jeden einzelnen Verkehrsteilnehmers in gleichem Maße reduziert. Solange nämlich die vorherige Programmierung für alle die Risiken in gleicher Weise minimiert, war sie auch im Interesse der Geopferten, bevor sie situativ als solche identifizierbar waren […]."

Als weiterführender Hinweis: Das sog. Scoring (Punktebewertung) von Menschen ist Thema des fiktiven Romans *QualityLand* von Marc-Uwe Kling (Kling, 2017).

Letztlich geht es aber um die Verwendung von KI-Systemen durch Menschen. Aus Marketingsichtweise ist anzunehmen, dass ein autonomes System, welches seine Nutzer im Zweifelsfall opfert, eher unverkäuflich ist. Dies ist aber eher eine Herausforderung der Wirtschaftsethik und nicht der KI-Ethik.

Die Entscheidung fällt sicherlich für Beteiligte (ich werde ggf. selbst getötet oder muss mit der Schuld leben, Menschen getötet zu haben) schwerer als für einen außenstehenden, neutralen Beobachter. Die KI nimmt dabei aber immer die Position des Außenstehenden ein, da die KI (noch?) kein Bewusstsein hat, wobei es der KI mit Bewusstsein vermutlich gleich wäre, ob sie sich selber „abstellt". (Als weitergehenden Hinweis: Diese Diskussion wird gegen Ende des fiktiven Thrillers *Origin* von Dan Brown geführt (Brown, 2017).

Insbesondere bei industriellen Anwendungen, wie z. B. in der Produktion, geht es bei Dilemmata weniger um Leben und Gesundheit, sondern vielmehr um einzuhaltende Lieferverpflichtungen, die Einhaltung vereinbarter Qualitätsstandards, Kundenvertrauen u. ä. Das moralische Dilemma hier ist, dass mehreren Kunden konkurrierende Versprechungen gemacht worden sind, von denen einige nun gebrochen werden müssen. Es gilt aber: Pacta sunt servanda (Verträge sind einzuhalten).

Die Vorgehensweise bei der Abarbeitung dieser **industriellen Dilemmata** durch eine KI fußt auf 3 + 1 Eskalationsstufen:

- Dilemmavermeidung,
- Dilemmakompensation,
- Dilemmafolgenminimierung.

Für alle Eskalationsstufen gilt darüber hinaus (3 + 1):

- Maximierung der Handlungsoptionen.

Zunächst gilt **Dilemmavermeidung**. Dies bedeutet, dass die KI möglichst frühzeitig erkennen soll, dass eine Dilemmasituation auftreten könnte und proaktiv Vermeidungsmaßnahmen einleitet. Durch Mustererkennung und die Fähigkeit, viele mögliche Szenarien vorausberechnen zu können, kann dies eine KI besser, als es dem Menschen gelänge.

Ist Dilemma-Vermeidung nicht möglich, ist die nächste Eskalationsstufe die *Dilemmakompensation*. Bei zwei unvermeidbaren „schlechten" Lösungen ist vielleicht bei der einen eine geeignete Kompensation möglich. Im Falle von Dilemmata in KI-unterstützten Produktionen, z. B. von zwei gleichzeitig zu erfüllenden Aufträgen kann nur einer gefertigt werden, erwägt die KI mögliche Ersatzlieferungen, stimmt dies mit dem Kunden (der Kunden-KI) ab und reserviert hierfür Fertigungskapazitäten.

Ist weder Vermeidung noch Kompensation möglich, so ist die dritte Stufe die *Dilemmafolgenminimierung*. Auch hier ist die KI durch die Fähigkeit, unter Berücksichtigung von großen Datenmengen viele verschiedene Szenarien zu berechnen und diese mit in die Entscheidung mit einfließen zu lassen, dem Menschen überlegen. Dabei sollten auch emotionale Folgen mit ggf. launenhaften Reaktionsweisen Berücksichtigung finden.

Gerade weil in allen drei Eskalationsstufen mit chaotischen Unwägbarkeiten zu rechnen ist, so gilt beim industriellen Umgang mit Dilemmata der Grundsatz, sich möglichst eine hohe Zahl alternativer Handlungsmöglichkeiten offenzuhalten und sich nicht in eine KI-getriebene Sackgasse zu begeben.

4.3   Haftung bei KI

„Haftungsregeln sind Schlechtwetterregeln,

wie den Regenschirm braucht man sie nur, wenn die Sonne nicht scheint."

von Unbekannt

In der Amazon-Prime-Serie „Upload" kommt es direkt am Anfang zu einer interessanten Szene (Amazon Prime Video, 2020): Der Hauptdarsteller fährt nachts in einem autonomen Auto. Er sieht sein Fahrzeug auf einen parkenden LKW zurasen, er weist die Auto-KI darauf hin. Die hat allerdings keine Information zu diesem Hindernis, es existiert für die KI nicht. Im Weiteren verweigert die KI die Abbremsung und auch weitere Befehle des Insassen. Eine manuelle Steuerung ist nicht vorgesehen. Resultat: Der Mensch stirbt, was angesichts des Glaubens an perfekte KIs zwar zu Verwunderung führt, aber scheinbar nicht zu irgendeiner Haftung, insbesondere nicht des Autoherstellers. (Der weitere Verlauf des Geschehens ist hier nicht mehr interessant, daher nur der Hinweis: Damit beginnt die eigentliche Serie, der Geist des Menschen wird per Upload ins Netz befördert und lebt dort virtuell weiter. Von dort kommuniziert er mit einem menschlichen Operator, der aber nicht angeben darf, ob er Mensch oder KI ist.)

Im Zusammenhang mit der Anwendung von autonomen Systemen wird die Haftungsfrage kontrovers diskutiert. Ausdrücklich stellt sich die Frage nach der Verantwortlichkeit: Die KI selbst, der Hersteller bzw. Entwickler, der Nutzer, höhere Gewalt (niemand)? Die Frage ist schwierig zu beantworten, insbesondere bei der Auflösung eines moralischen Dilemmas (siehe Abschn. 4.2) durch eine selbstlernende KI.

Abb. 4.1 Stele des Codex
Hammurabi um 1750 v. Chr.,
Louvre, Paris (CC-Lizenz,
Louvre, 2011)

Dass Menschen für ihre Erzeugnisse haften, ist in der Menschheitsgeschichte ein schon
sehr altes Prinzip. Schon in Mesopotamien, 1750 v. Chr., wurde im Codex von Hammurabi (siehe Abb. 4.1) festgelegt, wie ein Baumeister für die Standsicherheit der von
ihm erstellten Gebäude haften sollte. Über das römische Recht wurden entsprechende
Vorschriften im Jahr 1900 mit dem § 823 in das BGB aufgenommen. Der Begriff
Produkthaftung wird in Deutschland erst seit ca. 1970 verwendet.

Nun sind Gesetze im Mensch-zu-Mensch-Zusammenhang geschrieben. Die Kontro-
verse, wer haftet, ist aber nicht nur bei moralischen Dilemmata wichtig, sondern für alle
Fragen bezüglich der Entwicklung, Produktion und Nutzung autonomer Systeme und z. B.
auch in der Risikobewertung nach ISO 9000 von Bedeutung.

Das Europäische Parlament stellte 2017 fest, „dass mit dem Risikomanagementansatz
nicht die Person, ‚die fahrlässig gehandelt hat‘, als persönlich haftend in den Mittelpunkt
gestellt wird, sondern die Person, die imstande ist, unter bestimmten Umständen die
Risiken zu minimieren und die negativen Auswirkungen zu bewältigen" (Forderung 55
und 56; EU-Parlament, 2017).

Beim autonomen Lernen ist das EU-Parlament der Auffassung, je größer die Lernfähigkeit oder die Autonomie eines Roboters sei und je länger das Training eines Roboters
dauert, desto größer sollte die Verantwortung seines „Trainers" sein. Dabei sollten die Fertigkeiten, die sich aus der „Schulung" des Roboters ergeben, nicht mit den Fertigkeiten
verwechselt werden, die voll und ganz von dessen Selbstlernfähigkeiten abhängen. Das
EU-Parlament verweist weiter darauf hin, dass zumindest im derzeitigen Stadium die
Verantwortung bei einem Menschen und nicht bei einem Roboter liegen müsse.

Auch wirft das EU-Parlament die Frage nach der Rechtsnatur eines Roboters auf. In anderem Zusammenhang werden sie als e-Person (Elektronische Person – Electronic Person) bezeichnet (Wendehorst, 2020). Dies könnte notwendig werden: Betrachtet man den Turing-Test zur Unterscheidung zwischen Menschen und Maschine bei der Kommunikation (siehe Abschn. 3.11), so zeichnet sich ab, dass dieser, wenn nicht bereits jetzt, so aber in nicht allzu weiter Zukunft, bestanden werden wird. Glaubt man den Berichten um die Roboterin „Sophia" (vgl. Abschn. 3.4), scheint es humanoide Roboter, die aussehen wie ein Mensch, bereits zu geben. Betrachtet man die Fortschritte der Medizintechnik, wird es wohl auch Cyborgs (Mischwesen aus lebendigem Organismus und Maschine) geben.

Bezüglich der Frage, ob eine KI eine Rechtspersönlichkeit sein könne, beschwichtigt Udo di Fabio (Leiter der Ethik-Kommission zum autonomen Fahren und früherer Verfassungsrichter): „Wir überschätzen die Technik", und fügt zur Haftungsfrage hinzu: „Jemand, der ein Produkt mit künstlicher Intelligenz erzeugt, muss dafür die Haftung übernehmen. Der Gesetzgeber könnte sie ihm abnehmen und das Risiko vergesellschaften. Aber die Haftung würde nie auf die Maschine übergehen. Das wäre einer humanen Gesellschaft fremd, und es wäre auch nur eine Fiktion" (di Fabio et al., 2018).

Die Anforderung an jede KI ist *Rechtskonformität*. Wie gezeigt, gibt es hier noch Diskussions und Klärungsbedarf. Diese Herausforderungen werden aber wohl in den nächsten Jahren gelöst werden. Darüber hinaus wichtig ist aber auch, einen geeigneten Rahmen zur *Rechtsdurchsetzung* zu schaffen.

Mittlerweile hat auch die EU-Kommission die Herausforderung erkannt und veröffentlicht 2022 neue EU-Regeln zur Produkthaftung und harmonisierte Haftungsvorschriften mit dem Fokus auf KI (EU, 2023).

4.4 Prinzip der Doppelwirkung (PDW)

Die Ingenieurwissenschaften bewegen sich im Bereich der angewandten Ethik. In Bezug auf Technologie und deren Nutzung sind ethische Fragen häufig nicht einfach zu beantworten, nicht in Kategorien „Schwarz-Weiß" einzuordnen. Auch gibt es immer mehrere Wirkungen: Die KI kann das Leben der Menschen verbessern, z. B. durch weniger Unfälle, mehr Nachhaltigkeit oder eine effektivere Verbrechensbekämpfung. Umgekehrt kann KI auch demokratiefeindlich eingesetzt werden: Aus der Verbrechensbekämpfung wird der Überwachungsstaat. Dabei gibt es bekannte Nebenwirkungen und unbekannte Nebenwirkungen.

Das *Prinzip der Doppelwirkung (PDW)* besagt, dass eine moralisch positive Entscheidung auch dann gerechtfertigt ist, wenn sie eine **unbeabsichtigte** oder **vorher nicht bekannte** moralisch negative **Nebenwirkung** mit sich bringt.

Die Sichtweise geht auf Thomas von Aquin, ein christlicher Theologe des 13. Jahrhunderts, zurück (Pfordten, 2016), wobei es um das Handeln in Notwehr ging. Spätere Diskussionen verallgemeinerten das Thema, schränkten ein, dass man keinen „Gefallen" an den negativen Folgen haben dürfte. Wichtig ist, dass eine Umkehrung nicht möglich ist. Etwas Negatives tun, um etwas Gutes möglich zu machen, ist demnach nicht gerechtfertigt (Eine Sünde zu begehen, um Menschenleben zu retten ist verboten).

In diesem Sinne wäre ein Hersteller für Nebenwirkungen seines Produktes nicht verantwortlich, die ihm zum Zeitpunkt der Entwicklung bzw. Verkauf trotz Sorgfaltspflicht unbekannt waren. Dieses philosophische Prinzip widerspricht aber m. E. der heutigen Rechtsprechung. Die Produkthaftung beispielsweise regelt die Verantwortlichkeit für den Hersteller. Dabei ist es unerheblich, ob eine Nebenwirkung unbeabsichtigt ist oder nicht. Bei nicht erkennbaren Nebenwirkungen gilt Sorgfaltspflicht und Beweislastumkehr, d. h., nicht der Kunde muss einen Fehler nachweisen, sondern der Hersteller muss beweisen, dass er dem Stand der Technik entsprechend alles getan hat, um das Problem vorab zu erkennen.

Auch kann es notwendig sein, einer KI Regelverstöße zu erlauben, quasi die Umkehrung des PWD, um Menschen vor Schaden zu bewahren. Also der Regelverstoß als negatives Entscheiden, um positives zu bewirken (vgl. hierzu Abschn. 7.9).

Daher muss in einer *Risikoabschätzung* die Doppelwirkung berücksichtigt werden. Die Herausforderung sind die unbekannten Nebenwirkungen, ggf. kann zur Findung unbekannter Nebenwirkungen eine darauf spezialisierte KI eingesetzt werden.

4.5   Doppelverwendung (Dual Use)

In der Technik ist die Entwicklung von Produkten zumeist ethisch unproblematisch. Probleme entstehen häufig erst mit der Anwendung der Produkte. So kann eine KI die Produktion überwachen, aber die gleiche KI kann auch die Mitarbeiter illegal überwachen.

Diese *Doppelverwendungsfähigkeit* ist besser bekannt unter dem englischen Begriff „*Dual Use*" und kommt ursprünglich aus der Exportkontrolle, bei der Möglichkeit einer zivilen als auch einer militärischen Nutzung von Produkten. Dies gilt nicht nur für Produkte, sondern auch für die Produktion im Allgemeinen. Im Gegensatz zu der Doppelwirkung (PDW) ist die Möglichkeit des Dual Use aber von vorneherein bekannt.

Die ethische Fragestellung, die sich aus dieser Doppelverwendung stellt, ist die Verantwortlichkeit. Ist der Entwickler eines Produktes für die ihm bereits bekannte schädliche Nutzung verantwortlich? Oder ist erst der Anwender „schuld"? Und was ist, wenn der Entwickler die schädliche Verwendung aus eigenem Verschulden nicht erkennt?

Diese bekommt bei der Digitalisierung und der Anwendung der Künstlichen Intelligenz besonderes Gewicht, insbesondere bei der Technologiefolgenabschätzung (TA).

4.6 Technologiefolgenabschätzung (TA)

Auch wenn die rechtliche Verantwortung für die Entwicklung und Anwendung von Produkten geklärt ist, es verbleibt auch eine ethische Verantwortung für das, was insbesondere aus Innovationen entsteht. Dabei ist dies kein reiner technologischer Prozess, sondern es gibt auch gesellschaftliche Folgen.

Technologiefolgenabschätzung (TA) soll schädliche Folgen vorab erkennen und bewerten, die neben der technologischen oder wirtschaftlichen Hauptzielrichtung entstehen. Insgesamt gibt es drei Arten von Nebenfolgen:

- Negative Nebenfolgen werden von Anfang an bewusst in Kauf genommen.
- Schädliche Nebenwirkungen waren unbekannt, hätten aber (bei entsprechendem Aufwand) vorhergesehen werden können.
- Später auftretenden Folgen waren und sind unvorhersehbar.

Bereits 1973 machte der damalige Bundesinnenminister Hans-Dietrich Genscher deutlich:
Der Konflikt zwischen Technik und Umwelt entstehe durch eine Anwendung der Technik, die nicht alle Folgen berücksichtigt (Bullinger, 2012).

Schon damals versuchten einige Gruppierungen, z. B. der Club of Rome 1972 mit einer düsteren Prognose zur Grenze des Wachstums, darauf hinzuweisen, dass die Spätfolgen einer technologischen und wirtschaftlichen Entwicklung berücksichtigt werden müssen. Allerdings hat sich diese Prognose nicht bewahrheitet (was gerne als Argument, leider unter Aberkennung wissenschaftlicher gesicherter Erkenntnisse, gegen den Klimawandel genutzt wird).

In der Folge gab es viele Unfälle, Chemieanlagenunfälle (Bhopal, 1984; Sandoz, 1986; Hoechst, 1993), Tankerunfälle (Exxon Valdez, 1988), Katastrophen bei der Nutzung von Kernenergie (Tschernobyl, 1986; Fukushima, 2011) sowie eine weltweite Klimaentwicklung, die als kritisch gesehen wird.

Die Technologiefolgenabschätzung wird mittlerweile weiter gefasst, es geht auch um *Nachhaltigkeit* sowie um *Werte*:

Die Vereinten Nationen haben 17 Ziele für eine nachhaltige Entwicklung aufgestellt (Sustainable Development Goals, SDGs; UNRIC, 2019). Nach Ansicht des Forums Wirtschaftsethik kann Künstliche Intelligenz zur Erreichung dieser Ziele beitragen (Forum Wirtschaftsethik, 2020). Ein positiver Beitrag sei insbesondere auf der ökologischen Ebene zu erwarten, es bestehe aber auch die Gefahr der Behinderung, vor allem auf sozialer Ebene. Nach einer anderen Studie zur Rolle der KI bei der Erreichung der UN-Nachhaltigkeitsziele hat die KI auf 79 % der UN-Ziele positive Auswirkungen, bei 35 % eher negative (Vinuesa et al., 2020).

Nachhaltigkeit hat auch mit Wertesystemen zu tun. Diese können, wie bereits gezeigt, kulturell sehr unterschiedlich sein. In den Ingenieurwissenschaften ist es etwas einfacher,

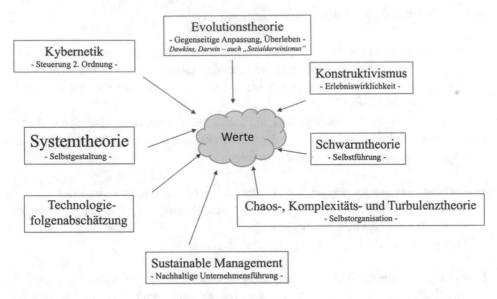

Abb. 4.2 Theorien mit Produktions- & Wertebezug

weil faktenbasiert, allerdings gibt es auch hier eine Vielzahl von Hypothesen, die auf das Wertesystem einwirken. Eine Übersicht der einflussreichsten Theorien zeigt Abb. 4.2.

4.7   Maschinenethik, Maschinenmoral & Roboterethik

Die *Maschinenethik* (engl. Bezeichnung *Artificial Morality – AM*) ist das Pendant zur menschlichen Ethik. Es soll Maschinen in die Lage versetzen, autonom moralische Entscheidungen zu treffen. Als Forschungsgebiet liegt Maschinenethik an der Schnittstelle zwischen Ingenieurwissenschaft (insbesondere Robotik), Informatik und Philosophie.

Der Begriff Maschine ist hierbei weit gefasst. Es kann sich um Maschinen im klassischen Sinne handeln (z. B. Roboter, Drohnen), aber auch Software, wie z. B. intelligente Agenten, die das Netz nach Informationen durchforsten.

Neben den bereits oben erwähnten Einsatzgebieten, bei denen ein moralisches Dilemma auftreten kann, z. B. dem autonomen Fahren, sind bei der *Maschinenmoral* vor allem Anwendungen im Fokus, bei denen Mensch und Maschine zusammenarbeiten. Dies ist z. B. in der Pflege oder Krankenbetreuung von Menschen der Fall. Neben ethischen Grundsätzen bedarf es hier auch einer gewissen Empathie, die Handlungsspielräume eröffnet. Soll für Medikamentengabe der schlafende Patient geweckt werden oder ist es sinnvoll, noch zu warten? Wie sollen kritische Informationen an den Patienten weitergegeben werden: sachlich und vollständig, einfühlsam aber dosiert … ?

Kritisch gesehen wird die Ausweitung der Maschinenmoral auch auf militärische Anwendungen, z. B. autonome Waffensysteme. Diese sollen beispielsweise selbstständig, nach moralischen Grundsätzen entscheiden, wann militärische Aktionen notwendig sind, welche Reaktionsweise angemessen ist oder wie sich Kombattanten (Kampfteilnehmer wie Soldaten oder Guerillakämpfer) von Nichtkombattanten (Sanitäter, verletzte Soldaten, Kriegsberichterstatter etc.) und Zivilisten unterscheiden.

Roboterethik ist eine Spezialdisziplin zur Programmierung humanoider Roboter, die zu menschenähnlicher Gestik, Mimik und der Verständigung in natürlich gesprochener Sprache fähig sind. Bereits Mitte des 20. Jahrhunderts stellte der Science-Fiction-Autor Isaak Asimov seine nach ihm benannten *drei Robotergesetze (Asimov'schen Gesetze)* auf, die auch von der Wissenschaft übernommen wurden (Drösser et al., 2004):

1. Ein Roboter darf kein menschliches Wesen verletzen oder durch Untätigkeit zulassen, dass einem menschlichen Wesen Schaden zugefügt wird.
2. Ein Roboter muss den ihm von einem Menschen gegebenen Befehlen gehorchen – es sei denn, ein solcher Befehl würde mit Regel 1 kollidieren.
3. Ein Roboter muss seine Existenz beschützen, solange dieser Schutz nicht mit Regel 1 oder 2 kollidiert.

Letztlich stellt sich die Frage, ob Maschinen überhaupt moralisch handeln können. Für volle Moralität schreibt Catrin Misselhorn in ihrem Buch *Grundfragen der Maschinenethik*, sei auch noch ein (maschinelles) *Selbstbewusstsein* notwendig (Misselhorn, 2018). Dies haben KIs aber auf absehbare Zeit nicht. Viele Wissenschaftler bezweifeln, dass dies überhaupt möglich ist. Vielleicht liegt es aber auch daran, dass das menschliche Selbstbewusstsein selbst wissenschaftlich kaum geklärt ist.

Weitergehend Interessierte seien hier auf das *Handbuch Maschinenethik* (Bendel, 2019) bzw. *Maschinenethik – Normative Grenzen autonomer Systeme* (Rath et al., 2019) verwiesen.

4.8   Ethische Leitplanken bei Digitalisierung & KI

„Bosch setzt der Künstlichen Intelligenz ethische Grenzen und hat sich für den Umgang mit KI in seinen Produkten klare Leitlinien gegeben."

   Michael Bolle, Bosch-Digitalvorstand (FOCUS, 2020)

Die ethische Dimension wirkt bei Digitalisierung und KI verstärkt, auch dadurch, dass Maschinen menschenähnlicher werden und sich die Frage stellt: Wo endet das Menschsein? Bundeskanzlerin Angela Merkel nahm hierzu anlässlich ihres Japanbesuchs 2019 Stellung: Sie regt an, sich mit diesem Thema zu beschäftigen, rät aber zur

„Entmystifizierung" und fordert ethische Leitplanken für die Nutzung von KI (FAZ, 2019).

Digitalisierung und KI könnten positiv wirken, aber auch schwierige Folgen haben. Besonders der Einsatz von z. T. wenig transparenten Algorithmen zur Überwachung von Maschinen, aber auch Menschen und zur autonomen Entscheidungsfindung wirft ethische Fragen auf:

Übersicht

„In der Medizin werden Algorithmen diskutiert, die durch Auswertung von Internetaktivitäten erkennen sollen, ob sich eine [...] depressive oder manische Phase anbahnt. Dann könnte sein Arzt benachrichtigt werden. [...] Ist das gut?"

„Die Verheißung der Künstlichen Intelligenz sind [...] bei 10.000 Suizidopfern allein in Deutschland verführerisch. Man könnte den Menschen tatsächlich helfen, doch viele algorithmische Vorhersagen liefern am Ende lediglich statistische Risikowahrscheinlichkeiten."

Ranga Yogeshwar im STERN (Yogeshwar, 2018).

Anmerkung des Autors: Für Fabienne, verstorben mit 15 Jahren am 17.09.2015.

Es ist allgemein akzeptiert, dass wir als Mensch auf bestimmte Fragen keine Antwort wissen und, falls erforderlich, eine Risikoentscheidung treffen. Gründe hierfür sind vielfältig: zu wenig Daten, unsichere bzw. widersprüchliche Informationslage, keine wissenschaftlich fundierte Aussage, Zeitproblematik u. v. m.

Aber für die Entscheidung gibt es einen oder mehrere Verantwortliche, die auch in Haftung genommen werden können. Für die Akzeptanz der Entscheidung spielt Empathie und Vertrauen eine entscheidende Rolle (siehe auch Abschn. 7.5).

Bei autonomen Entscheidungen einer KI ist das anders, weil die Verantwortlichkeit nicht bei der KI liegen kann und die KI selbst auch als Maschine nicht haften kann. Darüber hinaus ist „Vertrauen" eine Mensch-zu-Mensch-Eigenschaft und Maschinen sind (derzeit noch) empathielos. Daher ist es für die Akzeptanz einer KI-Entscheidung wichtig zu wissen, wie diese zustande gekommen ist, besonders dann, wenn sie im unsicheren Umfeld erfolgte.

Gerade hier liegt aber die Herausforderung. Die Anforderung an Transparenz ist bei KI-Systemen mit Machine Learning oder Deep Learning schwierig umzusetzen, z. T. nicht möglich. Stattdessen setzt man auf die Erklärbarkeit (für konkrete Entscheidungen werden die wesentlichen Einflussfaktoren aufgezeigt, siehe Kapitel „Erklärbare KI").

Dies reicht aber in ethischen Fragestellungen nicht aus, was vor allem an der individuellen Beurteilung moralischer Aspekte liegt.

So gab es in der Corona-Krise intensiv geführte Debatten um den sog. Lockdown, welchem Grundrecht den Vorrang gegeben werden sollte: der persönlichen Freiheit (Öffnung des Lockdowns) oder dem Grundrecht auf Leben und Gesundheitsschutz (verschärfter

Lockdown). „Grundrechte beschränken sich gegenseitig.", so Bundestagspräsident Wolfgang Schäuble im Tagesspiegel (Birnbaum & Ismar, 2020). Dies ist eine eher normative, also moralische Fragestellung.

Noch schwieriger und sehr kontrovers diskutiert war darüber hinaus die Frage, wie bei nicht ausreichender medizintechnischer Versorgung die Auswahl der Menschen getroffen wird, die eine Überlebenschance bekommen und derer, die unbehandelt sterben. Diese Fragestellung ist ethisch begründet, da es rationale Entscheidungskriterien gibt. Eine empathielose, über Fakten wie Überlebenswahrscheinlichkeit und Restlebenszeit getroffene KI-Entscheidung hätte aber wohl keine Akzeptanz gefunden, obwohl sie sicherlich auch deshalb einfacher gewesen wäre, weil sie den Arzt von dieser schwierigen Entscheidungsverantwortung entbindet.

Interessant in diesem Zusammenhang ist, ob einer KI zur Entscheidung Wertevorgaben gemacht werden sollen und können. Denkbar ist bei einer rational und auf soliden Daten begründeten Entscheidung, die aber diskriminierend ist, ein Regulativ einzubauen.

So wird angenommen (der tatsächliche Algorithmus ist nicht veröffentlicht), dass die Kreditwürdigkeit einer Person auch über den Wohnort bewertet wird. Wenn dem so wäre (was man nicht weiß), lautete die Entscheidung: Wohnt man in der falschen Gegend, bekommt man keinen Kredit. Obwohl die höhere Kreditausfallwahrscheinlichkeit vermutlich statistisch abgesichert ist, könnte die daraus resultierende logische Entscheidung diskriminierend sein. Einer KI muss der moralische Wert „Antidiskriminierung" vorgegeben werden, der dann als Entscheidungsprozess über der mathematisch-statistischen Logik stehen muss.

Es ist illusorisch anzunehmen, eine starke KI würde die eine, bezüglich der Entscheidungskriterien vollkommen transparente, absolut richtige und von allen akzeptierte Entscheidung treffen können.

Für die im industriellen Bereich bereits angewendeten (schwachen) KIs sind die ethischen Herausforderungen aktuell noch nicht so evident, weil der Mensch (noch) dominant in der Entscheidungskette verbleibt.

Betrachtet man dabei konkret die Anwendung von Digitalisierung und KI, werden zwei Handlungsfelder sichtbar:

- eine ethisch korrekte Wertschöpfungskette unter Nutzung von KI,
- die ethisch angemessene Verwendung der KI-Produkte.

Ziel ist es aber, dass die KI selbstständig wird. Daher wird man der KI-Anwendung „vertrauen" müssen, eher im Sinne von „sich anvertrauen" gemeint, weniger im zwischenmenschlichen Sinne. Hierfür hat die EU-Kommission Leitlinien für vertrauenswürdige KI-Anwendungen erstellt (siehe Abschn. 3.12.1).

Darüber hinaus sollte eine initiale Kritikalitätsprüfung entwickelt und normativ verankert werden. Diese stellt fest, ob ein System ethische Probleme und Konflikte auslösen oder für völlig unkritische Anwendungsfelder frei von zusätzlichen Anforderungen ist (nach DIN, 2021).

4.9   Gesamtbewertung und Messung einer KI-Ethik

„Überall, wo Maschinen über menschliche Schicksale entscheiden, urteilen oder richten, würden wir nicht nur den Datenschutz aufgeben, sondern auch unsere ethischen Werte als Europäer."

Richard David Precht im SPIEGEL Interview (Precht & Thelen, 2020).

Nicht jeder stimmt der o. g. Behauptung des Philosophen Richard David Precht (Buch: *Künstliche Intelligenz und der Sinn des Lebens – Ein Essay*) zu. Richtig ist aber, dass die Europäer um einen eigenen Weg in der Beurteilung von ethischen Fragen im Zusammenhang mit KI ringen. Dies beschäftigt dann z. T. auch den Europäischen Gerichtshof (EuGH).

Die Bertelsmann-Stiftung hat ein Projekt initiiert, das sich weiter mit der Problematik der Messbarmachung von KI-Ethik beschäftigt (Bertelsmann Stiftung et al., 2020). Hierbei wurde das sog. VCIO-Modell entwickelt. VCOI steht für Values, Criteria, Indicators und Observables (Werte, Kriterien, Indikatoren und Beobachtbarkeit, siehe Abb. 4.3).

Aus dem VCIO-Modell abgeleitet gibt es Vorschläge zur Klassifikation und Quantifizierung von KI, wie in Abb. 4.4 wiedergegeben. Zentral bei der Gesamtbewertung werden hierbei Transparenz, Berechenbarkeit, Schutz der Privatsphäre, Rechtskonformität, Verlässlichkeit sowie Nachhaltigkeit angesehen. Diese wird als Vorschlag im Ampelstil (grün-gelb-rot) ähnlich dargestellt, wie z. B. ein Energie-Effizienz-Label. Da es sich hier z. T. um K.o.-Kriterien (z. B. Rechtskonformität ist nicht verhandelbar) handelt, muss allerdings besonderer Wert auf die Definition der jeweiligen Einordnung gelegt werden.

Darüber hinaus entwickelt die IEEE Standards, z. B. für den ethischen Betrieb von Robotersystemen (IEEE, 2021).

4.10   Bewertung der Chancen und Risiken

Chancen und Risiken liegen bei der Nutzung nahe beieinander. Die technische Entwicklung und der ethische Diskurs stehen noch am Anfang. So sind sich selbst die Protagonisten nicht einig.

Die Chancen betont Sundar Pichai, CEO von Google LLC, indem er die Künstliche Intelligenz für wichtiger hält als Errungenschaften wie Feuer und Elektrizität (Clifford, 2018). Den Mahnern vor Gefahren hält er vor: „Wir haben gelernt, Feuer zum Wohle der

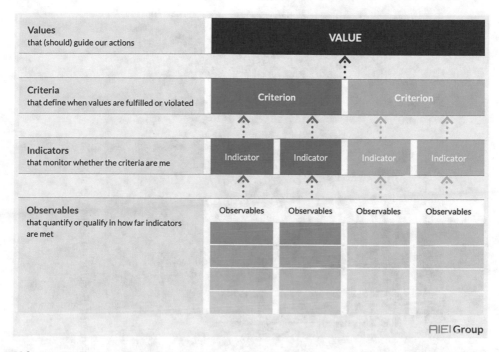

Abb. 4.3 VCIO-Modell. VICO = Values, Criteria, Indicators und Observables. (Bertelsmann Stiftung et al., 2020)

Menschheit zu nutzen, aber wir mussten auch seine Nachteile überwinden. Mein Punkt ist also, dass KI wirklich wichtig ist, aber wir müssen uns darüber Gedanken machen."

Optimistisch blickt auch Volker Wittpahl, Leiter des iit in Berlin, in die Zukunft (VDI, 2019): „Künstliche Intelligenz […] wird nahezu alle Bereiche unseres Lebens beeinflussen. […] Das Prinzip KI funktioniert, sobald Daten vorliegen."

Der VDI-Bereichsleiter Technik und Gesellschaft, Dieter Westerkamp, legt mit ökonomischen Überlegungen nach (van den Heuvel, 2019): „Mittlerweile sind wir so weit, dass wir Daten, etwa Big Data, haben und auch schon mit KI-Methoden auswerten, um einen Mehrwert zu generieren".

Das sieht der Wissenschaftler Stephen Hawking anders: Er wird zitiert mit der Aussage, KI könnte zum schlimmsten Ereignis in der Geschichte unserer Zivilisation werden (Kharpal, 2017) und in der BBC, dass KI das Ende der Menschheit bedeuten könnte (Callan-Jones, 2014).

Elon Musk, Visionär und u. a. Tesla- und SpaceX-CEO, sieht es ähnlich und warnt: „Regulieren Sie die KI, um eine ‚existenzielle Bedrohung' zu bekämpfen" (Musk, 2017). Dabei polarisierte er mit der düsteren Aussage, AI wäre „gefährlicher als Nordkorea" (David, 2017).

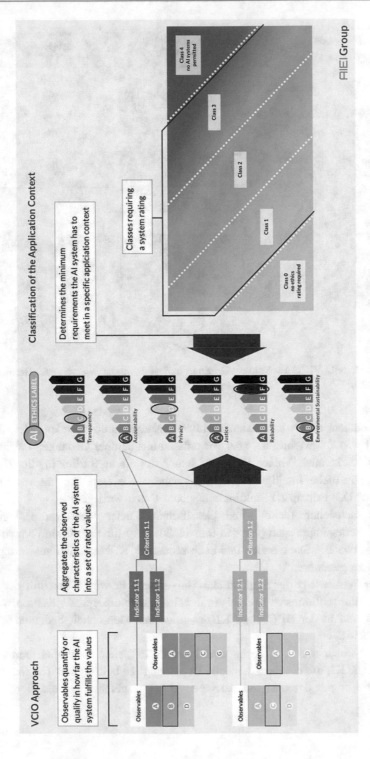

Abb. 4.4 Vorschlag zur Gesamtsystembewertung anhand von Mindestanforderungen (Bertelsmann Stiftung et al., 2020)

Eric Schmidt, früherer Google-Chef, hält dagegen: Elon Musk sei bezüglich seiner Einschätzung zu KI ‚genau falsch' sowie „Tatsache ist, dass KI und maschinelles Lernen so grundlegend gut für die Menschheit sind." (Schmidt, 2018).

Der Facebook-KI-Chef Jerome Pesenti legte 2020 nach und erklärte, „Musk hätte keine Ahnung", allerdings schränkte er ein (Pesenti, 2020): „Musks Fokussierung auf eine Art generelle KI, die irgendwann einmal sämtliche menschliche Aufgaben erledigen und uns damit alle ersetzen könnte, würde von den realen Problemen ablenken, die durch den KI-Einsatz entstehen.". Und weiter: „Wir ignorieren die wirklichen Probleme, die mit der breiten Einführung der KI einhergehen: Fairness, Inklusion, Transparenz, Robustheit, Sicherheit, Datenschutz, Nutzerrechte".

Ethisch interessant für die Grenzen der KI ist die Frage, ob eine KI sich selbst (weiter-) entwickeln sollte. Eine Weiterentwicklung im Sinne der selbstständigen Optimierung ist im Zuge der lernfähigen KI bereits angedacht bzw. verwirklicht. Aber sollte eine KI selbst und unüberwacht eine neue Generation von KI entwickeln, quasi eine Kinder-KI-Generation?

Aktuell hat sich der Deutsche Ethikrat zu den Herausforderungen der Künstlichen Intelligenz geäußert (Deutscher Ethikrat, 2023). Man dürfe den Menschen nicht auf Funktionen seines Gehirns reduzieren, so heißt es in der Studie. Auch wenn einer KI immer mehr gelingt, menschliche Fähigkeiten nachzuahmen und ggf. zu übertreffen, „das sollte uns aber nicht dazu verführen, ihnen personale Eigenschaften zuzuschreiben." „Der Einsatz von KI muss menschliche Entfaltung erweitern und darf sie nicht vermindern", so Alena Buyx, die Vorsitzende des Deutschen Ethikrates.

4.11 Fragen zum Kapitel

1. Unterscheiden Sie Ethik, Moral und Werte.
2. Was ist ein moralisches Dilemma? Nennen Sie ein industrielles Beispiel.
3. Warum ist eine Verrechnung von Grundrechten gegeneinander schwierig (z. B. Recht auf körperliche Unversehrtheit gegen Recht auf freie Entfaltung bei der Maskenpflicht-Diskussion in der Corona-Krise)?
4. Warum ist die Aufrechnung von Menschenleben (z. B. Abschuss eins Flugzeugs über freiem Gelände, bevor es in einer Großstadt abstürzt) ethisch wie gesetzlich schwierig zu beantworten?
5. Wo liegt die Herausforderung bei der Haftung beim Einsatz von KI? Diskutieren Sie dabei die Begriffe Haftung des (Software-)Entwicklers, Herstellerhaftung, Nutzerhaftung sowie höhere Gewalt.
6. Diskutieren Sie die Handlungsmöglichkeiten Dilemma-Vermeidung, -Kompensation und -Folgenminimierung mit ihren jeweiligen Vor- und Nachteilen.
7. Was ist das Prinzip der Doppelwirkung sowie der Doppelverwendung, nennen Sie ein technisches Beispiel.

8. Diskutieren Sie das VCIO-Modell. Wo liegen die Vorzüge einer Gesamtbewertung im Ampel-Stil (grün-gelb-rot), was spräche dagegen?
9. Stellen Sie mit drei bis vier Punkten Grundsätze für eine Roboterethik bzw. Maschinenmoral auf.
10. Diskutieren Sie: Wird es das Recht darauf geben, dass eine KI-Meinung eine eigene, andere Meinung hat als der Mensch?

Literatur

Amazon Prime Video (Regisseur). (2020). *Upload (Staffel 1) – 1. Der erste Tag vom Rest der Ewigkeit [Kinofilm]*. Amazon Prime Video.

Awad, E., Dsouza, S., Schulz, J., Henrich, J., Shariff, A., Bonnefon, J.-F., & Rahwan, I. (2018). The moral machine experiment. *Nature, 563,* 59–64.

Bendel, O. (2019). *Handbuch Maschinenethik*. Springer VS.

Bertelsmann Stiftung (Hrsg.), Hustedt, C., & Hallensleben, S. (2020). From principles to practice: How can we make AI ethics measurable? https://www.bertelsmann-stiftung.de/de/publikati onen/publikation/did/from-principles-to-practice-wie-wir-ki-ethik-messbar-machen-koennen. Zugegriffen: 18. Mai 2020.

Birnbaum, R., & Ismar, G. (2020). Bundestagspräsident zur Corona-Krise: Schäuble will dem Schutz des Lebens nicht alles unterordnen. https://www.tagesspiegel.de/politik/bundestagspr aesident-zur-corona-krise-schaeuble-will-dem-schutz-des-lebens-nicht-alles-unterordnen/257 70466.html. Zugegriffen: 11. Okt. 2020.

Brown, D. (2017). *Origin (Deutsche Ausgabe)*. Bastei Lübbe.

Bullinger, H.-J. (2012). *Technologiefolgenabschätzung (TA)*. Teubner.

Bundesverfassungsgericht. (2006). Leitsätze zum Urteil des Ersten Senats vom 15. Februar 2006 (Abschnitt   52). https://www.bundesverfassungsgericht.de/SharedDocs/Entscheidungen/DE/ 2006/02/rs20060215_1bvr035705.html. Zugegriffen: 28. Mai 2020.

Callan-Jones, R. (2014). Stephen Hawking warns artificial intelligence could end mankind. BBC News. https://www.bbc.com/news/technology-30290540. Zugegriffen: 25. Mai 2020.

Clifford, C. (2018). Google CEO: A.I. is more important than fire or electricity. https://www. cnbc.com/2018/02/01/google-ceo-sundar-pichai-ai-is-more-important-than-fire-electricity.html. Zugegriffen: 20. Mai 2020.

David, J. (2017). Elon Musk issues a stark warning about A.I., calls it a bigger threat than North Korea. https://www.cnbc.com/2017/08/11/elon-musk-issues-a-stark-warning-about-a-i-calls-it-a-bigger-threat-than-north-korea.html. Zugegriffen: 20. Mai 2020.

Deutscher Bundestag. (2019). Drucksache 19/13723 – Das Sozial-Kredit-System der Volksrepublik China und seine menschenrechtlichen und wirtschaftlichen Implikationen. https://dip21.bundes tag.de/dip21/btd/19/137/1913723.pdf. Zugegriffen: 21. Juni 2020.

di Fabio, U., Kreimeier, N., & Wirminghaus, N. (2018). Autonomes Fahren: „Wir überschätzen die Technik". https://www.capital.de/wirtschaft-politik/wir-ueberschaetzen-die-technik. Zuge-griffen: 20. Juni 2020.

Deutscher Ethikrat. (2023). Mensch und Maschine – Herausforderungen durch künstliche Intel-ligenz.   https://www.ethikrat.org/fileadmin/Publikationen/Stellungnahmen/deutsch/stellungn ahme-mensch-und-maschine.pdf sowie https://www.ethikrat.org/fileadmin/PDF-Dateien/Presse mitteilungen/pressemitteilung-02-2023.pdf. Zugegriffen: 24. März 2023.

Drösser, C. (2004). Roboter: Moral in Dosen. https://www.zeit.de/2004/32/I-Robot. Zugegriffen: 15. Juni 2020.

Ethik-Kommission. (2017). Automatisiertes und vernetztes Fahren. https://www.bmvi.de/SharedDocs/DE/Publikationen/DG/bericht-der-ethik-kommission.pdf?__blob=publicationFile. Zugegriffen: 11. Okt. 2020.

EU-Kommission. (2022). Künstliche Intelligenz (KI): Neue EU-Regeln zur Produkthaftung und harmonisierte Haftungsvorschriften. https://germany.representation.ec.europa.eu/news/kunstliche-intelligenz-ki-neue-eu-regeln-zur-produkthaftung-und-harmonisierte-haftungsvorschriften-2022-09-28_de. Zugegriffen 1. Okt. 2022.

EU-Parlament. (2017). Entschließung des Europäischen Parlaments vom 16. Februar 2017 mit Empfehlungen an die Kommission zu zivilrechtlichen Regelungen im Bereich Robotik. https://www.europarl.europa.eu/doceo/document/TA-8-2017-0051_DE.html. Zugegriffen: 11. Okt. 2020.

FAZ. (2019). Merkel fordert „ethische Leitplanken" für KI. https://www.faz.net/aktuell/wirtschaft/kuenstliche-intelligenz/angela-merkel-fordert-ethische-leitplanken-fuer-ki-16024991.html. Zugegriffen: 25. Juni 2020.

FOCUS. (2020). INDUSTRIE: „Ein völlig KI-gesteuertes Auto wird es nic geben". FOCUS 37/2020, S. 56. https://www.focus.de/finanzen/news/industrie-ein-voellig-ki-gesteuertes-auto-wird-es-nie-geben_id_12394739.html. Zugegriffen: 11. Okt. 2020.

Forum Wirtschaftsethik. (2020). Kann künstliche Intelligenz zur Umsetzung der UN-Nachhaltigkeitsziele beitragen? https://www.forum-wirtschaftsethik.de/kann-kuenstliche-intelligenz-zur-umsetzung-der-un-nachhaltigkeitsziele-beitragen/. Zugegriffen: 10. Juli 2020.

Handelsblatt. (2018). Totale Überwachung – Darum befürworten viele Chinesen das Sozialpunktesystem. https://www.handelsblatt.com/politik/international/totale-ueberwachung-darum-befuerworten-viele-chinesen-das-sozialpunktesystem/22834722.html?ticket=ST-8486880-yfhvdWbfbGqnrZEEM2UT-ap1. Zugegriffen: 4. Sept. 2020.

IEEE. (2021). Ontological Standards for Ethically Driven Robotics and Automated Systems (IEEE Std. 7007-21).

Kharpal, A. (2017). Stephen Hawking says A.I. could be ‚worst event in the history of our civilization'. https://www.cnbc.com/2017/11/06/stephen-hawking-ai-could-be-worst-event-in-civilization.html. Zugegriffen: 20. Mai 2020.

Kling, M.-U. (2017). *QualityLand*. Ullstein.

Laudato si: die Umwelt-Enzyklika des Papstes (2015). Vollständige Ausgabe. Taschenbuch. Herder, Freiburg i.Br., ISBN 978-3-451-35000-9.

Louvre. (2011). P1050763 Louvre code Hammurabi face rwk.JPG. https://commons.wikimedia.org/wiki/File:S1050763_Louvre_code_Hammurabi_face_rwk.JPG?uselang=de. Zugegriffen: 11. Okt. 2020.

Misselhorn, C. (2018). *Grundfragen der Maschinenethik*. Reclam.

Misteli, S., & Moon, J. (2020). Chronologie der Rassenunruhen in den USA seit den 1960er Jahren. https://www.nzz.ch/international/proteste-usa-chronologie-von-rassenunruhen-seit-den-1960ern-ld.1559364. Zugegriffen: 4. Juni 2020.

Musk, E. (2017). Elon Musk: Regulate AI to combat 'existential threat' before it's too late. https://www.theguardian.com/technology/2017/jul/17/elon-musk-regulation-ai-combat-existential-threat-tesla-spacex-ceo. Zugegriffen: 20. Mai 2020.

Pesenti, J. (2020). Facebooks KI-Chef: Elon Musk hat keine Ahnung, wovon er spricht. https://t3n.de/news/facebooks-chef-elon-hat-musk-ki-1280920/. Zugegriffen: 20. Mai 2020.

Pfordten, D. (2016). *Moralisches Handeln und das Prinzip der Doppelwirkung*. Metzler.

Precht, R., & Thelen, F. (29. Aug. 2020). SPIEGEL Streitgespräch R.D. Precht vs. Frank Thelen. *Spiegel, 36*, 60 ff.

Rath, M., Krotz, F., & Karmasin, M. (2019). Maschinenethik: Normative Grenzen autonomer Systeme. Springer VS.

Schmidt, E. (2018). Eric Schmidt says Elon musk is „exactly wrong" about AI. https://techcrunch.com/2018/05/25/eric-schmidt-musk-exactly-wrong/. Zugegriffen: 20. Mai 2020.

UN. (1948). Die Allgemeine Erklärung der Menschenrechte – Resolution 217 A (III) vom 10.12.1948. https://www.ohchr.org/EN/UDHR/Pages/Language.aspx?LangID=ger. Zugegriffen: 30. Sept. 2020.

UNRIC. (2019). UN-Ziele für Nachhaltige Entwicklung (Argenda 2030). https://unric.org/de/17ziele/. Zugegriffen: 3. Juni 2020.

van den Heuvel, M. (2019). Gute Daten, gute Ideen – Dann kommt KI ins Spiel. https://www.vdi.de/themen/kuenstliche-intelligenz-ki/gute-daten-gute-ideen-dann-kommt-ki-ins-spiel. Zugegriffen: 20. Mai 2020.

VDI. (2019). Künstliche Intelligenz zwischen Chancen und Risiken. https://www.vdi.de/themen/kuenstliche-intelligenz-ki/kuenstliche-intelligenz-zwischen-chancen-und-risiken.

Vinuesa, R., Azizpour, H., & Leite, I. et al. (2020). The role of artificial intelligence in achieving the Sustainable Development Goals. Abgerufen am 21. 06 2020 von https://www.nature.com/articles/s41467-019-14108-y. Zugegriffen: 20. Mai 2020.

Wendehorst, C. (2020). Ist ein Roboter haftbar? (Der Streit um die e-Person). https://www.forschung-und-lehre.de/recht/ist-ein-roboter-haftbar-2415/. Zugegriffen: 2. Apr. 2020.

Yogeshwar, R. (28.01.2018). "So wird die Zukunft" (Stern Titelthema), "Die Roboter kommen", in: STERN 05/2018, S. 38ff.

Daten der Digitalisierung und der KI

5

5.1 Daten & Co

„In God we trust; all others must bring Data"

Willam Edwards Deming – Statistik & Qualitätsmanagementpionier

Daten sind Schlüsselressourcen im digitalen Zeitalter. Sie stellen aber nur die Basis dar und in Weiterentwicklung der Erkenntnis „Wissen ist Macht" gilt heutzutage auch „Daten sind Macht". Daher sind nicht nur die Daten selbst wichtig, sondern auch, wie man sie bekommt, speichert, verarbeitet, anwendet und weiterverbreitet. Hier sind derzeit US-amerikanische Unternehmen führend, China holt stark auf. Mit dem Ziel einer digitalen Souveränität entwickelt die EU eine europäische Dateninfrastruktur unter dem Namen GAIA-X. Dabei sind Offenheit, Transparenz und europäische Anschlussfähigkeit zentral für GAIA-X (BMWi, 2020).

5.1.1 Daten – Informationen – Wissen

In der IT stehen die Daten für sich, die zu Informationen weiterverarbeitet werden, um zu Wissen zu gelangen. Den Zusammenhang zwischen Daten, Information und Wissen zeigt Abb. 5.1.

- **Daten** *(Singular: Datum) sind objektive, durch sammeln, beobachten oder messen erlangte Fakten. Sie werden in einer formalisierten Art dargestellt, um sie weiterverarbeiten zu können.*

A. Mockenhaupt and T. Schlagenhauf, *Digitalisierung und Künstliche Intelligenz in der Produktion*, https://doi.org/10.1007/978-3-658-41935-6_5

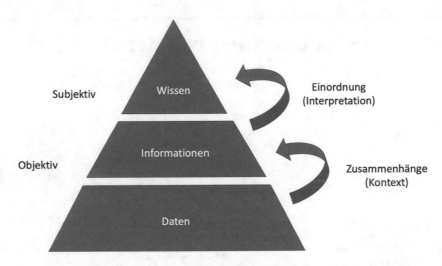

Abb. 5.1 Zusammenhang zwischen Daten, Information und Wissen

*Zu den eigentlichen Daten gehören oft noch sog. Metadaten. **Metadaten** oder Metainformationen sind „Daten über Daten" (siehe Abschn. 5.1.3). Sie enthalten Merkmale wie Erstellungsdaten, zeitliche Gültigkeit, Verarbeitungsanweisungen u. Ä.*

Beispiel für Daten: Ort, Fahrzeug (Nummernschild), Geschwindigkeit, Zeitpunkt

Daten für sich alleine genommen erlauben noch keine Einordnung. Hierzu müssen sie in einen Zusammenhang (Kontext) gesetzt werden.

- **Information**

stellt Daten in einem relevanten Kontext dar: Durch Kombination verschiedener Daten kann eine Beziehung in Form von Zusammenhängen hergestellt werden.

Nach ISO/IEC 2382-1 werden zur Information Kenntnisse benötigt über:

1. *Fakten,*
2. *Ereignisse,*
3. *Dinge,*
4. *Prozesse,*
5. *Ideen.*

Beispiel für Information über die o. g. Daten:

Der Kontext ergibt sich aus weiteren Daten: Geschwindigkeitsbegrenzung, Strafkatalog sowie Fahrer des Autos.

Die Information ist: Die Geschwindigkeit ist höher als die an der Messstelle erlaubte Höchstgeschwindigkeit, daher wird eine Strafe für den Fahrer fällig.

Der Unterschied zwischen Information und Wissen ist fließend. Platon (altgriechisch: Πλάτων bzw. *Plátōn*, antiker Philosoph aus Athen, ca. 427 v. bis 347 v. Chr.) definierte Wissen als „wahre, gerechtfertigte Meinung". Während Information objektiv ist, ist Wissen subjektiv.

- **Wissen**

ordnet Information durch (menschliche) Erfahrung ein. Diese Interpretation kann subjektiv sein.

Beispiel: Der Fahrer wird seine Fahrerlaubnis für einige Zeit verlieren (Information). Da er darauf angewiesen ist, könnte er Schwierigkeiten mit seinem Job haben (Einordnung). Deshalb wird er versuchen, die Tat zu leugnen (subjektiv).

Eine Problematik heutzutage ist, dass Daten, Information und Wissen häufig als „Fakten" gleichgestellt werden. Dies ist aber kompliziert:

- **Fakten** *spiegeln eine nachweisbare* **Tatsache** *(lat.: factum, res facti) wider.*

Fakten sind damit, soweit korrekt erhoben, nicht angreifbar. Die Probleme bestehen dann, wenn spezifische Fakten, die zu einem Denkmodell passen, herausgefiltert werden, während nichtpassende Fakten ignoriert werden. So kam es bei der Amtseinführung von Donald Trump zum Diskurs, ob dies bezüglich der anwesenden Menschenmassen die größte Vereidigung aller Zeiten gewesen sei. Während die eine Seite dies als widerlegbare, falsche Behauptung einstufte und Fotos als Fakten vorlegte, sprachen die anderen von **alternativen Fakten** (Giga, 2017), die angeblich das Gegenteil bewiesen. Abgesehen davon gibt es Herausforderungen bei der Bewertung von Fakten. Diese sind in Kapitel 7.2 (Herausforderungen bei der faktenorientierten Entscheidung) behandelt.

Während Daten und Informationen tatsächlich objektiv sind, ist das daraus gewonnene Wissen u. a. von der Erfahrung bzw. dem Kulturkreis des Bewertenden abhängig und damit subjektiv. Dies stellt eine Herausforderung bei Künstlicher Intelligenz dar.

Letztlich ist aber auch durch eine „geeignete" Auswahl bzw. Filterung von Daten eine Beeinflussung der Wissensgewinnung möglich. Durch die Menge und Komplexität von Daten ist dies nicht einfach zu erkennen bzw. nachzuweisen, was u. a. zu Problemen bei Entscheidungsprozessen führen kann. Besonders im demokratischen Meinungsbildungsprozess kann dies schwierig sein (Stichworte: Fake News, Verschwörungstheorien, Beeinflussung von Wahlen).

Menschen können beeinflusst werden. Damit bedeuten Daten als Ausgangspunkt für Informationen und Wissen auch Macht, mit der es verantwortlich umzugehen gilt.

5.1.2   Datenerhebung, Datenerfassung & chaotische Datensammlung

Ausgangspunkt aller weiteren Betrachtungen sind Daten. Diese müssen zunächst generiert bzw. gesammelt werden. Es wird dabei unterschieden:

- *Datenerfassung* gewinnt objektive Daten aus der Erfassung mathematisch direkt zugänglicher Fakten (messen, zählen). Die Erfassung der Daten ist zeitgleich oder zeitfolgerichtig. Die erfassten Daten sind i. A. direkt vergleichbar.

Beispiel ist die Erfassung von Messwerten in der Produktion:
Messwerte an einer Maschine geben objektiv den tatsächlichen Zustand wieder. Als Zahlenwerte sind sie eindeutig und mathematisch direkt anwendbar. Messwerte können simultan (zeitgleich) oder definiert nacheinander erfasst werden.

- *Datenerhebung* gewinnt empirisch Daten, die mathematisch nicht direkt zugänglich sind. Eine Datenerhebung erfolgt nicht simultan. Die erhobenen Daten müssen subjektiv interpretiert werden. Ein Vergleich ist nur teilweise möglich.

Beispiel ist eine Erhebung über die Qualitätswahrnehmung durch den Kunden:
„Wahrnehmung" ist nicht direkt mathematisch als Zahlenwert erfassbar. Hier sind empirische Methoden, z. B. eine Befragung, erforderlich. Man unterscheidet eine *Vollerhebung* (alle) oder die *Teilerhebung* (Stichprobe). Die Befragten beantworten die Fragen nicht zeitgleich. Auch unterscheidet sich die persönliche Interpretation des Bewertungsmaßstabs.

So neigen Amerikaner bei einer Likert-Skala (mehrstufige Antwortskala) zu sehr guten Antworten, wenn sie zufrieden sind, während sich Deutsche eher am Mittel orientieren. Daten aus beiden Befragtengruppen können nicht ohne weiteres zusammengeführt werden. Auch spielt der Zeitpunkt der Befragung eine Rolle: Gibt es gerade ein noch offenes Qualitätsproblem, ist die Bewertung anders, als wenn dieses Problem bereits gelöst wurde.

Datenerhebung und Datenerfassung erfordern ein Ziel. Besonders beim Maschinellen Lernen in Verbindung mit Big Data (siehe entsprechende Kapitel) kommt es aber zu einer weiteren Form der Datensammlung, nämlich einer Datensammlung, bei der das Ziel noch nicht definiert wurde:

- *Chaotische Datensammlung* sammelt verfügbare Daten, die aus anderen Gründen erhoben bzw. erfasst wurden. Muster und Ordnung sollen von der KI erkannt werden. Daten werden erst nachgelagert klassifiziert.

Chaotische Datensammlung ohne Ordnungsprinzip bietet sich an, um komplexe Systeme zu verstehen. Auch autonome Systeme müssen mit chaotischen Daten umgehen können, um unbekannte Situationen zu meistern.

Eine chaotische Datensammlung speist sich häufig aus der *Zweitverwendung* von Daten. Dies ist aber aus Gründen des Datenschutzes kritisch zu sehen bzw. könnte nach DSGVO verboten sein (siehe Abschn. 5.1.5).

5.1.3 Metadaten & Datenmerkmale

Zusammen mit den eigentlichen Daten sind Merkmale zu den Daten selbst wichtig. Diese sog. *Metadaten (Daten über Daten, Datenmerkmale)* sagen aus, was wie mit den Daten zu tun ist. So enthalten sie Spezifikationen (Gültigkeitsbeschränkungen, Erstellungsinformationen etc.) oder Anweisungen für die Verarbeitung. Bei Audio- oder Videodateien werden die Metadaten häufig auch als *Container-Dateien* bezeichnet.

Metadaten sind:

- *Volumen (Volume):*

  Masse von Daten aus einer Vielzahl von Quellen (Produktionsdaten, Bildverarbeitung, intelligente Geräte [IoT], Social Media, bargeldloser Zahlungsverkehr …).
- *Geschwindigkeit (Velocity):*

  Geschwindigkeit des Dateneingangs, z. B. Daten gehen in hoher Taktzahl in *Echtzeit* ein.
- **Vielfalt** *(Variety):*

  Daten fallen unterschiedlich an (strukturiert, semistrukturiert oder unstrukturiert sowie als numerische Daten, Textdaten, Sprachdaten, Bilddaten, feststehend oder mit Interpretationsspielraum …).
- *Variabilität (Variability):*

  Der Datenfluss ist in seiner Geschwindigkeit und Vielfalt ggf. schwankend und wenig vorhersehbar.
- *Zeitliche Gültigkeit (Volatility):*

  Sind die Daten aktuell (noch) gültig und wie lange noch?
- *Richtigkeit (Veracity):*

  Da viele Daten aus unterschiedlichen Quellen zur Analyse verknüpft werden sollen, muss das Niveau der Vertrauenswürdigkeit bzw. Richtigkeit berücksichtigt werden.
- *Transparenz (Transparency)*

  Ist die Datenerfassung/-erhebung nachvollziehbar?
- *Reproduzierbarkeit (Reproducibility)*

  Sind die Daten reproduzierbar oder eine Momentaufnahme?

Anmerkung: Richtigkeit und Transparenz liegen eng zusammen. Bei sehr vielen Daten, z. B. Big Data, kann die Richtigkeit aber aufgrund der Statistik steigen, während die Transparenz aufgrund der Datenvielfalt und mangelnder Reproduzierbarkeit sinkt (siehe Abschn. 5.2).

5.1.4   Datenziele, Datenintegrität, Datenqualität & Interoperabilität

Die geeignete Datenerhebung und Auswertung kann ökonomisch und gesellschaftlich gewinnbringend eingesetzt werden, erfordert aber aufgrund der oben implizierten Verantwortlichkeit bzw. Transparenz eine Regelung. Daher werden verschiedene Anforderungen an Daten erörtert.

- **Datenziele**
  Zunächst müssen die Ziele der Datenerhebung und Datenverarbeitung abgesteckt sein, diese sind:
  - *operational*
    (veranlasst eine Aktion, z. B.: Ein konkreter Vorgang soll gesteuert werden),
  - *taktisch*
    (Daten werden für eine konkrete Planung eingesetzt),
  - *strategisch*
    (Daten werden für ein weniger konkretes, übergeordnetes Ziel verwendet).
- **Datenintegrität**
  Integrität bedeutet Unversehrtheit, hier: das Freisein von Fehlern. Datenintegrität ist ein Begriff für die Qualität und Zuverlässigkeit von Daten eines Datenbanksystems. Im weiteren Sinne zählt zur Integrität auch der Schutz der Datenbank vor unberechtigtem Zugriff (Vertraulichkeit) und Veränderungen.
- **Datenqualität**
  Bei der ***Identifikation geeigneter Datensätze*** ist zu berücksichtigen, dass die ***Datenerhebung*** ausreichend repräsentativ sein muss. Ist dies nicht möglich (z. B. bei Zufallsdaten), muss dies beim Ergebnis kommuniziert und einschränkend berücksichtigt werden.
  Die ***objektive Datenqualität*** wird definiert durch (in Anlehnung an DIN SPEC 13266, Leitfaden für die Entwicklung von Deep-Learning-Bilderkennungssystemen, 2020):
  - *Repräsentativität*
    (Daten müssen die Wirklichkeit widerspiegeln, frei von statistischen Verzerrungen, sog. Biases),
  - *Konsistenz*
    (Daten dürfen sich nicht gegenseitig widersprechen oder mehrdeutig sein),
  - *Genauigkeit*
    (Datensätze sollten keine Fehler enthalten, statistische Unsicherheiten bekannt sein).

Darüber hinaus gibt es, insbesondere bei nichtmaschinellen Daten (Befragungen, Literaturrecherchen …), eine ***subjektive Datenqualität:***

Glaubwürdigkeit, Vertrauen (der Quellen),

zeitliche Nähe,
Interpretierbarkeit.

- **Technische Verfügbarkeit und Interoperabilität**

  Für die automatisierte Verarbeitung müssen die Daten maschinenlesbar sein. Dies nennt man *technische Verfügbarkeit.* Damit sie von verschiedenen Geräten, auch von unterschiedlichen Herstellern, verwendet werden können, müssen sie darüber hinaus „interoperabel" sein. Die *Interoperabilität teilt* sich auf in:

  Strukturelle Interoperabilität

  Daten sollen von einem System auf das andere gebracht werden, z. B. durch Anschlüsse und Bussysteme (CAN, USB …), Protokolle (http, TCP/IP …).

  Syntaktische Interoperabilität

  Informationen innerhalb der Daten erkennen, z. B. durch Standards und Formate (wo im Datensatz steht welcher Wert, z. B. OPC UA; siehe Kapitel M2M 8.1).

  Semantische Interoperabilität

  Gemeinsames Verständnis für die Information durch z. B. Klassifikationen, Ordnungssysteme, Nomenklaturen (200 km/h ist für ein Auto gefährlich schnell, für ein Flugzeug im Landeanflug ggf. gefährlich langsam).

- **Datenverarbeitung**

  Bei der anschließenden Datenverarbeitung muss

  Nachvollziehbarkeit (Transparenz & Erklärbarkeit),

  Reproduzierbarkeit,

  Robustheit

vorliegen, d. h., es muss dargelegt werden, wie der entsprechende Algorithmus zu einem Ergebnis kommt.

Wie bereits im Kapitel „Erklärbare KI" erläutert, stellt die *Nachvollziehbarkeit* von KI-Abläufen eine Herausforderung dar, weil *Transparenz* – die vollständige Nachvollziehbarkeit des Systemverhaltens – in komplexen KI-Verarbeitungsmechanismen praktisch unmöglich ist. Man setzt daher auf Erklärbarkeit, indem die wesentlichen Einflussfaktoren aufgezeigt werden.

Darüber hinaus muss das Ergebnis reproduzierbar und robust sein:

Reproduzierbarkeit bedeutet, dass bei gleichen Eingangswerten auch gleiche Ergebnisse produziert werden.

Gerade KI-Systeme, die auf großen Datenmengen beruhen (Big Data), können Verhaltensweisen der Chaostheorie folgend aufweisen (kleine Änderung der Eingangsgröße, sehr große Veränderung des Resultats). Dies ist auch im realen Leben so: Die öffentliche Meinung kann aufgrund eines einzigen, eher unwichtigen Tatbestands komplett umschlagen. Die Reproduzierbarkeit ist zwar theoretisch gegeben, weil sich aber die Ausgangssituation nicht komplett rekonstruieren lässt, kaum realistisch.

Daher muss bei KI-Systemen bestimmt werden, wie Reproduzierbarkeit nachgewiesen wird. Dies kann beispielsweise durch Trainingsdaten (mit bekannter Lösung) geschehen.

Alternativ kann ein Bereich (Leitplanken) definiert werden, in der Reproduzierbarkeit nur begrenzt vorhanden ist.

Robustheit (siehe Abschn. 10.2) bezeichnet die Fähigkeit eines Systems, auch unter ungünstigen Bedingungen zuverlässig zu funktionieren. Dies beinhaltet eine gewisse *Fehlertoleranz* in Verbindung mit der Anforderung, trotz Fehler weiter, ggf. eingeschränkt zu funktionieren.

Während z. B. ein autonom fahrendes Auto beim Auftreten eines Fehlers zur Sicherheit einfach anhalten könnte, ist dies beim Flugzeug oder bei einem KI-gesteuerten Kunstherz nicht möglich.

5.1.5 Datenschutz

Daten dürfen nur entsprechend der gesetzlichen bzw. sonstigen Vorschriften verarbeitet und weitergegeben werden. Hierzulande ist dies u. a. durch die Datenschutz-Grundverordnung (DSGVO) geregelt.

Einschränkungen können u. a. vorliegen über:

- Geheimhaltungsvorschriften,
- Personenbezug,
- Unternehmensbezug,
- Nutzungsrechte Anderer,
- Informationspflicht der Betroffenen.

Bezüglich personenbezogener Daten innerhalb einer KI, insbesondere bei Big Data, ergeben sich einige Herausforderungen:

Artikel 5 der DSGVO regelt beispielsweise eine *„Zweckbindung"* der erhobenen Daten und eine *„Datenminimierung",* d. h., es dürfen nur soviel Daten erhoben und verarbeitet werden, wie für den vorgesehenen Zweck notwendig.

Dies schließt eigentlich eine Daten-Zweitverwendung aus. *Daten-Zweitverwendung* bedeutet, dass Daten, die aus einem speziellen Grund erfasst bzw. erhoben wurden, nun für einen vollkommen anderen Zweck verwendet werden – „…, weil man sie ja vorliegen hat".

Ein Beispiel hierfür ist die sog. *Vorratsdatenspeicherung:* Zur Erfassung der LKW-Mautpflicht auf deutschen Autobahnen werden die Nummernschilder der LKWs automatisch gescannt. Aber nicht nur diese werden aufgezeichnet, sondern die aller Verkehrsteilnehmer. PKWs werden anschließend aussortiert und gelöscht. Hintergrund ist das Grundrecht, sich unerkannt in der Öffentlichkeit bewegen zu können. Einige Jahre später kam dann die Idee auf, man habe doch nun mal die PKW-Daten erfasst. Diese sollen nicht gelöscht, sondern auf Vorrat gespeichert werden, um sie zur Verbrechens-

bzw. Terrorismusbekämpfung oder für die PKW-Maut zweitzuverwenden. Dies war aber aus rechtlichen Erwägungen unzulässig.

Die enge Zweckbindung engt aber die Datenverarbeitung unter KI ein. Big Data funktioniert beispielsweise vorrangig entweder durch die Zweitverwendung von Daten oder durch unstrukturiertes (wildes) Datensammeln in großen Umfang mit erst anschließender Zieldefinition und Verarbeitung (siehe Chaotische Datensammlung, Abschn. 5.1.2).

Bei einer erwünschten Zweitverwertung von Daten für Zwecke der Digitalisierung und KI müssen daher vorab die Rechtsbedingungen geprüft werden, insbesondere bei auf Personen rückführbare Daten. Dies ist nicht immer einfach zu erkennen, da aus nicht personenbezogenen Daten plötzlich personenbezogene Daten werden können:

In industriellen Fertigungssystemen und in der Nutzung smarter (intelligenter) Produkte werden viele Daten über Sensoren erfasst. Diese *Maschinendaten* lassen zunächst keine Rückschlüsse auf konkretes menschliches Verhalten zu und sind damit „nicht personenbezogen".

Durch Kombination dieser *systemisch erstellten Daten* kann aber ggf. eine einzelne Person identifiziert und die Daten können nachträglich zugeordnet werden. Dies ist durch die fortschreitende Vernetzung nicht immer kontrollierbar und bei Big Data prinzipiell gewollt.

So werden Daten beispielsweise aus dem Smart Home, dem (teil-)autonomen Fahren sowie von Assistenzsystemen als *personenbezogene Maschinendaten* bezeichnet. Ob sie schützenswert sind, muss geprüft werden. Dies gilt u. U. auch für Maschinendaten in der Produktion, die zur Überwachung der Funktion oder zur Optimierung erhoben werden, z. B. innerhalb des Predictive Maintenance oder der Predictive Analysis (siehe Abschn. 11.1 und 11.3).

Neben der üblichen Art der Datengenerierung, z. B. über Sensoren oder der strukturierten Eingabe von Beobachtungen, eröffnet die Digitalisierung eine neue Art, die Datengewinnung über sog. *intelligente Agenten.* Diese durchforsten beispielsweise soziale Medien nach Informationen oder nutzen die Personenerkennung bei Überwachungskameras.

Besonders hier fallen neben den gesuchten Daten auch Unmengen an weiteren Daten und Informationen an. Auch wenn es sich hier weniger um eine Daten-Zweitverwendung handelt, sondern vielmehr um unbeabsichtigt anfallende Daten, so gilt doch auch hier die DSGVO mit ihrer Zweckbindung. Darüber hinaus stellt sich die Frage nach einer Rechtsdurchsetzung in anderen Ländern (Server außerhalb der EU).

Eine weitere Frage, die sich stellt, ist, ob Unternehmen unter bestimmten Umständen ihre Daten öffentlich machen müssen. Hier wurde in der EU-Verordnung 2017/1926 erstmalig eine *Datenbereitstellungspflicht* für den multimodalen Reisedienst vorgeschrieben.

Es geht darum, mobilitätsrelevante Geo- und Verkehrsdaten verschiedenster Teilnehmer für jedermann zugänglich zu machen. Damit können Dienste darauf zugreifen und Dienstleistungen anbieten. Bis 2023 soll das gesamte EU-Verkehrsnetz abgedeckt werden. Von der Verpflichtung zur Datenfreigabe sind alle Verkehrsmittel betroffen, d. h. sowohl staatliche als auch private Verkehrsteilnehmer. Offen ist allerdings noch, inwieweit die einzelnen Länder lediglich statische Daten oder aber dynamische Daten, beispielsweise zu Verspätungen, Straßenzustand, Staus etc., ebenfalls bereitstellen.

Für KI ist dies wichtig, um für autonome Systeme entsprechende Orientierungsdaten zu erhalten.

5.2   Big Data (Massendaten)

„Daten sind der Rohstoff des 21. Jahrhunderts und Big Data wird Gesellschaft und Wirtschaft grundlegend verändern."

   Prof. Dr.-Ing. Dr. h. c. Stefan Jähnichen

Seit Beginn der Zeit bis 2003 hatte die Menschheit insgesamt fünf Milliarden Gigabyte an Daten erzeugt. Im Jahr 2010 wurde diese Datenmenge in zwei Tagen generiert, 2013 in nur 10 min (Bitkom, 2015; Heuer, 2013). Im Jahr 2025 soll das Datenaufkommen auf 175 Zettabyte steigen (Tenzer, 2020). Demnach ist heutzutage nicht mehr die Herausforderung, Daten zu beschaffen, sondern diese Unmengen von Daten aus den verschiedensten Quellen zu verarbeiten. Ein Beispiel aus der Produktion zeigt Abb. 5.2.

Bei Big Data geht es darum, inwieweit ein Unternehmen in der Lage ist, „Mehrwert" aus den großen Datenmengen zu ziehen. Der deutsche Begriff für Big Data als **„Massendaten"** ist wenig geläufig und wird daher im Folgenden nicht weiter benutzt.

Der Begriff Big Data wird in vielen Anwendungsbereichen unterschiedlich genutzt. Als gemeinsamer Anhaltspunkt eignet sich:

- **Big Data** steht für die Analyse und Aufbereitung großer, unstrukturierter oder semistrukturierter Datenmengen, die zu komplex sind, um sie mit herkömmlichen Methoden der Datenverarbeitung zu analysieren.

Abb. 5.2   Viele Daten bleiben ungenutzt (World Economic Forum & Kearney, 2017)

Präziser erklärt die ISO/IEC 20546 (Originaltext auf Englisch, hier: Übersetzung):

- *„Big Data:* Umfangreiche Datensätze […] erfordern eine skalierbare Technologie für eine effiziente Speicherung, Bearbeitung, Verwaltung und Analyse." (Skalierbarkeit: Fähigkeit eines Systems, eines Netzwerks oder eines Prozesses zur bedarfsgerechten Größenanpassung)

    sowie
- *Ziel von Big Data* ist das Entdecken von reproduzierbaren Mustern.

Neben wissenschaftlicher und gesellschaftspolitischer Forschung (z. B. im Klimawandel oder Phänomene wie Shitstorms) stehen wirtschaftliche Anwendungen im Fokus. Die Prognose des Kundenverhaltens führt zu effektiver Positionierung und Flexibilisierung der Produktion, ein Ziel von Industrie 4.0.

Die Daten bei Big Data sind zunächst die gleichen wie bei traditionellen Daten, nur dass sie in gigantischer Anzahl anfallen. Dies hat dann aber Auswirkungen auf die Einschätzung von Transparenz und Richtigkeit.

- *Richtigkeit vs. Transparenz bei Big Data: Während die Richtigkeit bei Big Data aufgrund der viel größeren statistischen Stichprobe steigen, sinkt die Transparenz aufgrund der Datenvielfalt und mangelnder Reproduzierbarkeit der herangezogenen Datenbasis* (DIN Roadmap KI, 2020 & 2022).

Die Abb. 5.3 zeigt Metadaten bzw. Datenmerkmale bei traditionellen Daten im Vergleich zu Big Data (in Anlehnung an: SAS & LNS Research, 2017).

Abb. 5.3 Datenmerkmale Big Data vs. traditionelle Daten. (In Anlehnung an SAS & LNS Research, 2017)

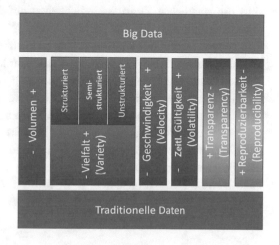

5.2.1   Datensammlung bei Big Data

Das besondere an Big Data ist, dass die Daten in vielen Fällen nicht zielgerichtet für einen bestimmten Zweck erhoben, sondern zunächst nur gesammelt werden. Oft handelt es sich auch um die Zweitverwendung der für andere Zwecke erhobenen Daten. Erst nachgelagert wird, z. B. über Mustererkennung, nach verdeckten Strukturen gesucht, der Zweck ergibt sich ggf. erst später.

Dieses Vorgehen kann aber der *Zweckbindung der Datenerhebung* (vgl. DSGVO) widersprechen, insbesondere wenn es um *personenbezogene Daten* geht. In der EU dürfen personenbezogene Daten nur zweckgebunden erhoben und anschließend nicht zweckentfremdet zu Big-Data-Zwecken „zweitverwendet" werden (siehe: Daten-Zweitverwendung, vgl. Abschn. 5.1.5). Lösung hier ist die Nutzung von *Anonymisierung* oder m. E. *Pseudonymisierung* von Daten.

- *Anonymisierung* *(nach § 3 Abs. 6 BDSG): „...Verändern personenbezogener Daten derart, dass die Einzelangaben über persönliche oder sachliche Verhältnisse nicht mehr oder nur mit einem unverhältnismäßig großen Aufwand an Zeit, Kosten und Arbeitskraft einer bestimmten oder bestimmbaren natürlichen Person zugeordnet werden können. "*
- *Pseudonymisierung* *(nach § 3 Abs. 6a BDSG): „... Ersetzen des Namens und anderer Identifikationsmerkmale durch ein Kennzeichen zu dem Zweck, die Bestimmung des Betroffenen auszuschließen oder wesentlich zu erschweren. "*

Einzelne Unternehmen weichen aber von dieser Vorgabe ab, denn Regelungen unterscheiden sich international stark. So gibt es z. B. in den USA keine so umfassende Datenschutzregelung wie in der EU, mit einem niedrigeren Schutzniveau. Andererseits sind die staatlichen Zugriffsmöglichkeiten auf Daten in den USA umfassender. Wenngleich es mit dem EU-US Privacy Shield (Nachfolger des Safe-Harbor-Abkommens) Regelungen zum transatlantischen Datenverkehr auf EU-Datenschutzniveau gibt, ist eine abschließende rechtliche Bewertung dieser sehr komplexen Problematik noch offen.

Eine besondere Problematik beim Sammeln von Daten aus unterschiedlichen Quellen ist, die Vertrauenswürdigkeit zu beurteilen und die Daten in der anschließenden Datenverarbeitung entsprechend ihrer Richtigkeit zu verwenden.

Sensor- und Maschinendaten sind m. E. nicht gänzlich richtig, statistische Daten haben einen Vertrauensbereich Daten aus Social Media unterliegen einer höheren **Zufälligkeit** oder können zum Zweck der Beeinflussung **fremdgesteuert** sein (absichtlich falsch, Fake News), Transaktionsdaten, z. B. in der Finanzwirtschaft, haben besondere, eigene Gesetzmäßigkeiten etc.

Übersicht

Ein interessantes Beispiel zur Beurteilung der Richtigkeit von eingehenden Daten ist der selbstlernende Microsoft Chatbot „Tay" aus dem Jahr 2016. Tay war ein weiblicher Avatar, also eine virtuelle Figur, die im Internet eine wirkliche Person repräsentiert oder, wie hier, eine Künstliche Intelligenz.

Tay konnte in entsprechenden Foren mit Menschen kommunizieren und sollte so selbst lernen, um Nutzerprofile zu kreieren. Tay wurde aber gezielt von zweifelhaften Benutzern (sog. Trollen) beeinflusst (Poisoning Attack, siehe Abschn. 9.4), lernte das Falsche und agierte schließlich mit Extremismus und Rassismus. Trotz Eingreifens seitens Microsofts musste Tay nach nur 16 h vom Netz genommen werden (Klose, 2016; SWR2 Wissen & Rooch, 2020).

5.2.2 Kausalitäten vs. Korrelation bei Big Data

„Cum hoc ergo propter hoc"

(lat. wörtl.: mit diesem, folglich deswegen – Korrelation bedeutet keine Kausalität)

Unter *Kausalität* versteht man das Prinzip *Ursache und Wirkung*. Dies ist ein Grundprinzip der Naturwissenschaft, gegen das nicht verstoßen werden kann.

Korrelation ist, wenn sich *zwei Datensätze* ähnlich verhalten. Beispielsweise korreliert die Schadstoffbelastung in der Luft mit dem Verkehrsaufkommen. Vorsicht ist aber geboten, denn nicht jede statistisch belegte Ähnlichkeit ist eine Korrelation.

Eine Korrelation ist aber nicht immer auch eine Kausalität. Zwei Ereignisse müssen nicht zwingend eine Ursache-Wirkungs-Beziehung haben, nur weil sie häufig zusammen auftreten. Es ist immer zu überprüfen, ob es zusätzlich zur Korrelation auch einen kausalen Zusammenhang gibt oder ob es sich um eine sog. Scheinkorrelation handelt bzw. ob eine (unbekannte) dritte Variable berücksichtigt werden muss (Störfaktor).

Bei einer *Scheinkorrelation* gibt es keinen Zusammenhang, die Korrelation entsteht ohne Kausalität. Umgangssprachlich bezeichnet dies einen Fehlschluss. Beliebtes Beispiel ist hier der Zusammenhang zwischen der Geburtenrate in Deutschland und der Storchenpopulation. Auch wenn beide Datensätze ein ähnlich abnehmendes Bild liefern, bringen die Klapperstörche entgegen einem alten Sprichwort keine Babys vorbei. Die Ähnlichkeit der Verläufe ist hier zufällig, dies nennt man zufällige *Koinzidenz.*

Ähnlich verhält es sich mit der Aussage, dass reiche Männer weniger Haare haben sollen. Auch hier handelt es sich zunächst um eine Scheinkorrelation. Es gibt aber einen *Störfaktor:* das Alter. Da das Einkommen i.A. mit dem Alter steigt, gleichzeitig aber auch der männliche Haarwuchs mit dem Alter nachlässt, korreliert Geldbesitz und Haarpracht jeweils mit dem Alter, aber nicht unbedingt direkt miteinander.

In diesem Zusammenhang wird häufig auf die Website des Harvard-Studenten Tyler Vigen verwiesen, der es zu einem Bekanntheitsgrad gebracht hat, indem er über Algorithmen viele kuriose Scheinkorrelationen ermittelt hat, z. B. dass die Promotionsrate bei Ingenieuren mit dem Verbrauch an Mozzarellakäse korreliert (Vigen, 2018).

Big Data nutzt Algorithmen, die versteckte Muster erkennen, d. h. auf Korrelationen hin überprüft. Besonders im Zusammenhang mit (unüberwachtem) Maschinellem Lernen kann dies einer Scheinkorrelation zum Opfer fallen. Zusätzlich muss also noch überprüft werden, ob eine sinnvolle Kausalität vorliegt. Dies ist wesentlich komplexer und erfordert, nach derzeitigem Stand der Technik, noch i. A. die Entscheidung durch den Menschen. Im Sinne einer starken KI ist das aber unbefriedigend, daher wird versucht, andere Wege zu finden.

Chris Anderson, Chefredakteur des Wired-Magazins, behaupte provokant (Anderson, 2008): „Petabytes allow us to say: Correlation is enough", was soviel heißen soll wie „Bei riesig großer Datenmenge reicht schon eine Korrelation als Grundlage für Entscheidungen." Big Data alleine würde also ausreichen – eine These, die alleine rechtlich schwierig zu bewerten ist.

Anders versucht es Patrik Hoyer, ein finnischer Informatiker, der über entstehende Nebenereignisse, den sog. „adhesive noise" (bedeutet etwa „angeheftetes Rauschen") einen kausalen Zusammenhang nachweisen will (Hoyer et al., kein Datum). Wenn eine Maschine nicht richtig läuft, gibt es dadurch ausgelöst weitere Effekte, z. B. erhöhte Bewegungen um die Maschine, Türen werden geöffnet und geschlossen etc. Diese Information kann zusätzlich genutzt werden, um eine Kausalität zu belegen, indem man die Gegenprobe zulässt: Die defekte Maschine löst die Hektik aus, nicht umgekehrt.

5.2.3 Smart Data

Big Data sind, da sie aus einer sehr großen Menge an unstrukturierten oder semistrukturierten Daten bestehen, unüberschaubar und daher vom Menschen nicht zu verwenden. Sie müssen noch verdichtet werden.

Smart Data beschreibt im Prinzip das Endergebnis von Big Data: Smart Data sind durch Algorithmen sortierte und ausgewertete Big Data. Smart Data sind bereits strukturiert, „ready for use", quasi „eingedampft".

- **Smart Data** *sind Datensammlungen, die mittels Hypothesen nach bestimmten Strukturen aus größeren Datenmengen, z. B. Big Data, extrahiert wurden, um sinnvolle und handhabbare Informationen zu erhalten.*

Das Attribut „smart" bedeutet hier die Anwendungsmöglichkeit des im Big Data versteckten Wissens. Ziel ist, dass mit der eigentlich unübersichtlichen Datenflut etwas

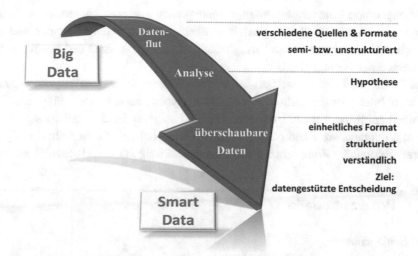

Abb. 5.4 Von Big Data zu Smart Data

Sinnvolles gemacht werden kann, die Nutzung datengestützter Entscheidungsfindung (siehe Abb. 5.4).

Smart Data kombiniert hypothesenbasiert Erfahrungswissen und theoretische Modelle mit statistischen Analysemethoden sowie darüber hinaus dem Maschinellen Lernen. Das Erkennen von Mustern und Zusammenhängen, das der Verdichtung zugrunde liegt, hängt aber entscheidend von der Datenqualität ab. Hier liegt aber, so das mittelständische Unternehmen Kößler Technologie GmbH, eine der wesentlichen Herausforderungen. Die Datenqualität muss, wenn Sonderfälle plötzlich auftreten, immer wieder überprüft werden, wozu Mitarbeiterwissen unabdingbar sei. Auch müssen den Analysen vorab klare KI-Zielvorgaben gemacht werden.

Darüber hinaus besteht die Gefahr, dass das System mit weiterem automatisierten Verdichtungsprozess intransparent wird. Denn da, wo sich etwas verdichtet, muss es eine Verdichtungsfunktion geben. Dieser Hypothesenalgorithmus muss transparent bzw. erklärbar sein und auch bleiben (vgl. Abschn. 3.12).

Smart Data spielt im Umfeld der Industrie 4.0 eine große Rolle, um das Potenzial der anfallenden Datenmengen, zumal in unterschiedlichen, untereinander sehr inhomogenen Formaten, voll auszuschöpfen. Die Projektgruppe Smart Data des Nationalen IT-Gipfels hat die Herausforderungen so formuliert (Nationaler IT-Gipfel, 2014):

„Der Einsatz von Smart Data in Industrie-4.0-Unternehmen trifft auf eine sehr heterogen geprägte Landschaft von Software-Systemen und Maschinen. Diese ist geprägt von unterschiedlichen Technologieparadigmen und einer Vielzahl unterschiedlicher Kommunikationsprotokolle, auf deren Basis Produktionsanlagen heute Daten bereitstellen oder austauschen. Smart Data muss mit dieser Heterogenität sowie mit immensen

Datenmengen und Kommunikationsgeschwindigkeiten umgehen können, ohne die Industrieunternehmen mit der IT-Komplexität zu überfordern. Speziell in kleinen und mittelständischen Unternehmen ist die Verfügbarkeit von IT-Spezialisten und von notwendigen IT-Systemen nur bedingt gegeben."

Die Problematik bei Smart Data ist allerdings die erforderliche Hypothese, mit der die Daten brauchbar gemacht werden. Diese Hypothese soll nach Möglichkeit auch maschinell erarbeitet werden. Dies setzt aber die Fähigkeit der Generalisierung (Verallgemeinerung) voraus, vor allem generiert aus Erfahrungswissen. Smart Data benötigt daher eine interdisziplinäre Kompetenz, dies ist noch schwierig maschinell abzubilden.

5.3   Prozessmodelle

Tobias Schlagenhauf

Die Umsetzung großer Entwicklungsprojekte ist oft komplex (z. B. die ERP-Softwareentwicklung, das Bauen von Fabrikhallen oder das Entwickeln von Produktionsverfahren). Viele Personen und Personengruppen arbeiten aus unterschiedlichen Fachrichtungen zusammen, um eine Lösung oder ein Produkt zu entwickeln, zu testen und zu implementieren. Damit komplexe Projekte erfolgreich umgesetzt werden können, ist eine strukturierte Herangehensweise notwendig. Prozessmodelle können diese strukturierte Herangehensweise vorgeben. Sie sind eine abstrakte Darstellung hintereinander folgender oder parallel stattfindender Ereignisse, um innerhalb eines Projektes von einem Problem (Ausgangszustand) zu einem fertigen Produkt (Endzustand) zu kommen. Versteegen definiert Prozessmodelle so:

„Ein ***Prozessmodell (Vorgehensmodell)*** *ist eine Beschreibung einer* ***koordinierten Vorgehensweise*** *bei der* ***Abwicklung eines Vorhabens****. Es definiert sowohl den* ***Input****, der zur Abwicklung der Aktivität notwendig ist, als auch den* ***Output****, der als Ergebnis der Aktivität produziert wird. Dabei wird eine* ***feste Zuordnung von Rollen*** *vorgenommen, die die jeweilige Aktivität ausüben"* (Versteegen, 2002).

Es gibt allgemeine Vorgehensmodelle wie das Wasserfallmodell (Royce, 1970), das V-Modell (Friedrich, 2009) oder agile Modelle (Schwaber, 2002).

Für Projekte, bei denen durch den Einsatz von Verfahren des Maschinellen Lernens ein Mehrwert geschaffen werden soll, werden spezielle Prozessmodelle benötigt, um die besonderen Herausforderungen zu adressieren. Bei der Implementierung von KI in der Produktion muss gesichert sein, dass eine Kombination aus iterativen (historisch i. d. R. Arbeiten des Ingenieurs) und sequenziellen Bestandteilen (historisch i. d. R. Arbeiten des Softwareentwicklers) möglich ist.

Die Integration von ML-basierten Lösungen ist aktuell noch nicht flächendeckend in der Industrie verankert. Bisher werden hauptsächlich auf einzelnen Maschinen oder Prozesse beschränkte Leuchtturm- und Demonstrationsprojekte umgesetzt. Eine Skalierung der Lösungen findet meist nicht statt. Ein organisatorischer Grund hierfür ist, dass Prozessmodelle zur standardisierten Umsetzung solcher Projekte aktuell noch nicht weit verbreitet sind. Dies wäre aber notwendig, um datenbasierte Projekte ganzheitlich betrachten zu können. Da zu erwarten ist, dass ML-basierte Lösungen und damit auch Projekte in der Zukunft zunehmen werden, ist es wichtig, sich mit den Besonderheiten eines ML-Projektes auseinanderzusetzen. Aus diesem Grund werden im Nachfolgenden vier relevante Prozessmodelle vorgestellt, die für den Einsatz von KI in der Produktion geeignet sind.

Das Ziel eines jeden hier vorgestellten Prozessmodelles ist es, immer ein datenbasiertes Projekt möglichst ganzheitlich in all seinen relevanten Facetten zu betrachten, um dabei möglichst frühzeitig Entscheidungen treffen zu können, die zu einer erfolgreichen Umsetzung des Projektes (oder einem rechtzeitigen Korrigieren oder Abbruch des Projektes) notwendig sind.

5.3.1 Cross-Industry Standard Process for Data Mining (CRISP-DM)

Klassische Prozessmodelle sind in der Durchführung oft linear, mit klar definierten Phasen und Abschlüssen jeder Phase. Es gibt keine Iterationen zu einer vorherigen Phase, um eventuell Wissen, das bei der Durchführung gewonnen wurde, miteinzubeziehen. Dieses Vorgehen reicht für viele Projekte nicht aus. Vor diesem Hintergrund wurden agilere Prozessmodelle entwickelt, in denen die Grenzen zwischen verschiedenen Phasen nicht scharf getrennt sind und die Freiräume für Iterationen der Phasen lassen. Eines der ersten Prozessmodelle, das diesen agilen Ansatz für Softwareprojekte übernahm, ist der Cross-Industry Standard Process for Data Mining (CRISP-DM; Wirth & Hipp, 2000).

Abb. 5.5 Phasen des CRISP-DM nach (Wirth & Hipp, 2000)

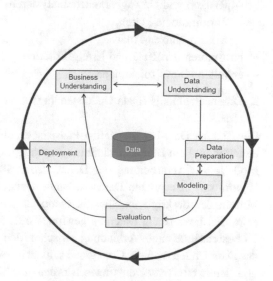

Es ist in Abb. 5.5 dargestellt und hat sich zur Grundlage für viele weitere Prozess-modelle entwickelt und ist gewissermaßen der Branchenstandard zur Umsetzung von datenbasierten Projekten geworden. Das Modell besteht aus sechs Phasen, die alle Data-Mining-Projekte durchlaufen müssen. Innerhalb von CRSIP-DM werden generische Aufgaben, spezifische Aufgaben und Prozessinstanzen definiert. Generische Aufgaben sind dabei Aufgaben, die in allen Projekten vorkommen (z. B. Datenbereinigung). Spezifische Aufgaben konkretisieren fallspezifisch die generischen Aufgaben (z. B. Entfernen von Ausreißern). Prozessinstanzen sind Dokumentationen von Aktivitäten, Entscheidungen und Ergebnissen (z. B. Ausreißer in einer Zeitreihendarstellung des Motorstroms werden durch den Mittelwert des vorherigen und nachfolgenden Datenpunktes ersetzt).

Ein Vor- und Zurückwechseln zwischen den einzelnen Phasen ist häufig notwendig.

1. Geschäftsverständnis (Business Understanding)

In dieser Phase wird ein Verständnis für Ziele und Anforderungen des Projektes geschaf-fen. Dabei wird das Problem genau definiert und ein vorläufiger Plan erstellt, wie dieses behoben werden kann. Ziel ist es hierbei auch, ein datenbasiertes Projekt betrieb-swirtschaftlich einschätzen und bewerten zu können, um zu einer fundierten Aussage über die Relevanz des Projektes zu gelangen.

Zusammenfassung Aufgaben der Phase Business Understanding:

- bestimmen der Geschäftsziele und der Geschäftserfolgskriterien,
- bewerten der Situation: Bestandsaufnahme der bestehenden Ressourcen
  - Anforderungen, Annahmen und Beschränkungen analysieren und definieren,
  - Risiken und Unwägbarkeiten analysieren,
  - Terminologie klären,
  - Kosten-Nutzen-Analyse,
- bestimmen der Ziele und Erfolgskriterien,
- erstellen eines Projektplans.

2. Datenverständnis (Data Understanding)

Das Ziel der Data-Understanding-Phase ist es, einen Einblick in die vorliegenden Daten zu erlangen und ein Datenverständnis aufzubauen. Dies ist unabdingbar, um später geeignete Modelle zur Verarbeitung der Daten auszuwählen. Die Phase des Datenverständnisses beginnt mit einer ersten Datenerfassung. Danach werden Daten visualisiert und mit den Mitteln der deskriptiven Statistik untersucht, um Datenqualitätsprobleme zu erkennen, erste Einblicke in die Daten zu gewinnen oder interessante Teilmengen zu identifizieren. Es besteht eine enge Verbindung zwischen den Phasen des Business Understanding und des Data Understanding. Cum grano salis geht es in dieser Phase darum, eine Verknüpfung und damit ein Verständnis zwischen dem Problem und den darunterliegenden bzw. das Problem repräsentierenden Daten zu erlangen. Die Formulierung der Herausforderungen sowie das Skizzieren von Lösungen und das Erstellen eines Projektplans erfordern ein Verständnis der verfügbaren Daten.

Zusammenfassung Aufgaben der Phase Data Understanding:

- erste Daten sammeln,
- Bericht über die Datenerhebung erstellen,
- Bericht mit Beschreibung der Daten erstellen,
- Datenexplorationsbericht erstellen,
- Datenqualitätsbericht erstellen,
- Erkenntnisse gegen vorherige Entscheidungen prüfen und ggf. Anpassungen vornehmen.

3. Datenaufbereitung (Data Preparation)

Die Datenaufbereitung umfasst alle Aktivitäten zur Erstellung des endgültigen Datensatzes aus den ursprünglichen Rohdaten. Der endgültige Datensatz enthält die Daten, die in das/die Modellierungswerkzeug(e) eingespeist werden. Die Aufgaben der Datenaufbereitung werden häufig mehrfach und nicht in einer bestimmten Reihenfolge durchgeführt. Zu den Aufgaben gehören die Auswahl von Datensätzen und Attributen, die Datenbereinigung, die Erstellung neuer Attribute sowie die Transformation von Daten für Modellierungswerkzeuge. Es ist in dieser Phase empfehlenswert, dass eine Menge der aufbereiteten Daten für den Test des finalen Modelles aus dem Datenset entfernt wird. Zu berücksichtigen gilt hierbei, dass die Testdaten während keiner der folgenden Schritte mehr betrachtet oder verwendet werden dürfen. Es soll damit simuliert werden, dass neue Daten im Prozess generiert werden. Nur so ist eine zuverlässige finale Prüfung der Modellgüte möglich. Eine gängige Größe für den Testdatensatz ist 20 % der Rohdaten. Die ursprünglichen Rohdaten sollten dabei, wenn möglich, in ihrer unveränderten Form mit abgespeichert werden, sodass alle Änderungen am Datensatz nachvollzogen werden können. Gängige Tools zur Datenversionierung bieten sich hier an, um einen Überblick über die Datenhistorie zu behalten.

Zusammenfassung Aufgaben der Phase Data Preparation:

- Visualisierung von Daten,
- Daten bereinigen,
- Bericht zur Datenbereinigung erstellen,
- ggf. neue Merkmale generieren,
- Daten formatieren,
- finalen Datensatz erstellen,
- Bericht über finalen Datensatz erstellen,
- Rohdaten **nicht** verwerfen,
- Erkenntnisse gegen vorherige Entscheidungen prüfen und ggf. Anpassungen vornehmen.

4. Modellierung (Modeling)

Nachdem die Daten in den vorherigen Schritten aufbereitet wurden und verstanden sind, hat die nächste Phase die Verarbeitung der Daten zum Ziel. In der Modelingphase werden unterschiedliche Modellierungsverfahren ausgewählt und auf die Daten angewandt. Ziel ist es mit dem gebildeten Modell leistungsfähige Aussagen für neue Daten aus der Produktion zu machen. Ein Beispiel für eine klassische Regressionsaufgabe ist die Vorhersage von Lagertemperaturen auf Basis von historischen Lagerdaten. Ein Beispiel für eine Klassifikationsaufgabe ist die Klassifikation eines Bauteiles auf Basis von gemessenen Bauteileigenschaften. In der Regel gibt es mehrere Techniken (Algorithmen) für dieselbe Problemstellung. Durch Versuche ist eine Auswahl des bestgeeigneten Algorithmus zu treffen. Als Daumenregel kann festgehalten werden, dass sich für hochdimensionale Daten Neuronale Netze zur Verarbeitung eignen, vorausgesetzt es sind ausreichend große Datenmengen vorhanden. Dies hat sich bei bspw. Bilddaten als zielführend erwiesen. Haben die Daten eine niedrigere Dimensionalität, bspw. ein Datensatz mit 10 Merkmalen, eignen sich oft auch Modellarchitekturen wie bspw. Support Vector Machines, Entscheidungsbäume oder K-Nearest-Neighbor-Verfahren. Liefern zwei Verfahren für einen Datensatz dieselben Ergebnisse, so sollte immer das Modell mit der geringeren Komplexität gewählt werden, da damit eine Generalisierbarkeit der Ergebnisse realistischer ist (sogenanntes Occam's Razor). Von vornherein kann allerdings keine pauschale Aussage für die Eignung eines bestimmten Algorithmus für eine bestimmte Problemstellung getroffen werden. Für die Modellbildung sollten die Daten in 80 % Trainings- und 20 % Validierungsdaten aufgeteilt werden. Achtung, die Testdaten sind hier nicht enthalten, da diese bereits vorher aus dem Datenset entfernt wurden. Mit diesen Daten wird das bestgeeignete Modell ermittelt und dieses final und einmalig mit den Testdaten getestet. Nach dem finalen Test darf das Modell nicht mehr verändert werden. Es besteht weiterhin eine enge Verbindung zwischen Datenaufbereitung und Modellierung. Oft werden bei der Modellierung Datenprobleme erkannt oder Erkenntnisse für die Konstruktion neuer Daten können abgeleitet werden.

Zusammenfassung Aufgaben der Phase Modeling:

- Auswahl der Modellierungstechniken.
- Daten in Test, Trainings- und Validierungsdaten aufteilen.
- Parametereinstellungen der Modelle festlegen.
- Parameterstudien: Modelle mit Trainingsdaten trainieren und mit Validierungsdaten validieren, um die beste Parametrisierung der Modelle zu erhalten. Achtung: Leistungsfähigkeit für Trainings- und Validierungsdaten betrachten, um sog. Over- bzw. Underfitting zu erkennen.
- Finaler Test der Modelle mit Testdaten.
- Erkenntnisse gegen vorherige Entscheidungen prüfen und ggf. Anpassungen vornehmen.

5. Evaluation (Evaluation)

In diesem Stadium des Projekts wurden ein oder mehrere Modelle erstellt, die aus Sicht der Datenanalyse von hoher Qualität sind. Bevor die endgültige Bereitstellung des Modells im Betrieb erfolgen kann, ist es wichtig, das Modell gründlich zu bewerten und die zur Erstellung des Modells durchgeführten Schritte zu überprüfen, um sicherzugehen, dass die Geschäftsziele ordnungsgemäß erreicht werden können. Ein Hauptziel ist es, festzustellen, ob alle wichtigen geschäftliche Aspekte ausreichend berücksichtigt wurden. Am Ende dieser Phase sollte eine Entscheidung über die Verwendung der Ergebnisse getroffen werden. Die exakte Ausgestaltung der Evaluationsphase ist abhängig vom Anwendungsfall. Eine erste Validierung der Modelle wurde bereits in der Modelingphase vorgenommen, indem das/die finalen Modell(e) mit den Testdaten überprüft wurden. In der Evaluationsphase ist es ratsam, nochmals zusätzliche Daten, wenn möglich über einen längeren Zeitraum, aus dem Betrieb aufzunehmen, um sicherzustellen, dass das Modell die gewünschten Ergebnisse auch langfristig erzielt. Neben der Leistungsfähigkeit der Modelle können noch weitere Aspekte für den Betrieb des Modelles relevant sein, die in der Business-Understanding Phase definiert wurden und nun zu validieren sind. Konkretes Beispiel ist die Zeit (sog. Inference Time), die dem Modell für die Verarbeitung der Daten zur Verfügung steht. Es muss bspw. sichergestellt sein, dass die komplette Datenverarbeitung innerhalb einer vorgegebenen (Takt-)Zeit abläuft, wenn das Modell in eine laufende Linie integriert werden soll.

Zusammenfassung Aufgaben der Phase Evaluation:

- Ergebnisse der Modelle evaluieren in Bezug auf Erfolgskriterien,
- Überprüfung des Prozesses zur Erstellung der Modelle,
- prüfen weiterer Anforderungen an die Modelle,
- Liste der möglichen Maßnahmen für die nächsten Schritte erstellen,
- Erkenntnisse gegen vorherige Entscheidungen prüfen und ggf. Anpassungen vornehmen.

6. Bereitstellung (Deployment)

Die Erstellung des Modells ist im Allgemeinen nicht das Ende des Projekts. In der Regel müssen die Modelle in laufende Betriebsprozesse integriert werden. Dies ist vom Prinzip analog zur Integration eines neuen technischen Moduls in eine laufende Produktionslinie oder zur Erweiterung einer Maschine. Der Schritt des Deployment ist damit für den erfolgreichen Einsatz der Modelle äußerst relevant. Die notwendigen Maßnahmen beim Deployment sind stark abhängig vom Anwendungsfall. Je mehr Schnittstellen im zu integrierenden Prozess betrachtet werden müssen, desto aufwendiger gestaltet sich die Implementierung. In jedem Fall ist es wichtig, sich im Voraus darüber klar zu werden, welche Aktionen durchgeführt werden müssen, um die erstellten Modelle tatsächlich nutzen zu können. Ein wesentlicher Aspekt ist hierbei die Integration von geeigneten bspw. Sensoren zur Datenaufnahme sowie die Bereitstellung der Daten, sodass mit dem Modell Entscheidungen getroffen werden können. Ebenfalls muss in der Deployment-phase betrachtet werden, wie sichergestellt werden kann, dass Modelle auch künftig zuverlässige Ergebnisse liefern. Ähnlich wie bei technischen Komponenten muss also auch hier eine Prüfung und Wartung des Modelles erfolgen.

Zusammenfassung Aufgaben der Phase Deployment:

- Implementierung in laufende Prozesse,
- Bereitstellungsplan erstellen,
- Überwachungs- und Wartungsplan erstellen,
- finalen Bericht erstellen,
- finale Präsentation erstellen,
- Erstellung einer Dokumentation zur Projekterfahrung,
- Erkenntnisse gegen vorherige Entscheidungen prüfen und ggf. Anpassungen vornehmen.

5.3.2   CRISP-ML(Q) Cross Industry Standard Process model for the development of Machine Learning applications with Quality assurance methodology

Das CRISP-DM-Modell hat sich über die Jahre zum De-facto-Standard in der Industrie etabliert, wenngleich, wie angemerkt, dass strukturierte Folgen von Prozessmodellen in der Breite bisher ausbleibt. Jedoch wurden durch die Zunahme von ML-Modellen in der Industrie Schwächen des CRISP-DM in Bezug auf Machine-Learning-Projekte deutlich.

CRSIP-DM konzentriert sich auf Data Mining und deckt nicht Anwendungsszenarien von ML-Modellen ab, welche über einen langen Zeitraum Entscheidungen in Echtzeit ableiten. Das ML-Modell muss kontinuierlich an eine sich verändernde Umgebung angepasst werden können, da sonst die Leistung des Modells im Laufe der Zeit abnimmt, sodass nach der Einführung eine ständige Überwachung und Pflege des ML-Modells erforderlich ist. Weiter fehlt im CRISP-DM-Modell eine Methodik zur Qualitätssicherung. Es muss sichergestellt werden, dass Fehler so früh wie möglich erkannt werden, um die kostenintensive Fehlerbehebung in späteren Stadien zu vermeiden. Dies ist im CRISP-DM-Modell alles in der Phase des Deployment zusammengefasst und wird damit der Wichtigkeit dieser Aspekte oft nicht gerecht.

Das CRISP-ML(Q)-Prozessmodell (Studer et al., 2021), in Abb. 5.6 dargestellt, folgt den Grundsätzen von CRISP-DM durch Brachen- und Anwendungsneutralität, jedoch ist es an die besonderen Anforderungen von ML-Anwendungen angepasst und beinhaltet eine Methodik zur Qualitätssicherung. Durch die Anwendungsneutralität ist das Modell

Abb. 5.6
Qualitätssicherungsansatz
CRISP-ML(Q) nach (Studer,
et al., 2021)

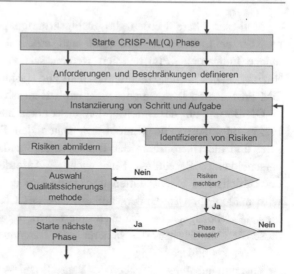

vor allem sinnvoll für Projekte, in denen Software für viele Anwendungsfelder in der Produktion entwickelt werden soll.

Insgesamt handelt es sich bei CRISP-ML(Q) um ein systematisches Prozessmodell für die Entwicklung von Software mit Maschinellem Lernen. Das Modell schafft ein Bewusstsein für mögliche Risiken und legt den Schwerpunkt auf die Qualitätssicherung, um diese Risiken zu verringern und den Erfolg des ML-Projekts sicherzustellen.

Das CRISP-ML(Q)-Modell besteht aus sechs Phasen. Für jede Phase wird der Qualitätssicherungsansatz, dargestellt in Abb. 5.6, durchlaufen. Für jede Phase des Prozessmodells erfordert der Qualitätssicherungsansatz die Definition von Anforderungen und Einschränkungen (z. B. Datenqualitätsanforderungen, Modellrobustheit), die Ableitung von spezifischen Aufgaben (z. B. Auswahl von ML-Algorithmen, Modelltraining), Spezifikation von Risiken, die sich negativ auf die Effizienz und den Erfolg der ML-Anwendung auswirken können (z. B. Verzerrung, Overfitting, mangelnde Reproduzierbarkeit) und Qualitätssicherungsmethoden zur Risikominderung, wenn diese Risiken verringert werden müssen (z. B. Kreuzvalidierung, Dokumentation von Prozessen und Ergebnissen).

Die sechs Phasen sind:

1. Geschäfts- und Datenverständnis (Business and Data Understanding)

Die Entwicklung von Anwendungen mit Maschinellem Lernen beginnt mit der Festlegung des Umfangs der ML-Anwendung, der Erfolgskriterien und einer Überprüfung der Datenqualität. Das Ziel dieser ersten Phase ist es, die Durchführbarkeit des Projekts sicherzustellen.

In dieser Phase werden die Erfolgskriterien gesammelt. Diese Kriterien müssen messbar sein. Daher müssen klare und messbare Leistungsindikatoren (Key Performance Indicators, KPIs) definiert werden, wie z. B. „Zeitersparnis pro Benutzer und Sitzung". Dies ist der Hauptunterschied zur Business-Understanding-Phase im CRISP-DM-Prozessmodell, in welcher nicht explizit messbare KPIs gefordert sind.

Die Bestätigung der Durchführbarkeit vor dem Start des ML-Projekts ist eine bewährte Praxis im industriellen Umfeld. Da Daten den Prozess leiten, sind die Datenerfassung und die Überprüfung der Datenqualität für das Erreichen der Geschäftsziele von entscheidender Bedeutung. Eine wichtige Anforderung ist daher die Dokumentation der statistischen Eigenschaften der Daten und des Datenerzeugungsprozesses. Hierbei wird analog zur Data-Understanding-Phase des CRISP-DM vorgegangen. Auch sollten hier KPIs bezüglich der Datenanforderungen festgelegt und dokumentiert werden, da diese die Grundlage für die Sicherung der Datenqualität während der Betriebsphase des ML-Projekts bilden.

Zusammenfassung Aufgaben der Phase Business und Data Understanding:

- Definition von Geschäftszielen und KPIs,
- übersetzen von Geschäftszielen in ML-Ziele,
- sammeln und prüfen von Daten,
- Bewertung der Projektdurchführbarkeit,
- Erkenntnisse gegen vorherige Entscheidungen prüfen und ggf. Anpassungen vornehmen.

2. Datenaufbereitung (Data Preparation)

Die zweite Phase des CRISP-ML(Q)-Prozessmodells zielt auf die Vorbereitung der Daten für die folgende Modellierungsphase ab. In dieser Phase werden Aufgaben zu Datenauswahl, Datenbereinigung, Merkmalstechnik und Datenstandardisierung durchgeführt.

Es werden wichtige und notwendige Merkmale für das zukünftige Modelltraining identifiziert, indem entweder Filtermethoden, Wrappermethoden oder Embedded Methoden zur Datenauswahl verwendet werden. Außerdem werden Daten ausgewählt, indem Stichproben gezogen werden, die den Anforderungen an die Datenqualität nicht genügen, und gelöscht. An dieser Stelle kann auch das Problem der unausgewogenen Klassen angegangen werden, indem Strategien des Over- oder Undersampling anwendet werden. Auch diese Schritte sind grundsätzlich analog zum Vorgehen bei CRISP-DM. Es sei nochmals angemerkt, dass der Originaldatensatz, soweit möglich immer in unveränderter Form erhalten bleiben sollte. Weiterhin sollten alle Änderungen am Originaldatensatz dokumentiert werden.

Die Aufgabe der Datenbereinigung beinhaltet das Durchführen von Schritten zur Fehlererkennung und -korrektur für die verfügbaren Daten. Durch das Hinzufügen von Einheitstests für die Daten wird das Risiko der Fehlerfortpflanzung in die nächste Phase gemindert. Je nach Aufgabe des Maschinellen Lernens müssen möglicherweise Feature-Engineering- und Datenerweiterungsaktivitäten durchgeführt werden. Zu diesen Methoden gehören beispielsweise die One-Hot-Codierung, das Clustering oder das Diskretisieren von kontinuierlichen Attributen.

Datenstandardisierung wird durchgeführt. Dies ist der Prozess der Vereinheitlichung der Eingabedaten der ML-Tools, um das Risiko fehlerhafter Daten zu vermeiden. Es werden Pipelines zur Daten- und Eingabedatentransformation für die Datenvorverarbeitung und Merkmalserstellung erstellt, um die Reproduzierbarkeit der ML-Anwendung in dieser Phase zu gewährleisten.

Zusammenfassung Aufgaben der Phase Data Preparation:

- Visualisierung von Daten,
- Daten bereinigen,
- Bericht zur Datenbereinigung erstellen,
- ggf. neue Merkmale generieren,
- Daten formatieren,
- finalen Datensatz erstellen,
- Bericht über finalen Datensatz erstellen,
- Rohdaten **nicht** verwerfen,
- Erkenntnisse gegen vorherige Entscheidungen prüfen und ggf. Anpassungen vornehmen.

3. Entwicklung von ML-Modellen (Machine Learning Model Engineering)

Die Modellierungsphase umfasst im Allgemeinen die Modellauswahl, die Modellspezialisierung und das Modelltraining. Darüber hinaus können je nach Anwendung vortrainierte Modelle verwendet oder Ensemble-Lernmethoden angewendet werden, um das endgültige ML-Modell zu erhalten.

Die Modellierungsphase ist der ML-spezifische Teil des Prozesses. In dieser Phase werden ein oder mehrere Modelle für Maschinelles Lernen festgelegt, die in der Produktion eingesetzt werden sollen. Die Übersetzung in die ML-Aufgabe hängt von der Aufgabe ab, die es zu lösen gilt. Einschränkungen und Anforderungen aus der Phase des Geschäfts- und Datenverständnisses prägen diese Phase. Die Metriken zur Modellbewertung des Anwendungsbereichs könnten beispielsweise Leistungsmetriken, Robustheit, Fairness, Skalierbarkeit, Interpretierbarkeit, Modellkomplexitätsgrad und Modellressourcenbedarf umfassen. Die Bedeutung jeder dieser Metriken ist abhängig vom Anwendungsfall.

Ein Hauptkritikpunkt an Projekten mit ML-Methoden ist die mangelnde Reproduzierbarkeit. Daher muss sichergestellt werden, dass die Ergebnisse der Modellierungsphase reproduzierbar sind, indem die Metadaten der Modelltrainingsmethode erfasst werden. In der Regel werden die folgenden Metadaten erfasst: Algorithmus, Trainings-, Validierungs- und Testdatensatz, Hyperparameter und Beschreibung der Laufzeitumgebung. Die Reproduzierbarkeit der Ergebnisse setzt die Validierung der durchschnittlichen

Leistung des Modells auf verschiedenen Zufallsdaten voraus. Die Dokumentation der trainierten Modelle nach Best Practices erhöht die Transparenz und Erklärbarkeit in ML-Projekten. Um eine durchgängige Dokumentation sicherzustellen, bieten sich Tools zur Versionsverwaltung, wie bspw. Git, an.

Viele Phasen der ML-Entwicklung sind iterativ. Teilweise müssen die Geschäftsziele, KPIs und verfügbaren Daten aus den vorherigen Schritten überprüft werden, um die Ergebnisse des ML-Modells anzupassen.

Ein relevanter Aspekt bei der Auswahl von Modellen ist die Modellkomplexität. Als Daumenregel kann festgehalten werden, dass bei gleicher Leistungsfähigkeit von Modellen immer dasjenige Modell gewählt werden sollte, dass die geringste Komplexität hat. Dieses Prinzip wird, wie oben angesprochen, als Occam's Razor bezeichnet.

Zusammenfassung Aufgaben der Phase Machine Learning Model Engineering:

- Definition des Qualitätsmaßes des Modells,
- Auswahl des ML-Algorithmus (Baselineauswahl),
- hinzufügen von Fachwissen zur Spezialisierung des Modells,
- Modelltraining,
- optional: Anwendung von Transfer Learning (Verwendung von vortrainierten Modellen),
- optional: Modellkompression,
- optional: Ensemble-Lernen,
- dokumentieren des ML-Modells und der Experimente,
- Erkenntnisse gegen vorherige Entscheidungen prüfen und ggf. Anpassungen vornehmen.

4. Evaluierung der Modelle des Maschinellen Lernens (Quality Assurance for Machine Learning Applications)

Folglich schließt sich an das Modelltraining eine Phase der Modellbewertung an, die auch als Offlinetest bezeichnet wird. In dieser Phase muss die Leistung des trainierten Modells anhand eines Testdatensatzes validiert werden. Außerdem sollte die Robustheit des Modells unter Verwendung verrauschter oder falscher Eingabedaten bewertet werden. Darüber hinaus ist es empfehlenswert, ein erklärbares ML-Modell zu entwickeln, um Vertrauen für die ML-gestützte Entscheidungsfindung zu schaffen.

Schließlich sollte die Entscheidung über den Einsatz des Modells auf der Grundlage von Erfolgskriterien oder manuell durch Fachleute und ML-Experten getroffen werden. Ähnlich wie in der Modellierungsphase müssen auch in der Bewertungsphase alle Ergebnisse dokumentiert werden.

Zusammenfassung Aufgaben der Phase Quality Assurance:

- Validierung der Leistung des Modells,
- Bestimmung der Robustheit,

- Erklärbarkeit des Modells erhöhen,
- Entscheidung über den Einsatz des Modells treffen,
- dokumentieren der Bewertungsphase,
- Erkenntnisse gegen vorherige Entscheidungen prüfen und ggf. Anpassungen vornehmen.

5. Bereitstellung (Deployment)

Nach erfolgreichem Abschluss des Evaluierungsschritts im ML-Entwicklungslebenszyklus wird das ML-Modell schrittweise in die (Vor-) Produktionsumgebung implementiert. In der ersten Phase des ML-Entwicklungslebenszyklus werden Einführungskonzepte festgelegt. Diese Ansätze unterscheiden sich je nach Anwendungsfall und dem Trainings- und Vorhersagemodus.

Die Bereitstellung eines ML-Modells umfasst die folgenden Aufgaben: Definition der Inferenzhardware, Modellevaluierung in einer Produktionsumgebung (Onlinetests, z. B. A/B-Tests), Benutzerakzeptanz- und Benutzerfreundlichkeitstests, Bereitstellung eines Notfallplans für Modellausfälle und Festlegung der Bereitstellungsstrategie für die schrittweise Einführung des neuen Modells (z. B. Canary- oder Green/Blue-Bereitstellung). Die Bereitstellung der Ergebnisse des ML-Modells.

Zusammenfassung Aufgaben der Phase Deployment:

- Integration in Produktionsumgebung,
- Evaluierung des Modells unter Produktionsbedingungen,
- Sicherstellung der Benutzerakzeptanz und der Benutzerfreundlichkeit,
- Modellsteuerung,
- Einsatz gemäß der gewählten Strategie (A/B-Tests, mehrarmige Banditen),
- Erkenntnisse gegen vorherige Entscheidungen prüfen und ggf. Anpassungen vornehmen.

6. Überwachung und Wartung (Monitoring and Maintenance)

Sobald das ML-Modell integriert ist, ist es wichtig, die Leistungsfähigkeit des Modelles im Betrieb zu überwachen. Diese Phase ist ebenfalls neu gegenüber dem CRISP-DM. Wenn ein ML-Modell mit realen Daten arbeitet, besteht das Hauptrisiko darin, dass die Leistung des ML-Modells nachlässt, wenn es mit sich ändernden Daten arbeitet. Dies tritt häufig durch Änderungen im Produktionsprozess, neue Materialien, Werkzeuge oder Alterungseffekte auf. Außerdem wird die Modellleistung durch die Hardwareleistung und den vorhandenen Softwarestack beeinflusst. Die beste Methode, um einen Leistungsabfall des Modells zu verhindern, ist eine Überwachung durchzuführen, bei der die Modellleistung kontinuierlich bewertet wird, um zu entscheiden, ob das Modell angepasst werden muss. Dazu können in regelmäßigen Abständen Stichproben entnommen und von Domänenexpert:innen begutachtet werden. Die Übereinstimmung mit den

Modellentscheidungen wird als Basis für die Funktionsfähigkeit des Modelles verwendet. Eine einfache Möglichkeit der Modellanpassung ist das Nachtraining mit aktuellen Daten. Neben der Überwachung und dem Neutraining kann auch die Reflexion über den Geschäftsanwendungsfall und die ML-Aufgabe für die Anpassung des ML-Prozesses von Nutzen sein.

Zusammenfassung Aufgaben der Phase Monitoring and Maintenance:

- Überwachung der Effizienz und Wirksamkeit der Modellvorhersage,
- Vergleich mit den zuvor festgelegten Erfolgskriterien,
- sammeln aktueller Daten im Betrieb zur Modellüberprüfung und Anpassung,
- Beschriftung der neuen Datenpunkte durch Domänenexpert:innen,
- Modell bei Bedarf nachtrainieren,
- ggf. Wiederholung der Aufgaben aus den Phasen *Entwicklung von ML-Modellen* und *Evaluierung der Modelle des Maschinellen Lernens,*
- kontinuierliche Integration, Training und Einsatz des Modells,
- Erkenntnisse gegen vorherige Entscheidungen prüfen und ggf. Anpassungen vornehmen.

5.3.3 Paise (Process Model for AI Systems Engineering)

Neben branchen- und anwendungsneutralen Prozessmodellen wie CRISP-DM und CRISP-ML(Q) gibt es auch branchenspezifischere Modelle. Das Process Model for AI Systems Engineering (PAISE; CC-KING Kompetenzzentrum KI-Engineering, 2021), ist ein Vorgehensmodell, das den besonderen Herausforderungen von KI-basierten Systemen in der Produktion und der Mobilität begegnet. Das Modell bietet einen praktischen Leitfaden, damit auch kleine und mittelständische Unternehmen mit wenig KI-Erfahrung komplexe Projekte durchführen können. PAISE wurde vom Competence Center KI-Engineering entwickelt und ist in Abb. 5.7 dargestellt.

Nutzungsszenarien sind die einmalige kundenspezifische Entwicklung und Implementierung von Produkten für die Serienproduktion. Weitere Nutzungsszenarien sind Projekte zur Neuentwicklung von Produkten, die in verschiedenen Ausführungen produziert und verkauft werden sollen.

Der Fokus von PAISE (siehe Abb. 5.7) liegt auf dem technischen Prozess und lässt betriebswirtschaftliche und unternehmensspezifische Aspekte außen vor. Die primären Nutzungsszenarien sind Produktion und Mobilität unter der Berücksichtigung von interdisziplinärer Zusammenarbeit bei der Entwicklung technischer Systeme. Im PAISE-Modell werden Rollen definiert und Verantwortlichkeiten zugeteilt. Dies ist ein großer Unterschied im Vergleich zu CRISP-DM und CRISP-ML(Q), da hier keine Projektrollen

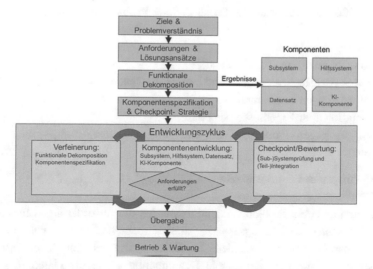

Abb. 5.7 PAISE nach (CC-KING Kompetenzzentrum KI-Engineering, 2021)

zugeordnet sind. Innerhalb des Modells wird analysiert, ob KI-Methodiken sinnvoll für den Anwendungsfall sind.

Das gesamte (Ziel-)System wird in Subsysteme unterteilt. Subsysteme eines Gesamtsystems stellen unabhängige individuelle Funktionalitäten bereit. Es gibt dabei klar definierte Schnittstellen zwischen Subsystemen und Hilfssystemen. Hilfssysteme (Enabling Systems) können genutzt werden, um die Entwicklung von Subsystemen durchzuführen, sind aber nicht Teil des ausgelieferten Systems. KI-Komponenten und Datensätze werden genutzt, um die Hilfssysteme und Subsysteme zu entwickeln. Während der gesamten Entwicklung gibt es sog. durchgehende Artefakte, welche in bestimmten Phasen initialisiert und kontinuierlich erweitert und angepasst werden. Die Artefakte sind das Systemmodell, die Rollenverteilung, die Dokumentation für externe Prüfungen („Safety") und die Datendokumentation.

Die Rollen innerhalb eines Projektes sind: Projektsponsoring/beauftragendes Unternehmen, Projektleitung, Domänenexpertin, Sicherheitsbeauftragte, Anwendende, Automatisierungsingenieurin, KI-Expertin, Verantwortliche für IT-Sicherheit, Softwareentwicklung, IT-Infrastrukturexpertin und Datenbeauftragte.

1. Ziele & Problemverständnis

Das Vorgehensmodell startet mit der Definition der Ziele. Ebenfalls wird ein Problemverständnis entwickelt. Es ist darauf zu achten, dass alle beteiligten Personen das gleiche Verständnis haben. Für die Zieldefinition können auch die verfolgten Geschäftsziele und -modelle betrachtet werden (z. B. Entwicklung eines Produktes und dessen serienmäßiger Vertrieb).

Zusammenfassung Aufgaben der Phase Ziele & Problemverständnis:

- Definition des Problems,
- Definition des Produktes (Endzustand),
- Analyse des Ausgangszustandes (sind bereits verwendete KI-Methoden nutzbar?),
- Datenanforderungen bestimmen,
- Dokumentation aller Ergebnisse der Phase,
- Erkenntnisse gegen vorherige Entscheidungen prüfen und ggf. Anpassungen vornehmen.

2. Anforderungen & Lösungsansatz

Aus den Zielen und dem Problemverständnis werden die Anforderungen für eine Lösung abgeleitet. Verschiedene Lösungsansätze können theoretisch betrachtet und bezüglich der Realisierbarkeit bewertet werden. In dieser Phase müssen auch Anforderungen gesetzlicher Art, Anforderungen an die Datenqualität sowie die Datenerfassung und -analyse geklärt werden. Zu beachten ist, dass die Nutzung von KI-Methoden Teil des Lösungsansatzes und nicht Teil der Anforderungen ist.

Zusammenfassung Aufgaben der Phase Anforderungen & Lösungsansatz:

- Definition von Systemanforderungen (u. a. durch Analyse der Risiken des Systems an die Umwelt),
- Definition der Erkenntnisse, welche aus Daten gezogen werden sollen,
- Definition der Lernverfahren:
    - Zeitpunkt des Lernens,
    - festlegen, ob KI-Methode Prozesse steuern darf,
    - festlegen, ob erhöhte Nachvollziehbarkeit der KI-Methode nötig ist,
- Betrachtung der rechtlichen Aspekte (Rechte an Daten etc.),
- Anforderungen an den Entwicklungsprozess,
- Analyse der Realisierbarkeit der Lösungsansätze,
- Auswahl des realistischsten Lösungsansatzes,
- Analyse des Nutzens von KI im Lösungsansatz,
- Risikobewertung des Lösungsansatzes,
- Erkenntnisse gegen vorherige Entscheidungen prüfen und ggf. Anpassungen vornehmen.

3. Funktionale Dekomposition

Bei der funktionalen Dekomposition werden die genauen Zweckbestimmungen der Komponenten definiert. Die Komponenten können mechanische oder elektrische Systeme sein, aber auch KI-basierte Komponenten. Das Gesamtsystem wird dabei heruntergebrochen auf verschiedene Subsysteme. Dafür werden die Anforderungen an das Gesamtsystem betrachtet und auf die Subsysteme verteilt. Diese Subsysteme sind über definierte Schnittstellen miteinander verbunden. Schnittstellen sind z. B. die Anbindung von Datensätzen an Systeme. Dabei wird geklärt, ob die Daten z. B. in einer Datenbank oder in Tabellenform vorliegen. Des Weiteren werden Hilfssysteme definiert, welche für die Entwicklung notwendig, jedoch nicht in der fertigen Lösung enthalten sind. Hilfssysteme können Datenquellen und/oder KI-basierte Methoden sein. Die Komponenten (Subsysteme und Hilfssysteme) der funktionalen Dekomposition können, z. B. über Energieflüsse, Kraftflüsse oder Materialflüsse, verbunden sein. Während des Entwicklungszyklus oder bei bestehender KI-Erfahrung während der funktionalen Dekomposition wird entschieden, welche Subsysteme KI-basiert werden. Die initiale funktionale Dekomposition ist nicht final und kann iterativ überarbeitet werden (z. B. neue Hilfssysteme hinzufügen oder nicht mehr benötigte entfernen).

Zusammenfassung Aufgaben der Phase Funktionale Dekomposition:

- Zuordnung von Spezifikationen und Funktionen an Subsysteme und Hilfssysteme,
- Analyse der Notwendigkeit von KI-basierten Lösungen für eine Funktion,
- Analyse der benötigten Datenquellen und -sätze für benötigte KI-Komponenten,
- Definition der Schnittstellen zwischen Subsystemen und Hilfssystemen,
- Erkenntnisse gegen vorherige Entscheidungen prüfen und ggf. Anpassungen vornehmen.

4. Komponentenspezifikation & Checkpointstrategie

Aus den definierten Anforderungen an das Gesamtsystem und dem Systemmodell leiten sich die Komponentenspezifikationen ab. Des Weiteren werden die Anforderungen an die Subsysteme definiert und komponentenspezifische Lösungsansätze entwickelt. In der nachfolgenden Phase des Entwicklungszyklus werden die Lösungsansätze analysiert und weiterentwickelt. Durch eine gewählte Checkpointstrategie werden die Entwicklungsstände synchronisiert. Dabei werden Komponenten getestet sowie (Teil-) Integrationen von Subsystemen vorgenommen und diese getestet. Es gibt unterschiedliche Strategien, einen Checkpoint zu definieren. Möglich sind dabei die klassische Meilensteinplanung oder agile Methoden wie eine featurebasierte Strategie, eine reifegradbasierte Strategie oder eine zeitbasierte Strategie. Es muss der jeweils nächste Checkpoint genau definiert sein, z. B. welche Subsysteme an der nächsten (Teil-)Integration teilnehmen und welche Anforderungen erfüllt sein müssen, damit ein Checkpoint erreicht ist.

Zusammenfassung Aufgaben der Phase Komponentenspezifikation & Checkpointstrategie:

- Dokumentieren aller Spezifikationen,
- festlegen der Checkpointstrategie,
- festlegen der komponentenspezifischen Lösungsansätze,

- definieren der Eingabe der KI-Subsysteme,
- festlegen der Anforderungen an die Güte der KI-Subsysteme,
- Erkenntnisse gegen vorherige Entscheidungen prüfen und ggf. Anpassungen vornehmen.

5. Entwicklungszyklus

Der Entwicklungszyklus steigert den Reifegrad kontinuierlich in iterativen Schritten. Der Entwicklungszyklus besteht aus den Phasen Verfeinerung, Komponentenentwicklung und Checkpoint/Bewertung, welche mehrmals durchlaufen werden. Zu Beginn ist es sinnvoll, mehrere komponentenspezifische Lösungsansätze durch die ersten Zyklen der Entwicklung zu führen. Nach mehreren Zyklen wird sich auf den zielführrendsten Ansatz beschränkt und dessen Reifegrad kontinuierlich erhöht. Bei der Verfeinerung müssen die Abhängigkeiten zwischen den Komponenten berücksichtigt werden. Dies wird durch eine interdisziplinäre Zusammenarbeit während der Phase erreicht. Die Komponentenentwicklung wird parallel durchgeführt und die individuellen Komponentenspezifikationen sind zu validieren und ggf. anzupassen. Die Entwicklung einer Komponente findet nach einem individuell geeigneten und domänenspezifischen Vorgehen statt. Nach erfolgreicher Umsetzung eines Lösungsansatzes für eine Komponente kann diese in das Gesamtsystem oder umgebende Subsystem integriert und getestet werden. Dies wird anhand der Checkpoints evaluiert und die Erkenntnisse werden im nächsten Verfeinerungsschritt umgesetzt. Durch die Checkpoints werden auch Querschnittsaspekte betrachtet wie Sicherheit, Kosten oder ethische Konflikte. Durch dieses Vorgehen werden Abhängigkeiten zwischen verschiedenen Komponenten berücksichtigt.

Datenbereitstellung

Die Phase der Datenbereitstellung ist in Abb. 5.8 dargestellt
. In dieser Phase werden Datensätze zu Trainings-, Test- und Validierungszwecken erstellt, die die Anforderungen bezüglich der Relevanz, Repräsentativität und Fehlerfreiheit erfüllen. Diese Daten werden genutzt, um die KI-Komponenten zu entwickeln. Die Entwicklung der KI-Komponenten wird im Schritt der Verfeinerung durchgeführt. Dabei werden die Spezifikationen an verschiedene Daten und Datenquellen definiert (z. B. Anforderungen an Qualität, Verteilung, Kosten der Beschaffung, Anonymisierung etc.).

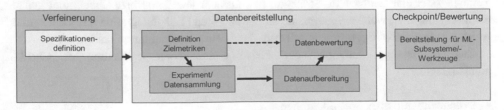

Abb. 5.8 Datenbereitstellung nach (CC-KING Kompetenzzentrum KI-Engineering, 2021)

Es werden Metriken definiert, mit denen die Daten bewertet werden. Die Akquise von Daten kann durch neue Messdaten, bestehende Datensätze oder künstlich erzeugte Daten erfolgen. Anschließend werden die Daten aufbereitet bezüglich der Qualität (Rauschentfernung, filtern von unvollständigen Datenpunkten etc.) und sortiert nach Nutzen im Hinblick auf die Problemstellung. Basierend auf der Spezifikation werden z. B. Features abgeleitet. Abschließend wird eine Datenbewertung durchgeführt. Dabei werden die Daten nach vorher bestimmten Zielmetriken evaluiert und auch rechtliche Aspekte betrachtet, wenn z. B. Nachweise gegenüber Dritten erbracht werden müssen. Nach der erfolgreichen Bewertung werden die Daten an die ML-Subsysteme übergeben.

ML-Komponentenentwicklung

Abb. 5.9 zeigt schematisch die ML-Komponentenentwicklung. Ziel der Komponentenentwicklung ist es, ML-Hilfssysteme zu entwickeln und in ein übergeordnetes System zu integrieren. Das Vorgehen orientiert sich am V-Modell des Systems Engineering (Friedrich, 2009). Der Ausgangspunkt ist eine Anforderungsliste an das System, welche innerhalb der Verfeinerung definiert wurde. Die erzeugten Datenquellen müssen integriert werden für Training, Test und Validierung. Durch Ableiten von globalen Kostenfunktionen aus den Spezifikationen werden die Test- und Validierungsmetriken entwickelt. Anschließend wird eine konkrete ML-Architektur implementiert. Dabei werden auch die Hyperparameter festgelegt. Durch Variation der ML-Architekturen und Bewertung dieser wird ein geeignetes Modell trainiert und die ML-Architektur in ein ML-Modell überführt. Nach dem Training wird das Modell anhand der Test- und Validierungsmetriken bewertet. Im letzten Schritt der Modularisierung des Modells wird dieses so aufbereitet, dass es auf die Zielplattform gebracht werden kann. Beim Checkpoint wird die Komponente in das übergeordnete System integriert und evaluiert. Falls die Integration nicht erfolgreich ist, kann es vonnöten sein, den Zyklus mehrmals zu durchlaufen.

Zusammenfassung Aufgaben der Phase ML-Komponentenentwicklung:

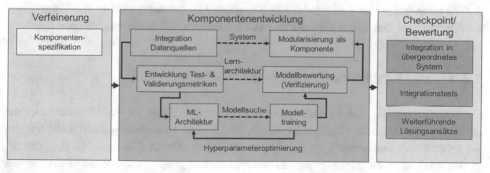

Abb. 5.9 Phase ML-Komponentenentwicklung nach (CC-KING Kompetenzzentrum KI-Engineering, 2021)

- Überführung der Anforderungen in Test- und Validierungsmetriken,
- Auswahl und Erstellung einer Kostenfunktion für das Modelltraining,
- Auswahl der ML-Verfahren,
- Analyse, ob KI-Komponenten von Drittanbietern verwendet werden können,
- Dokumentation aller Ergebnisse der verschiedenen Phasen der Komponentenentwicklung,
- Erkenntnisse gegen vorherige Entscheidungen prüfen und ggf. Anpassungen vornehmen.

6. Übergabe

Das fertig entwickelte Produkt wird an die Betriebs- und Wartungseinheit übergeben. Wichtige Informationen werden in einer Dokumentation oder Bedienungsanleitung dokumentiert.

Zusammenfassung Aufgaben der Phase Übergabe:

- Beschreibung der Auswirkungen von Veränderungen in der Datenverteilung auf das System,
- Beschreibung der Überwachung des Modells,
- Beschreibung der Wartungsmöglichkeiten (z. B. nachtrainieren des Modells),
- Erstellung einer Bedienungsanleitung und Dokumentation,
- Erstellung eines Service- und Wartungskonzepts,
- Erkenntnisse gegen vorherige Entscheidungen prüfen und ggf. Anpassungen vornehmen.

7. Betrieb & Wartung

Damit während des Betriebs des Systems gewährleistet ist, dass alle Funktionalitäten permanent vorhanden sind, wird ein Service- und Wartungssystem umgesetzt. Dabei werden die Systeme überwacht und regelmäßig überprüft. Hierbei kann sich an das Vorgehen in der Monitoring- und Maintenance-Phase des CRISP-ML(Q) angelehnt werden.

5.3.4 ML4P (Machine Learning for Production)

Ein weiteres Modell, das Anwendung in der Produktion findet, ist das Machine Learning for Production (ML4P; Frauenhofer IOSB, 2022). Die Fraunhofer-Gesellschaft hat das Vorgehensmodell entwickelt, um den Herausforderungen einer ML-basierten Anwendung in der Produktion zu begegnen wie Skalierbarkeit auf große Teams, Quantifizierung des Fortschritts und klare Schnittstellen zwischen Verantwortlichkeiten. Das ML4P-Modell definiert Projektrollen und legt Verantwortlichkeiten fest und grenzt sich dadurch von den Modellen CRISP-DM und CRISP-ML(Q) ab. Besonders ist, dass ML4P betriebswirtschaftliche Aspekte wie eine Kosten-Nutzen-Analyse beinhaltet. Dadurch grenzt sich das Modell gegen das PAISE-Modell ab, welches den Fokus rein auf den technischen Prozess legt.

Das Vorgehensmodell besteht aus den in Abb. 5.10 dargestellten sechs Phasen und verbindet agiles Vorgehen innerhalb der Phasen mit linearem Vorgehen über die Phasen hinweg. Über alle Phasen werden zwei durchgängige Artefakte entwickelt und erweitert. Die Artefakte sind ein Machine-Learning-Pipeline-Diagramm und eine virtuelle Prozessakte. Im Machine-Learning-Pipeline-Diagramm werden alle Schritte der Datenerfassung, Datenverarbeitung, Modellbildung bis zur Wartung integriert. Alle wichtigen Informationen für die Entwicklung werden in der virtuellen Prozessakte gespeichert. Sie wird ständig mit neuem relevantem Wissen (Kontextinformationen, Messdaten, Prozessdaten, CAD-Modelle etc.) aktualisiert. Im ML4P-Modell werden verschiedene Rollen zugeordnet. Die Rollen sind u. a.: Projektsponsor, Prozessexperte, Prozessbediener, Automatisierungsingenieur, IT-Security-Verantwortlicher und ML-Experte. Das Modell ist auf Anwendungen in der Produktion fokussiert.

1. Zieldefinition und Lösungsansatz

In Phase 1 des Modells wird ein gemeinsames Verständnis aller Projektbeteiligten geschaffen. Dabei wird der Ist-Zustand analysiert, es werden Projektziele definiert und

Abb. 5.10 Phasen ML4P nach (Frauenhofer IOSB, 2022)

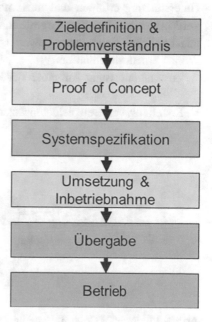

daraus ein Lösungsansatz abgeleitet. Die Ziele müssen quantifizierbar sein (siehe CRISP-ML[Q]). Die ML-Pipeline wird initialisiert und zeigt die Wirkungszusammenhänge des Produktionsprozesses und den Eingriff der geplanten Maßnahmen in diese. Die Prozessakte wird erstellt, eine Struktur definiert und mit Wissen über die Prozesse gefüllt. Es werden die verschiedenen Projektrollen definiert und den Personen zugeordnet.

Zusammenfassung Aufgaben der Phase Zieldefinition und Lösungsansatz:

- Erstellung eines Projektbriefs mit der Problemstellung und wichtigsten Informationen,
- Definition von quantifizierbaren Zielen,
- Erstellung des ML-Pipeline-Diagramms,
- Erstellung der virtuellen Prozessakte,
- Erkenntnisse gegen vorherige Entscheidungen prüfen und ggf. Anpassungen vornehmen.

2. Proof of Concept

In der zweiten Phase wird über iterative Zyklen ein Proof of Concept erstellt. Der Zyklus ist in Abb. 5.11 dargestellt. Zu Beginn wird ein Lösungsansatz ausgewählt und dokumentiert. Der Ansatz kann durch neue Informationen zu einem späteren Zeitpunkt noch geändert werden. Danach werden Beispieldaten des Prozesses unter Einbeziehung der Prozessbediener erhoben, um dessen Prozesswissen zu dokumentieren. Die erhobenen Daten werden genutzt, um eine Lösung zu entwickeln. Dies kann durch manuelle Unterstützung erfolgen und muss noch nicht die finale Lösung enthalten. Die Lösung wird in der ML-Pipeline dargestellt. Anschließend wird der Lösungsansatz anhand einer ganzheitlichen Betrachtung bewertet. Falls die Bewertung nicht befriedigend ist, wird der Zyklus erneut durchlaufen.

Zusammenfassung Aufgaben der Phase Proof of Concept:

- Erstellung von Beispieldatensätzen und Modellen,

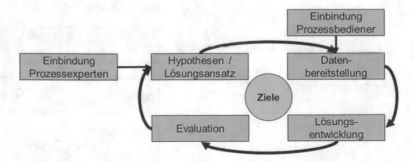

Abb. 5.11   Proof of Concept Erstellung nach (Frauenhofer IOSB, 2022)

- Erstellung des Lösungsansatzes in der ML-Pipeline,
- Bewertung der ML-Pipeline,
- Erkenntnisse gegen vorherige Entscheidungen prüfen und ggf. Anpassungen vornehmen.

3. Systemspezifikation

Der Proof of Concept wird in der Phase der Systemspezifikation weiterentwickelt, um den Anforderungen in der Produktion zu genügen. Es muss ein detailliertes Betriebskonzept entwickelt werden, welches konkrete Technologien und definierte Schnittstellen beinhaltet. Das Betriebskonzept muss die Spezifikationen des Systems für den dauerhaften Einsatz enthalten. Dafür muss geprüft werden, ob weitere technische Aspekte vonnöten sind (z. B. Sensorik oder Aktorik). Zusätzlich muss erarbeitet werden, ob und wie sich das Konzept in die übergeordnete technische und organisatorische Struktur einbetten kann. Des Weiteren muss eine Kosten-Nutzen-Analyse der verwendeten Technologien erarbeitet werden. Bei dieser Phase ist es wichtig, darauf zu achten, dass alle Verantwortlichen zusammenkommen und die nötigen Schritte definieren, um den Proof of Concept umzusetzen.

Zusammenfassung Aufgaben der Phase Systemspezifikation:

- Erstellung eines Umsetzungskonzepts von Proof of Concept zu Betriebskonzept,
- Überführung der Technologien für den Betrieb in die ML-Pipeline,
- Erstellung einer Kosten-Nutzen-Analyse zur Technologieauswahl,
- Erkenntnisse gegen vorherige Entscheidungen prüfen und ggf. Anpassungen vornehmen.

4. Umsetzung und Inbetriebnahme

Die definierten Systemspezifikationen werden in der Phase der Umsetzung und Inbetriebnahme in ein lauffähiges System für die Produktion überführt. Durch Feedback, z. B. vom produzierenden Unternehmen, können einzelne Aspekte aus den Phasen Proof of Concept und Systemspezifikation noch verändert werden. Anschließend erfolgt die Inbetriebnahme im Unternehmen.

Zusammenfassung Aufgaben der Phase Umsetzung und Inbetriebnahme:

- Erstellung des versionierten Programmcodes,
- Erstellung einer Systemdokumentation,
- Festlegung von Kriterien, anhand denen die Modelle geprüft werden,
- Festlegung eines Aktualisierungsprozesses,
- Erkenntnisse gegen vorherige Entscheidungen prüfen und ggf. Anpassungen vornehmen.

5. Übergabe

Der ML-befähigte Produktionsprozess wird nach der Inbetriebnahme an den Anlagenbetreiber übergeben. Es werden alle Hardware- und Softwarekomponenten übergeben. Der
Anlagenbetreiber muss so weit geschult werden, dass er den Prozess bedienen und ggf.
warten und nachjustieren kann. Die Übergabe kann auch teilweise parallel zur Phase 4
erfolgen, um die Prozesseinführungsdauer zu verkürzen.

Zusammenfassung Aufgaben der Phase Übergabe:

- Durchführung von Inbetriebnahme und Übergabe,
- Erstellung eines Inbetriebnahmeprotokolls,
- Erstellung und Übergabe von Dokumentation und Schulungsunterlagen.

6. Betrieb

Bei dieser Phase geht es um eine kontinuierliche Überwachung des Prozesses, da z. B.
Fertigungsprozesse weiterentwickelt werden und sich Änderungen in den Betriebsbedin-
gungen einstellen können. Es muss in regelmäßigen Abständen die Güte der verwendeten
Modelle getestet und ggf. das Modell angepasst werden. Die Phase 6 hat kein definiertes
Ende.

Die regelmäßig auszuführenden Aufgaben der Phase Betrieb sind:

- Prüfung der Validität der Modelle,
- Erstellung einer Dokumentation der vorgenommenen Veränderungen,
- Erkenntnisse gegen vorherige Entscheidungen prüfen und ggf. Anpassungen
  vornehmen.

5.3.5 Zusammenfassung

ML-Projekte in der Produktion interagieren (fast) immer mit der realen Welt und bestehen aus einer Kombination von Produktionsumgebung, Hardware (Maschinen, Anlagen,
Sensoren, Aktoren), Daten, Algorithmen und Prozessverständnis. Deshalb ist es wichtig,
Prozessexperten mit ML-Experten bei der Entwicklung zusammenzubringen und ein
gegenseitiges Verständnis zu schaffen. Die ML-Experten müssen ein gutes Prozessverständnis entwickeln, um die ML-Lösung entsprechend zu gestalten, da auch (noch) nicht
viele ML-Bausteine für die Industrie/Produktion vorliegen.

Für Unternehmen, die noch wenig Erfahrung mit KI-Projekten haben und sich insbesondere definierte Personenrollen innerhalb des Projektes wünschen, eignen sich die
Vorgehensmodelle PAISE und ML4P. Des Weiteren sind die Modelle zu empfehlen,

wenn eine sehr technische Herangehensweise gesucht wird. Vor allem PAISE konzentriert sich auf die technische Umsetzbarkeit und evaluiert, ob ML-Lösungen überhaupt notwendig sind. PAISE wurde insbesondere auch (aber nicht ausschließlich) für die Anwendung in kleinen und mittelständischen Unternehmen entwickelt. Nachteil bei PAISE ist, dass keine Kostenanalyse durchgeführt wird. Diese kann allerdings bei Bedarf einfach zusätzlich integriert werden. Das ML4P enthält neben Projektrollen und technischer Umsetzbarkeitsprüfung auch noch Kosten-Nutzen-Analysen, damit der finanzielle Rahmen eines Projektes evaluiert werden kann. ML4P bezieht dadurch den betriebswirtschaftlichen Unternehmenskontext stärker mit ein.

Wenn bereits Erfahrungen mit KI-Lösungen vorliegen bzw. reine Softwarelösungen benötigt werden, in denen der ständige Austausch während der Entwicklung mit der Produktionsanlage nicht nötig ist, dann eignen sich die Prozessmodelle CRISP-DM und CRISP-ML(Q). Das CRISP-ML(Q)-Modell legt dabei besonderen Schwerpunkt auf die Qualitätssicherung.

CRISP-ML(Q), PAISE und ML4P sind erst in den letzten Jahren entwickelt worden und können (noch) nicht viele Referenzprojekte aufweisen, wohingegen CRISP-DM als De-facto-Standard bei denjenigen Projekten, die im Rahmen eines Prozessmodells umgesetzt wurden, eine weitreichende Einsatzhistorie in Industrie und Produktion aufweist.

Zusammenfassend sei angemerkt, dass grundsätzlich alle Prozessmodelle derselben Motivation folgen: Unternehmen sollen dadurch bei der Durchführung eines Datenprojektes alle relevanten Aspekte betrachten, die zu einer erfolgreichen Umsetzung und einem erfolgreichen Betrieb eines ML-Modelles in der Produktion relevant sind. Dabei gibt es große Überschneidungen der einzelnen Prozessmodelle. Aktivitäten, die für ein bestimmtes Prozessmodell in einer bestimmten Phase definiert wurden, sind dabei meist auch auf die anderen Prozessmodelle übertragbar. Ein Vergleich der vier Prozessmodelle findet sich in Abb. 5.12. Darin werden die vorgestellten Modelle anhand Kriterien wie Anwendungsneutralität, Einfachheit, Vorgehensweise etc. verglichen.

Viele Modelle haben ähnliche Projektabschnitte. So sind z. B. das Datenverständnis und die Datenaufbereitung bei CRISP-DM in der Phase Data Engineering bei CRISP-ML(Q) gebündelt. Unterschiede sind beispielsweise beim PAISE-Modell gegenüber den anderen Modellen, dass eine funktionale Dekomposition durchgeführt wird.

Als zusammenfassende Kernaussage kann für alle Prozessmodelle festgehalten werden, dass datenbasierte Projekte meist zyklisch durchgeführt werden müssen. Zu Beginn eines Projektes müssen möglichst detailliert zu erreichende KPIs erstellt und die erwarteten Kosten dem erwarteten Nutzen gegenübergestellt werden. Bei fast allen Projekten in der Produktion ist es wichtig, von Anfang an die Expert:innen der betrieblichen Prozesse, in die die Lösung implementiert werden soll, miteinzubeziehen. Eine fortwährende Prüfung der Modellgenauigkeit ist auch nach der Implementierung der Lösung im Prozess notwendig. Als Daumenregel kann festgehalten werden, dass ca. 80 % der Zeit für

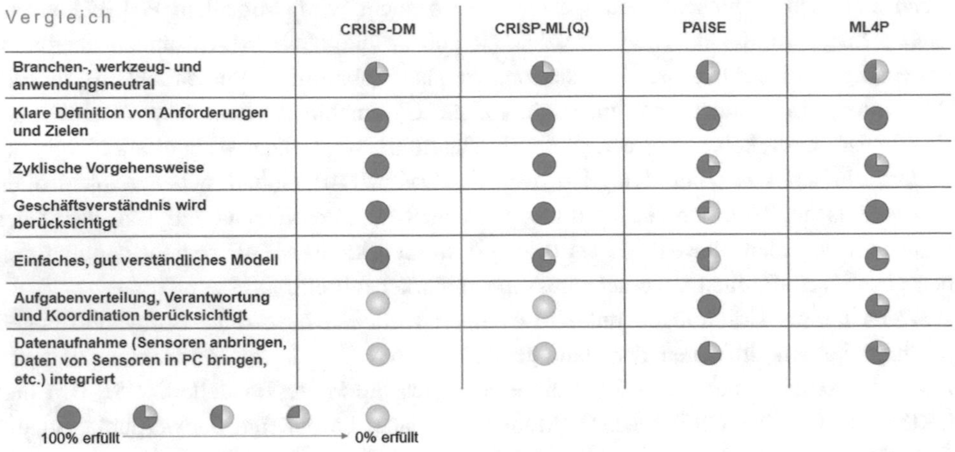

Vergleich	CRISP-DM	CRISP-ML(Q)	PAISE	ML4P
Branchen-, werkzeug- und anwendungsneutral	◕	◕	◑	◑
Klare Definition von Anforderungen und Zielen	●	●	●	●
Zyklische Vorgehensweise	●	●	◕	◕
Geschäftsverständnis wird berücksichtigt	●	●	◕	●
Einfaches, gut verständliches Modell	●	◕	◑	◕
Aufgabenverteilung, Verantwortung und Koordination berücksichtigt	○	○	●	◕
Datenaufnahme (Sensoren anbringen, Daten von Sensoren in PC bringen, etc.) integriert	○	○	◕	◕

● ◕ ◑ ◔ ○
100% erfüllt ──────────────────→ 0% erfüllt

Abb. 5.12 Vergleich Prozessmodelle

die Datenbereitstellung, die Datenaufbereitung sowie das Deployment einkalkuliert werden müssen. Lediglich ca. 20 % umfasst die eigentliche sog. Modellentwicklung und Validierung, wenngleich hierunter landläufig die Begriffe KI, AI und ML fallen.

5.4   Fragen zum Kapitel

1. Unterscheiden Sie Daten, Information und Wissen anhand eines Beispiels aus der industriellen Wertschöpfungskette.
2. Was ist die Problematik bei Fakten sowie faktenorientierter Entscheidung (siehe hierzu auch Abschn. 7.2)?
3. Erläutern Sie die Problematik der Sammlung von personenbezogenen Maschinendaten beim autonomen Fahren vor dem Hintergrund Big Data.
4. Unterscheiden sie Datenerfassung und Datenerhebung. Diskutieren sie hierbei die Problematik der Daten-Zweitverwendung.
5. Was sind Metadaten? Nennen sie Beispiele aus der Logistik.
6. Nennen Sie Datenziele bei der automatisierten Rückmeldung während der Nutzung eines Produktes (z. B. durch das Internet of Things – IoT/IIoT). Was bedeutet Datenqualität hierbei?
7. Was bedeutet Datenintegrität und Interoperabilität?
8. Erläutern Sie Datenminimierung und Daten-Zweitverwendung. Worin liegt die Herausforderung?
9. Können reine Maschinendaten „personenbezogen" sein?
10. Was ist das Ziel von Big Data und warum kommt der Begriff erst kürzlich auf?
11. Worin liegt die datenschutzrechtliche Herausforderung bei Big Data?

12. Stellen Sie Überlegungen zur Richtigkeit und Transparenz von Big Data an.
13. Was ist Kausalität, Korrelation, Scheinkorrelation und Koinzidenz? Sehen sie eine besondere Schwierigkeit bei Big Data in Zusammenhang mit Maschinellem Lernen?
14. Was ist Smart Data? Wo liegen die Herausforderungen?

Literatur

Anderson, C. (2008). The end of theory: The data deluge makes the scientific method obsolete. https://www.wired.com/2008/06/pb-theory/. Zugegriffen: 10. Juni 2020.

Bitkom. (2015). Leitlinien für den Big-Data-Einsatz. https://www.bitkom.org/sites/default/files/file/import/150901-Bitkom-Positionspapier-Big-Data-Leitlinien.pdf. Zugegriffen: 10. Juni 2020.

BMWi. (2020). Broschüre: GAIA-X – das europäische Projekt startet in die nächste Phase. https://www.bmwi.de/Redaktion/DE/Publikationen/Digitale-Welt/gaia-x-das-europaeische-projekt-startet-in-die-naechste-phase.html. Zugegriffen: 5. Juni 2020.

C-KING Kompetenzzentrum KI-Engineering. (2021). *PAISE Das Vorgehensmodell für KI-Engineering.* Karlsruhe: CC-KING Kompetenzzentrum KI-Engineering. Von https://www.ki-engineering.eu/content/dam/iosb/ki-engineering/downloads/PAISE(R)_Whitepaper_CC-KING.pdf. Zugegriffen: 26. März 2023.

DIN & DKE (2020). Deutsche Normungsroadmap Künstliche Intelligenz (Ausgabe 1). DIN, Berlin. https://www.din.de/resource/blob/772438/ecb20518d982843c3f8b0cd106f13881/normungsroadmap-ki-data.pdf. Zugegriffen 07. Jan. 2024.

DIN & DKE (2022). Deutsche Normungsroadmap Künstliche Intelligenz (Ausgabe 2). DIN, Berlin. https://www.din.de/resource/blob/891106/57b7d46a1d2514a183a6ad2de89782ab/deutsche-normungsroadmap-kuenstliche-intelligenz-ausgabe-2--data.pdf. Zugegriffen 07. Jan. 2024.

DIN SPEC 13266 (2020). 2020-04, Leitfaden für die Entwicklung von Deep-Learning-Bilderkennungssystemen, Beuth Verlag. https://www.beuth.de/de/technische-regel/din-spec-13266/318439445.

Frauenhofer IOSB . (2022). *ML4P – Vorgehensmodell Machine Learning for Production.* Frauenhofer IOSB .

Friedrich, J., Hammerschall, U., & Kuhrmann, M. (2009). *Das V-Modell XT. Informatik im Fokus.* Springer.

Giga. (27. Januar 2017). Alternative Fakten. https://www.giga.de/extra/social-media/specials/alternative-fakten-was-ist-das-leicht-erklaert/. Zugegriffen: 2. Mai 2020.

Heuer, S. (2013). Kleine Daten, große Wirkung. https://www.lfm-nrw.de/fileadmin/lfm-nrw/nrw_digital/Publikationen/DK_Big_Data.pdf. Zugegriffen: 10. Juni 2020.

Hoyer, P., Janzing, D., Mooij, J., Peters, J., & Schölköpf, B. (kein Datum). Nonlinear causal discovery with additive noise models. https://webdav.tuebingen.mpg.de/causality/NIPS2008-Hoyer.pdf. Zugegriffen: 10. Juni 2020.

Klose, A.-C. (2016). Wie Microsofts Chatbot Tay rassistisch wurde. https://entwickler.de/online/netzkultur/wie-microsofts-chatbot-rassistisch-wurde-236943.html. Zugegriffen: 30. Apr. 2020.

Nationaler IT-Gipfel. (2014). Smart Data – Potenziale und Herausforderungen. https://div-konferenz.de/app/uploads/2015/12/150114_AG2_Strategiepapier_PG_SmartData_zurAnsicht.pdf. Zugegriffen: 10. Okt. 2020.

Royce, W. (1970). Managing the Development of Large Software Systems. *Proceedings of IEEE WESCON, 26,* 1–9.

SAS, & LNS Research. (2017). Qualität 4.0 Handbuch: Auswirkungen und Strategien. https://www.
    sas.com/de_de/whitepapers/quality-4-0-impact-strategy-109087.html?gclid=EAIaIQobChMI
    qp6_i7b36QIVkuF3Ch3Z3QM5EAAYASAAEgK-HPD_BwE. Zugegriffen: 15. Mai 2020.
Schwaber, K. (2002). *Agile Software Development with Scrum.* Prentice Hall.
Studer, S., Bui, B., Drescher, C., Hanuschkin, A., Winkler, L., Peters, S., & Müller, K.-R. (2021).
    Towards CRISP-ML(Q): A Machine Learning Process Model with Quality Assurance Method-
    ology. *Machine Learning and Knowledge Extraction ,* 392–413.
SWR2 Wissen, & Rooch, A. (2020). SWR2 Wissen: Chatbots – Reden mit Maschinen. https://
    www.swr.de/swr2/wissen/chatbots-reden-mit-maschinen-swr2-wissen-2020-08-18-102.html.
    Zugegriffen: 11. Okt. 2020
Tenzer, F. (2020). Prognose zum Volumen der jährlich generierten digitalen Datenmenge weltweit
    in den Jahren 2018 und 2025. https://de.statista.com/statistik/daten/studie/267974/umfrage/pro
    gnose-zum-weltweit-generierten-datenvolumen/. Zugegriffen: 2. Apr. 2020.
Versteegen, G. (2002). *Vorgehensmodelle.* Springer.
Vigen, T. (2018). *Spurious correlations.* Hachette Books.
Wirth, R., & Hipp, J. (2000). CRISPDM: Towards a standard process model for data mining. In *Pro-
    ceedings of the 4th international conference on the practical applications of knowledge discovery
    and data mining,* (S. 29–39).
World Economic Forum, & Kearney. (2017). Industrie 4.0: 350 Mrd. EUR zusätzlich dank Robotik,
    Wearables & Co. https://www.presseportal.de/pm/15196/3584377. Zugegriffen: 30. Aug. 2020

6.1 Maschinelles Lernen (Machine Learning – ML)

„Geduld, die Fähigkeit, mit Mehrdeutigkeiten und Widersprüchen umzugehen, Debatten-
fähigkeit und eine Menge Empathie."

Anne Rolvering, Geschäftsführerin der Schwarzkopf-Stiftung Junges Europa zu der Frage,
was Sie im Studium nicht gelernt habe, aber im Beruf brauche. In: ZEIT Wissen hoch 3, 2020

Der Begriff Machine Learning wurde 1959 erstmalig von Arthur Lee Samuel im Zusammenhang mit der Entwicklung eines Dame-Spielprogramms bei IBM benutzt. Er definierte: Maschinelles Lernen ist ein „Forschungsgebiet, das Computer in die Lage versetzen soll, zu lernen, ohne explizit darauf programmiert zu sein".

Maschinelles Lernen (ML) wird heute als die Schlüsseltechnologie innerhalb der Künstlichen Intelligenz angesehen. Für ML in der schwachen KI („narrow AI") gibt es bereits konkrete technische Anwendungen, z. B. Auswertung von ERP-Daten, Predictive Maintenance, autonome Fahrzeuge in der Fertigung etc. Wichtig dabei ist aber: ML kommt nicht ohne viele Daten aus, d. h., Big Data und ML gehören zusammen.

Dennoch gibt es derzeit keine konsensfähige Definition für ML. Die Begriffe KI, ML und Deep Learning werden oft fälschlicherweise synonym benutzt. „Vieles ist beim Begriff KI heute noch falsch zugeordnet. Wir haben eine Trennung in Machine-Learning-Themen, wo wir im Kern diese Methoden als „Rechenknechte" nutzen. Einen kleineren Bereich der KI wird die Algorithmik (z. B. Deep-Learning-Modelle) nutzen, um spezielle Use Cases zu ermöglichen und/oder zu optimieren" (Nguyen, 2019).

In der industriellen Anwendung wird ML als Werkzeug in einem weiter gefassten KI-Begriff verstanden und grenzt sich darüber hinaus vom tiefgehenden Lernen (Deep Learning) ab (siehe Abb. 6.1).

Microsoft sieht ML als Teilgebiet von KI und definiert (Microsoft, 2020b):

© Der/die Autor(en), exklusiv lizenziert an Springer Fachmedien Wiesbaden GmbH, ein
Teil von Springer Nature 2024
A. Mockenhaupt and T. Schlagenhauf, *Digitalisierung und Künstliche Intelligenz in der
Produktion*, https://doi.org/10.1007/978-3-658-41935-6_6

Abb. 6.1 „Künstliche
Intelligenz" (Artificial
Intelligence) mit den
Teilgebieten „Maschinelles
Lernen" (Machine Learning)
und „Tiefergehendes Lernen"
(Deep Learning)

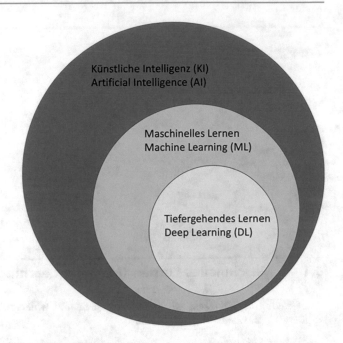

- *Machine Learning (ML) ist ein Teilgebiet der Künstlichen Intelligenz (KI).*
  *Algorithmen können Muster und Gesetzmäßigkeiten in Datensätzen erkennen und
  daraus Lösungen entwickeln. Einfach gesagt wird Wissen aus Erfahrungen generiert.*

In der Vergangenheit verarbeiteten Computer Daten eher sortierend in hierarchischen
Baumstrukturen nach If–Then-Schleifen (Wenn-Dann-Schleifen). Sowohl Daten als auch
die Problemstellung mussten in strukturierter Form vorliegen. Die Maschinen zogen selbstständig keine Schlüsse aus der Datenverarbeitung, erkannten also von selbst keine
Muster oder Gesetzmäßigkeiten hinter den Daten.
    Maschinelles Lernen entwickelt seine Stärke bei unstrukturierten Problemstellun-
gen, die sich nicht einfach mit „wenn (Ereignis)", „dann (Aktion)" in hierarchischen
Baumstrukturen einordnen lassen.
    Aber ist beim Machine Learning noch menschliche Intervention gewünscht bzw.
notwendig? Weiter bei Microsoft (Microsoft, 2020a; Microsoft, 2020b):

- *„Der Mensch greift hierbei in die Datenanalyse und den Entscheidungsprozess ein:*
  Das Machine-Learning-Modell muss auf der einen Seite mit relevanten Daten gefüttert
  werden. Auf der anderen Seite muss ein Algorithmus vorgegeben werden. Also Regeln
  dafür, wie das System eine genaue Vorhersage treffen soll."

Der Mensch bleibt also beim ML zunächst Teil des Systems (siehe Abb. 6.2).

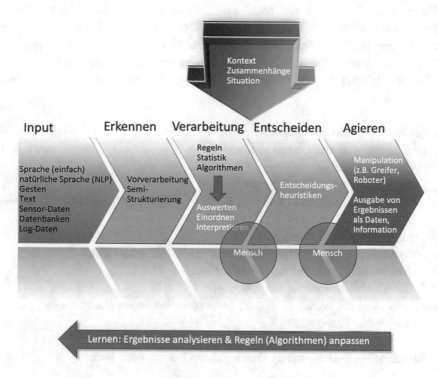

Abb. 6.2 Maschinelles Lernen – Der Mensch bleibt noch Teil des Systems

Durch ML hat sich auch das Berufsbild des Softwareentwicklers geändert. Jason Tanz, ein ML-Experte, formulierte dies 2016 so (Tanz, 2016): „In der traditionellen Programmierung schreibt ein Ingenieur explizite Schritt-für-Schritt-Anweisungen für den Computer. Beim maschinellen Lernen kodieren Softwareentwickler keine Computer mit Anweisungen. Sie trainieren sie."

Dieses Trainieren basiert auf Mustererkennung und kann wie folgt geschehen:

- mechanisches Lernen (z. B. zweibeiniges Gehen eines Roboters),
- Lernen durch Unterweisung (z. B. Mensch gibt die Richtung vor),
- Lernen durch Operationalisieren (Umwelt messbar machen),
- Lernen aus Analogien (Übertragung auf neue, ähnliche Situationen),
- Lernen durch Experimentieren (zielgerichtetes oder chaotisches Ausprobieren).

Beispiel für ein zielgerichtetes Ausprobieren ist die DoE (Design of Experiments), eine statistische Versuchsplanung, um aus einer Vielzahl von Parametern die relevanten Einflussfaktoren zu ermitteln. Chaotisches Ausprobieren ist beispielsweise die Try-and-Error-Methode.

Wie im normalen Leben soll nach dem Training die Aufgabe selbstständig gelöst werden können. Dies setzt hier eine gewisse Eigenständigkeit der KI voraus. Damit werden Fragen nach der Transparenz einer Entscheidung aufgeworfen sowie, welche Kontrollierbarkeit für das nachfolgende Agieren des Systems erforderlich ist.

Beim Maschinellen Lernen können zunächst zwei unterschiedliche Vorgehensweisen verfolgt werden:

- Maschinelles Lernen über Trainingsdaten,
     (anschließend ist das Lernen abgeschlossen)
- kontinuierliches Lernen.

Dabei stellen sich grundsätzlich folgende Fragen:

- Ist „Lernen durch Fehler" möglich bzw. sinnvoll?
- Inwiefern müssen Lernresultate transparent (nachvollziehbar) sein?
- Inwiefern müssen Lernresultate überwacht werden
     (z. B. Ausreißer, zeitliche Veränderung)?
- Innerhalb welcher Grenzen dürfen die Lernergebnisse liegen (Leitplanken),
     wie wird dies überwacht?

Beim Maschinellen Lernen mittels Trainingsdaten kommt noch hinzu:

- Anforderung an die Trainingsdaten
     (Umfang, Aktualität, Lösungserwartung …),
- Einbeziehung neuer Daten
     (nie, regelmäßig, bei Bedarf),
- zeitliche Gültigkeit bzw. Ablaufdatum des Trainings.

6.1.1   Sieben Startschritte des Maschinellen Lernens mittels Trainingsdaten

Das Maschinelle-Lern-System muss zunächst entwickelt und auf seine Funktionstüchtigkeit hin überprüft werden. Hierzu sind sieben Startschritte sinnvoll:

1. Zieldefinition: Was soll die KI woraus lernen und anschließend entscheiden?
2. Sammlung von Initialdaten (Trainings-, Test- und Validierungsdaten).
3. Entwicklung eines entsprechenden Algorithmus.
4. Maschinelle Lernphase über Trainingsdaten.
5. Überprüfung der Ergebnisse durch Vergleich mit den Test- und Validierungsdaten.

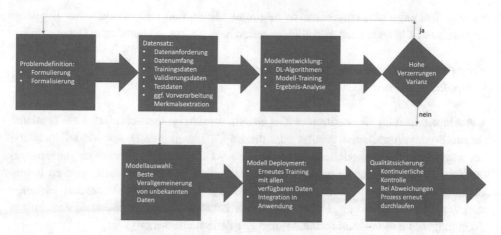

Abb. 6.3 Entwicklung eines Deep-Learning(DL)-Systems. (In Anlehnung an DIN SPEC 13266:2020)

6. Überprüfung der Konformität zu relevanten Regeln bzw. Normen (Zertifizierung).
7. Anschließend muss entschieden werden, ob die KI selbstständig weiterlernt (kontinuierliches Lernen), was ggf. eine Überwachung impliziert, oder in dem so erlangten Zustand „eingefroren" wird, bis das System erneut lernt.

Die DIN SPEC 13266:2020 definiert ähnlich (siehe Abb. 6.3):

6.1.2 Initialdaten (synthetische Daten, Trainings-, Test- und Validierungsdaten)

Eine Methode des Maschinellen Lernens ist, das Modell mit einem vorgegebenen Datensatz zu trainieren. Das Ergebnis wird dann mit einem vorher festgelegten erwarteten Ergebnis verglichen und validiert.

Die DIN SPEC 13266:2020 definiert (DIN SPEC 13266, 2020):

- *Trainingsdaten*
  Teilmenge der Initialdaten, die dazu dient, unterschiedliche Modelle zu trainieren.
- *Testdaten*
  Teilmenge der Initialdaten, mit deren Hilfe das finale Modell ausgewählt werden kann.
- *Validierungsdaten*
  Teilmenge der Initialdaten, die dazu dient, unterschiedliche auf den Trainingsdaten trainierte Modellvarianten zu validieren.

Werden Trainingsdaten eingesetzt, so bestimmt Menge und Datenqualität das Ergebnis. Trainingsdaten können auch künstlich generiert werden, sog. synthetische Daten.

- **Synthetische Daten** *sind künstlich erzeugte Daten, die nicht mittels realer Abläufe ermittelt wurden.*

Von Algorithmen für ein bestimmtes Ziel erstellt, werden synthetische Daten als Testdaten für die Produktionsanlagen genutzt oder dienen als Trainingsdaten zur Modellerstellung bei maschinellen Lernmodellen (siehe Abschn. 6.1). Auch sog. *Stresstests* nutzen synthetische Daten, um das Verhalten in Extrembereichen und Notfallsituationen zu testen. Weil die Daten nicht real (authentisch) sind, bedingt ihr Einsatz aber besondere Maßnahmen zur Qualitätssicherung. Daher müssen sie konform zu entsprechenden Vorschriften (Regelungen, Gesetzen, Konformitäts- und Zertifizierungsnormen) sein.

Um ein System des Maschinellen Lernens zu entwickeln, benötigt man zunächst einen Datensatz, mit dem das System lernen kann (Trainingsdaten). Nach der Lernphase kontrolliert man das System mittels neuer Testdaten und validiert anschließend. Validierung bedeutet in diesem Zusammenhang den Eignungsnachweis, sodass die Anforderungen an die Funktionstüchtigkeit der KI für spezifische Anwendung erfüllt ist (in Anlehnung an DIN EN ISO 9000:2015).

Die Trainingsdaten müssen die Wirklichkeit repräsentieren, die sog. Grundwahrheit (Ground Truth) abbilden. Daher ist es wichtig, vorab zu definieren, wie die Daten erhoben werden, wie groß die Mindestmenge an Daten zum Training ist und wie mit Ausreißern zu verfahren ist. Dies orientiert sich an der Schwierigkeit des Lernproblems sowie an der Bedeutsamkeit des Lernergebnisses bzw. dessen Folgen.

6.2   Drei Methoden des Maschinellen Lernens

Beim Maschinellen Lernen werden drei zentrale Methoden unterschieden (siehe Abb. 6.4):

- überwachtes Lernen (Supervised Learning),
- unüberwachtes Lernen (Unsupervised Learning),
- bestärkendes Lernen (Reinforced Learning).

Die Wahl der geeigneten Lernmethode ist abhängig davon, welche Risiken und Gefahren der spätere Einsatz einer KI mit sich bringt, sowie vom Anspruch an die KI, für den Menschen neue Erkenntnisse zu schaffen.

Bei industriellen Anwendungen mit vornehmlich schwacher KI findet man hauptsächlich überwachtes Lernen. Dies entspringt Sicherheitsanforderungen, aber auch der Anforderung des Qualitätsmanagements nach kontrollierten Prozessen (vgl. Abschn. 12.3).

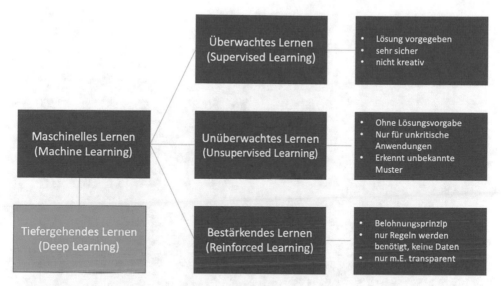

Abb. 6.4   Drei Methoden des Maschinellen Lernens

6.2.1   Überwachtes Lernen (Supervised Learning)

Das überwachte Lernen stellt die sicherste Form des Lernens da. Daher ist es bei sicherheitsrelevanten Lernaufgaben die erste Wahl. Wirklich neue Erkenntnisse wird es aber nicht liefern. Für kreative Aufgaben ist es demzufolge nicht geeignet, jedoch eignet es sich gut für Optimierungen.

- *Überwachtes Lernen (Supervised Learning)*
  Zusätzlich zu Lerndaten und Lernaufgaben sind die erwarteten Ergebnisse bekannt.

Ein Beispiel aus der Zerspanung zeigt Abb. 6.5. Eine KI lernt den optimalen Einsatz einer Fräse. Der Mensch überprüft das Ergebnis, bevor es zum Standard ernannt wird. Das Resultat ist eine vollkommen andere Wegsteuerung des Werkzeugs. Nach Aussage des Mitarbeiters ist allein das NC-Programm so komplex, dass es ein Mensch nie derart programmiert hätte.

Die erwarteten Ergebnisse werden als *„Grundwissen"* bzw. *„Ground Truth"* bezeichnet. *Ground-Truth-Labels* sind das, was Menschen als richtige Lösung der ML-Aufgabe definieren. Die Qualität der Ground-Truth-Labels ist dabei entscheidend für das Lernergebnis.

Ein Beispiel ist das Erkennen eines Tiers in einem Bild. Das Ground-Truth-Label für die Lernbilder ist hier entweder „Tier" direkt oder „Hund", „Katze", „Pferd" etc. Wurde „Huhn" nicht als Grundwissen aufgenommen, so wird es später auch nicht erkannt.

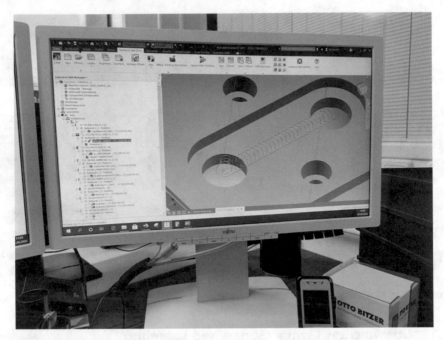

Abb. 6.5 Überwachtes Lernen bei der Zerspanung. (Quelle: RUMPEL Präzisionstechnik)

Eine Gefahr besteht, dass die KI die Daten-Grundwissen-Kombination nur „auswendig" lernt und nicht auf neue Aufgaben übertragen kann. Dies nennt sich *Überanpassung* bzw. **Overfitting** und muss getestet werden. Beim menschlichen Lernen geschieht dies in Form sog. Transferaufgaben: Das erlernte Wissen muss auf eine neue Situation angewendet werden.

Ein interessantes Beispiel für Overfitting ist Anpassung der Lagerhaltung an den Bedarf von Toilettenpapier bei Amazon in der Corona-Krise (Weigert und Fetic, 2020; Heaven, 2020). Die KI hatte sich am Bedarf von Toilettenpapier optimiert, in der folgenden Woche wollten aber alle Puzzles oder Fitnessgeräte. In volatilen (wechselhaften) Märkten wäre es schwierig („hard"), ohne manuelle Anpassungen auszukommen, sagt Racl Cline von der Unternehmensberatung Nozzle, und fügt hinzu, dass die Corona-Situation vielen die Augen geöffnet hätte, die glaubten, automatisierte Systeme könnten sich selber steuern.

6.2.2   Unüberwachtes Lernen (Unsupervised Learning)

Eine Kontrolle des Ergebnisses findet nicht statt. Daher ist es für sicherheitsrelevante Problematiken wenig geeignet. Agiert das System infolge autonom, müssen zusätzliche

Sicherheitsvorkehrungen getroffen werden, z. B. in Form von vorher abgestimmten Leitplanken, innerhalb derer frei gehandelt werden kann.

Demgegenüber können bislang vollkommen unbekannte, versteckte Muster und Gemeinsamkeiten in den Daten erkannt werden. Also ist das unüberwachte Lernen, je nach Definition, m. E. kreativ.

- *Unüberwachtes Lernen (Unsupervised Learning)*
  Das System lernt frei ohne die Vorgabe von Zielwerten.

Die Herausforderung darüber hinaus ist der Schritt von der idealistischen Simulation über Trainingsdaten in die weniger ideale „schmutzige" Realität mit allen möglichen Nebenbeeinflussungen. Diese Problematik wird als *„Simulation Gap"* bezeichnet und liegt bei allen Lernformen vor, verstärkt sich aber, wenn keine zusätzliche Überwachung stattfindet.

6.2.3 Bestärkendes Lernen (Reinforced Learning)

Bestärkendes Lernen simuliert den extrinsisch motivierten Lernvorgang beim Menschen, insbesondere den bei Kindern. Den Kindern werden weniger Anleitungen oder Nachahmungsmuster an die Hand gegeben, vielmehr werden ihnen die Regeln nahegebracht und sie sollen anschließend durch eigene Erfahrung lernen. Durch Belohnung des richtigen bzw. Sanktionierung des falschen Wegs wird ein Lerneffekt initiiert, der auch bislang unbekannte, kreative Lösungen hervorbringen kann.

„Reinforcement Learning ist ein Machine-Learning-Konzept, in welchem ein Agent ohne anfängliche Informationen über sein Umfeld oder die Auswirkungen seines Handelns dazu trainiert werden soll, die maximale Belohnung zu erhalten" (Dammann, kein Datum).

Im Gegensatz zu den beiden anderen ML-Methoden werden beim bestärkenden Lernen nur die (Spiel-)Regeln benötigt, keine Lerndaten und keine erwarteten Ergebnisse. Das birgt den Vorteil, nicht umfänglich Daten beschaffen bzw. erzeugen zu müssen. Allerdings ist ein Belohnungssignal notwendig, damit die KI sich schrittweise verbessert.

Dadurch können ohne menschliches Vorwissen komplexe Probleme gelöst werden und sogar vollkommen neue Erkenntnisse gewonnen werden: der Beginn einer maschinellen Kreativität.

- *Bestärkendes Lernen (Reinforced Learning)*
  Das Lernsystem benötigt keine Lerndaten, sondern nur Regeln sowie ein Belohnungssignal. In einer Simulationsumgebung lernt das System nach dem Versuch-Fehler-Prinzip (Trial-and-Error) selbst.

Ein gutes Beispiel ist die Spielsoftware AlphaGo Zero, die nur unter Kenntnis der Spielregeln und im Spiel gegen sich selbst enorme Spielstärke und sogar vollkommen bislang
unbekannte, neue Spielzüge und -varianten entwickelte. Als Belohnungssignal wäre hier
denkbar: „Spiel gewonnen" sowie ggf. zusätzlich eine kurze Spielzeit oder eine möglichst
große Anzahl verbliebener eigener Spielsteine am Ende der Partie.

6.2.4 Weitere Lernmethoden (Lazy Learning, Eager Learning, Continuous Learning)

Neben den drei sehr bekannten ML-Methoden gibt es weitere maschinelle Lernverfahren:

- *Das **träge Lernen** (**Lazy Learning**) speichert die Trainingsdaten zunächst nur ab. Die
  Modellbildung findet erst bei entsprechender Abfrage, dann aber unter Berücksichtigung
  der aktuellen Arbeitsumgebung statt. Das Lazy Learning geschieht z. B. mittels des k-
  nächste-Nachbarn-Algorithmus (KNN bzw. K-NN – nicht zu verwechseln mit Künstlichen
  Neuronalen Netzen, auch abgekürzt mit KNN).*
- *Beim **eifrigen Lernen** (**Eager Learning**) findet das Lernen offline statt. Dies dauert zwar
  länger, hat aber den Vorteil einer geringeren Netzauslastung, insbesondere bei Abfragen.
  Da offline, erfolgt das Lernen allerdings global, d. h., der aktuelle Arbeitspunkt kann nicht
  berücksichtigt werden.*
- *Das **kontinuierliche Lernen** (**Continuous Learning – CLS**) kann kontinuierlich aus
  neuen Daten lernen. Hierzu sind gesonderte Qualitätssicherungsmaßnahmen bezüglich
  der Daten sowie der Ergebnisse erforderlich. CLS-Systeme können ihre Modelle in
  Echtzeit aktualisieren bzw. anpassen.*

6.3 Mustererkennung

Automatisierung mithilfe des Machine Learnings lebt von der Mustererkennung. Dies ist
insbesondere im unsicheren Datenumfeld wichtig. Hat der Mensch nicht alle notwendigen
Informationen, versucht das Gehirn im komplexen Umfeld bekannte Muster zu erkennen
und auf diese entsprechend zu reagieren.

Dabei sind die intellektuellen Fähigkeiten von Menschen und Maschine unterschiedlich: Während der Mensch assoziativ denkt – neue Informationen werden mit
bereits bekannten Eindrücken abgeglichen –, besteht die Stärke einer Maschine in
der Kombinatorik. Dabei werden alle mathematisch möglichen Kombinationen der
Eingangswerte untersucht und die bezüglich der Zielvorgaben günstigste ausgewählt.

So berechnete ein Schachcomputer der frühen Generation alle irgendwie möglichen
Zugkombinationen voraus und wählte dann einem vorgegebenen Modell entsprechend

den nächsten Zug aus (Modell ist z. B.: Das Schlagen der gegnerischen Dame hat eine hohe Priorität und erlaubt das Opfern eines Läufers).

Exkurs: Können Computer Schach spielen?

Eine im Durchschnitt 45 Züge dauernde Schachpartie erlaubt im Durchschnitt 40 Zugmöglichkeiten je Halbzug. Daraus folgt, dass der Computer für ein siegreiches Spiel 10^{106} realisierbare Stellungen antizipieren müsste. Das sind 100 Trillionen mal mehr Stellungen, als das Universum an Elementarteilchen vorhält – Die Frage sollte mit „nein" beantwortet werden – q.e.d.

Dass das Computer-Schach-Theorem in den letzten 70 Jahren an Beweiskraft verloren hat, liegt daran, dass die Informatik sich abgekehrt hat vom hierarchischen Programmieren hin zum modularen Programmieren:

Statt stupide jeden möglichen Zug durchzurechnen, merkt sich das Programm nur die aussichtsreichen Züge aus Schach-Datenbanken in einer Dimension von 10^7 Partien. Die Programme lernen so erfolgreich aus gespielten Partien, dass sie inzwischen als unschlagbar gelten (in Anlehnung an Rolland, 2021).

Im Allgemeinen kann der Computer besser berechnen, d. h., die kombinatorischen Fähigkeiten sind hoch. Bei Assoziation und der daraus folgenden Kreativität sind die Fähigkeiten eines Rechners allerdings begrenzt (siehe Abschn. 3.14). Demgegenüber setzt der Mensch bei einer unbekannten Situation auf ihm bekannte Muster bzw. Erfahrungen, die assoziativ bzw. kreativ auf die Bedürfnisse erweitert werden (siehe Tab. 6.1).

Der Nachteil der Kombinatorik ist aber, dass die notwendige Anzahl der Berechnungen exponentiell ansteigt. Daher konnten Schachcomputer nur einige wenige Züge im Voraus berechnen. Dies wird in der Mathematik als *kombinatorische Explosion* bezeichnet, die das schnelle Anwachsen der Komplexität eines Problems bei Hinzufügung nur weniger neuer Variablen behandelt. Eine interessante Abhandlung darüber ist das Buch *Kombinatorische Explosion und das Traveling Salesman Problem*, das u. a. die Optimierung von Geschäftsreisen behandelt (Gritzmann & Brandenberg, 2008).

Mustererkennung versucht die Vorzüge beider Systeme, der menschlichen Assoziation und Kreativität, mit der maschinellen Kombinatorik zu kombinieren:

Gerade bei Big Data oder unsicherer Datenlage kann durch eine Mustererkennung die Anzahl der Möglichkeiten stark reduziert werden, die dann kombinatorisch weiter untersucht wird.

Tab. 6.1 Kreativität vs. Kombinatorik beim Menschen bzw. bei KI

	Kreativität	Assoziative Fähigkeit	Kombinatorische Fähigkeit
Menschliche Intelligenz	Weit entwickelt	Weit entwickelt	Nur bei kleinen Datenmengen
Künstliche Intelligenz	Keine Kreativität bzw. bedingt kreativ	Bedingt fähig	Auch bei Big Data

Wenn die KI eines autonom fahrenden Autos beispielsweise begreift, dass es sich beim Kind am Straßenrand um ein Reklamebild auf einer Litfaßsäule handelt, kann vieles ausgeschlossen werden. Hier wäre nur noch Kollisionsvermeidung mit einem unbeweglichen Gegenstand weiter zu berechnen.

Die Mustererkennung erfolgt über das Maschinelle Lernen (ML). Dementsprechend müssen die Systeme über Trainingsdaten, bei denen Erfahrungsdaten als Lösung vorliegen, geschult werden. Weiterlernen in der Arbeitsphase nach der Trainingsphase ist sinnvoll, insbesondere wenn eine menschliche Lernstrategie angewendet wird: das Lernen durch Fehler.

Das Vorgehen geht aus Abb. 6.6 und 6.7 hervor.

Bei der Mustererkennung können auch selbstadaptive *evolutionäre Algorithmen (EA)* oder *genetische Algorithmen (GA)* zur Optimierung eingesetzt werden. Hierbei handelt es sich um statistische Optimierungsverfahren, bei denen, naturähnlich, einzelne Parameter zufällig verändert werden und die „Fitness" (Eignung) der so erzeugten Mutation (Veränderung) bewertet wird.

Sehr erfolgreich ist die Mustererkennung in bildgebenden Verfahren, mit aussichtsreichen Anwendungen in der Medizintechnik. Beispielsweise sind mit KI und ML erstellte Diagnosen von Hautkrebs oder Herzerkrankungen schneller und verlässlicher möglich als die von Experten (Madani et al., 2018).

Industrielle Anwendung gibt es z. B. in der Produktion: In einem Forschungsprojekt soll die Termintreue bei der Auftragsplanung durch KI-Mustererkennung verbessert werden (Tubessing, 2018).

6.4   ML-Algorithmen (Übersicht)

Ein Algorithmus ist eine Verarbeitungsvorschrift, die aber mittlerweile große Auswirkungen auf das reale Leben hat, wie das Instagram-Zitat des Podcasters und „Internetfilous" El Hotzo in Abb. 6.8 zeigt (Hotz, 2020).

Algorithmen beeinflussen mittlerweile das Freizeitverhalten, aber auch, ob ein Bankkredit genehmigt wird, ob ein Einreisevisum gewährt wird, wen man bei einer Dating-App trifft und vieles mehr. Algorithmen können Gutes bewirken, indem sie an eine gesunde Lebensführung erinnern, oder sie können schlecht sein, wenn sie, beispielsweise wie in Fernost, zur Überwachung der Bürger eingesetzt werden. Dies ist nach westlichem Verständnis demokratiefeindlich. Dort sieht man es angeblich, ganz im Sinne des Konfuzianismus als Erziehung zum guten Menschen, anders. Auch das ist ein Problem bei der Bewertung solcher Algorithmen (vgl. hierzu Moral und Werte, Abschn. 4.1).

Sicher ist, so Jörg Dräger, Vorstand der Bertelsmann Stiftung: „Algorithmen bestimmen zunehmend über unser Leben. In Deutschland fehlt es an grundsätzlichem Wissen über den digitalen Wandel. Wir müssen dringend lernen, die Chancen und Risiken von Algorithmen richtig abzuwägen" (Dräger & WELT, 2018).

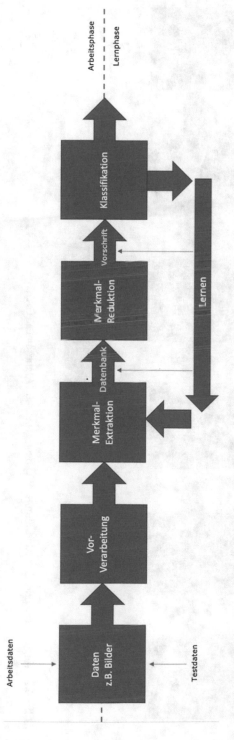

Abb. 6.6 Vorgehensweise bei Mustererkennung mittels Lernphase

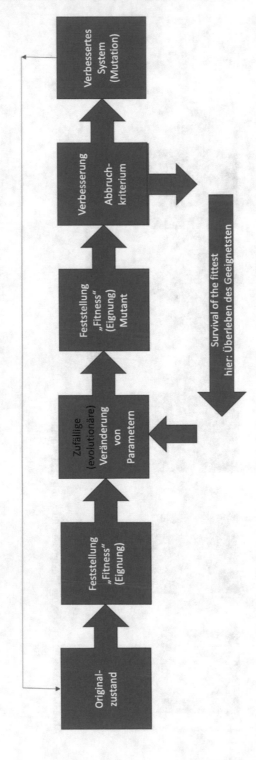

Abb. 6.7 Vorgehen evolutionärer Algorithmus (EA) bzw. genetische Algorithmen (GA)

Abb. 6.8 @elhotzo zu
Algorithmen, Instagram
08.07.2020

EL HOTZO
@elhotzo

ich verachte Menschen die
auf YouTube gezielt nach
Videos suchen, du musst
akzeptieren was dir der
Algorithmus vorgibt, lass los
und lass dich treiben, das
Leben ist ziellos und so sollte
dein Schauverhalten sein

23:23 · 08 Juli 20 ·

Ein Algorithmus kann in natürlicher Sprache für den Alltagsgebrauch verfasst werden, z. B. eine ganz einfache Strickanleitung. Besonders in der Informatik spielen Algorithmen eine große Rolle, hier aber durchweg in der Sprache der Mathematik formuliert.

- *Ein **Algorithmus** ist eine präzise, endliche Vorgehensweise zur Lösung einer Aufgabe (siehe Abb. 6.9). Er enthält eindeutig definierte schrittweise Anweisungen zur Erreichung eines bestimmten Ziels. Bei Wahlmöglichkeiten muss es definierte Antwortwege geben.*

Algorithmen sollen die folgenden Eigenschaften besitzen:

1. *Eindeutigkeit: Es darf keine widersprüchliche Beschreibung geben.*
2. *Ausführbarkeit: Jeder Schritt muss ausführbar sein.*
3. *Determiniertheit: Eine bestimmte Eingabe führt jedes Mal zum selben Resultat.*
4. *Nicht zu verwechseln mit:*
   *Determinismus: Es gibt immer höchstens eine Möglichkeit, wie weiter zu verfahren ist. Gibt es mehrere Möglichkeiten der Fortsetzung, so ist der Algorithmus **nichtdeterministisch**. Hängt die Fortführung von Wahrscheinlichkeiten ab, so handelt es sich um einen **stochastischen Algorithmus**.*

Abb. 6.9 Algorithmus = Verarbeitungsvorschrift

5. **Terminiertheit** (Endlichkeit Zeit): *Der Algorithmus führt in endlicher Zeit (endlich vielen Schritten) zu einem Ergebnis.*

6. **Finitheit** (Endlichkeit Ressourcen): *Der Algorithmus benötigt für die Beschreibung, Berechnung und das Ergebnis zu jedem Zeitpunkt einen endlichen Speicherplatz.*

7. **Abstrahierung:** *Der Algorithmus löst eine allgemeine Klasse von Aufgaben (nicht nur ein spezielles Problem).*

Als zusätzliche Eigenschaft wird die **Effizienz** genannt. Bei mehreren geeigneten Algorithmen gibt es jene, die eine Aufgabe deutlich schneller lösen. Wesentliche Effizienzkriterien werden durch eine **Laufzeitanalyse** sowie durch den benötigten Speicherplatz und die Menge an notwendigen Daten ermittelt. Häufig entsteht dabei das sog. **Trade-off**, d. h., bei der Optimierung des einen Kriteriums verschlechtert sich das andere.

Bei der Ausführung eines Algorithmus gibt es verschiedene Ablaufstrukturen:

- **Sequenz** (Folge von Abläufen, Schritt für Schritt),
- **Selektion** (Auswahl): Wenn-Dann(If–Then)-Anweisungen, auch als Mehrfachauswahl,
- **Iteration** (einengende Wiederholung): „Wiederhole, bis Bedingung erfüllt" oder „solange Bedingung erfüllt, wiederhole",
- **Termination** (Abbruchkriterium): z. B. bei Endlositeration (Endlosschleife).

Beispielhaft sollen in Abb. 6.10 einige für KI-Anwendungen wichtige Algorithmen vorgestellt werden.

Die **Baumstruktur** ist die einfachste Form eines Algorithmus mit Verzweigungen.

Bei der **linearen Regression** wird eine Gerade gefunden, die die durchschnittliche Entfernung der Punkte von der Geraden minimiert. Die vorhergesagten Punkte liegen fortan auf dieser Geraden mit der Unsicherheit in Form der Standardabweichung.

Die **logische Regression** ist eine Abwandlung der linearen Regression, bei der die Abstände auf 0 bis 1 transformiert werden. Diese Werte werden dann zu Wahrscheinlichkeitsklassen.

Die **Support Vector Machine** (Stützvektoren) untersucht, ob die Punkte in zwei Klassen eingeteilt werden können. Sonderformen sind der **Kernel-Trick** (mittels nichtlinearer Kurve) bzw. das **k-Mean Clustering** (teilt in k Klassen auf, innerhalb derer die Varianzen minimiert sind).

Das **k-nearest-Neighbor** (KNN oder K-NN) sucht die Anzahl k der nächsten Nachbarn. *(Vorsicht: Verwechslungsgefahr mit Künstlichen Neuronalen Netzwerken, ebenfalls abgekürzt KNN.)*

Die **Principle Component Analysis** (Hauptkomponentenanalyse – PCA) strukturiert mehrere Faktoren so, dass die wichtigste Information vereinfacht extrahiert werden kann (Dimensionsreduktion, Ausreißererkennung). Sie wird z. B. in der Mustererkennung bzw. Bildverarbeitung eingesetzt.

Weitere eingesetzte Verfahren sind die Bayes-Klassifikation und die Faktorenanalyse:

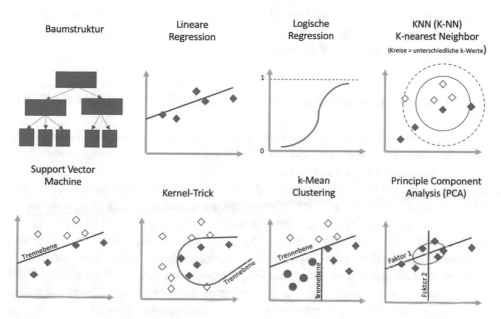

Abb. 6.10   Beispiele für KI-Algorithmen

- Ein **Bayes-**Klassifikator weist jedem Punkt diejenige Klasse zu, in der er mit größter Wahrscheinlichkeit hineingehört, alternativ im industriellen Umfeld, bei dem die wenigsten Kosten entstehen.
- Die **Faktorenanalyse** (Factor Analysis) dient der Reduktion der Anzahl der Variablen. Es wird unterschieden zwischen der hypothesengeleiteten **konfirmatorischen Faktorenanalyse (CFA**; Gültigkeit eines theoretischen Modells) sowie der **explorativen Faktorenanalyse (EFA)**. Sie ist demgegenüber ein strukturentdeckendes Verfahren.

6.5   Inferenz

Nach Abschluss der Lernphase soll das System in der Lage sein, eigene logische Schlussfolgerungen aus bekannten oder angenommenen Prämissen zu schließen. Dieser Prozess nennt sich Inferenz.

- **Inferenz** bezeichnet die Verwendung eines trainierten Modells, um neuartige Schlüsse aus den Daten zu ziehen.

Beispiel für Inferenzfähigkeit ist die KI-basierte Auswertung von Röntgen- oder MRT-Aufnahmen im Gesundheitswesen. Hier können mittlerweile Erkrankungen erkannt oder ausgeschlossen werden, die ein Experte so nicht gesehen hätte. Aber auch intelligente Assistenten wie Siri (Apple) oder Bots, die in sozialen Netzwerken mit Menschen kommunizieren, nutzen Inferenzfähigkeit.

6.6   Stabilitäts-Plastizitäts-Dilemma & Drift (Concept/Model Drift)

Derzeitige Anwendungen in der Produktion auf Basis von Maschinellem Lernen (ML) oder Predictive Analysis beruhen auf statischen Systemen, d. h., es gibt keine unvorhergesehenen Änderungen im System an sich.

Tatsächlich sind in der Praxis aber viele technische Anlagen dynamisch, d. h., dass (Teil-)Systeme sich mit der Zeit verändern. Sensoren altern, verhalten sich an unterschiedlichen Einbauplätzen leicht verschieden oder reagieren auf neue Geräte in der Nachbarschaft. Bei Flugzeugen müssen z. B. zentrale Anzeigegeräte neu kalibriert werden, sobald etwas im oder in der Nähe des Armaturenbretts verändert wurde.

Auch können die Daten selbst zu Verzerrungen in Modellen führen: „Da viele KI-Systeme – zum Beispiel solche mit Komponenten des überwachten Maschinellen Lernens – enorme Datenmengen brauchen, um gute Ergebnisse zu erzielen, ist es wichtig, zu verstehen, wie Daten das Verhalten des KI-Systems beeinflussen. Enthalten die Trainingsdaten Verzerrungen, sind sie also nicht ausgewogen und umfassend genug, so wird das mit diesen Daten trainierte System keine angemessenen Gesetzmäßigkeiten abbilden können und möglicherweise unfaire Entscheidungen treffen, die bestimmte Gruppen gegenüber anderen bevorzugen können" (Hochrangige Expertengruppe der EU für KI, 2018).

Diese Veränderung wird als *Drift* (alternativ Shift) bezeichnet. Ursprünglich kommt der Begriff aus der Luft- bzw. Seefahrt und meint eine Abweichung vom Sollkurs. Im Zusammenhang mit KI meint es die Veränderung des dem Berechnungsschema zugrunde liegenden Modells, die abrupt, periodisch wiederkehrend oder schleichend erfolgen kann (Abb. 6.11 zeigt die verschiedenen Driftarten).

Die Herausforderung besteht darin, die Veränderung (den Drift) zu erkennen und eine Vorgehensweise zu entwickeln, die Trainingsdaten bzw. das gelernte Modell infrage zu stellen. Dabei bedeutet:

- *Modelldrift (Model Drift) bezeichnet einen Wandel des Systems bereits **während des Lernprozesses** und führt zu einem instabilen Modell.*
- *Konzeptdrift (Concept Drift) benennt eine Veränderung des Systems **nach dem Lernen** mit dem Resultat, dass gelernte Modelle angepasst werden müssen (Modellverformbarkeit/Modellplastizität).*

Eine adaptive Anpassung der Modelle an neue Daten soll jedoch nicht dazu führen, dass eine bereits funktionstüchtige Anpassung in anderen Systemteilen verloren geht oder alte, immer noch relevante Information „vergessen" wird.

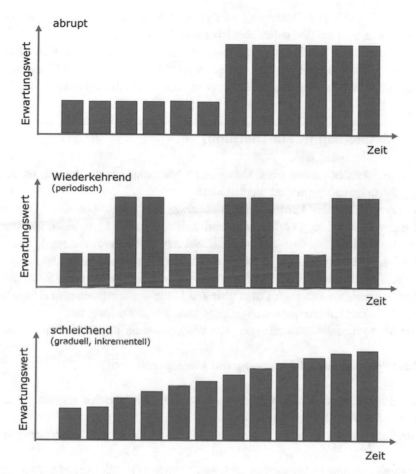

Abb. 6.11 Unterschiedliche Driftarten

Diese Problematik firmiert unter der Bezeichnung *Stabilitäts-Plastizitäts-Dilemma*. Dabei bedeutet:

- Stabilität: das Bestehenbleiben vorhandener Modelle,
- Plastizität: die Möglichkeit, vorhandene Modelle durch neu erlernte zu ersetzen.

Die Auflösung dieses Dilemmas ist insbesondere dann schwierig, wenn eine Veränderung nicht abrupt, sondern schleichend erfolgt.

Bekannte Ansätze zur Lösung dieses Dilemmas sind z. B. Leitplanken verbunden mit Abbruchkriterien oder periodische Netztrainings. Diese Verfahren reagieren aber entweder bei abruptem Drift ggf. zu spät oder sehr plötzlich angesichts kleiner Änderungen bei schleichendem Drift. Der Testeinsatz erfolgt auch in einem abgetrennten Arbeitsraum (Sandbox), was aber bei laufendem Betrieb schwierig ist.

Derzeit untersucht werden weitergehende Herangehensweisen über Künstliche Neuronale Netze (KNN), wie z. B. die adaptive Resonanztheorie (ART-Netze), oder wissensbasierte hybride Ansätze, z. B. Kurzzeitadaption durch Fehlerexploration.

6.7   Metalernen (Meta-Learning)

Neben dem normalen Lernen wird derzeit daran geforscht, wie das Lernen selbst erlernt bzw. beschleunigt und verbessert werden kann.

Das Lernen über das Lernen heißt *Metalernen* bzw. *Meta-Learning*. Hierbei wird Erfahrung, wie einmal etwas effizient gelernt wurde, auf neue Lernphasen übertragen.

Die Idee dahinter ist, dass auf bereits Gelerntes zurückgegriffen wird, erfolgreiche Lernwege gestärkt werden und weniger zielführende Lernwege bzw. „tote Äste" nicht mehr beschritten werden. Hierzu ist eine Art Lerngedächtnis notwendig. Nicht nur Daten über das Gelernte, sondern auch Daten über den Lernprozess müssen also erfasst werden. Wissen über einen erfolgreichen Lernprozess muss transferiert werden.

Beim Metalernen werden drei Arten von Wissenstransfer unterschieden:

- *Wissenstransfer durch Übertragung von Modellparametern*

Der Startpunkt eines neuen Lernprozesses nutzt die als erfolgreich erkannten Parameter aus dem vorhergehenden Lernprozess.

Beim Versteckspiel suche ich erst da, wo sich die Kinder bereits früher gerne versteckt haben.

Für einen bestimmten Verarbeitungsprozess wurden z. B. günstige Maschinendrehzahl und -vorschub erkannt. Beim Lernprozess für ein anderes, ähnliches Produkt wird zunächst mit diesen Parametern begonnen.

- *Wissenstransfer durch Erkennen von gemeinsamen Eigenschaften (Features)*

Gemeinsame Eigenschaften zwischen einem bereits gelernten und einem unbekannten Modell werden als Ausgangspunkt für das weitere Lernen genutzt. Anschließend wird unter Nutzung der bereits gelernten Modellparameter auf die Unterschiede zum neuen Modell fokussiert.

Wenn eine KI beispielsweise bereits gelernt hat, einen Hund zu erkennen, kann eine Katze auf ähnlichem Wege erfasst werden. Die KI muss nur noch lernen, was eine Katze von einem Hund unterscheidet.

- *Wissenstransfer durch Erkennen von Kontext (Zusammenhang, Umgebung)*

Hierbei geht es darum, Hintergrundinformationen auszuwerten. Die Bedeutung eines gesprochenen Satzes in einer Businessumgebung, in einer Kirche oder beim Karneval kann sich unterscheiden. Wenn es der KI also gelingt, den Kontext zu erfassen und dann auf Gelerntes in diesem Kontext zurückzugreifen, kann eine Bedeutung einfacher geklärt werden.

Dies greift insbesondere bei der Bildverarbeitung und Positionsbestimmung: Ein Tiger in einem Bilderrahmen oder mit erkannter Position „Zoo" ist weitaus weniger gefährlich als in freier Wildbahn.

6.8 Automatisiertes Maschinelles Lernen (AutoML)

Automatisiertes Maschinelles Lernen (Automated Machine Learning), kurz AutoML, wird von verschiedenen Herstellern propagiert, mit leicht unterschiedlichen Definitionen. Wichtig dabei sind zwei gemeinsame Aspekte:

- *AutoML* soll Maschinelles Lernen vereinfachen und beschleunigen

sowie

- *AutoML*-Anwendungen sollen ohne spezifische Programmierkenntnisse bzw. ML-Wissen erstellt werden können.

Damit soll Maschinelles Lernen für jedermann als Zielgruppe ermöglicht und auch als Dienstleistung angeboten werden können (u. a. von IBM, Microsoft & Google). So propagiert Microsoft seine Plattform Azure Machine Learning sowie seinen Service MLaaS (Machine Learning as Service). Dabei wird AutoML wie folgt definiert:
„Die Entwicklung traditioneller Machine-Learning-Modelle ist ressourcenintensiv und erfordert viel Fachwissen und Zeit, um Dutzende von Modellen zu erstellen und zu vergleichen. Mit automatisiertem maschinellem Lernen verkürzen Sie die Zeit, die benötigt wird, um produktionsbereite ML-Modelle [...] zu erhalten" (Microsoft, 2020a; Microsoft, 2020b).
Google bietet mit ihrer CloudAutoML ebenfalls cloudbasierte ML-Dienste an, die sich u. a. auf Bildverarbeitung, Spracherkennung (NLP) oder das Strukturieren von Daten spezialisieren, definiert aber ähnlich: Entwickler mit geringen Kenntnissen im Bereich ML sollen hochwertige, auf die jeweiligen Anforderungen zugeschnittene Modelle trainieren können (vgl. Google Cloud, 2020).
Gängige AutoML-Aufgaben sind u. a.:

- Klassifizierung (Einordnung von Daten in definierte Kategorien),
- Regressionsanalyse (gegenseitige Beeinflussung von Variablen),

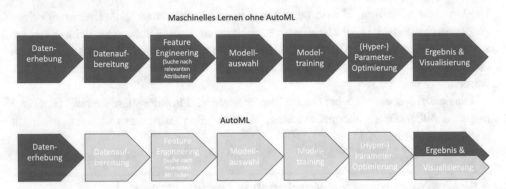

Abb. 6.12 Automated Machine Learning (AutoML): Workflow im Vergleich zum klassischen Maschinellen Lernen (ML)

- Prognosen (erweiterte Vorhersagen),
- Bedeutungsstrukturen bei Text bzw. natürlicher Sprache erkennen,
- Bild- bzw. Videoinhalte deuten.

Dabei sind charakteristische, durch AutoML automatisierbare Prozessschritte (siehe Abb. 6.12):

- Datenaufbereitung (z. B. Preprocessing und bereinigen der Daten),
- Feature Engineering (Suche nach relevanten Attributen innerhalb der Daten),
- Auswahl eines geeigneten ML-Algorithmus bzw. ML-Modells,
- Optimierung des ML-Modells sowie der Prozessparameter (Hyperparameter),
- Ergebnisvisualisierung und -analyse.

6.9   Tiefergehendes Lernen (Deep Learning – DL)

Deep Learning (DL) unterscheidet sich vom Machine Learning (ML). Gleich ist: Beide Lernmechanismen nutzen Algorithmen, um Daten zu analysieren und aus diesen Analysen zu lernen. Während aber beim Maschinellen Lernen ein Programmierer bzw. ein Experte eingreifen muss, um Anpassungen vorzunehmen, bestimmt dies beim tiefergehenden Lernen der Algorithmus selbst.

Microsoft definiert den Unterschied zwischen ML und DL so (Ronsdorf, 2020): „Der entscheidende Unterschied liegt darin, ob […] der Mensch in den Lernvorgang eingreift: Beim Machine Learning greift der Mensch in die Analyse der Daten und den eigentlichen Entscheidungsprozess ein. Im Gegensatz dazu sind Deep-Learning-Modelle in der Lage, von sich aus zu lernen. [...] Bei diesem Lernvorgang greift der Mensch nicht ein, das Analysieren wird der Maschine überlassen."

Während ML auf statischen Algorithmen basiert, die nur vom Menschen überwacht geändert werden, ändert DL seine dynamischen Algorithmen autonom. Hierfür soll Deep Learning die Funktionsweise des menschlichen Gehirns nachahmen unter Nutzung künstlicher neuronaler Netzwerkstrukturen.

Insgesamt bedarf es aber noch vieler Schritte: Die Technik des Deep Learning beruht wie das menschliche Lernen auch auf dem Prinzip des Lernens durch Fehler.

DL generiert selbstständig Erkenntnisse, die sich aus der neuronalen Vernetzung von Daten und aus der Wahrnehmung der Umwelt über entsprechende Sensorik ergeben. Darüber hinaus kann DL sich selbst optimieren: DL ist in der Lage, „Erfahrung" in Form von komplexen Modellen selbst zu generieren und diese über Feedbackschleifen weiterzuentwickeln. Aus dieser Erfahrung entwickelt DL eigene Prognosen als Grundlage für eine autonome Entscheidungsfindung.

- *Deep Learning (DL) bezeichnet die Fähigkeit von IT-Systemen, über neuronale Netze vollkommen selbstständig zu lernen und sich autonom zu verbessern, ohne explizit mit Regeln hierfür programmiert worden zu sein (siehe* Abb. 6.13).

Den Stand der Technik in der Produktion beschreibt Gunar Ernis vom Fraunhofer IAIS so: „Deep Learning gibt es bereits länger für kleinere Datenmengen, doch die größeren neuronalen Netze brauchen mehr Daten. Die Anzahl der Parameter für diese Vorhersagemodelle sind extrem hoch" (Spinnarke, 2017).

Alle großen Technologieunternehmen beschäftigen sich mittlerweile mit Deep Learning. Eines der wohl bekanntesten Projekte ist Google Brain. Das seit 2011 existierende Projekt beschäftigt sich mit vielen Aspekten des tiefergehenden Lernens. In diesem

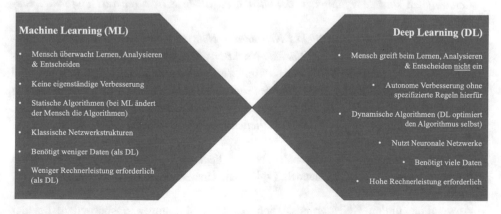

Abb. 6.13 Vergleich Machine Learning (ML) vs. Deep Learning (DL)

Zusammenhang sind wichtig: Die Erkennung von Bildinhalten (2012 erstmalig eine Katze aus YouTube-Bildern und 2017 Ästhetikbewertung mit Google NIMA – Neural Image Assessment) sowie selbstlernende Roboter.

6.10   Künstliche Neuronale Netze – KNN (Artificial Neuronal Network – ANN)

Klassische Computer basieren grundsätzlich darauf, dass Programme eine vordefinierte Abfolge von arithmetischen bzw. logischen Operationen ausführen. Die **Von-Neumann-Architektur (VNA)** eines typischen Computers, bereits 1945 entwickelt, lässt Berechnungen nur sequenziell zu: Prozessor (CPU) und Speicher sind durch einen Bus getrennt, alle Befehle werden nacheinander über diesen Bus abgearbeitet. Das erlaubt nur recht starre Abfolgen eindeutiger Anweisungen, geradlinig oder entlang einer Baumstruktur. Parallele Verarbeitung findet i. A. in getrennten Prozessoren bzw. Mehrkernprozessoren statt.

Dies ist wenig geeignet für eine flexible Bearbeitung unterschiedlichster informatischer Probleme, wie es der Mensch imstande ist zu tun. Im menschlichen Gehirn gibt es keinen Unterschied zwischen Verarbeitung (Prozessor) und Speicher. Künstliche Neuronale Netze versuchen die Arbeitsweise der Neuronen im menschlichen Gehirn (vgl. Abb. 6.14) nachzuempfinden. Ein KNN besteht demnach aus vielen, kreuz und quer miteinander verbundenen künstlichen Neuronen. Die Neuronen selbst wiederum sind in Schichten angeordnet.

Der VDI beschreibt Künstliche Neuronale Netze (KNN) so (in Anlehnung an VDI, 2018):

- *Ein **Künstliches Neuronales Netz (KNN)** ist die technische Realisierung biologisch motivierter Modelle der Informationsverarbeitung im Gehirn und Nervensystem. [...] Kennzeichen sind Lernfähigkeit, dezentrale, parallele Strukturen aus einfachen Elementen.*

    Vorsicht: KNN als Künstliches Neuronales Netz sollte nicht mit dem Klassifikationsalgorithmus auf Basis der Nächste-Nachbarn-Klassifikation (k-Nearest-Neighbor-Algorithmus – ebenfalls KNN) verwechselt werden. Hierbei handelt es sich um eine Methode zur Abschätzung der Wahrscheinlichkeitsdichte, die auch beim Maschinellen Lernen eingesetzt wird (z. B. beim trägen Lernen – Lazy Learning, siehe Abschn. 6.2.4), aber nicht im Zusammenhang mit Künstlichen Neuronalen Netzen (KNN) steht.

Ein Vorteil bei Künstlichen Neuronalen Netzen liegt darin, dass es sich bei KNN um **selbstorganisierende Systeme** handelt (vgl. auch Chaostheorie und Schwarmverhalten, Abschn. 7.8).

Anwendung finden KNN grundsätzlich bei Modellbildungen, insbesondere bei der Bildverarbeitung und der Mustererkennung. Konkrete technische Anwendungen sind in

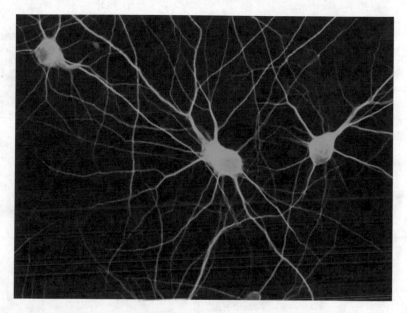

Abb. 6.14 Menschliches neuronales Netzwerk (Nöth, 2020)

der Medizindiagnostik (z. B. Krebserkennung aus bildgebenden Verfahren) und in der Qualitätskontrolle (ebenfalls bildbasiert) zu finden.

Das KNN besteht aus drei Schichten mit vier Neuronenarten (siehe Abb. 6.15):

- Eingabeschicht (Input Layer): Aufnahme der Eingangssignale, Weitergabe ins KNN.
- Verborgene Schicht (Zwischenschicht, Aktivitätsschicht – Hidden Layer): Ein oder mehrere Schichten, in der die Verarbeitung, das Lernen, stattfindet. Je mehr verborgene Schichten, desto „tiefer" das Lernen (Deep Learning). Theoretisch ist die Schichtanzahl unbegrenzt, praktisch steigt jedoch die notwendige Rechenleistung mit jeder neuen Schicht exponentiell an.
- Ausgabeschicht (Output Layer): Aufnahme des KNN-Ergebnisses, Darstellung in einer weiterverarbeitbaren Art und Weise.
- Gewichte und Verzerrungen (Bias Unit): Beeinflusst den Informationsfluss innerhalb des KNN, häufig geleitet durch eine *Aktivierungsfunktion*. Die Bias Unit gilt nicht als einzelne Schicht, bildet aber die vierte Neuronenart.

Gängige *Aktivierungsfunktionen* der Bias Unit sind die binäre Schwellwertfunktion sowie die lineare bzw. sigmoide Aktivierungsfunktion (siehe Abb. 6.16).

Während die bisherigen Strategien zur Nachbildung der neuronalen Strukturen des menschlichen Gehirns i.W. softwarebasiert waren, gehen neuere Entwicklungen in die

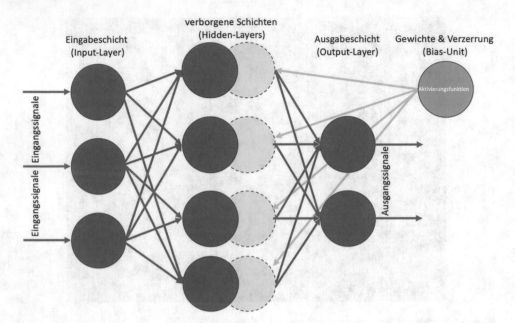

Abb. 6.15 Künstliches Neuronales Netzwerk (KNN)

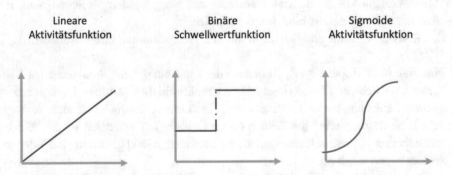

Abb. 6.16 Aktivierungsfunktionen (Beispiele)

Richtung, neuronale Netzwerke als Hardwarestruktur, also in Silizium statt Kohlenstoff nachzubilden. Dies ist erforderlich, weil klassische Computerhardware an ihre Grenze stößt.

- *Die sog.* **neuromorphe Hardware** *basiert auf spezialisierten Rechnerarchitekturen, die die Struktur (Morphologie) neuronaler Netze (NN) nachahmt. Die Schaltkreiskomponenten dieser neuromorphen Hardware agieren wie elektronische Neuronen, die durch ein Netzwerk künstlicher Nervenbahnen miteinander verdrahtet sind.*

Der Vorteil ist: Die Leistung neuromorpher Hardware wird also durch ihr Design bestimmt. Da, wo es bei herkömmlichen Prozessoren etlicher Operationen bedarf, braucht ein neuromorpher Computerchip nur eine einzige. Dadurch lassen sich gewaltige Leistungspotentiale erschließen (Schlößer, 2020).

Mithilfe dieses Ansatzes kann dann ***Probabilistic Computing*** angegangen werden. Eine probabilistische Aussage ist sozusagen das Gegenteil einer deterministischen (vollkommen festgelegten) Schlussfolgerung und berücksichtig dabei Wahrscheinlichkeitskomponenten für das Zustandekommen eines Ereignisses. Beim Probabilistic Computing geht es darum, nicht nur eine, ggf. nur unter bestimmten Annahmen optimale Lösung zu finden, sondern mehrere. Das Ergebnis ist eine Technologie, die für die Beurteilung bei Unsicherheiten ebenso geeignet ist wie die herkömmliche Computertechnologie für die Aufzeichnung in großem Maßstab.

In der Praxis, z. B. bei Maschineneinstellungen, können beispielsweise lokale Effizienzmaxima gefunden werden, die aber auf der Spitze eines sehr steilen Bergs liegen. Kleinste Veränderungen bei anderen führen zu Problemen oder chaotischem Verhalten (siehe Abschn. 7.8). Besser wäre vielleicht ein Betriebspunkt an einem weniger optimalen Maximum, der aber stabiler ist. Ein solches Verhalten zeigt Abb. 6.17. Bei einigen wenigen Einflussgrößen ist das Verhalten noch relativ einfach abzuschätzen, aber schon bei drei vektoriellen Variablen wird es komplex (siehe Drei- bzw. n-Körper-Problem, Abschn. 7.8).

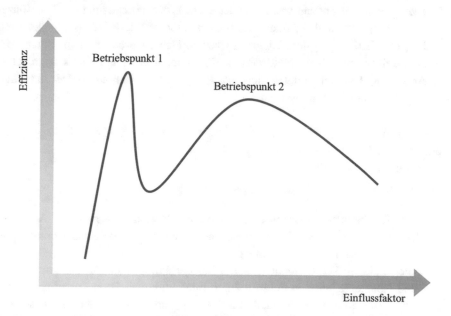

Abb. 6.17   Instabiler Betriebspunkt mit höherer Effizienz als stabilerer Betriebspunkt

Probabilistic Computing soll unter Zuhilfenahme neuromorpher Hardware in solch einem komplexen Umfeld ein Abbild aller möglichen Lösungen liefern. Darüber hinaus gibt es ein Maß dafür an, wie gut oder wie zuverlässig eine Lösung ist, je nachdem, wie oft man in einem Tal bzw. an einem Berg hängenbleibt (vgl. Schlößer, 2020). Wie derzeit häufig im Bereich der sog. Technology, kommen solche Anwendungen zunächst bei Smartphones zum Einsatz, bevor sie den Weg in das industrielle Umfeld finden.

Unter dem Codenamen *Pohoiki Beach* hat Intel ein solches System vorgestellt, welches aus 64 Loihi-Chips besteht, die wiederum aus 130.000 Silicium-Neuronen bestehen. Dies soll ein cloudbasiertes Training für KI-Algorithmen überflüssig machen. Bei der Objekterkennung war das System nicht nur sehr viel schneller und nutzte nur 1 % seiner Ressourcen, sondern verbrauchte auch wesentlich weniger Energie (vgl. Riemenschneider, 2019).

Letztlich ist aber die Leistung des menschlichen Gehirns noch unerreichbar bezüglich intellektueller Leistungen, aber auch wegen des niedrigen Energieverbrauchs (ca. 20 W). Das wirkliche Problem: Es ist immer noch unklar, was die entscheidenden biologischen Prinzipien sind, die das Gehirn so effizient machen.

6.11   Anwendungsbeispiel bei 3M

In einer konkreten Anwendung wurde bei der deutschen Niederlassung des US-Konzerns 3M die Prozessplanung und der Energieverbrauch verbessert, indem Maschinelles Lernen in ein Echtzeit-Fertigungssystem integriert wurden. Dabei wurde in einem Batchprozess der Kühlmittelverbrauch betrachtet, weil die Ressourcen des Kühlmittels begrenzt sind (siehe Abb. 6.18). Dadurch konnten nicht alle Reaktoren parallel laufen. Der individuelle Kühlbedarf wird dabei beeinflusst durch:

- Reaktorgröße,
- rohes Material,
- Temperatur des Kühlmittels,
- Reaktionstyp etc.

Der Ansatz war daraufhin, Maschinelles Lernen im Bereich der Predictive Analysis zu verwenden, um den Kühlbedarf vorherzusagen und einen Reaktionsplan vorzuschlagen, was dann auch mit sehr gutem Ergebnis gelang.

Bei einer anderen 3M-Anwendung sollte bei der Filmproduktion die automatisierte Dellen- und Faltenerkennung in Echtzeit durch Integration von Deep Learning verbessert werden. Die Herausforderung: Filmdellen und -falten sind kritische Defekte, die schwierig zu entdecken sind, u. a. weil sie ein geringes Bild-SNR (Signal-Rausch-Verhältnis) aufweisen.

Machine Learning for Improved Process Scheduling

Cooling consumption in batch process operations

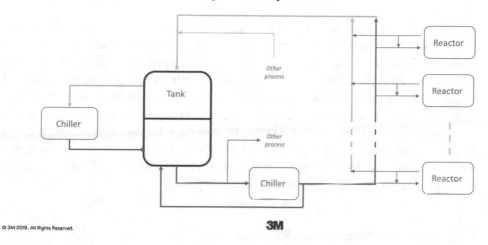

Abb. 6.18 Einsatz von Maschinellem Lernen bei 3M. (Quelle: 3M Deutschland)

Eingesetzt wurden Produktions-Deep-Learning-Modelle, die in der Echtzeitfertigung eingesetzt werden. Das Deep Learning verbessert die Fähigkeit gegenüber der herkömmlichen Verarbeitung erheblich (siehe Abb. 6.19).

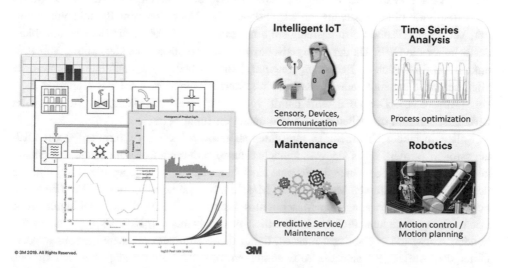

Abb. 6.19 Künstliche Intelligenz & Deep Learning bei 3M. (Quelle: 3M Deutschland)

6.12   Herausforderungen bei der Implementierung von Maschinellem Lernen in der Produktion

Tobias Schlagenhauf

Die Herausforderungen, die sich beim Einsatz von Maschinellem Lernen in der Produktion ergeben, lassen sich grundsätzlich in zwei Kategorien einteilen. Die erste Kategorie wird hier als technische Herausforderungen bezeichnet. Wenngleich das sog. Deployment im Unternehmen sicherlich eine große technische Herausforderung für viele Unternehmen darstellt, sind hier grundsätzlichere Herausforderungen gemeint, die Gegenstand aktueller Forschung sind. Die zweite Kategorie umfasst die sog. organisatorischen Herausforderungen. Hierunter sind Aspekte zu verstehen, für die es grundsätzlich Lösungen gibt, welche aber eine Reihe von richtig getroffenen Entscheidungen im Unternehmen sowie vorhandene Rahmenbedingungen fordern. Im Folgenden wird auf die relevantesten organisatorischen und technischen Kernaspekte eingegangen.

6.12.1 Kosten-Nutzen-Abschätzung

Bei der Implementierung von KI oder Maschinellem Lernen in der Produktion ist immer die Frage nach dem Nutzen zu stellen, der sich bei einer bestimmten Investition ergibt. Der Nutzen für ein Unternehmen lässt sich dabei unternehmensindividuell definieren, kann aber meist auf monetäre Größen zurückgeführt werden. Um dies an einem Beispiel anschaulich zu machen, soll die OEE (Overall Equipment Effectiveness) als zentrale Kennzahl einer Produktion betrachtet werden. Die OEE gibt im Wesentlichen die Effektivität einer Maschine zurück und berechnet sich aus dem Produkt von Qualität, Verfügbarkeit und Leistungsfähigkeit einer Maschine. Je höher die Einzelkennzahlen, desto höher die OEE. Da der (energetische) Ressourceneinsatz zur Herstellung von Produkten kontinuierlich an Bedeutung gewinnt, kann zusätzlich die benötigte Energie oder allgemeiner, die benötigten Ressourcen, als vierter Faktor in die OEE eingefügt werden (Abb. 6.20). Die OEE wird damit von einer Effektivitätskennzahl zu einer Art Effizienzkennzahl, die neben dem Output auch den Input betrachtet.

Sollen in einem Unternehmen nun datenbasierte Projekte zur Optimierung der OEE angestoßen werden, ist es sinnvoll, zunächst die resultierenden Kosten sowie den entstehenden Nutzen zu betrachten, bevor eine Entscheidung für oder gegen die Durchführung des Projektes mithilfe von Methoden des Maschinellen Lernens getroffen wird. Die Kernbotschaft ist, dass, wenngleich Maschinelles Lernen und Künstliche Intelligenz große Potentiale versprechen, Projekte hinsichtlich des entstehenden Nutzens und der entstehenden Aufwände geplant sein müssen, damit diese zu einem planbaren Erfolg werden. Unter den Aufwänden sind die Aufwendungen von der Entwicklung über den Betrieb bis hin zur Wartung und Entsorgung (Total Cost of Ownership) einer datenbasierten

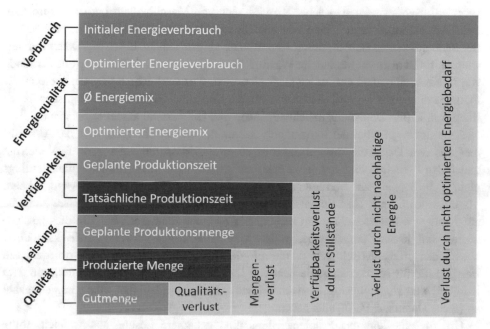

Abb. 6.20 Faktoren zur Berechnung der OEE+. Das+ in OEE+ beschreibt dabei die Integration von Energie (oder allgemeiner Kapital) als Inputfaktor. (Nach Schlagenhauf, Netzer & Fleischer, 2022)

Lösung/eines datenbasierten Produktes zu betrachten und diese dem erwarteten Nutzen gegenüberzustellen.

6.12.2 Eignung von Maschinellem Lernen

Eine zentrale Frage, die sich bei der Kalkulation der Aufwände ergibt, ist die Frage nach den Kosten für die Datenaufnahme sowie die notwendige Hardware zum Training der Modelle und zur Integration der Lösung im Prozess. Um diese Frage beantworten zu können, muss zunächst eine grundsätzliche Entscheidung für oder gegen die Verwendung von Verfahren des Maschinellen Lernens getroffen werden. Um diese Entscheidung treffen zu können, sollen zunächst nochmals einige grundsätzliche Begriffsklärungen eingeführt werden. Unter dem Überbegriff der Künstlichen Intelligenz (KI) verbirgt sich umgangssprachlich die Möglichkeit, durch den Einsatz von Algorithmen Tätigkeiten, die bisher vom Menschen durchgeführt wurden, zu automatisieren. Ohne zu sehr ins Detail zu gehen, wird weiter hinsichtlich sog. starker und schwacher KI unterschieden. Die starke KI umfasst dabei den Menschen in all seinen Fähigkeiten bzw. übertrifft diesen. Es werden Systeme gebildet, die über Domänengrenzen hinweg vielfältige Aufgaben übernehmen können. Sogenannte schwache KI hingegen ist für spezifische Aufgaben ausgelegt. Synonym zu schwacher KI wird auch von Maschinellem Lernen gesprochen. Beim Maschinellen Lernen wird eine spezifische Aufgabe, wie bspw. das Erkennen von Defekten auf einem Bauteil, durch Algorithmen gelöst, die auf Basis von Daten trainiert wurden. Es ist also von besonderer Wichtigkeit, dass ausreichend Daten, die alle Zustände von Interesse abbilden, vorhanden sind. Aktuell sind es schwache KI-Systeme, die in der Industrie eingesetzt werden. Starke KI-Systeme sind zum Zeitpunkt des Verfassens dieses Buches in keiner Domäne gänzlich vorhanden und Gegenstand aktueller Forschung.

Zentraler Aspekt bei der Integration von Maschinellem Lernen ist, dass der Algorithmus aus den Daten die Zusammenhänge so erlernt, dass für bspw. neue Bauteile, die gleich den Bauteilen sind, auf deren Basis der Algorithmus trainiert wurde (die allerdings nicht zum Training zur Verfügung standen), eine Entscheidung getroffen werden kann. Maschinelles Lernen lässt sich also definieren als das Lösen einer spezifischen Aufgabe auf Basis von Daten, welche die zu lernende Aufgabe repräsentieren. Um dies zu realisieren sind, je nach Lernaufgabe, größere Mengen an Daten notwendig. Dies kann unter Umständen problematisch sein, da die erforderlichen Datenmengen nicht vorliegen. Ein Beispiel hierfür ist das Vorhandensein von Defekten auf einem neuen Bauteil, von dem lediglich eine kleine Stückzahl produziert wurde und damit lediglich eine geringe Anzahl an (Bild) Daten zur Verfügung stehen.

Um für eine konkrete Problemstellung eine geeignete Lösung auszuwählen, sollte also immer zunächst überprüft werden, ob Maschinelles Lernen den geeignetsten Lösungsansatz darstellt. Ist es möglich, eine Aufgabe durch Domänenwissen, auf Basis von fest definierbaren Regeln zu lösen, dann sollte dieser Lösungsweg meistens dem Maschinellen Lernen vorgezogen werden. Ein konkretes Beispiel ist die optische Erkennung von Einschlüssen in Kunststoffverpackungen, die in großen Stückzahlen in immer derselben Orientierung auf der Produktionslinie vorliegen. Es ist hierbei möglich durch eine geeignete Beleuchtung und das Anwenden von geeigneten Filtern, Einschlüsse zuverlässig zu erkennen. Dieser Ansatz hat oft auch Vorteile hinsichtlich der Geschwindigkeit, mit der ein Datenpunkt verarbeitet werden kann.

Zusammenfassend kann die folgende Regel abgeleitet werden: Sind die Merkmale, die zur Lösung einer Aufgabe verwendet werden, klar definierbar und zeitlich invariant, dann sollte der Einsatz von Verfahren des Maschinellen Lernens hinterfragt werden. Natürlich ist es aber auch möglich, Mischformen aus klassischen Verfahren und Verfahren des Maschinellen Lernens zur Klassifikation der extrahierten Merkmale zu verwenden. Ein grundsätzliches Vorgehen zur Integration von Verfahren des Maschinellen Lernens (für Klassifikationsaufgaben) ist in Abb. 6.21 dargestellt. Das Vorgehen kann auch auf Aufgaben, die über die Klassifikation hinausgehen, übertragen werden. Zur Lösung eines Problems sollte grundsätzlich zunächst geprüft werden, ob das Problem durch diskriminative Merkmale beschreibbar ist. Ist dies möglich, dann können diese Merkmale entweder direkt zur Entscheidungsfindung verwendet werden oder es wird mit diesen Merkmalen ein einfaches Verfahren des Maschinellen Lernens trainiert. Dies kann dann notwendig sein, wenn sich die relevanten Merkmale zwar beschreiben lassen, aber nicht klar ist, wie die Regel zur Entscheidungsfindung auszusehen hat bzw. wie die Grenzen bei den einzelnen Merkmalen gesetzt werden müssen. Konkretes Beispiel ist die Klassifikation von Kundengruppen auf Basis von Kundenmerkmalen. Die Merkmale können ggf. definiert werden. Die Grenzen, mittels derer sich die Kundengruppen klassifizieren lassen, sind hingegen im Voraus nicht klar. Hier würde sich der Einsatz von Verfahren des Maschinellen Lernens eignen, um auf Basis der Daten automatisch die Entscheidungsregel abzuleiten. Sind die Regeln hingegen im Voraus beschreibbar, dann ist der Einsatz von Maschinellem Lernen zu hinterfragen. Ist es möglich, mittels dieses Ansatzes zufriedenstellende Ergebnisse zu erzielen, so kann die Lösung implementiert werden. Ist dies nicht möglich, so können entweder weitere Merkmale definiert werden und/oder der Einsatz von weitergehenden Verfahren des Maschinellen Lernens, wie bspw. Deep-Learning-Verfahren, kann geprüft werden. Hierbei ist zu beachten, dass dafür Datenmengen notwendig sind, die alle relevanten Aspekte der Lernaufgabe abdecken. Als Beispiel muss ein Bilddatensatz zur Defekterkennung eine ausreichende Menge an Bilddaten pro Defekt enthalten, damit die Defekte zuverlässig erkannt werden können. Defekte, die im Datensatz nicht enthalten sind, können im Betrieb nicht ohne weiteres identifiziert werden. Führen die Ergebnisse zum gewünschten Erfolg, kann die Lösung implementiert werden. Sind die erzielten Ergebnisse noch nicht zielführend, aber vielversprechend, dann sollten mehr Daten aufgenommen und die Ansätze ggf. weiterentwickelt werden. Vielversprechend bedeutet, dass die Ergebnisse verbessert werden konnten und es als realistisch eingeschätzt wird, dass durch eine Weiterentwicklung des Ansatzes die erwünschten Ergebnisse erzielt werden können. Eine realistische Einschätzung unter Beobachtung der Verbesserungsraten bei bspw. steigender Datenmenge ist hier wichtig. Können weder vielversprechende noch zielführende Ergebnisse erzielt werden, so sollte die Problemstellung kritisch hinsichtlich der Lösbarkeit und Datenlage hinterfragt werden. Es muss beispielsweise geprüft werden, ob die Daten korrekt bezeichnet sind und die Problemstellung korrekt durch die vorliegenden Daten repräsentiert ist.

6.12.3 Datenschutz & Ethik

Daten, die zur Analyse und zur Lösung von unternehmensrelevanten Fragestellungen verwendet werden, stellen ein zentrales Gut für Unternehmen dar. Deren Schutz ist daher für viele Unternehmen von zentraler Bedeutung. Neben dem Schutz der Unternehmensdaten müssen Unternehmen aber auch regulatorischen und gesetzlichen Anforderungen nachkommen. So gibt beispielsweise die deutsche Datenschutz-Grundverordnung (DSGVO) Rahmenbedingungen zum Datenschutz vor, die von Unternehmen eingehalten werden müssen. Weitere rechtliche Fragestellungen, die es in einem entsprechenden Projekt zu klären gilt, sind beispielsweise Haftungsfragen oder Fragen des persönlichen Datenschutzes sowie der Ethik. Dies ist von besonderer Bedeutung, wenn entsprechende Lösungen nicht nur zur Optimierung der Produktion, sondern auch in einem Produkt bei

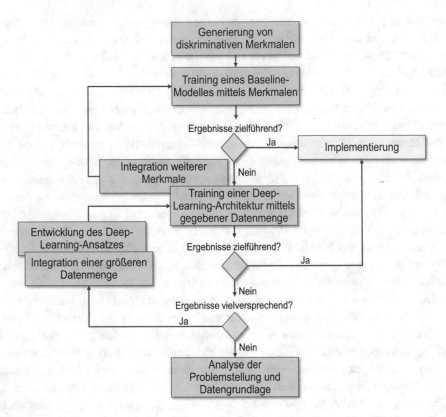

Abb. 6.21 Vorgehen zur Auswahl eines Ansatzes bei der Lösung von Klassifikationsaufgaben. (Aus Schlagenhauf, 2022)

Kunden und Kundinnen eingesetzt wird. Ebenfalls ist die Frage nach den Rechten von Ergebnissen, die mittels KI-Systemen erzielt wurden, zu klären. Damit einhergehend ist auch zu klären, ob das entwickelte (und verkaufte) ML-Produkt spezielle Schutzrechte benötigt. Es sei hierbei angemerkt, dass nach aktuellen Präzedenzfällen, die den Autoren bekannt sind, Anwendungen, die intelligente Algorithmen integrieren, als Gesamtsystem schützenswert sind. Dies bedeutet aber nicht, dass die Einzelkomponenten schützenswert sein müssen. Patentanwälte bieten hier die notwendige Unterstützung an. Unabhängig von den rechtlichen Anforderungen geben sich zunehmend mehr Unternehmen selbst KI-Ethik-Richtlinien. Namhafte Wissenschaftler haben dazu beispielsweise auf der Asilomar Conference of Beneficial AI im Jahr 2017 wichtige Richtlinien gelegt. Zwei aktuelle Beispiele, welche die Wichtigkeit von Datenschutz und Ethik zeigen sind die Diskussionen zur europäischen Datenschutzrichtlinie sowie die Diskussionen, die im Zusammenhang mit der Entwicklung von ChatGPT entstanden sind.

6.12.4 Know-how

Die Durchführung von datenbasierten Projekten in der Produktion erfordert einen Mix aus Kompetenzen, der sowohl betriebswirtschaftliche als auch technische und informationstechnische Aspekte abdeckt. Hinzu kommt, dass zur erfolgreichen Umsetzung von datenbasierten Projekten auch vertiefte mathematische Kompetenzen im Bereich von lernenden Algorithmen nötig sind. Die Vermittlung einer ausgewogenen Kombination dieser Kompetenzen war historisch in keinem der klassischen Studiengänge ein Schwerpunkt. Dementsprechend herrscht zum Zeitpunkt des Verfassens dieser Auflage ein großer Bedarf an Personen, die eine Kombination der obigen Anforderungsprofile abdecken. Gleichzeitig ziehen Universitäten und Weiterbildungseinrichtungen sukzessive ihre Angebote nach, um geeigneten Nachwuchs auszubilden.

Grundsätzlich können in einem klassischen KI-Projekt in der Produktion drei Tätigkeitsfelder identifiziert werden. Zunächst ist ein Verständnis der (technischen) Prozesse notwendig, innerhalb derer die datenbasierte Lösung implementiert werden soll. Dies betrifft sowohl die Datenaufnahme als auch das Deployment, also die Implementierung der Lösung im Prozess. Die Person, die diese Schnittstelle bildet, braucht also besondere technische Kenntnisse und wird oftmals als Data Engineer bezeichnet. Auch der Aufbau der Datenpipeline sowie die Speicherung der Daten liegt in der Verantwortung von Data Engineers.

Werden hochwertige Daten aus technischen Prozessen bereitgestellt, können damit in einem nächsten Schritt geeignete Verfahren zur Datenverarbeitung entwickelt werden, um auf Basis dieser Daten leistungsfähige Lösungen zu entwerfen. Dies können klassische Ansätze auf Basis von Regeln, aber durchaus auch maschinelle Lernverfahren sein. Auch werden hier geeignete Merkmale aus den Daten extrahiert und konstruiert sowie, wenn im Stand der Technik keine geeigneten Lösungen vorhanden sind, entsprechende Algorithmen neu entwickelt. Die betreffende Person muss damit vertiefte Kenntnisse im Bereich der Mathematik, Datenverarbeitung sowie der Softwareentwicklung mitbringen. Die Person, welche diese Kompetenzen vereint, wird oft als Data Scientist bezeichnet.

Die dritte zentrale Rolle in einem Data-Science-Projekt ist die Rolle des Data Analyst. Diese Person bildet umgangssprachlich die nichttechnische Schnittstelle zwischen dem Prozess, den Daten und den beteiligten und betroffenen Akteuren im Unternehmen. Beispielhafte Aufgaben dieser Person sind die Projektplanung sowie die grafische Analyse und Interpretation der Daten. Eine weitere Aufgabe ist die Kommunikation im Projekt. Die betreffende Person muss also Kompetenzen in mehreren Domänen mitbringen und auch als eine Art Coach im Projekt auftreten.

Die Kategorisierung in drei Kompetenzprofile ist grob und kann je nach Projektsetup weiter aufgeteilt oder ergänzt werden. Weitere Personen bzw. Rollen, die in einem Projekt auftreten können, sind der Projektsponsor sowie Verantwortliche für Ethik oder Datenschutz.

6.12.5 Kontinuierliches Lernen

Klassischerweise werden aus Daten lernende Verfahren auf Basis eines historischen Datensatzes trainiert. Dieser Datensatz bildet im Idealfall alle bis dahin bekannten Zustände, beispielsweise einer Anlage, ausreichend ab. Konkretes Beispiel kann die Anomalieerkennung an einer Maschine auf Basis des Motorstroms sein. Der Datensatz enthält die Daten aller bis zu diesem Zeitpunkt vorgekommenen Anomalien in einer ausreichenden Menge. Weiterhin ist es notwendig, dass zusätzlich zu den Trainingsdaten ein davon getrennter Realdatensatz vorliegt, der zur Überprüfung der entwickelten Modelle dienen kann. Dieser Datensatz repräsentiert sozusagen den realen Prozess. Klassische Produktionsmaschinen unterliegen zeitabhängigen Effekten, wie z. B. Alterungseffekten. Auch saisonale Effekte oder Änderungen der Umgebungsbedingungen können eine Rolle spielen. Der Verschleiß von Maschinen(-komponenten) ist ein klassisches Beispiel hierfür. Diese Änderungen können in der Folge dazu führen, dass sich die Datengrundlage der betreffenden Maschinen ändert, was dann eine Verschlechterung der Modellergebnisse zur Folge haben kann. Vereinfacht ausgedrückt resultiert dies daraus, dass sich nun beispielsweise das Signal einer Anomalie so verändert hat, dass die Anomalie nicht mehr vom (ursprünglichen) Modell erkannt werden kann. Das Modell verliert in der Folge an Genauigkeit.

Inhalt aktueller Forschung ist es, Modelle möglichst generalisierend zu gestalten, sodass diese invariant gegenüber diesen Effekten werden. Hierauf wird weiter unten detaillierter eingegangen.

Ein praktischer Ansatz zur Minderung dieser Effekte ist es, die Modelle bzw. die zugrunde liegende Datenbasis immer aktuell zu halten und Modelle kontinuierlich anzupassen. Dies kann erreicht werden, indem aus dem Prozess stetig aktuelle Daten aufgezeichnet und für das Training bereitgestellt werden. Das Modell wird dann mittels eines definierten Zeitplans aktualisiert. Um zu überprüfen, ob das Modell an Genauigkeit verliert, können aus dem Prozess in definierten Zeiträumen Realdaten übernommen und händisch aufbereitet werden. Zudem kann die Klassifikationsgenauigkeit für diese Daten überprüft werden. Die Übereinstimmung mit den Modellergebnissen wird überprüft, um damit rechtzeitig einen Drift des Modells zu erkennen. Dazu können Prozessregelkarten entwickelt werden. Tritt beispielsweise eine neue Anomalie auf, die so zuvor noch nicht vorkam, kann diese ebenfalls integriert werden.

Die automatische Identifikation des Verlustes an Genauigkeit von Modellen sowie Strategien zum Nachtraining von Modellen sind aktueller Gegenstand der Forschung und es werden kontinuierlich Fortschritte in diesem Bereich erzielt. Eine einfache Möglichkeit ist, sog. Metametriken einzufügen, die die Ergebnisse eines Modelles zeigen. Beispielsweise kann das die Verteilung der prognostizierten Klassen sein. Tritt ein Drift auf, dann ist es wahrscheinlich, dass dies zu einer Verschiebung der Prognosehäufigkeiten führt. Dieser Drift kann mittels klassischer statistischer Verfahren identifiziert werden.

Das Zielsystem sollte in der Lage sein, einen Verlust an Genauigkeit selbst zu erkennen, ohne hierfür spezifische Metriken zu definieren.

6.12.6 Daten und Dateneffizienz

Wie im Kapitel zu Prozessmodellen gezeigt wurde, sind die Phasen des Data Understanding sowie der Data Preparation zentrale Phasen bei der Datenaufnahme. Die Aufnahme der Daten liegt in der Verantwortung des Data Engineers und stellt eine zentrale Herausforderung dar. Die eingesetzten Sensoren müssen in der Lage sein, die Daten so aufzunehmen, dass die zur Lösung der Problemstellung relevanten Merkmale abgebildet werden. Die Auswahl und Integration von Sensorik geschieht in Wechselwirkung mit den Gegebenheiten hinsichtlich Zugänglichkeit und Umgebungsbedingungen im Prozess und wird zusätzlich durch monetäre Aspekte beeinflusst. Daten, die von einem korrekt integrierten und fähigen Sensorsystem generiert werden, müssen einigen wichtigen Kriterien genügen (iwd, 2019). Ein zentrales Merkmal ist die sog. Geschwindigkeit oder Auflösung, mittels derer Daten aufgezeichnet werden. Eine hohe Geschwindigkeit bei der Datenaufnahme stellt sicher, dass sich zeitlich schnell ändernde Größen zuverlässig erfasst werden können. Dies ist bei Zeitreihendaten, z. B. bei Schalldaten oder Vibrationsdaten, relevant, da hiermit oftmals sich zeitlich schnell ändernde Größen aufgezeichnet werden. Auch bei Bild- oder Lidardaten kann dies von Relevanz sein. Zur Auflösung gehört auch die Anzahl an Pixeln eines Bildes. Ein zweites Merkmal ist die zur Verfügung stehende Datenmenge. Grundsätzlich kann als Daumenregel festgehalten werden, dass die Qualität eines Modelles mit der Menge an zum Training zur Verfügung stehenden Daten positiv korreliert. Damit dies zutrifft, muss allerdings auch eine dritte Eigenschaft, ein hoher Wert der Daten, erfüllt sein. Der Wert der Daten lässt sich durch die Eignung der Daten für eine bestimmte Aufgabe sowie die Vollständigkeit des Datensatzes abschätzen. Je direkter ein Signal die Größe von Interesse aufnimmt, desto höher ist der Wert des Sensorsignals. Je vollständiger alle relevanten Merkmale enthalten sind, desto höher ist die Qualität. Beispielsweise kann Reibung in einem technischen System gut mittels eines Temperatursensors oder eines Mikrofons aufgezeichnet werden. Ein Bildsignal eignet sich hingegen in der Regel weniger. Werden zusätzlich alle relevanten Zustände der technischen Komponente aufgezeichnet, so sind die Daten von hohem Wert. Das Produkt aus Wert und Menge ergibt die Güte des mittels eines Sensors aufgezeichneten Datensatzes. Neben der Güte eines einzelnen Signals zeichnet sich ein guter Datensatz auch durch die Kombination mehrerer, von unterschiedlichen Sensoren aufgezeichneter Datenströme aus. Unterschiedliche Sensoren können dabei als unterschiedliche Blickwinkel auf das Problem veranschaulicht werden. Je mehr Blickwinkel einbezogen werden, desto besser kann ein Verhalten von Interesse von den Sensoren abgebildet werden. Hierbei wird beispielsweise sichergestellt, dass Merkmale, die in einem einzelnen Sensorsystem nicht enthalten sind, mittels eines weiteren Sensorsystems aufgezeichnet werden. Ein Beispiel ist die Erfassung eines defekten Lagers. In Temperaturdaten ist der Defekt ggf. (noch) nicht sichtbar, allerdings lässt sich in einem Schwingungssignal eine Anomalie erkennen.

Werden Daten weiterverarbeitet, dann ist die Effizienz von maschinellen Lernverfahren von zentraler Bedeutung und Gegenstand aktueller Forschung. Es wird nach möglichst dateneffizienten Verfahren geforscht. Dies ist besonders im industriellen Kontext relevant, da hier oftmals nicht ausreichend Daten für eine spezifische Lernaufgabe vorliegen. Dies ist damit zu begründen, dass die Varianz an möglichen industriellen Anwendungen sehr hoch ist und damit in den seltensten Fällen für eine spezifische Problemstellung bereits Datensätze oder sogar fertig trainierte Modelle existieren. Beispielsweise liegen für die End-of-Line-Kontrolle von bestimmten Objekten oftmals zumindest initial keine ausreichenden Datenmengen vor, die auch Defektfälle zeigen (z. B.. für ein neu gestartetes Produkt oder eine neue Maschine). Falls dies überhaupt möglich ist, ist es darüber hinaus wirtschaftlich nicht sinnvoll, bewusst defekte Bauteile zu erzeugen, um einen Datensatz zu erhalten, der dann für das Training eines Modelles verwendet werden kann. Hier kommt nochmals der Aspekt zum Tragen, dass eine Aufgabe aktuell ohne Maschinelles Lernen gelöst werden sollte, sofern dies möglich und sinnvoll ist. Damit Aufgaben, für die nur wenige Daten für das Training von maschinellen Lernverfahren vorliegen, dennoch umgesetzt werden können, sind effiziente Verfahren des Maschinellen Lernens notwendig, die in der Lage sind, aus einer geringen Anzahl an Trainingsdatenpunkten die relevanten Aspekte zu extrahieren und damit möglichst schnell zum gewünschten Ergebnis zu gelangen. Ein Ansatz, um diesen Prozess zu beschleunigen bzw. zu entzerren, ist die Integration von zusätzlichem Domänenwissen. Ein weiterer Ansatz ist die sog. Data Augmentation, bei der ein gegebener Datensatz durch das Durchführen von semantisch invarianten Operationen synthetisch vergrößert wird. Semantisch invariant bedeutet bei Bilddaten, dass der Inhalt des Bildes, d. h. die Merkmale des Bildes, die das abgebildete Objekt zum abgebildeten Objekt machen (z. B. Pfoten, Fell, Schnauze, Schwanz eines Hundes) nicht verändert werden. Analoges gilt für eine Zeitreihe, wie beispielsweise das Schwingungsverhalten einer bestimmten mechanischen Komponente. Gängige Operationen bei Bilddaten sind die Anpassung der Helligkeit und des Kontrastes sowie das Rotieren und Spiegeln des Bildes wie auch das Hinzufügen von Rauschen durch schwarze oder weiße Pixel. Diese Operationen führen in der Regel zu robusteren Ergebnissen. Eine weitere Möglichkeit ist die Generierung von synthetischen Daten. Der Grundgedanke ist, ein möglichst realistisches Modell der realen Welt zu erzeugen, um dann mittels dieses Modells Daten zu generieren, die dann wiederum zum Training verwendet werden können. Ein Aspekt kann hierbei jedoch sein, dass ein Modell, das eine reale Aufgabe realistisch abbildet (beispielsweise realistische Physiksimulation oder Fahrsimulator), ein Verfahren des Maschinellen Lernens dahingehend überflüssig machen könnte, dass die Lösung bereits durch das Modell generiert werden kann.

Ein Aspekt, der mit der Dateneffizienz einhergeht, ist der Aspekt von generalisierenden Modellen. Modelle sollten nicht nur in der Lage sein, auf Basis von möglichst wenig

Daten effektiv zu lernen, sondern darüber hinaus auch generalisierend arbeiten. Dies ist beispielsweise bei der Erkennung von Anomalien in Maschinendaten von hoher Relevanz. Maschinendaten ändern sich häufig aufgrund von Alterungseffekten oder einer Änderung der Umgebungsbedingungen. Es ist damit relevant, dass Modelle invariant gegenüber diesen Änderungen sind. Es wird von generalisierenden Modellen gesprochen. Zur Steigerung der Generalisierbarkeit von Modellen kann ebenfalls Data Augmentation eingesetzt werden. Aktuelle Forschungsansätze, die sich mit dieser Problemstellung befassen, finden sich unter den Begriffen Domain Adaption oder Domain Generalization. Domain Adaption kann beispielsweise auch mittels des sog. Transfer Learning (siehe nächster Absatz) adressiert werden, das gleichzeitig den Aspekt der Dateneffizienz adressiert. Weitere aktuelle Forschungsansätze sind das sog. Contrastive Learning, bei dem oft auch mit nicht gelabelten Daten gearbeitet wird. Das Ziel ist grundsätzlich, ein gewisses „Verständnis" des Modelles für grundsätzliche Eigenschaften und Merkmale von Daten zu erlangen. Damit erkunden die Modelle den Merkmalsraum vereinfacht ausgedrückt selbst und können anschließend zur Klassifikation bzw. zum Clustering von neuen Daten verwendet werden.

Ein aktuell vielversprechender Ansatz zur Steigerung der Generalisierbarkeit von Modellen ist das sog. Transfer Learning. Hierbei wird ein Modell zunächst auf Basis eines Datensatzes trainiert, der möglichst ähnlich der eigentlichen Problemstellung ist. Idealerweise liegen von diesem Datensatz ausreichend Daten vor. Konkretes Beispiel kann die Spracherkennung an einer Maschine sein. Nach der oben gegebenen Definition müsste nun ein großer Sprachdatensatz mit den Mitarbeitenden erstellt werden, die diese Maschine bedienen, und damit ein Modell trainiert werden. Um die Menge an Daten zu reduzieren, wird ein Modell zunächst mit einem Datensatz trainiert, der gesprochene Sprache ggf. aus einem gänzlich anderen Kontext enthält. Das Modell lernt damit zwar noch nicht das Erkennen der spezifischen Maschinenbefehle, doch lernt es die grundsätzlichen Strukturen und Abhängigkeiten von gesprochener Sprache. Nachdem ein Modell auf Basis eines möglichst ähnlichen Datensatzes trainiert wurde, wird dieses Modell mit einer (geringeren) Menge an Daten der Problemstellung von Interesse angepasst (sog. Finetuning). Vereinfacht ausgedrückt wird das Modell mit den neuen Daten einfach weitertrainiert. Am Beispiel der Spracherkennung für eine Maschine, hätte das Modell also gelernt, grundsätzlich gesprochene Wörter zu klassifizieren. Im Schritt des Finetunings müsste es lediglich die maschinenspezifischen Ausdrücke lernen. Ein weiteres Beispiel ist die Erkennung von Defekten auf Oberflächen von Produkten. So sollte beispielsweise ein Kratzer auf einer metallischen Oberfläche ebenfalls als Kratzer erkannt werden, auch wenn das Modell mit nichtmetallischen Oberflächen trainiert wurde. Ausgangspunkt für das Transfer Learning könnte ein Datensatz sein, der Defekte auf nichtmetallischen Oberflächen zeigt. Dieses Modell wird dann verwendet und mit Beispielen von Defekten auf metallischen Oberflächen angepasst. Dabei werden die Parameter des Modelles leicht in Richtung der metallischen Oberflächen angepasst. Vereinfacht ausgedrückt behält das Modell dabei seine Eigenschaft grundsätzlich Kratzer zu erkennen bei, die Konnotation wird allerdings von nichtmetallisch zu metallisch angepasst. Empirisch konnten mit diesen Ansätzen bereits Erfolge gezeigt werden.

Ein praktischer Ansatz, der ebenfalls Gegenstand aktueller Forschung ist und zum Ziel hat, die Aspekte der Dateneffizienz und Generalisierbarkeit von maschinellen Lernverfahren in der Industrie zu adressieren, ist das sog. Federated Learning (Abb. 6.22), das darüber hinaus auch teilweise den Aspekt des kontinuierlichen Lernens adressiert. Der Idee des Federated Learning liegt zugrunde, dass eine einzelne Maschine eventuell nicht genügend Daten zur Verfügung hat, um ein qualitativ hochwertiges Modell des Maschinellen Lernens zu trainieren. Der Verbund an Maschinen in einem Unternehmen, auch über unterschiedliche Standorte hinweg, kann dies allerdings leisten. Dies ist beispielsweise im Kontext der Anomalieerkennung interessant, da damit dann auch unterschiedliche Alterungstypen und Umgebungsbedingungen ausgeglichen werden. Ein Aspekt, der hier ebenfalls angesprochen wurde, ist allerdings der Datenschutz. Unternehmensdaten sind oft sensibel und Unternehmen sind oft zurückhaltend beim Bereitstellen der Daten über öffentliche, aber auch private Netzwerke. Werden Daten in großen Datenmengen aufgenommen, so ist es weiterhin oftmals nicht wirtschaftlich sinnvoll, alle Daten über ein Netzwerk zu versenden. Die zentrale Frage ist also, wie die an den einzelnen Maschinen gewonnenen Informationen genutzt werden können, sodass damit ein Modell gebildet werden kann, das allen Maschinen zur Verfügung steht, ohne dass dabei echte Maschinendaten versendet werden müssen. Anschaulich kann dies umgesetzt werden, indem jede Maschine mittels der ihr zur Verfügung stehenden Daten ein maschinenspezifisches Modell bildet (siehe Abb. 6.22, Farben). Diese Modelle können als Bauteile einer größeren Struktur verstanden werden. Nachdem im ersten Schritt maschinenspezifische Modelle gebildet wurden, werden diese Modelle in einem zweiten Schritt geteilt und anschließend kombiniert. Ein gängiges Verfahren ist dabei beispielsweise das Mitteln der Gewichte von neuronalen Netzwerken. Die Hypothese ist an dieser Stelle, dass die so gebildete Gesamtarchitektur das erlernte Wissen der Einzelarchitekturen kombiniert. In einem letzten Schritt wird das so gebildete Gesamtmodell wiederum den einzelnen Maschinen zur Verfügung gestellt, welche dieses dann im Betrieb nutzen und in der nächsten Runde wiederum mit den lokalen Daten anpassen können. Dieser Prozess kann kontinuierlich fortgesetzt werden. Federated Learning ist ein neues Forschungsgebiet, bei dem sich ebenfalls noch einige ungelöste Aspekte ergeben. Erste Untersuchungen sind aber vielversprechend. Zusammengefasst hat das Federated Learning drei große Vorteile. Zunächst besteht keine Notwendigkeit, sensible Realdaten zu teilen. Dies hat Vorteile hinsichtlich der Datensouveränität, kann aber auch Vorteile hinsichtlich der zu übertragenden Datenmenge insgesamt haben. Der zweite Vorteil ist, dass über dieses Verfahren jede Maschine vom erlernten Wissen aller anderen Maschinen profitiert, auch wenn eine Maschine selbst nur eine geringe Menge an Daten zur Verfügung stellen kann. Der dritte zentrale Vorteil ist, dass Federated Learning aktueller Stand der Forschung ist und großes industrielles Potential verspricht. Es besteht eine reelle Chance, dass Unternehmen

Abb. 6.22 Qualitativer Prozess beim Federated Learning

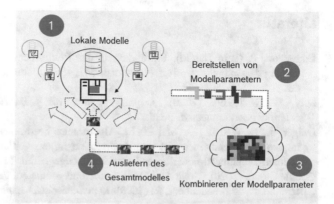

bereit sind, Daten in Form von Modellgewichten auch mit anderen Unternehmen zu teilen, wenn Sie dafür sehr hilfreiche Modelle oder Funktionalitäten erhalten, die sie anderweitig nur schwer erlangen könnten.

6.13 Fragen zum Kapitel

1. Nennen Sie die drei Formen des Maschinellen Lernens und unterscheiden Sie dies vom Deep Learning. Für welchen Zweck wählen Sie was aus?
2. Was ist das Besondere am Reinforced Learning (bestärkendes Lernen) und warum ähnelt dieses besonders dem menschlichen Lernen im Kindesalter?
3. Welches ist die „sicherste" Lernform und warum?
4. Unterscheiden Sie die verschiedenen Initialdaten (Trainings-, Test- und Validierungsdaten). Woher bekommen Sie diese Daten?
5. Wo liegt die Herausforderung bei Ambiguität bzw. Semantik für eine KI? Erklären Sie das Text Mining in diesem Zusammenhang.
6. Beschreiben sie das Lernen über Mustererkennung. Wo liegen die Herausforderungen (hierzu auch Abschn. 8.5 hinzuziehen)?
7. Welche Anforderungen müssen ML-Algorithmen erfüllen?
8. Was ist Inferenz?
9. Beschreiben Sie die Herausforderung des Stabilitäts-Plastizitäts-Dilemmas (Concept/Model Drift) an einem Beispiel aus der Produktion.
10. Was ist Meta-Learning? Beschreiben Sie dies anhand eines Beispiels aus dem Qualitätsmanagement.
11. Was unterscheidet das Deep Learning vom Maschinellen Lernen?
12. Was ist das Besondere an einem Künstlichen Neuronalen Netzwerk und wie unterscheidet sich die Arbeitsweise von anderen Netzwerkstrukturen?

Literatur

Dammann, P. (kein Datum). Einführung in das Reinforcement Learning. https://hci.iwr.uni-hei
  delberg.de/system/files/private/downloads/541645681/dammann_reinfocement-learning-report.
  pdf.
DIN SPEC 13266. (2020). *Leitfaden für die Entwicklung von Deep-Learning-*
  Bilderkennungssystemen. Beuth.
Dräger, J., & WELT. (23. Mai 2018). Algorithmen bestimmen zunehmend über unser Leben.
  https://www.welt.de/newsticker/dpa_nt/infoline_nt/netzwelt/article176597878/Algorithmen-bes
  timmen-zunehmend-ueber-unser-Leben.html. Zugegriffen: 11. Okt. 2020.
Google Cloud. (2020). Cloud AutoML. https://cloud.google.com/automl/. Zugegriffen: 5. Juni 2020.
Gritzmann, P., & Brandenberg, R. (2008). *Kombinatorische Explosion und das Traveling Salesman*
  Problem. Springer.
Heaven, W. (11. Mai 2020). Our weird behavior during the pandemic is messing with AI models.
  https://www.technologyreview.com/2020/05/11/1001563/covid-pandemic-broken-ai-machine-
  learning-amazon-retail-fraud-humans-in-the-loop/?etcc_med=newsletter&etcc_cmp=nl_algoet
  hik_18125&etcc_plc=aufmacher&etcc_grp. Zugegriffen: 11. Okt. 2020.
Hochrangige Expertengruppe der EU für KI. (2018). Eine Definition der KI: Wichtigste Fähigkeiten
  und Wissenschaftsgebiete.   https://elektro.at/wp-content/uploads/2019/10/EU_Definition-KI.
  pdf. Zugegriffen: 11. Okt. 2020.
Hotz, S. (8. Juli 2020). Sebastian Hotz „El Hotzo". https://www.heavygermanshit.de/sebastianhotz.
  Zugegriffen: 8. Juli 2020.
iwd. (2019). Datenmenge explodiert.   https://www.iwd.de/artikel/datenmenge-explodiert-431851/.
  Zugegriffen: 6. Juli 2019.
Madani, A., Arnaout, R., Mofrad, M., & Arnaout, R. (21. März 2018). Fast and accurate view clas-
  sification of echocardiograms using deep learning. https://www.nature.com/articles/s41746-017-
  0013-1. Zugegriffen: 11. Okt. 2020.
Microsoft. (22. April 2020a). Was ist automatisiertes maschinelles Lernen (AutoML)? https://
  docs.microsoft.com/de-de/azure/machine-learning/concept-automated-ml. Zugegriffen: 21. Juni
  2020.
Microsoft. (24. März 2020b). Microsoft erklärt: Was ist Machine Learning? Definition & Funktionen von ML. https://news.microsoft.com/de-de/microsoft-erklaert-was-ist-machine-learning-def
  inition-funktionen-von-ml/. Zugegriffen: 18. Mai 2020.
Nguyen, L. C. (2019). Interview: Was sind die Erfolgsfaktoren für die künstliche Intelligenz? Interview mit Herrn Dr. Sönke Iwersen von der HRS Group.   https://www.dataleaderdays.com/interv
  iew-was-sind-die-erfolgsfaktoren-fuer-die-kuenstliche-intelligenz/. Zugegriffen: 30. Apr. 2020.
Nöth, V. (2020). *Screening of the bone marrow peptidome to identify novel syn- aptic activity*
  modulators. Master Thesis an der Hochschule Albstadt-Sigmaringen und Universität Ulm.
Riemenschneider, F. (1. August 2019). Intel Pohoiki Beach: Millionen Neuronen und Milliarden
  Synapsen. https://www.elektroniknet.de/elektronik/halbleiter/intel-pohoiki-beach-millionen-neu
  ronen-und-milliarden-synapsen-167932.html. Zugegriffen: 1. Mai 2020.
Ronsdorf, J. (24. März 2020). Microsoft erklärt: Was ist Machine Learning? https://news.mic
  rosoft.com/de-de/microsoft-erklaert-was-ist-machine-learning-definition-funktionen-von-ml/.
  Zugegriffen: 5. Apr. 2020.
Rolland, G. (2021). Vortrag beim Wissenschaftsrat der Sozialdemokratie in Baden-Württemberg,
  18.06.2021

Schlößer, T. (5. Februar 2020). „Rauschende" Chips: Wie neuromorphe Hardware von Erkenntnissen aus der Hirnforschung profitieren kann. https://www.fz-juelich.de/SharedDocs/Pressemitteilun gen/UK/DE/2020/2020-02-05-interview-tetzlaff.html. Zugegriffen: 29. März 2020.

Schlagenhauf, T., & Netzer, M. Fleischer, J. (2022). OEE+. wt WerkstattsTechnik. 7/8, 481–487.

Schlagenhauf, T. (2022). Bildbasierte Quantifizierung und Prognose des Verschleißes an Kugel-gewindetriebspindeln: Ein Beitrag zur Zustandsüberwachung von Kugelgewindetrieben mittels Methoden des maschinellen Lernens. Shaker Verlag.

Spinnarke, S. (3. Mai 2017). So wird Künstliche Intelligenz in der Produktion eingesetzt. https://www.produktion.de/trends-innovationen/so-wird-kuenstliche-intelligenz-in-der-produktion-ein gesetzt-104.html. Zugegriffen: 20. Juni 2020.

Tanz, J. (17. Mai 2016). Soon we won't program computers. We'll train them like dogs. https://www.wired.com/2016/05/the-end-of-code/. Zugegriffen: 5. Juli 2020.

Tubessing, K. (21. März 2018). KI-Mustererkennung hilft bei der Auftragsplanung. https://www.hannovermesse.de/de/news/news-fachartikel/ki-mustererkennung-hilft-bei-der-auftragsplanung. Zugegriffen: 18. Juli 2020.

VDI. (10 2018). VDI Statusreport Künstliche Intelligenz. https://www.vdi.de/ueber-uns/presse/pub likationen/details/vdi-statusreport-kuenstliche-intelligenz. Zugegriffen: 2. Sept. 2020.

Weigert, M., & Fetic, L. (14. Mai 2020). Die Pandemie veränderte urplötzlich unser Verhalten – und verwirrt damit den Algorithmus. https://algorithmenethik.de/2020/05/14/algorithmenethik-erlese nes-109/. Zugegriffen: 30. Aug. 2020.

ZEIT Wissen hoch 3. (18. Juni 2020). 3½ Fragen an ... Hamburg: Die ZEIT (Newsletter).

Maschinelle Entscheidungen 7

- *Eine **Entscheidung** ist ein Akt, bei dem eine von mehreren möglichen Handlungsalternativen ausgewählt wird, um ein bestimmtes Ziel zu erreichen.*

7.1 Menschliche Entscheidung

„Die Wissenschaft hat ein eiskaltes Händchen. sie hat keine Meinungen, sondern nur Faktenlage."

Virologe Christian Drosten in der Corona-Krise (Drosten, 2020)

Eine Grundherausforderung menschlichen Handelns ist die Notwendigkeit, zu entscheiden.

- *Eine **Entscheidung** ist ein Akt, bei dem eine von mehreren möglichen Handlungsalternativen ausgewählt wird, um ein bestimmtes Ziel zu erreichen.*

Dies ist aber nicht immer einfach. Auch deshalb gibt es Situationen, in denen der Mensch Entscheidungen nach Möglichkeit vermeidet.

Um maschinelle Entscheidungsmechanismen, die über eine deterministische Baumstruktur (Wenn-Dann bzw. If-Then) hinausgehen, zu ermöglichen, muss zunächst verstanden werden, was die Herausforderungen im menschlichen Entscheidungsprozess sind.

© Der/die Autor(en), exklusiv lizenziert an Springer Fachmedien Wiesbaden GmbH, ein Teil von Springer Nature 2024
A. Mockenhaupt and T. Schlagenhauf, *Digitalisierung und Künstliche Intelligenz in der Produktion*, https://doi.org/10.1007/978-3-658-41935-6_7

Um maschinelle Entscheidungen zu verstehen, muss zunächst der menschliche Entscheidungsprozess verstanden werden. Denn zum einen muss eine KI mit Menschen interagieren, zum anderen muss eine autonome KI auch menschliche Reaktionsweisen vorhersehen können. Hier gibt es neben Daten und Fakten eben auch Emotionen, Taktik, Irrationales u. Ä.

Zunächst einmal müssen Entscheidungstypen und ihre spezifischen Herausforderungen unterschieden werden (siehe Abb. 7.1):

- *Operative Entscheidungen, zumeist auf der unteren Ebene angesiedelt, setzen um, was vorgegeben ist. Die Entscheidungen sind vordefiniert. Bei Abweichungen muss auf der nächsthöheren Ebene rückgefragt werden. Diese Art der Entscheidung ist gut automatisierbar, da der Spielraum sowie die Bedingungen für Rückfragen (an den Menschen) klar festgelegt sind.*
- *Taktische Entscheidungen sind im mittleren Management angesiedelt. Sie ergeben sich aus den Zielvorgaben des Unternehmens und sind innerhalb eines weiten Rahmens frei. Für die Entscheidung selbst muss Verantwortung übernommen werden, nicht aber für den Rahmen und die Zielvorgaben. Taktische Entscheidungen eignen sich für KI-Systeme in Verbindung mit Maschinellem Lernen.*

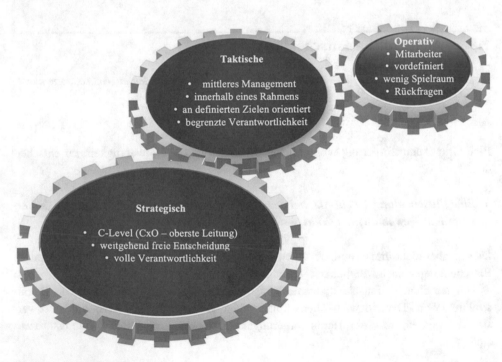

Abb. 7.1 Entscheidungstypen

- *Strategische Entscheidungen* werden von der Unternehmensleitung (C-Level, CoX) getroffen. Sie sind weitgehend frei, müssen aber gegenüber den sog. interessierten Parteien (Unternehmenseigner, Aufsichtsrat, aber auch Mitarbeiter, Gesellschaft ...) verantwortet werden. Diese Entscheidungen sind häufig Risikoentscheidungen, die angesichts ihrer Komplexität von KIs unterstützt werden können, aber wegen der notwendigen Kreativität wohl letztendlich beim Menschen verbleiben sollten.

Menschliche Entscheidungen, vor allem im professionellen Umfeld, folgen mehreren Blickrichtungen. Am wichtigsten ist der funktionale Faktor, bei dem es um Problemlösungen, Zahlen, Daten und Fakten geht. Eine KI kann sich hierauf einfach konzentrieren, die Abwägung und Bewertung von möglichst messbaren Größen ist eine Stärke der maschinellen Entscheidung. Dies ist aber im Zusammenspiel mit Menschen zu kurz gegriffen. Insbesondere eine autonome KI muss berücksichtigen, was der nächste Schritt eines Menschen sein könnte.

Wie Abb. 7.2 zeigt, fallen bei menschlichen Problemlösungen weitere Dimensionen an, die eine Entscheidung anders ausfallen lassen können. Eine rein faktengetriebene KI könnte, wenn dies unberücksichtigt bleibt, zu einem falschen Schluss kommen. Insofern ist „alles faktisch richtig gemacht" nicht unbedingt hilfreich. So z. B. auch in der Gesetzgebung bei Autounfällen mit Kindern angewendet. Der Fahrer trägt die Schuld bei einem Unfall, auch wenn er alle Gesetze befolgt hat und das spielende Kind für ihn nicht zu sehen war.

In letzter Konsequenz beeinflusst diese Erkenntnis auch die Einschätzung von „richtig" und „falsch".

Warum fallen Menschen Entscheidungen also so schwer? Viele Menschen mögen nicht, sich zu entscheiden, ob und in welchem Maß hängt von der Persönlichkeit und von positiven bzw. negativen Vorerfahrungen ab. Grundsätzlich sind die folgenden Überlegungen aber immer vorhanden:

- **Angst vor Festlegung**
  Befürchtung, die falsche Entscheidung getroffen zu haben, damit verbunden:
  - Mit der Entscheidung fallen alle andere Alternativen heraus.
  - Rubikon-Effekt (klare Trennlinie, Umkehr nicht möglich).
- **Zielkonflikt**
  Mehrere Ziele stehen im Widerspruch zueinander.
- **Zeitdruck**
  Ausreichende Datenerhebung und weitergehende Information sind nicht möglich.
- **Vergleichbarkeit**
  Daten können nicht direkt verglichen werden.
- **Unsicherheiten**
  Daten sind nicht eindeutig, können unterschiedlich interpretiert werden. Die Risikoeinschätzung ist subjektiv.

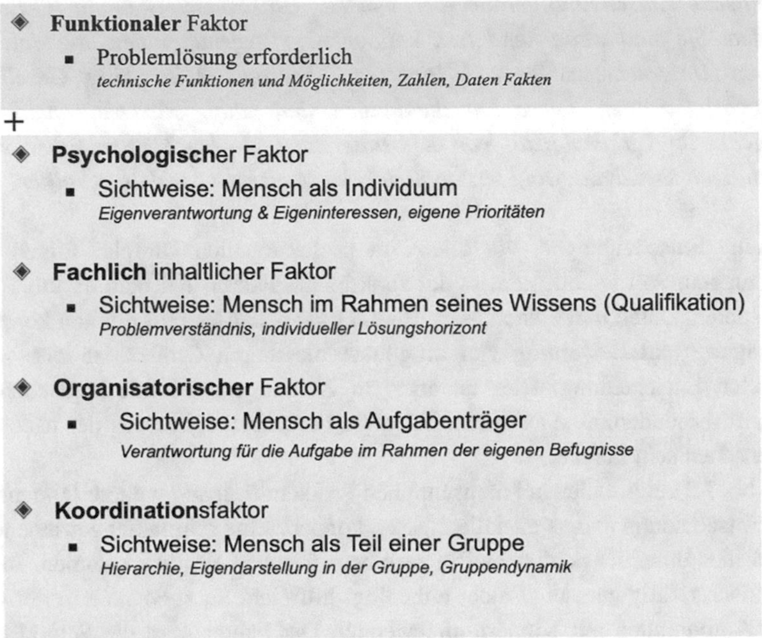

◈ **Funktionaler** Faktor

  ■ Problemlösung erforderlich
    technische Funktionen und Möglichkeiten, Zahlen, Daten Fakten

+

◈ **Psychologisch**er Faktor

  ■ Sichtweise: Mensch als Individuum
    Eigenverantwortung & Eigeninteressen, eigene Prioritäten

◈ **Fachlich** inhaltlicher Faktor

  ■ Sichtweise: Mensch im Rahmen seines Wissens (Qualifikation)
    Problemverständnis, individueller Lösungshorizont

◈ **Organisatorischer** Faktor

  ■ Sichtweise: Mensch als Aufgabenträger
    Verantwortung für die Aufgabe im Rahmen der eigenen Befugnisse

◈ **Koordination**sfaktor

  ■ Sichtweise: Mensch als Teil einer Gruppe
    Hierarchie, Eigendarstellung in der Gruppe, Gruppendynamik

Abb. 7.2 Dimensionen menschlicher Problemlösung

- **Konsequenzen**
  Entscheidung hat gravierende Konsequenzen.
- **Durchsetzungsproblematik:**
  Implementierung der optimalen Alternative wird durch individuelle, politische, soziale u. A. Gründe behindert.
- **Erklärbarkeit**
  Entscheidungsprozesse können den Betroffenen nicht erklärt werden, weil
  - konkretes Wissen fehlt,
  - Prozess nicht ausreichend transparent,
  - mangelndes Verständnis, Expertise bzw. Qualifikation.

Im Vertrieb gibt es mehrere Verkaufstechniken, um Entscheidungen zu fördern bzw. entscheidungsschwache Kunden zu einer möglichst positiven Entscheidung zu bringen. Zumeist wird dabei das Prinzip „Angst vor Entscheidung" umgedreht und versucht „Angst vor Nichtentscheidung" aufkommen zu lassen. Werkzeuge im Handel sind herunterzählende Uhren (Angebot nur noch wenige Stunden gültig) oder eine künstliche Verknappung des Angebots (nur noch drei Teile vorhanden). Alternativ wird die Verknappung an den Herdentrieb gekoppelt (vier weitere Interessenten schauen sich das Produkt gerade an). Auch emotionale Gründe werden genutzt: „Können sie selber entscheiden oder sollen wir ihren Chef hinzuziehen?" Eine KI ist aber i. A. immun gegen diese Art von Beeinflussung.

7.2 Herausforderungen bei der „faktenorientierten Entscheidung"

„Wir können das Universum nur beschreiben, und wir wissen nicht, ob unsere Theorien wahr sind. Wir wissen nur, dass sie nicht falsch sind."

Prof. Dr. Harald Lesch (deutscher Astronom & TV-Moderator; Lesch, 2020)

Fakten sind evident wichtig für Entscheidungen. Selbst die DIN EN ISO 9000:2015 schreibt in den sieben Grundsätzen des Qualitätsmanagements eine faktengestützte Entscheidungsfindung vor – für eine KI-basierte Entscheidung aufgrund der notwendigen mathematischen Algorithmen alternativlos. Dies ist aber nicht immer so einfach. Fakten sind nicht so interpretationsfrei wie gemeinhin angenommen.

> **Übersicht**
>
> Dies zeigt eine einfache Frage: Wie hoch ist der höchste Berg der Erde?
>
> Der Mount Everest ist mit 8610 m über dem Meeresspiegel die standardmäßig richtige Antwort. Wird aber die Höhe vom Fuß des Berges gegenüber dem Umfeld gemessen, so bringt es der Mount Everest nur auf 3500 m, der Mauna Kea bringt es auf 10.203 m (wovon allerdings nur 4205 m über dem Meeresspiegel liegen). Ähnlich definiert ist die Dominanz (Gebietsradius, um den ein Berggipfel das Umland überragt): Danach ist der Aconcagua in Argentinien mit 6962 m die höchste Erhebung. Die größte Entfernung vom Erdmittelpunkt, eigentlich die naturwissenschaftlich beste Messweise, hat der Gipfel des Chimborazo in Ecuador, allerdings nur 6310 m N.N. Es gibt also vier Wahrheiten.

Es kommt also darauf an, wie die Dinge betrachtet werden, in der Philosophie erkenntnistheoretisch, z. B. im Konstruktivismus, beschrieben.

- *Konstruktivismus: Eine Tatsache wird vom Betrachter selbst erst durch den Vorgang des Erkennens konstruiert.*

Auch kommt es auf den Zusammenhang bei der Beurteilung der Fakten an.

> **Übersicht**
>
> Beim Fliegen ist es z. B. wichtig, ob man sich im Landeanflug befindet, im Reiseflug oder ob Karteninformationen abgeglichen werden. „Ich war 2000 Fuß hoch, das ist nun mal Fakt" reicht nicht aus, um sich gegen den Vorwurf, zu tief gewesen zu sein, zu verteidigen:

Damit es in der Luftfahrt nicht zu Verwechslungen kommt, wurde für das Problem der Höhe eine besondere Sprechgruppe eingeführt:

Bei einer Flughöhe über Grund (AGL – „above ground level"), wie sie bei der *Landung* wichtig ist, spricht man von „height".

Bei Höhe über dem Meeresspiegel (MSL bzw. AMSL – „above mean sea level"), was für *Karteninformationen* gilt, heißt es „altitude".

Da die Flughöhe über den Luftdruck ermittelt wird, der wetterabhängig schwankt, gilt zur Kollisionsvermeidung im *Reiseflug* ein Standardluftdruck von 1013,25 hPa unabhängig vom tatsächlichen Luftdruck. Die entsprechende Höhenangabe erfolgt als „flight level" (Flugfläche).

Es gibt also mehrere verschiedene richtige Angaben für die gleichen Flughöhen und es muss genau abgestimmt werden, welche in einer bestimmten Flugphase die anzuwendende ist.◄

Aber es sind nicht nur Definitionsfragen bei der Einordnung von „wahr" und „unwahr", sondern es geht auch um Macht, Durchsetzungsvermögen und Deutungshoheit: So nutzte Kellyanne Conway als Beraterin des US-Präsidenten Donald Trump 2017 die Formulierung „alternative Fakten", um eine Aussage zu belegen, die nach Faktenlage so nicht korrekt war. Es ging um die Frage, ob zur Amtseinführung von Donald Trump mehr Menschen vor dem Kapitol versammelt waren als beim vorhergehenden Präsidenten Barack Obama. Fotos zeigten, dass es weniger Menschen waren. Der Pressesprecher des Weißen Hauses behauptete aber, es wären mehr gewesen. Letztlich kam man mit der alternativ-faktenbasierten Antwort durch, allerdings wurde das Wort zum Unwort des Jahres 2017 in Deutschland gewählt (siehe auch Abschn. 5.1.1).

Die Idee, dass es nur „wahr" und „unwahr" gibt, stammt von Aristoteles (384–322 v. Chr.) als „Satz vom ausgeschlossenen Widerspruch" in seiner Metaphysik. Von der Logik her kann eine Aussage nicht gleichzeitig wahr und unwahr sein. Doch im weiteren Verlauf der Philosophie wurde diese rein mathematische Sichtweise ergänzt. Neben „nur wahr" und „nur falsch" kamen noch die zwei Dimensionen „zugleich wahr und falsch" sowie „weder wahr noch falsch" hinzu (vgl. auch Priest, 2020).

Ein Beispiel aus dem industriellen Umfeld: Die Aussage „Die Maschine ist defekt" ist entweder wahr (sie ist funktionsuntüchtig) oder unwahr (sie ist doch funktionstüchtig). Wenn es aber an einem Bedienungsfehler liegt, erscheint sie zwar defekt, würde aber bei richtiger Bedienung funktionieren (weder wahr noch unwahr). Die Maschine ist aktuell defekt, kann aber bis zum vorgesehenen Einsatz repariert werden (zugleich wahr und unwahr).

Nahe bei wahr bzw. unwahr liegen richtig und falsch. Hierbei gilt prinzipiell Ähnliches, aber es lässt sich im Nachhinein oft nicht klären, ob etwas richtig oder falsch war.

Beispiel: Hätte ein Studierender nach dem Abitur eine andere Berufsausbildung gewählt, wäre sein Leben anders verlaufen. Ob dies dann insgesamt, hinsichtlich Einkommen, Familiengründung, Work-Life-Balance u. Ä. besser verlaufen wäre, lässt sich im Rückblick nicht klären. Die Berufswahl kann also nicht in „richtig" bzw. „falsch" klassifiziert werden.

„Richtig" bzw. „falsch" sind Dimensionen einer Aussage, die nicht immer ausreichen. Gerne spricht man dann von „optimal". Dies liegt aber im Sinne des Betrachters.

Im Zusammenhang mit „wahr" und „unwahr" muss selbstverständlich der Begriff *Lüge* diskutiert werden, was nicht ganz einfach ist, denn „Wahrheit ist die Erfindung eines Lügners" titelte bereits der Philosoph und Physiker Heinz von Foerster im Gespräch mit Bernhard Pörksen (von Foerster, 1998):

- *Lüge ist, wenn trotz Wissen um Tatsachen und Fakten bewusst etwas anderes behauptet wird.*

Insbesondere berufliche bzw. industrielle Umgangsformen sind vom *Dualismus* geprägt, d. h., wir sind darauf konditioniert, Sachverhalte in gut/schlecht einzuteilen. Lügen sind daher im industriellen Alltag (und nicht nur dort) geächtet. Wehe dem, der sich dabei erwischen lässt. Aber es gibt auch hier kein schwarz-weiß, sondern auch Grautöne: In der menschlichen Kommunikation werden Lügen m. E. geduldet, beispielsweise positiv eingesetzt aus Gründen der Höflichkeit, in diesem Fall als *Notlügen* bezeichnet, oder um Panikreaktionen zu vermeiden.

Höflich umschrieben wird ein unpassender (dummer) Wortbeitrag z. B. mit: „Das war ein interessanter und wichtiger Einwurf, lassen Sie uns nun zum Kernpunkt zurückkommen […]". Beim Untergang des Kreuzfahrtschiffs Costa Concordia 2012 wurde per Lautsprecher zunächst verkündet, es handele sich lediglich um ein Problem mit der Stromversorgung. Tatsächlich war das Schiff auf ein Riff gelaufen, große Wassermengen drangen ein. Hierbei ist allerdings unklar, ob das Ziel Panikvermeidung war (begründbare Notlüge) oder schlicht Informationsmangel bzw. bewusste Ignoranz (Lüge im negativen Sinn).

Bei KIs gibt es eine andere Erwartungshaltung: Maschinelle Entscheider sollten es mit Immanuel Kant halten. Sein Grundsatz war: Nie lügen, unter keinen Umständen (vgl. Böhles, 2007). Oder soll ein humanoider Roboter im zwischenmenschlichen Kontakt sympathisch wirken …?

Schwierig wird es für KIs auch beim sog. *Lügenparadox*. Dies zeigt beispielsweise die Aussage „Dieser Satz ist falsch". Vernunftorientiert lässt sich nicht einordnen, ob diese Aussage richtig oder nicht richtig ist.

Übersicht

Interessant wäre es in diesem Zusammenhang, eine KI das bekannteste Gemälde
von René Magritte: „La trahison des images" (wörtlich: „Der Verrat der Bilder"),
zu sehen im Angeles County Museum of Arts, interpretieren zu lassen. Es zeigt
eine Pfeife zusammen mit dem französischen Satz: Dies ist keine Pfeife. Das Bild
ist daher auch besser bekannt unter dem Namen „Ceci n'est pas une pipe" (siehe
Abb. 7.3). Dies kann bei der Bild- bzw. Mustererkennung eine KI verwirren (siehe
Abschn. 8.5).

Abb. 7.3 Ceci n'est pas une
pipe (René Magritte, 1929).
Lizenziert: Creative Commons
Attribution 4.0

Gerade für Führungskräfte ist es wichtig, immer fehlerfrei zu entscheiden. Dies
liegt einerseits an möglichen, auch persönlichen negativen Konsequenzen einer falschen
Entscheidung, andererseits geht es auch um Vertrauen. Auch ist der Ruf nach Fehlerfreiheit eine Zeitgeisterscheinung. Man spricht gelegentlich von der *No-Failure-Gesellschaft*.
Aussagen wie die des Bundeskanzlers Konrad Adenauer zu einer eigenen Fehlentschei-
dung: „Was kümmert mich mein Geschwätz von gestern, nichts hindert mich, weiser zu
werden", findet man heute selten.

Der Anspruch, fehlerfrei zu entscheiden, führt insbesondere bei gewichtigen Entscheidungen mit Unsicherheiten häufig dazu, dass Entscheidungen nicht getroffen, zeitlich
verschoben oder anderen zugeschoben werden – man taktiert.

Taktische Erwägungen können bedingen, Entscheidungen hinauszuzögern oder nur
scheibchenweise zu kommunizieren. Es kann sinnvoll sein, Argumente nicht sofort und
vollständig offen zu legen und in einer vorteilhaften zeitlichen Reihenfolge zu präsentieren
oder gar für sich zu behalten (z. B. beim Poker oder in Verkaufsgesprächen). Auch könnte
die „vollständige Wahrheit", soweit man sie überhaupt kennt, Panikreaktionen auslösen
(z. B. in der Finanzwirtschaft).

Bei Taktik spielen auch gesellschaftliche Normen, z. T. nur subjektiv empfunden,
und die Durchsetzungsproblematik eine Rolle. Wer argumentiert schon gegen seinen
Vorgesetzten, wohlwissend, dass die Schlacht verloren sein wird. Das Zusammenspiel
von Erwartungshaltungen (Normen), einer geplanten Verhaltenskontrolle und dem tak-
tischen Vorgehen beim Kauf einer teuren Maschine zeigt beispielhaft Abb. 7.4. Wichtig
dabei ist auch das Konfliktverhalten: Würde ich auch gegen den (vielleicht mächtigen)
Einkaufsleiter meine Interessen durchsetzen?

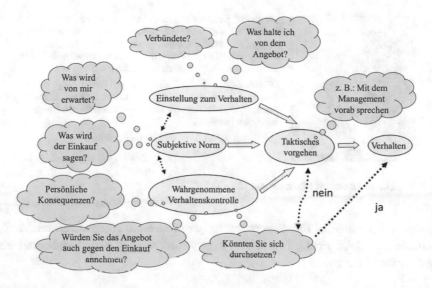

Abb. 7.4 Taktische Überlegungen eines Produktionsleiters beim Kauf einer vergleichsweise teuren Maschine

Gerade hat die Corona-Krise gezeigt, wie bedeutsam ein taktisches Vorgehen ist. Eine vollständige Information der Bevölkerung war schwierig, zum einen, weil die komplexen wissenschaftlichen Zusammenhänge nur von Virenexperten wirklich verstanden wurden – dem Normalbürger fehlte hier verständlicherweise die notwendige Qualifikation – und weil auch beim wissenschaftlichen Verständnis noch große Unsicherheit herrschte. Anderseits galt es, schwierige Maßnahmen zu initiieren, die Brisanz den Beteiligten nahezubringen und Panik zu vermeiden. Letzteres gelang nur z. T., wie die Hamsterkäufe insbesondere bei Toilettenpapier zeigten.

Viele dieser Ereignisse wiesen eine gewisse Irrationalität auf, waren emotional bedingt. Fehler wurden gemacht. Das menschliche Entscheidungssystem erwies sich aber als fehlertolerant. Zum besseren Verständnis der Fehlertoleranz seien in Abb. 7.5 die Managementhinweise des 3M-Vorstandsvorsitzenden William McKnight genannt:

7.3 Kontingenz (Selektion bei mehreren Alternativen)

",Wahr' und ,Falsch', das sind die Ausreden derer, die nie zu einer Entscheidung kommen wollen. Denn die Wahrheit ist ein Ding ohne Ende."

Robert Musil (1880 – 1942, österr. Schriftsteller, u. a. "Der Mann ohne Eigenschaften")

„Fehler wird es immer geben. Aber die Fehler der Mitarbeiter, die meist die richtigen Dinge tun, sind nicht so gravierend wie die, die dadurch entstehen, dass das Management den Verantwortlichen genau vorschreiben will, wie sie ihre Arbeit zu verrichten haben."

„Ein Management, das überkritisch auf Fehler reagiert, zerstört Eigeninitiative. Doch Mitarbeiter mit persönlichem Engagement sind lebenswichtig, wenn ein Unternehmen weiterwachsen will."

„Stelle fähige Leute ein und lass sie machen."

William McKnight, 3M CEO, 1944

Abb. 7.5 Fehlertoleranz im Management nach 3M

Eine Herausforderung bei Entscheidungen ist, wenn mehrere Alternativen zur Verfügung stehen, die alle gleich richtig (wahr) sind bzw. wenn „richtig" nicht beantwortet werden kann oder irrelevant ist.

- **Kontingenz,** ein Begriff aus der philosophischen Systemtheorie, bezeichnet die Notwendigkeit, aus mehreren Alternativen auswählen zu können bzw. zu müssen, also eine Selektion zu treffen.
- *Die **statistische Kontingenz** (Kontingenzkoeffizient) – hier weniger wichtig – ist ein Maß für den Zusammenhang zwischen zwei Merkmalen auf beliebigen Skalenniveaus.*

Kontingenz tritt vor allem dann auf, wenn es viele Kombinationsmöglichkeiten gibt. Dies tritt bei privaten Entscheidungen auf (welche Krawatte passt zu welchem Hemd, welchen der 40 verschiedenen Jogurts soll ich nehmen), aber auch verstärkt im industriellen Umfeld.

Beispielsweise sind in der Produktion eine Vielzahl von Entscheidungen zu treffen, für die es Alternativen gäbe, aber bei denen sich nicht abschätzen lässt, welche Konsequenzen diese haben.

Eine KI hat bei Kontingenz die Herausforderung, dass die Datenlage für alle Alternativen eine identische Bewertung hergibt und es kein Kriterium gibt, den einen Weg zu gehen und damit den anderen auszuschließen.

7.4   Unsicherheit: Informationsmangel, -verfügbarkeit & -asymmetrie

„Politik bedeutet, auf Grundlage unzureichender Informationen entscheiden zu müssen."

Peer Steinbrück

(Bundesfinanzminister 2005–2009, SPD-Kanzlerkandidat 2013; Hulverscheidt, 2010).

Nicht immer reicht die Zeit, um sich genügend gesicherte Fakten für eine Entscheidung einzuholen oder sich das Wissen zu erarbeiten, um diese Fakten einordnen zu können. Mal gibt es Gerüchte, aber keine statistische Relevanz. Wird aber entschieden, so muss auch die Verantwortung für diese Entscheidung übernommen werden. Dies ist z. T. ein Dilemma.

Gerade wenn notwendige Informationen nicht verfügbar sind, kommt es bei menschlicher Entscheidung zu *Entscheidungsanomalien.* Die Bekannteste ist der *Qualitäts-Preis-Effekt:* Da „Qualität" häufig schwierig fassbar ist, wird sie über den Preis bewertet („Gutes darf nicht zu billig sein").

Eine weitere Entscheidungsanomalie ist der *Ankereffekt:* Ein innovatives Produkt mit Alleinstellungsmerkmal auf dem Markt erscheint laut Marketingstudie dem Kunden zu teuer. Statt es billiger anzubieten, wird ein zweites, ähnliches Produkt zu einem höheren Preis zusätzlich angeboten. Die Erfahrung zeigt: Nun hat der Kunde einen Vergleich (Anker) und greift vermehrt zum vermeintlichen Schnäppchen, dem ursprünglich als zu teuer empfundenen Artikel.

Dennoch muss in vielen Situationen entschieden werden. Ein zeitlich drängendes Problem löst man nicht durch lange akademische Debatten. Bei diesen Herausforderungen werden unterschieden:

- *Informationsmangel: Das Fehlen von Information. Statistische Effekte beruhen letztlich auch auf Informationsmangel. Die Tatsache, etwas nicht zu wissen, kann dem Entscheider bewusst sein bzw. nicht.*
- *Informationsverfügbarkeit: Im verfügbaren Zeithorizont kann die notwendige Information nicht beschafft bzw. ausgewertet werden. Weiter wird unterschieden, ob diese Information sicher vorhanden ist, nur die Zeit fehlt oder ob nicht klar ist, ob diese Information überhaupt vorhanden ist.*
- *Informationsasymmetrie („hidden characteristics", versteckte Eigenschaft): In einer Kommunikation oder Transaktion fehlt einem Akteur unwissentlich Information, der Andere hat einen Informationsvorsprung. Dies kann absichtlich oder unabsichtlich geschehen, der zweiten Person bekannt sein oder nicht.*
- *Unsicherheit: Es gibt keine (scheinbar) generell klare Antwort, die Experten sind sich uneinig.*

Welcher Entscheider kennt nicht das Dilemma:

- *Fakten:* Die Lieferung ist wegen Qualitätsproblemen noch nicht vollständig.
- *Informationsmangel:* Der Kunde kann nicht erreicht werden. Man weiß nicht, ob dem Kunden eine Teillieferung reicht, ob er notgedrungen mit der schlechten Qualität leben muss oder ob er warten kann.

- *Informationsverfügbarkeit:* Wartet man lange genug, wäre der Kunde erreichbar. Da die Produktionsplanung jetzt auf eine Entscheidung drängt, ist diese Information für die Entscheidung nicht verfügbar.
- *Informationsasymmetrie:* Nur der Entscheider weiß von dem Qualitätsproblem, der Kunde noch nicht. Diese Asymmetrie könnte genutzt werden (z. B. vielleicht merkt er es auch nicht), dies wirft aber rechtliche und ethische Fragen auf.
- *Dilemma:* Es muss zeitnah entschieden werden.

Reinhard K. Sprenger, Philosoph und Unternehmensberater, formulierte zu Führung in der Corona-Krise 2020 so:

> *„Führen in Krisenzeiten heißt: in Unkenntnis aller Tatsachen entscheiden – und darauf hoffen, dass alles gut kommt. Es gibt kein Richtig und kein Falsch."* (Sprenger, 2020)

Sprenger unterscheidet dabei zwischen Entscheidung und Wahl:

- *Wahl* basiert auf Fakten, Tatsachen und Daten sowie ausreichend Zeit, um „Experten zu befragen und unterschiedliche Perspektiven einzuholen".
- *Entscheidung* demgegenüber ist notwendig bei Zeitdruck und dem „Unbekannten".

Hier kommt der Begriff *Bifurkation* ins Spiel, der sowohl in der Medizin als auch in der Mathematik für Abzweigung (Weggabelung) genutzt wird. Die Entscheidung bei einer Bifurkation ist dann besonders schwierig, wenn eine spätere Um- bzw. Rückkehr nicht möglich ist.

Dies wird als *Rubikon-Effekt* bezeichnet. Das psychologische Handlungsmodell basiert auf einer historischen Begebenheit, bei der Julius Caesar 49 v. Chr. den Fluss Rubikon mit seinen Truppen überschritt und damit unwiderruflich eine Entscheidung traf, die zum Bürgerkrieg zwischen ihm und Pompeius führte.

Interessant in diesem Zusammenhang ist, dass nach Ansicht des Wissenschaftlers Michael Butter die sog. Verschwörungstheorien aktuell in der Corona-Epidemie daher so gut funktionieren, weil sie scheinbar klare Antworten auf die Unsicherheit geben (Butter et al., 2020).

7.5 Empathie, Intuition, Irrationalität, Emotionalität bei Entscheidungen

> *„Einen Erwachsenen nennt man jenes Krüppelwesen, das in einer entzauberten Welt sogenannter Tatsachen existiert."*
>
> Michael Ende (Jugendbuchautor)

Der Ökonom und Soziologe Max Weber führte bereits 1919 einen Diskurs unter dem Schlagwort „Entzauberung der Welt" darüber, dass technische Mittel und Berechnungen eine Intellektualisierung und Rationalisierung befördern (Weber, 2018). Es scheint aber so, dass viele Menschen diese Entzauberung, aus welchen Gründen auch immer, ablehnen. Dies kann den Entscheidungsprozess und dessen Akzeptanz beeinflussen.

Bei Entscheidungen geht es häufig darum, dass überhaupt etwas entschieden wird (siehe Abschn. 7.4). Infolge müssen Andere die Entscheidung akzeptieren und umsetzen. Entscheidungen müssen also von Menschen mitgetragen werden. Wenn dies nicht gelingt, ist „alles faktisch richtig gemacht" daher nicht mit „erfolgreich" gleichzusetzen. Eine KI-basierte Entscheidung muss dies miteinbeziehen, tut sich aber schwer damit, wenn etwas der Algorithmenlogik widerspricht.

Zum einen könnte ein cholerischer Kunde bei einem Problem vollkommen überzogen, also emotional und infolge irrational reagieren. Insbesondere eine Überforderung des Gegenübers kann zu einer unerwartet konträren, nicht hilfreichen Reaktion führen.

Auch spielen Stimmungen eine Rolle. Zwar ist eine KI immun dagegen, muss aber bei menschlichen Reaktionen damit rechnen. Interessanterweise führt eine positive Stimmung bei Menschen zu einer Risikovermeidungsstrategie, wie Abb. 7.6 zeigt.

Eine Neigung zu Irrationalitäten wird allerdings sogar aktiv zur Beeinflussung genutzt. Beispiel ist der Aufbau von „Angst vor Nichtentscheidung" in einer Verkaufssituation: „Fakten hin oder her, wenn Sie jetzt nicht die Maschine warten, gibt es vielleicht später einen Schaden".

Bei nicht ausreichender Datenlage hilft dem Menschen die Intuition, das Bauchgefühl. Dies ist eine vermutlich aus der Evolution heraus entwickelte Fähigkeit des Menschen zu entscheiden, wenn die vorhandenen Informationen – oder deren Interpretation – nicht helfen, das Problem zu lösen.

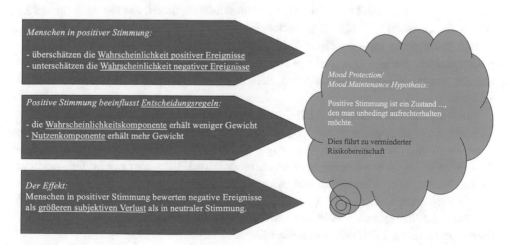

Abb. 7.6 Positive Stimmung führt zu Risikovermeidung

Andererseits ist Empathie, die Bereitschaft und Fähigkeit, sich in die Einstellungen anderer Menschen einzufühlen, wichtig für die Akzeptanz einer Entscheidung. So wird eine rein rationale und faktenbasierte Entscheidung, ggf. mit einer ergebnisorientierten, materialistischen Sichtweise, als „kalt" empfunden. Das „Schöne" oder „Menschliche" geht verloren. Eine zwar faktisch richtige Entscheidung scheitert aus irrationalen Gründen, weil sich Menschen nicht mitgenommen fühlen. Es gilt, den „richtigen Ton" zu finden, sich in den Anderen hineinzuversetzen, empathisch zu sein.

Genau diese Emotionalität kann wiederum der Logiker oder die mathematisch aufgestellte KI nicht verstehen. Ein emotionsloser Logiker wie Mr. Spock in der TV-Serie Star-Treck (Raumschiff Enterprise) ist der Prototyp für eine KI-Entscheidungsmaschine, aber eben kein Sympathieträger. Dies ist der fehlerhafte, aber empathische Captain Kirk. Wir räumen Menschen ein, fehlbar zu sein. Bei der KI tun wir uns schwer, dies zu akzeptieren.

7.6   Exkurs: Spieltheorie (Game Theorie)

In Entscheidungssituationen, die andere betreffen, spielt auch das Gegenüber und die subjektiv erwartete Reaktion eine Rolle.

- *Die **Spieltheorie** analysiert strategische Entscheidungssituationen, bei denen mehrere Personen interagieren, und versucht, diese mathematisch zu modellieren. Ziel ist die Vorhersage des Entscheidungsergebnisses und darauf basierend Handlungsempfehlungen abzuleiten.*

Im Zusammenhang mit einer KI-Entscheidung hat die Spieltheorie den Vorteil, dass sie eine mathematische Abbildung der Entscheidungssituation liefert, aus der auch für die KI algorithmisch bewertbare Handlungsoptionen entwickelt werden können.

Die Spieltheorie kann an dieser Stelle aufgrund ihrer Komplexität nicht vollständig erklärt werden. Sie gibt aber wichtige Hinweise, die auch bei KI-Entscheidungssystemen genutzt werden können. Daher hier ein Beispiel, um das zugrunde liegende Prinzip zu erklären:

Beim sog. **Chicken Game** (Feiglingsspiel) geht es darum, einzuschätzen, wie sich das Gegenüber verhält. Beispielsweise nähern sich in der Produktion zwei Transportfahrzeuge einer Engstelle, die nur für ein Fahrzeug Platz hat. Der Einzelne muss nun entscheiden: Fährt er zu, ist er schneller (und damit produktiver), kann aber nur hoffen, dass der andere bremst, oder er bremst ab und ist damit langsamer.

Die möglichen Optionen sowie die Bimatrix bzw. Auszahlungsmatrix zeigt Abb. 7.7. Bei der Auszahlungsmatrix stellt der erste Wert die Höhe von Gewinn oder Verlust für Flurförderfahrzeug 2 dar, der zweite Wert für das Flurförderfahrzeug 1.

Die möglichen Strategien sind:

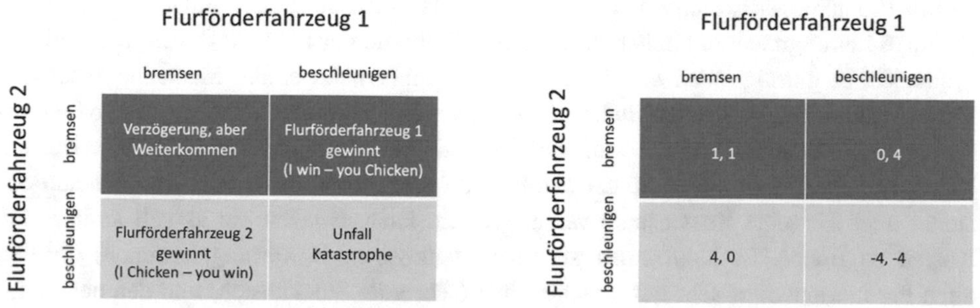

Abb. 7.7 Optionen bzw. Auszahlungsmatrix beim Chicken-Game

- Dominante Strategie: Jeder Teilnehmer entscheidet für die für ihn gewinnbringendste Lösung, unabhängig davon, was der andere tut. Das Gegenteil ist die „dominierte Strategie" (hier: „Egal was der Andere macht, Augen zu und durch").
- Reine Strategie: Der Teilnehmer trifft eine ganz bestimmte Entscheidung (hier: „Ich bremse auf jeden Fall").
- Gemischte Strategie: Der Teilnehmer trifft eine zufällige Entscheidung, aber mit einer bestimmten Wahrscheinlichkeit für eine bestimmte Entscheidung (hier: „Ich gebe mal Gas, werde aber wohl wahrscheinlich bremsen müssen").

Das sog. *Nash-Gleichgewicht* geht nun davon aus, dass alle Teilnehmer sich individuell optimal verhalten, d. h., für keinen der beiden Teilnehmer zahlt es sich aus, von der einmal eingeschlagenen Strategie abzuweichen. Im Beispiel ergibt sich ein Nash-Gleichgewicht in der reinen Strategie, wenn der eine Teilnehmer sich für Bremsen und der andere fürs Beschleunigen entscheidet. Wählen beide in der gemischten Strategie eine 50 %ige Wahrscheinlichkeit für ausweichen, ergibt sich ebenfalls ein Nash-Gleichgewicht.

Gewichtig für den Entscheidungsausgang ist auch, ob die Teilnehmer sich vorab *kooperativ* verhalten können – hierzu muss ein Informationsaustausch möglich sein – oder *nicht kooperativ.*

Wichtig ist, ob eine perfekte Information vorliegt (alle Teilnehmer sind vollkommen informiert) oder eine imperfekte Information (nicht alle Teilnehmer sind vollkommen informiert). Können bindende Abmachungen getroffen werden („für einen Kaffee lasse ich dich immer vor"), so liegt ein Verhandlungsspiel (Bargaining Game) vor mit der Einschränkung, dass die Abmachung auch durchgesetzt wird (dritte Instanz kommt ggf. ins Spiel).

Neben direktem Informationsaustausch kann aber auch Erfahrung aus Wiederholungen *(wiederholtes Spiel)* zusätzlich die Entscheidung beeinflussen (z. B. „Der bremst immer").

Auch spielt die zeitliche Abfolge eine Rolle, insbesondere dann, wenn die Bewertung einer Entscheidung weit in der Zukunft liegt. Ein (stark vereinfachtes) Beispiel:

Ein Produktionsleiter entscheidet sich, eine Maschine zu leasen, mit langer Laufzeit, geringen Leasingraten und hoher Restzahlung. Während der Laufzeit des Leasingvertrags produziert er günstig. Weil er günstig anbieten kann, nutzt er die Maschine zusätzlich stark. Alsdann wechselt er die Stelle. Nach einiger Zeit kommt auf den neuen Produktionsleiter die Restzahlung zu und, weil abgenutzt, die gleichzeitige Beschaffung einer neuen Maschine. Zwar lässt sich ggf. der Hergang belegen, letztlich ist der neue Produktionsleiter aber für seine Kostenstelle verantwortlich. Hier schlagen die aktuell anfallenden Kosten zu Buche. Es kann sogar zu einer ungünstigen Bewertung kommen, die den alten Produktionsleiter sehr gut dastehen lässt (sehr gute Stückkosten) und den neuen, im Prinzip für die Situation nicht verantwortlichen Produktionsleiter entsprechend schlecht. Die spieltheoretische Bewertung dieses Ablaufs sieht hier eine hohe Auszahlung in der Bimatrix für den ersten Produktionsleiter vor.

7.7 Entscheidungsheuristiken

In der Entscheidungstheorie gibt es verschiedene Möglichkeiten, Fakten zu Entscheidungen zusammenzuführen. Hierzu definiert man zunächst die Merkmale, die für eine Entscheidung herangezogen werden sollen. Diese werden ***Dimensionen*** genannt. Für jede dieser Dimensionen werden notwendige bzw. wünschenswerte Kriterien festgelegt. Die notwendigen Kriterien müssen erfüllt werden (KO-Dimensionen). Für die wünschenswerten Dimensionen gelten ***Entscheidungsheuristiken*** (siehe Abb. 7.8). Diese sind Grundlage von KI-Entscheidungsalgorithmen. Weit verbreitet eingesetzt werden gewichtete Entscheidungsalgorithmen. Hier werden besonders wünschenswerte Kriterien durch einen Gewichtungsfaktor „verstärkt". Darüber hinaus muss vorab festgelegt werden, ob schlechte Leistungen in einem Bereich durch bessere Leitungen in einem anderen Bereich kompensiert werden dürfen.

7.8 Selbstorganisation & Chaostheorie bei KI

> *„Wenn Ordnung auf Chaos trifft, gewinnt zumeist das Chaos, weil es höher organisiert ist."*
>
>   *Nach dem fiktiven Philosophen „Ly Schwatzmaul"* (Pratchett, 1991)

Für autonome KI-Entscheidungen ist ein gewisses Maß an Organisation und Regeln notwendig, ein „zuviel" kann sich aber negativ auswirken. Was muss überhaupt geregelt werden und was regelt sich von selbst (man spricht von „Selbstorganisation")?

Durchaus sinnvolle gesetzliche Regelungen, Zertifizierungsvorgaben, Datenschutz, Haftung etc. führen in Summe vielfach zu Überregulierung – mit dem Effekt, dass Abläufe verlangsamt werden. Nicht zu vernachlässigen ist darüber hinaus die menschliche Tendenz, sich selbst abzusichern: Wenn es eine Regel gibt, dann ist der Entscheider mit deren

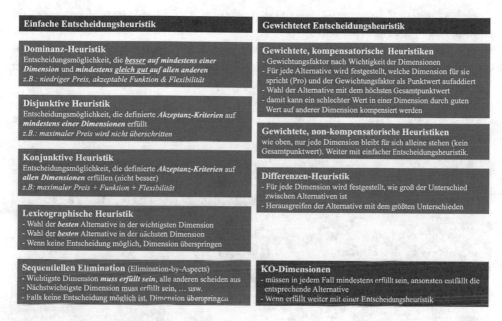

Abb. 7.8   Beispiele für Entscheidungsalgorithmen

Einhaltung auf der sicheren Seite – auch wenn die Regel im konkreten Anwendungsfall vielleicht dem „gesunden Menschenverstand" widerspricht.

- **Überregulierung,** *also das Regeln jeglicher denkbaren und undenkbaren Situationen, führt durchweg zum Gegenteil dessen, was gewollt wird: Verlangsamung und Stillstand statt Bewegung.*

Allerdings kommt bei ungeregelten Bedingungen häufig das Wort „Chaos" negativ ins Spiel. Aber nicht alles kann oder sollte geregelt werden.

Zunächst verfügt das Chaos selbst über Emergenz, d. h. einen ordnenden Charakter – die Selbstorganisation. Die Selbstorganisation wird, z. B. als universelles Prinzip der Natur oder als psychologisch-soziales Modell (Teambuildingprozesse), sehr unterschiedlich definiert. Im Zusammenhang mit KI ist die Deutung aus der Systemtheorie wegweisend:

- **Selbstorganisation** *ist das spontane Auftreten neuer, stabiler und effizienter Strukturen und Verhaltensweisen, die ein System in eine höhere strukturelle Ordnung bringen, ohne dass äußere steuernde Elemente vorliegen.*
- **Emergenz** *(lat. emergere: hervorkommen, auftauchen) ist in diesem Zusammenhang das plötzliche, selbstorganisierte Entstehen von geordneten Strukturen. Dies ist z. B. bei*

Schwärmen (vgl. Schwarmintelligenz) so, spielt aber auch beim System of Systems (SoS)
eine Rolle (siehe Abschn. 10.10).

- *Als **Schwarmverhalten/Schwarmintelligenz** wird eine kollektive Intelligenz bzw. Grup-*
  penintelligenz bezeichnet, welche die des einzelnen Individuums übertrifft. Wichtiges
  *Kennzeichen ist zudem das Beruhen auf sehr **einfachen Regeln**.*

Viele chaotische Systeme funktionieren über Selbstorganisation besser als geregelte
Systeme.

Übersicht

In der englischen Ortschaft Swindon existiert ein Kreisverkehr, der unter dem
Namen „Magic Roundabout" Bekanntheit erlangte. Er besteht aus mehreren einzelnen Kreisverkehren, die um einen mittleren Kreis angeordnet sind, der zudem noch
den Verkehrsregeln entsprechend falsch herum zu befahren ist (siehe Abb. 7.9).

Ohne weitere Anleitung organisiert sich der Verkehr selbst, die Unfallrate konnte
um 30 % reduziert werden, schwerwiegende Unfälle fast vollständig (Gigazine.net,
2016).

Das Problem bei chaotischen Systemen entsteht zumeist erst im Schadensfall bei der
Verantwortungs- bzw. Schuldfindung. So ist Schwarmintelligenz, insbesondere im Tier-
reich, wichtig für das Überleben eine Spezies. Andererseits kann der *Herdentrieb* (alle
versuchen den gleichen Notausgang zu benutzen) ggf. eine wenig intelligente Lösung
vorgeben.

Ein interessantes Beispiel für Schwarmintelligenz ist die sog. „La-Ola-Welle" bei
Sport-Großveranstaltungen. Diese am 08.08.1984 erstmalig bei den olympischen Som-
merspielen in der USA beim Fußballspiel Brasilien gegen Italien gezeigte Form der

Abb. 7.9 Magic Roundabout
in Swindon. (Quelle: Public
Domain)

Publikumsbeteiligung basiert auf einfachen Regeln des Schwarmverhaltens. Statt komplizierter Regeln lautet die Anweisung für die erste Person (Sitzreihe im Stadion): Springe auf, hebe die Hände und setze dich wieder. Für alle folgenden Personen (Reihen): „Wiederhole, was der Nachbar macht!". Verzögert durch die Reaktionszeiten wabert folglich eine selbstorganisierte Welle durch das Stadium, ohne dass der einzelne ein Verständnis für das Gesamte haben muss.

Vorhersehbarkeit (Planbarkeit, Berechenbarkeit) von Systemreaktionen (auch der KI) sind wichtiger Bestandteil des entsprechenden Managements. Ist dies nicht gegeben, so wird ein wenig berechenbares Verhalten als „chaotisch" bezeichnet. In der Technik hilft hier auch die Systemtheorie:

- *Die **Chaostheorie**, ein Begriff aus der Systemtheorie, beschreibt Systeme, die bei geringsten Änderungen der Anfangsbedingungen zu sprunghaften Veränderungen in der Folge führen. Chaotische Systeme sind deshalb schwierig vorhersehbar oder planbar (z. B. Wettergeschehen, Staubildung im Verkehr, Turbulenzbildung bei Flugzeugtragflächen).*

Die Chaostheorie entspringt einem Zufall der frühen Digitalisierung: 1963 wollten Forscher des Massachusetts Institute of Technology (MIT) unter Leitung des Meteorologen Edward Lorenz die Vorhersagegenauigkeit von Wettermodellen verbessern (Lossau, 2008). Hierzu fütterten sie einen Großrechner mit den Wetterdaten, Startwert war die Zahl 0,506127. Versehentlich oder weil die manuelle Eingabe viel Zeit beanspruchte, verkürzte Lorenz bei weiteren Tests diesen Startwert um die drei letzten Stellen auf 0,506. Obwohl beide Werte nur um 1/1000 auseinanderlagen, führte diese Abweichung in Folge zu einem vollkommen anderen Endergebnis. Kleine Abweichungen im Anfangswert führten zu massiven Änderungen im Ergebnis. In einem späteren Vortrag mit dem Titel: *„Predictability: Does the Flap of a Butterfly's Wings in Brazil set off a Tornado in Texas?"* (Kann der Flügelschlag eines Schmetterlings in Brasilien einen Tornado in Texas auslösen?) prägte Lorenz hierfür den Begriff „Schmetterlingseffekt (Butterfly Effect)", der auch schon als Filmtitel diente.

Allerdings reichen Ursprünge der Chaosforschung bereits bis ins 19. Jahrhundert zurück. Damals ging es um die Berechnung der Planetenbewegung mit den Gleichungen von Isaac Newton. Zwar konnte die Bewegung zweier Planeten damit vollständig beschrieben werden, ab drei Planeten ist das Gleichungssystem aber nicht mehr lösbar. Oskar II., König von Schweden und Norwegen, setzte anlässlich seines 60. Geburtstags einen Preis aus, 2500 Kronen, was einem Drittel des damaligen Professoren-Jahresgehalts entsprach. Der französische Universalgelehrte Henni Poincaré (1854–1912) konnte dieses Problem zwar auch nicht lösen, er gewann den Preis aber, wegen seines Beitrags, warum die Gleichungen grundsätzlich (naturgesetzlich) unlösbar sind.

Übersicht

Mathematisch geht es beim **n-Körper-Problem** auch bekannt als **Drei-Körper-Problem** darum:

Ein Punkt im Raum (bzw. Planeten, Sonne, Monde) wird mit drei Ortsvektoren (jeweils x, y, z) zum Zeitpunkt (t) beschrieben. Hinzu kommen die jeweiligen Geschwindigkeitsvektoren, die zeitlichen Ableitungen der entsprechenden Ortsvektoren. Die sich ergebenden Differentialgleichungen sind nur noch numerisch als Reihenentwicklung, aber nicht grundsätzlich mathematisch lösbar. Stark vereinfacht ausgedrückt: zu wenige Gleichungen für zu viele Unbekannte.

Durch die Digitalisierung in der numerischen Mathematik können wir heute die Planetenbewegung recht genau für die Zukunft berechnen. Dennoch gehorcht die Planetenbewegung (sehr) langfristig der Chaostheorie, d. h., kleine Änderungen könnten u. U. (in astronomischen Zeiträumen) ganze Planeten aus der Bahn werfen.

Mittels KI und neuronaler Netze ist aber ein neuer Ansatz zur Lösung dieser Problematik im Entstehen. So wir derzeit die Brute-Force-Methode, eine „Rohe-Gewalt-Methode", häufig erfolgreich eingesetzt, um Passwörter zu knacken, zusammen mit Deep Learning genutzt, um sehr viele verschiedene Szenarien zu berechnen (Yuen, 2018).

Aus ähnlichen Gründen setzt die Chaostheorie selbst einer mittelfristigen Wettervorhersage Grenzen: Ab sieben Tage gilt die Wettervorhersage als unsicher, zwei Wochen, wie bei beliebten Wetter-Apps, bezeichnen Meteorologen als sehr gewagt.

Neben diesen systemtheoretischen Ansätzen spielen aber auch *menschliche Vorlieben für Chaos* eine Rolle, manchmal möchte der Mensch es auch lieber chaotisch.

So sagte ein Architekt und Stadtplaner, sehr offen für neue Technik, bewandert im Internet der Dinge, auf einer Konferenz für Internetforschung im englischen Oxford zur Idee der „Smart City": Er wolle seine Stadt nicht sauber, vernetzt und computergesteuert, sondern chaotisch und durcheinander. „Ich möchte nicht, dass irgendwelche Informatiker all die Entscheidungen für uns treffen" (Metzger, 2019).

7.9   Situationsbezogene flexible Auslegung von Regeln in chaotischen Systemen

„Gesetze müssen konsequent eingehalten werden" (Mertin, 2017). Dies ist das Fundament des Rechtsstaates, an dem niemand ernsthaft zweifelt. Für eine Künstliche Intelligenz und autonome Systeme sind dies die Leitplanken, die nicht übertreten werden dürfen.

Nicht alles ist geregelt: Es gibt Interpretationsspielräume (die Gesetzeskommentare sind häufig länger als das Gesetz selbst) und Graubereiche. Angesichts dessen reagiert die Politik zumeist mit einer weiteren „Verregelung", was aber z. T. kontraproduktiv ist, denn Regelungslücken sind durchaus sinnvoll. Überregulierung führt häufig zum Nichtfunktionieren.

Für den Menschen stellt eine eher chaotische Umwelt kein Problem dar. In diesem Zusammenhang wird oft der „gesunden Menschenverstand" herangezogen. Aber: Die chaotische Umwelt stellt das regelbasiert korrekte Agieren autonomer Lern- und Entscheidungssysteme vor eine Herausforderung.

„Alex Pentland, Informatikprofessor am Massachusetts Institute of Technology (MIT), schreibt dazu: ‚Eine der aufschlussreichsten Erkenntnisse bei der Betrachtung von KI ist, dass Bürokratien der künstlichen Intelligenz ähneln: Sie operieren nach Vorschriften ....'" und fährt dann fort, dass der Mensch die Kontrolle behalten solle (Rüttgers, 2020).

> **Übersicht**
>
> Beispielsweise ist der Verkehr in einer typischen Großstadt geprägt von kleineren, durchaus geduldeten Gesetzesverstößen: Ein Lieferfahrzeug parkt kurz in zweiter Reihe, weil im weiteren Umfeld kein geeigneter Parkplatz frei ist. Der nachfolgende Verkehr fährt unter Missachtung der durchgezogenen Linie vorbei und nötigt den entgegenkommenden Verkehr zum Ausweichen oder Abbremsen. Hingenommen wird dies zumeist. Die Duldung von Regelabweichung bedeutet aber nicht eine grundsätzliche rechtliche Akzeptanz. Automatisierte Systeme tun sich damit schwer, weshalb in manchen Städten noch Polizisten zusätzlich eingesetzt werden (siehe Beispiel Rom, Abb. 7.10).

Trotz vermeintlichem Durcheinander treten aber in solchen Systemen kaum Probleme auf, im Gegenteil: Es funktioniert besser als in stark regulierten Ordnungen, man spricht

Abb. 7.10 Menschen regeln (noch) den Verkehr besser als eine KI

von „Überregulierung". Häufig handelt es sich nämlich um selbstorganisierende Systeme, die von der Chaostheorie durchaus wissenschaftlich beschrieben werden können (siehe Abschn. 7.8).

Autonome Lern- und Entscheidungssysteme müssen auf solche chaotischen Bedingungen situationsbezogen flexibel regieren können, dabei aber gesetzeskonform handeln. Denn das Risiko einer Sanktion bei einem kleinen Regelverstoß ist für den Menschen kalkulierbar und wird deswegen anscheinend in Kauf genommen (z. B. Zahlung einer Strafe für eine Ordnungswidrigkeit). Für eine KI ist dies keine Option. Daher müssen für KIs Ausnahmetatbestände von Regeln definiert werden. Dies erfordert eine Priorisierung von Zielen, denen für das Handlungsrisiko entsprechende Eskalationsstufen zugeordnet sind. Daraus ergeben sich dann mögliche Abweichungsmöglichkeiten von der Regel.

Wie bereits in den Kapiteln Chatbots und Turing-Test behandelt (Abschn. 3.10 und 3.11), ist die Regelkonformität von KIs auch bei der natürlich-sprachlichen Kommunikation einer KI mit dem Menschen eine Herausforderung. Bei zu exakter Einhaltung der Regeln wird eine KI leicht als solche entlarvt, was nicht immer gewünscht ist, z. B. bei humanoiden Robotern oder digitalen Sprachassistenten. Dabei sind aber große Fortschritte gemacht worden. So lernen Siri, Alexa & Co. maschinell schnell die vielleicht sehr spezielle Ausdrucksweise ihres/ihrer Benutzers/Benutzerin und variieren auch die Antworten auf gleiche Fragen. Auch in der zwischenmenschlichen Kommunikation gibt es eine gewisse Flexibilität in der Regelauslegung.

7.10   Autonomie & Kontrolle bei KI-Entscheidungen

Eine der wesentlichen bei KI-Entscheidungen zu klärende Frage ist, inwieweit diese wirklich autonom, d. h. selbstständig und ohne menschliche Kontrolle agieren soll bzw. darf. Dies gilt für eine Kontrollierbarkeit der autonomen Entscheidung *vor* einer daraus resultierenden Handlung, aber auch in Form der Nachvollziehbarkeit als Kontrollmöglichkeit *hinterher.* Mit einer rein faktenorientierten Entscheidung kommt man zumeist aber nicht weit:

- *Ziel einer digital automatisierten Entscheidungsfindung durch eine Künstliche Intelligenz muss es sein, autonom auch bei Unsicherheiten entscheiden zu können und dabei auch Emotionen zu berücksichtigen und Irrationalität zuzulassen.*

Bereits in den vorherigen Kapiteln ist die Herausforderung der mangelnden Transparenz bei Black-Box-Problematiken angesprochen worden. Begriffe wie vertrauenswürdige KI und erklärbare KI sind hier wichtig (siehe Abschn. 3.12). Aber Autonomie und Kontrolle bleiben bei KI ein Widerspruch.

Systeme, die über Machine Learning oder Deep Learning ihre Entscheidungsalgorithmen selbst entwickelt haben, arbeiten in den vorgegebenen Grenzen autonom. Resultate sind aber nur z. T. transparent, was die Kontrolle und Nachvollziehbarkeit einschränkt. Letztlich ist eine menschliche Entscheidung nach Intuition oder „Bauchgefühl" auch nicht transparent und z. T. für andere auch nicht nachvollziehbar.

Wie weit soll/darf Autonomie gehen? Was muss Kontrolle unterliegen? Und wie sieht Kontrolle dann aus? Kontrolliert werden können z. B. die Endergebnisse von Prozessen, alle oder eine statistische Auswahl (Losgröße). Daneben können auch „Leitplanken" gesetzt werden, innerhalb derer eine KI frei agieren kann. Auch ist denkbar, das Lernen einer KI mithilfe von definierten Lern-Datensätzen zu kontrollieren und entsprechend zu zertifizieren, danach aber der KI freien Lauf zu lassen.

Was passiert aber, wenn Mensch und KI unterschiedliche Entscheidungen treffen würden? Vertraut man der KI, weil nicht beeinflussbar, oder dem Menschen, weil er sich in unbekannte Situationen besser einfindet?

Übersicht

Diese Frage wurde beispielsweise lange in der Luftfahrt diskutiert (Abb. 7.11). Steuert in einer kritischen Situation der Computer besser oder der Mensch?

Abb. 7.11 Steuert der Mensch oder der Computer?

Boeing und Airbus hatten dabei unterschiedliche Strategien. Während Airbus eher auf das digitale Fliegen (Fly-by-Wire) setzte und das System dem Menschen

gewisse Grenzen setzte, war es bei Boeing der Mensch, der den Computer immer
überstimmen konnte (Rath et al., 2019; siehe auch Abschn. 9.2 und 10.2.1).

Verschiedene Unfälle gaben mal der einen, mal der anderen Strategie Recht,
insgesamt war aber die Anzahl der Unfälle oder Fehlentscheidungen ähnlich. Mittlerweile sind diese Systeme nicht mehr nur auf die Großluftfahrt beschränkt,
sondern haben auch Einzug in die allgemeine Luftfahrt (General Aviation) in Form
von Antikollisionsgeräten, Navigationsgeräten, Autopiloten u. Ä. gefunden (siehe
Abb. 7.12).

Abb. 7.12 Cockpit eines Flugzeugs der allgemeinen Luftfahrt

Dabei ist Luftfahrt in dieser Hinsicht noch ein recht einfach zu handhaben-
der Bereich. Nahezu alles in der Luft wird in Echtzeit kontrolliert und gesteuert,
Überraschungen oder chaotische Verkehrsverhältnisse wie in der Innenstadt einer
südeuropäischen Metropole sind kaum zu erwarten.

7.11 KI-Entscheidung bei Unsicherheit

„Casus ubique valet; semper tibi pendeat hamus: Quo minime credas gurgite, piscis erit."
(Überall herrscht Zufall. Lass deine Angel nur hängen: Wo du's am wenigsten glaubst, sitzt im Strudel der Fisch.)

Ovid, römischer Dichter (43 v. Chr. – 17 n. Chr.), Ars amatoria III, 425f

Bei KI-Entscheidungen wird von einem rationalen Entscheidungsverhalten ausgegangen, d. h., dass sie faktenorientiert und bei ausreichender gesicherter Datenlage entscheiden – ansonsten nicht. Kann eine KI nicht entscheiden, so gibt es eine entsprechende Programmanweisung, wie zu verfahren ist, i. R. wird die Entscheidung dem Menschen übertragen.

Unsicherheit kann durch nicht ausreichende Datenlage entstehen, man weiß es einfach nicht. Beispielsweise kann mangels Wegweiser, Karten oder Kompass an einer Weggabelung der richtige Weg nicht bestimmt werden. Der Mensch wählt irgendeinen Weg und schaut, wie es sich anschließend weiterentwickelt. Unsicherheit kann aber auch durch Mehrdeutigkeit entstehen. So kann der Satz „Ich sehe eine Person mit einem Feldstecher" so gedeutet werden, dass da eine Person ein Fernglas bei sich führt oder dass ich ein Fernglas nutze, um eine Person auszumachen. Beide Aussagen sind möglich, erforderten aber ggf. unterschiedliche Reaktionen. Autonome Systeme müssen aber per Definition selbst entscheiden, auch bei Unsicherheiten. Hierfür gibt es zwei Szenarien:

- Entscheidung unter Risiko,
- Entscheidung unter Ungewissheit.

Eine klassische Methode ist hierbei die wahrscheinlichkeitsbasierte Entscheidung. „Die Erfahrungen mit solchen klassischen Systemen erleichtern den Umgang mit der Unschärfe von KI-Systemen", fordert Bitkom (2017).

Bei einer *Entscheidung unter Risiko* kann die Eintrittswahrscheinlichkeit möglicher Szenarien bestimmt werden. Aus Erfahrungswerten lassen sich beispielsweise dann die Konsequenzen vorhersagen. Hieraus lassen sich statistische Werte ableiten, die zur Entscheidung hinzugezogen werden können.

Bei *Entscheidung unter Ungewissheit* fehlt die Kenntnis über Szenarien oder, wenn mögliche Szenarien bekannt sind, fehlen die Eintrittswahrscheinlichkeiten. Diese sind z. T. schwierig zu bewerten. Es kommt immer wieder zu Überraschungen. Allerdings sollten *geringe Eintrittswahrscheinlichkeiten* nicht mit *„Zufall"* verwechselt werden, da es hier einen statistischen Zusammenhang gibt, beim Zufall nicht.

Übersicht

Über geringe Eintrittswahrscheinlichkeiten schreibt Nassim Nicholas Taleb in seinem weithin beachteten Buch *Der Schwarze Schwan* über die Macht höchst unwahrscheinlicher Ereignisse (Taleb, 2008).

Einen solchen Black Swan gab es auch in Deutschland mit sehr erstaunlichen Zusammenhängen: 2011 gab es ein Seebeben vor Japan, das eine hohe Welle (Tsunami) auslöste. Dieser brachte infolge das Kernkraftwerk im japanischen Fukushima zur Havarie. Beides sind statistisch sehr unwahrscheinliche Vorgänge. Die Havarie löste wiederum im fernen Deutschland eine erneute Diskussion um Atomenergie aus, mit der Folge, dass ein Komplettausstieg verkündet wurde. Weiter begünstigte diese Diskussion die Partei Bündnis 90/Die Grünen. Bei den folgenden Landtagswahlen in Baden-Württemberg gewannen sie so stark hinzu, dass sie erstmalig einen Ministerpräsidenten stellen konnten, u. a. veränderten sie die Grundschulempfehlung. Es gibt also einen Zusammenhang zwischen einem Seebeben vor Japan und den Übergang von Grundschülern zu weiterführenden Schulen im deutschen Südwesten.

Übersicht

Zufall ist auch nicht so zufällig wie häufig geglaubt. So beschrieb der Schweizer Mathematiker Jakob Bernoulli 1689 das *Gesetz der großen Zahlen (GGZ).*

Im Prinzip geht es darum, dass beim Würfeln jede Zahl gewürfelt werden kann und diese selbe Zahl auch beliebig häufig hintereinander. Das GGZ sagt aber aus, dass bei sehr vielen Würfen das Ergebnis sich darauf einpendelt, dass jede Zahl genau 1/6-mal auftritt. Dies ist auch deshalb philosophisch interessant, da der Würfel ja kein Gedächtnis hat und nicht weiß, wie die statistische Verteilung bislang war.

Mathematisch ausgedrückt: Bei großen (Wurf-)Zahlen entspricht die relative Häufigkeit immer mehr dem Wert ihrer Wahrscheinlichkeit.

Dies ist ein zentrales Geschäftsprinzip beim Glücksspiel und bei Versicherungen, ist aber auch für die Produktion bei großen Stückzahlen von Wichtigkeit.

Die Problematik bei KI-Entscheidungen ist: KIs berücksichtigen die Wahrscheinlichkeiten. Eine KI hätte angesichts der äußerst geringen Wahrscheinlichkeit im o. g. Beispiel einen solchen Dominoeffekt sicherlich ausgeschlossen – der Mensch allerdings wohl auch.

Wie also entscheiden bei sehr geringen Wahrscheinlichkeiten? Hier hat sich die Medizin angesichts vielfältiger, aber z. T. sehr seltener Krankheitsbilder und der diversen

Behandlungsmöglichkeiten Gedanken gemacht: das System der *evidenzbasierten Leitlinien*. Dieses System soll auf die KI bei Entscheidungen im unsicheren Umfeld übertragen werden:

- *Leitlinien* *sind systematische, wissenschaftlich begründete Entscheidungs**hilfen** mit praxisorientierter Handlungs**empfehlung**. Leitlinien sind **nicht bindend**.*
- *Im Gegensatz dazu sind* **Richtlinien** *rechtlich legitimiert und* **verbindlich**.
- *Evidenz bedeutet in diesem Zusammenhang nachweisorientiert.*

Vorsicht:	Deutsch: offensichtlich (es bedarf keines Beweises)
	Englisch: „evidence": Beweis & „obvious": offensichtlich

- *Eine* **evidenzbasierte Entscheidung** *basiert auf gewissenhaftem und vernünftigem Gebrauch der gegenwärtig besten verfügbaren wissenschaftlichen Expertise, auch wenn diese nur empirisch bzw. statistisch nicht gesichert vorliegt. Über Risiken der Anwendung muss informiert werden, die individuelle Eigenverantwortung bleibt unberührt.*

In der Anwendung der Evidenz wird nur mit den zum Entscheidungszeitpunkt erreichbaren bzw. vorhandenen Daten gearbeitet. Diese werden in ihrer Gesamtheit betrachtet und in **Evidenzlevel** (S-Klassen; siehe Tab. 7.1) klassifiziert.

In Anlehnung an Sackett et al. (1996) bedeutet *evidenzbasiert* einen gewissenhaften, ausdrücklichen und vernünftigen Gebrauch der gegenwärtig besten externen wissenschaftlichen Evidenz für Entscheidungen. Anders ausgedrückt ist eine *evidenzbasierte Entscheidung* ein *Ermessen* auf Basis der *Wirksamkeit*. In der Medizin wurde hierfür ein *Empfehlungsgrad* (A, B, 0; siehe Tab. 7.2) entwickelt:

Diese Systeme sind auf KI-gestützte Entscheidungen anwendbar. Darüber hinaus bietet sich zur weitergehenden *Klassifizierung* für die KI ein System an, das ursprünglich aus der Notfallmedizin kommt (siehe Tab. 7.3):

Für KIs direkt schlägt die DIN SPEC 92001-1 (DIN, 2019) eine ähnliche Kategorisierung von Risikoeinschätzung und Handlungsverpflichtungen bzw. -empfehlungen

Tab. 7.1 S-Klassifikation der AWMF (Muche-Borowski & Kopp, 2015)

S3	Evidenz- und konsensbasierte Leitlinie	Systematische Recherche, Auswahl und Bewertung der Literatur, repräsentatives Gremium & strukturierte Konsensfindung
S2e	Evidenzbasierte Leitlinie	Systematische Recherche, Auswahl und Bewertung der Literatur
S2k	Konsensbasierte Leitlinie	Strukturierte Konsensfindung, repräsentatives Gremium
S1	Handlungsempfehlung von Expertengruppen	Konsensfindung in einem informellen Verfahren

Tab. 7.2 Empfehlungsgrade nach AWMF (AWMF online, kein Datum)

Empfehlungsgrad A	Starke Empfehlung	„soll" – „soll nicht"
Empfehlungsgrad B	Empfehlung	„sollte" – „sollte nicht"
Empfehlungsgrad 0	Empfehlung offen	„kann erwogen werden" „kann verzichtet werden"

Tab. 7.3 Klassifizierte Handlungsempfehlungen in Anlehnung an European Resuscitation Council (ERC). (Nach Ziegenfuß, 2005)

Klasse I	Gesicherte Empfehlung: gesicherte Daten, eindeutig vorteilhaft, in der Regel obligat
Klasse IIa	Abgesicherte Empfehlung: gut bis sehr gut durch Daten abgesichert, wahrscheinlich vorteilhaft
Klasse IIb	Optional anwendbar: mittelmäßig bis gut durch Daten abgesichert, vermutlich vorteilhaft
Klasse X	Keine Empfehlung: kann derzeit nicht beurteilt werden, Durchführung allerdings ggf. möglich
Klasse III	Unterlassungsempfehlung: nicht wirksam, möglicherweise schädlich

vor (siehe Tab. 7.4, derzeit nur in Englisch), die aber im unteren Bereich der o. g. Klassen IIb, X und III noch nicht ausreichend ausgearbeitet ist:

Bislang sind die Entscheidungsalgorithmen aber noch nicht fähig, bei Unsicherheit vollkommen autonom zu entscheiden. So schlägt die Bitkom eine Entscheidungsunterstützung bzw. -assistenz vor: „Besonders verantwortungsvolle Entscheidungsprozesse – z. B. in der autonomen Steuerung von Fahrzeugen oder in der medizinischen Diagnostik – sollten so gestaltet werden, dass die letzte Entscheidungskompetenz bei verantwortlichen

Tab. 7.4 Kategorisierung von Anforderungen betreffend KI-Module mit hohen oder geringen Risiken nach DIN SPEC 92001-1:2019

KI-Modul-Klasse Anforderungsklasse	Hohes Risiko	Geringes Risiko
Verpflichtend	Keine Abweichung von den Anforderungen erlaubt	Keine Abweichung von den Anforderungen erlaubt
Stark empfohlen	Abweichungen von den Anforderungen nur mit Begründung	Abweichungen von den Anforderungen nur mit Begründung
Empfohlen	Abweichungen von den Anforderungen nur mit Begründung	Abweichungen von den Anforderungen auch ohne Begründung erlaubt

Akteuren verbleibt, bis die Steuerungsqualität der KI ein von allen Beteiligten akzeptiertes Niveau erreicht" (Bitkom, 2017).

Amerikanische Konzerne scheinen insbesondere bei Risikoentscheidungen schneller zu sein. Bundeswirtschaftsminister Peter Altmaier wies in seiner Rede zur Verleihung des Deutschen KI-Preises im Oktober 2020 auf die Unterschiede hin: Unter der Überschrift „Weniger Regulierung, mehr Experimente" schlug er vor, nicht nach universaler Sicherheit zu streben, sondern den Nachweis zu erbringen, dass das neue Verfahren sicherer als das bisher eingesetzte ist. Dies ist bereits beim autonomen Fahren diskutiert worden: Maschinen sind nicht fehlerfrei, sie machen vermutlich andere Fehler als der Mensch. In einer Gesamtbetrachtung soll aber die Anzahl der Unfälle reduziert werden.

7.12   ADM-Systeme (algorithmische Entscheidungsfindung – Algorithm Decision Making)

Die Algorithm Decision Making (ADM) bezeichnet einen automatisierten Entscheidungsprozess, z. B. auf Grundlage von Big Data. Abb. 7.13 zeigt die weitere Unterteilung in Systeme, die menschliche Entscheidungen unterstützt (Decision Support Systems – DSS) und vollkommen eigenständig entscheidende Systeme (Automated Decision Making – AuDM).

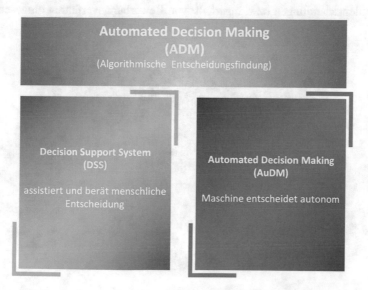

Abb. 7.13 Unterteilung von Algorithm Decision Making (ADM) in Decision Support Systems (DSS) und Automated Decision Making (AuDM). (Nach: Bertelsmann Stiftung; Zweig et al., 2018).

ADM hat z. T. eine hohe individuelle oder gesellschaftliche Relevanz, weil die entsprechenden Einsatzgebiete *„teilhaberrelevant"* sind, d. h., sie bewerten Menschen bzw. haben direkte Auswirkungen auf das Leben von Personen (nach Zweig et al., 2018).

So zählt die Verbraucherzentrale Bundesverband e. V. Beispiele für die Anwendung von ADM-Prozessen auf (vzbv, 2017). Diese „reichen von der Vergabe von Hochschulplätzen, über Kriminalitätsprognosen und Predictive Policing, Bestimmung individueller Kreditausfallrisiken, Smart-Home-Anwendungen, Einkaufsassistenten, Portfoliomanagement für Finanzanleger, automatisierte (individuelle) Preissetzung bis zum autonomen Fahren". Alle sind teilhaberrelevant, genauso wie eine mögliche Krebsdiagnose oder das Recruiting 4.0 (siehe Abschn. 1.9).

Bei direkten teilhaberrelevanten Entscheidungen sollte der Mensch die letzte Entscheidung haben, daher wird hier in allen bekannten Anwendungen das DSS-Verfahren angewendet. Auch wenn nur indirekte Auswirkungen zu erwarten sind oder die Auswirkungen unklar ist, so ist das DSS-Verfahren (rechts-)sicher. So kann der Ausfall einer Lieferdrohne zu einem Lieferausfall führen, ein kleines Problem bei unwichtigen oder ersetzbaren Teilen aber katastrophal sein, wenn dadurch die Produktion wichtiger Medikamente unterbrochen wird. Der Einsatz eines AuDM-Systems kann aber erwogen werden, wenn es zusätzliche Sicherungseinrichtungen gibt (siehe Abb. 7.14).

Eine ADM-Entscheidung kann viele Vorteile haben. Sie ist schneller als die menschliche Entscheidung und unterliegt weder einer kognitiven Verzerrung (Bias) noch menschlichen Launen und ist nicht bestechlich. Daher werden solche System beispielsweise bei Personalentscheidungen bzw. innerhalb von Bewerbungsverfahren eingesetzt.

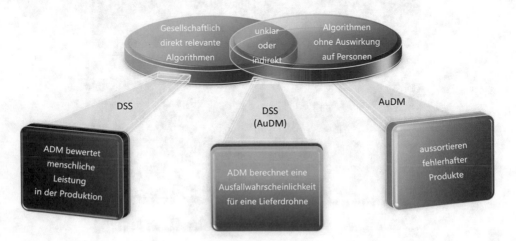

Abb. 7.14 Beispiele für teilhaberrelevante Algorithm-Decision-Making(*ADM*)-Systeme. *DSS* Decision Support Systems, *AuDM* Automated Decision Making. (In Anlehnung: Bertelsmann Stiftung; Zweig et al., 2018)

Gefahren entstehen aber über den Lernprozess, mit Datensätzen, die trotz Bemühung die Wirklichkeit nicht vollständig abbilden, und besonders dann, wenn Menschen automatisiert in eine bestimmte Schublade gesteckt werden. Denn die Erfahrung hat gezeigt: Trotz statistischer Relevanz kann man trotzdem irren.

Wer möchte schon automatisiert als potenziell kriminell eingestuft werden, mit entsprechenden Konsequenzen, die man, weil das System unbemerkt arbeitet, nicht versteht? Der Roman *Das Joshua-Profil* von Sebastian Fitzek nimmt dieses Thema in einem fiktiven Thriller auf (Buch: Fitzek, 2015; Verfilmung: Das Joshua Profil, 2018).

Es bedarf einer ethischen Einordnung. Die Plattform AlgorithmWatch ist eine Beobachtungsplattform, die sich in ihrem eigenen Selbstverständnis als gemeinnützige Organisation das Ziel gesetzt hat (AlgorithmWatch, 2020b), „Prozesse algorithmischer Entscheidungsfindung zu betrachten und einzuordnen, die eine gesellschaftliche Relevanz haben – die also entweder menschliche Entscheidungen vorhersagen oder vorbestimmen, oder Entscheidungen automatisiert treffen." AlgorithmWatch legt wie folgt fest (AlgorithmWatch, 2020a):

Algorithmische Entscheidungsfindung setzt sich aus den folgenden Bestandteilen zusammen

- *Prozesse zur Datenerfassung zu entwickeln,*
- *Daten zu erfassen,*
- *Algorithmen zur Datenanalyse zu entwickeln, die die*
  - Daten analysieren,
  - auf der Basis eines menschengemachten Deutungsmodells interpretieren,
  - automatisch handeln, indem die Handlung mittels eines menschengemachten Entscheidungsmodells aus dieser Interpretation abgeleitet wird.

Darüber hinaus hat AlgorithmWatch ein Manifest zu ADM-Systemen herausgegeben (AlgorithmWatch, 2020a):

1. ADM ist niemals neutral.
2. Die Schöpfer von ADM-Prozessen sind verantwortlich für ihre Resultate. ADM-Prozesse werden nicht nur von ihren Entwicklern erschaffen.
3. ADM-Prozesse müssen nachvollziehbar sein, damit sie demokratischer Kontrolle unterworfen werden können.
4. Demokratische Gesellschaften haben die Pflicht, diese Nachvollziehbarkeit herzustellen: durch eine Kombination aus Technologien, Regulierung und geeigneten Aufsichtsinstitutionen.
5. Wir müssen entscheiden, wie viel unserer Freiheit wir an ADM übertragen wollen.

Vorsicht sollte auch geboten sein. ADM-Systeme sind nicht fehlerfrei. Bei der Deutschen Börse gibt es seit Jahren keine menschlichen Entscheidungen mehr, nachträgliche Korrekturen kamen bisher nahezu nie vor. Dennoch musste laut Frankfurter Allgemeine Zeitung und Tagesspiegel im September 2020 eine Entscheidung aus einem komplett automatisierten Verfahren bezüglich eines Indexabsteigers im M-DAX nach zwei Tagen revidiert werden. Warum dies geschah, darüber wurden zunächst keine Angaben gemacht, man suche nach der Ursache (Mohr, 2020; Neuhaus, 2020). Der Fehler hatte laut der Plattform 4investors Auswirkungen auf den Aktienkurs (Barck, 2020).

7.13   Fragen zum Kapitel

1. Wie unterscheidet sich menschliche Entscheidung von einer maschinell getroffenen Entscheidung? Diskutieren Sie dabei, warum Menschen Entscheidungen schwerfallen.
2. Was ist so kompliziert an „faktenorientiertem Entscheiden"?
3. Warum treten Entscheidungsanomalien auf? Nennen Sie Beispiele.
4. Was machen Sie als Mensch in unsicheren Entscheidungssituationen, z. B. bei Informationsmangel, und wie würden Sie dies auf eine KI übertragen?
5. Wieso müssen Irrationalitäten bei KI-Entscheidungen berücksichtigt werden? Nennen Sie ein Beispiel aus der Produktionsplanung beim drohenden Lieferverzug.
6. Sie können aufgrund einer ungeplanten Instandsetzung nur einen Kunden beliefern. Beschreiben sie Ihre Möglichkeiten anhand der Spieltheorie mittels des Chicken Game.
7. Diskutieren Sie die Vorzüge einer chaotischen Organisation und warum ist dies für KIs so kompliziert? Entspricht eine „chaotische Lagerhaltung" dieser Überlegung?
8. Beschreiben Sie Chaostheorie, Schwarmverhalten und Selbstorganisation. Nennen Sie Beispiele.
9. Warum ist für autonome Systeme (autonomes Fahren) eine flexible Regelauslegung wichtig und wo liegen die Probleme dabei?
10. Was ist ein Schwarzer Schwan (Black Swan) und warum ist dessen Berücksichtigung bei KI-Entscheidungen schwierig?
11. Unterscheiden sie Herangehensweisen bei „Entscheidung in Unsicherheit" von Menschen und autonomen Maschinen. Warum muss dies unterschiedlich geregelt sein?
12. Beschreiben Sie ADM-Systeme. Warum können diese „teilhaberrelevant" sein?
13. Unterscheiden Sie Decision Support Systems (DSS) und Automated Decision Making (AuDM) bezüglich ihrer Einsatzmöglichkeiten in der QM, der Produktion oder der Medizintechnik.

Literatur

AlgorithmWatch. (2020a). Das ADM-Manifest. https://algorithmwatch.org/das-adm-manifest-the-adm-manifesto/. Zugegriffen: 10. Juni 2020.

AlgorithmWatch. (2020b). AlgorithmWatch – Was wir tun. https://algorithmwatch.org/was-wir-tun/. Zugegriffen: 10. Juni 2020.

AWMF online. (kein Datum). https://www.awmf.org/leitlinien/awmf-regelwerk/ll-entwicklung/awmf-regelwerk-03-leitlinienentwicklung/ll-entwicklung-graduierung-der-empfehlungen.html. Zugegriffen: 22. Mai 2020.

Barck, M. (07. September 2020). Aareal Bank Aktie im Plus nach Index-Überraschung. https://www.4investors.de/nachrichten/boerse.php?sektion=stock&ID=145705. Zugegriffen: 8. Sept. 2020.

Bitkom. (2017). Entscheidungsunterstützung mit Künstlicher Intelligenz – Wirtschaftliche Bedeutung, gesellschaftliche Herausforderungen, menschliche Verantwortung. https://www.bitkom.org/Bitkom/Publikationen/Entscheidungsunterstuetzung-mit-Kuenstlicher-Intelligenz-Wirtschaftliche-Bedeutung-gesellschaftliche-Herausforderungen-menschliche-Verantwortung.html. Zugegriffen: 11. Aug. 2020.

Böhles, B. (2007). „Über ein vermeintes Recht aus Menschenliebe zu lügen". Der Begriff der Lüge bei Immanuel Kant. GRIN.

Butter, M., Werner, F., & Flohr, M. (2020). Verschwörungstheorien: „Wie ein Buschfeuer im Kopf". ZEIT Geschichte(03).

Das Joshua Profil (2018). [Kinofilm].

DIN. (2019). DIN SPEC 92001–1 – Artificial Intelligence – Life cycle processes and quality requirements – Part 1: Quality meta model; text in English. Beuth.

Dorsten, C. (06. 2020). Focus(27), S. 21.

Fitzek, S. (2015). Das Joshua Profil. Bastei Lübbe.

Gigazine.net. (05. 08 2016). What is an intersection „Magic Roundabout" that reduces the accident rate by 30% although it is crazy and complicated? https://gigazine.net/gsc_news/en/20160805-7-circle-magic-roundabout. Zugegriffen: 1. Okt. 2020.

Hulverscheidt, C. (17. Mai 2010). Süddeutsche Zeitung: SPD: Peer Steinbrück. https://www.sueddeutsche.de/politik/spd-peer-steinbrueck-schmidtchen-schnauze-1.490627. Zugegriffen: 7. Juni 2020.

Lesch, H. (Juli 2020). Reader's Digest, S. 155.

Lossau, N. (18. April 2008). Ein Schmetterling kann Städte verwüsten. (WELT) https://www.welt.de/wissenschaft/article1914384/Ein-Schmetterling-kann-Staedte-verwuesten.html. Zugegriffen: 18. Mai 2020.

Mertin, H. (8. November 2017). Gesetze müssen konsequent eingehalten werden. https://www.liberale.de/content/gesetze-muessen-konsequent-eingehalten-werden. Zugegriffen: 15. Juni 2020.

Metzger, J. (2019). Erfinder: Die Vertrauensfrage. https://www.brandeins.de/magazine/brand-eins-thema/innovation-2019/erfinder-die-vertrauensfrage. Zugegriffen: 28. Febr. 2020.

Mohr, D. (6. September 2020). Die Deutsche Börse hat sich geirrt. https://www.faz.net/aktuell/finanzen/deutsche-boerse-hat-sich-geirrt-wichtiger-aktienindex-16940485.html. Zugegriffen: 8. Sept. 2020.

Muche-Borowski, C., & Kopp, I. (3. April 2015). Medizinische und rechtliche Verbindlichkeit von Leitlinien. https://www.awmf.org/fileadmin/user_upload/Leitlinien/AWMF-Publikationen/Muche-Borowski_Kopp_2015-04.pdf. Zugegriffen: 22. Mai 2020.

Neuhaus, C. (6. September 2020). Nach Irrtum der Deutschen Börse: Rocket Internet muss M-Dax verlassen. https://www.tagesspiegel.de/wirtschaft/nach-irrtum-der-deutschen-boerse-rocket-internet-muss-m-dax-verlassen/26162474.html. Zugegriffen: 8. Sept. 2020.

Pratchett, T. (1991). Echt zauberhaft. Goldmann.

Priest, G. (13. Juni 2020). Philosophie: Gibt es mehr als nur wahr oder falsch? https://www.zeit.de/2020/25/philosophie-metaphysik-logik-wahr-falsch-buddhismus/komplettansicht. Zugegriffen: 21. Juni 2020.

Rath, M., Krotz, F., et al. (2019). *Maschinenethik, Normative Grenzen autonomer Systeme.* Springer VS.

Rüttgers, J. (26. Februar 2020). Die Zukunft von ‚Smart City' und ‚Smart Country'.https://regierung sforschung.de/die-zukunft-von-smart-city-und-smart-country/. Zugegriffen: 28. Febr. 2020.

Sackett, D., Rosenberg, W., Gray, J., Hayes, R., & Richardson, W. (13. Januar 1996). Evidence based medicine: What it is and what it isn't. BMJ Clinical Research.

Sprenger, R. (6. Juni 2020). Neue Züricher Zeitung: Haben die Regierungen in der Corona-Krise die falsche Wahl getroffen? Nein, sie haben einfach entschieden. https://www.nzz.ch/feuilleton/cor ona-eine-entscheidung-ist-in-der-krise-nie-falsch-ld.1559499?mktcid=smsh&mktcval=E-mail. Zugegriffen: 21. Juni 2020.

Taleb, N. (2008). *Der Schwarze Schwan (The Black Swan): Die Macht höchst unwahrscheinlicher Ereignisse.* Hanser.

von Foerster, H. (1998). *Wahrheit ist die Erfindung eines Lügners.* Heidelberg: Carl-Auer-Systeme.

vzbv. (7. Dezember 2017). ALGORITHMENBASIERTE ENTSCHEIDUNGSPROZESSE. https://www.vzbv.de/sites/default/files/downloads/2018/05/22/dm_17-12-07_vzbv_thesenpapier_algori thmen.pdf. Zugegriffen: 30. Juni 2020.

Weber, M. (2018). Wissenschaft als Beruf. North Charleston, South Carolina (USA): CreateSpace Independent Publishing Platform – Ad fontes soziologie.

Yuen, Y. (13. 04 2018). Using deep learning to navigate chaos in many-body problems. https://www.insidescience.org/news/using-deep-learning-navigate-chaos-many-body-problems. Zugegriffen: 11. Okt. 2020.

Ziegenfuß, T. (2005). *Notfallmedizin.* Heidelberg: Springer.

Zweig, A., Fischer, S., & Lischka, K. (2018). Wo Maschinen irren könnenVerantwortlichkeiten und Fehlerquellen in Prozessen algorithmischer Entscheidungsfindung. https://www.bertelsmann-stiftung.de/fileadmin/files/BSt/Publikationen/GrauePublikationen/WoMaschinenIrrenKoennen. pdf. Zugegriffen: 10. Juni 2020.

Weitere Werkzeuge der Künstlichen Intelligenz

8

8.1 Maschine-zu-Maschine-Kommunikation *(Machine-to-Machine – M2M)*

Innerhalb der Industrie 4.0 ist es erforderlich, dass Maschinen selbstständig untereinander kommunizieren. Anfänge dieser intermaschinellen Kommunikation sind als Telemetrie bekannt, damals drahtgebunden, jetzt fast ausschließlich drahtlos über entsprechende Netzwerke.

- *Maschine-zu-Maschine-Kommunikation (Machine-to-Machine – M2M) umfasst alle Technologien, die es vernetzten Geräten ermöglichen, Informationen auszutauschen, um Aktionen auszuführen, ohne dass ein Mensch eingreifen muss.*

M2M bildet die Basis des Internet of Things (IoT), aber auch für cyberphysische Systeme (CPS) und wird in vielen Bereichen eingesetzt, u. a. Robotik, Predictive Technology, Überwachungsaufgaben, Medizintechnik, Lager- bzw. Bestandsverwaltung u. v. m.

Gängige Netzwerktechniken sind neben dem Internet Technologien zur drahtlosen Datenübertragung, z. B. Bluetooth, NFC (Near Field Communication), RFID (Radio-frequency Identification) u. Ä. Wegen der hohen Anforderung an die Übertragungsgeschwindigkeit gilt die Umstellung der mobilen Datennetze auf die 5G-Technologie dabei als essenziell.

Als einheitlicher Standard für die Datenübertragung hat sich u. a. OPC UA etabliert, in manchen Veröffentlichungen als „Weltmaschinensprache" bezeichnet:

- *OPC UA ist ein international standarisiertes Datenübertragungsprotokoll für die Industrie und wichtig bei Interoperabilität. Die **Open Platform Communications Unified Architecture** ist hersteller- und plattformunabhängig.*

© Der/die Autor(en), exklusiv lizenziert an Springer Fachmedien Wiesbaden GmbH, ein Teil von Springer Nature 2024
A. Mockenhaupt and T. Schlagenhauf, *Digitalisierung und Künstliche Intelligenz in der Produktion*, https://doi.org/10.1007/978-3-658-41935-6_8

Standards hierfür sind noch sehr an spezifische Hersteller-Geräteplattformen gebunden, wegen der Wichtigkeit von M2M wird aber allgemein erwartet, dass sich die Hersteller auf gemeinsame Normen einigen.

8.2   Mensch-Maschine-Interface (MMI), Human Machine Interface (HMI)

Eine KI muss den Menschen bzw. dessen Intention erkennen, beide müssen miteinander kommunizieren. Das kann indirekt erfolgen über Sensoren, mit der die KI die Umwelt wahrnimmt, oder klassisch durch menschliche Befehlseingabe, z. B. über eine Tastatur.

- *Das **Mensch-Maschine-Interface (MMI)** ist der Teil einer Maschine, mit dem der Mensch interagiert und auf das er einwirken kann. Das reicht von simplen Ein-Aus-Schaltern bis hin zu hochkomplexen Systemen.*

Ähnliche Begriffe in Verwendung sind: Mensch-Maschine-Schnittstelle (MMS), Man Machine Interface (MMI), Mensch-Maschine-Kommunikation (Human-Machine Communication).

Aus der reinen Computertechnik entlehnt ist der Begriff Benutzerschnittstelle (User Interface) synonym und umfasst nach ISO 9241 „alle Bestandteile eines interaktiven Systems, die Informationen und Steuerelemente zur Verfügung stellen, die für den Benutzer notwendig sind, um eine bestimmte Arbeitsaufgabe mit dem interaktiven System zu erledigen."

Waren die MMIs in der Vergangenheit noch an sehr starre Regeln gebunden (eine Tastatur ist wenig gefühlsmäßig zu bedienen), sind heutige MMIs entweder natürlich (natürlich gesprochene Sprache, NLP) oder intuitiv zu bedienen (Gestenerkennung, Wischbewegungen etc.). Treiber sind hier mobile Endgeräte (z. B. Smartphones), die auch die sogenannte Gamification vorantreiben.

- *Intuitiv ist das unmittelbare Erkennen, welches nicht diskursiv (methodisch) ist und auf keiner Reflexion (prüfendes Nachdenken) beruht. Intuition stammt meist aus dem Unterbewusstsein und ist ein plötzlich ahnendes Erfassen – z. B. eines Sachverhalts bzw. eines komplizierten Vorgangs (nach N.N., 2020).*
- *Gamification ist eine Spielifizierung, das Bedienen mit spielerischen Elementen. Spieltypische Vorgänge werden dabei in spielfremde Zusammenhänge gesetzt.*

Eine intuitive Interaktion gelingt auf Anhieb, ohne die grundlegenden Zusammenhänge kennen zu müssen, und daher ohne besondere Trainingsphase.

Die Gamification im Endverbraucherbereich hat wiederum industrielle Anwendung beeinflusst: Maschinenbedienung soll auch spielerisch erfolgen, was nicht nur Anlern- und Bedienungsvorteile hat, sondern m. E. auch zur Motivationssteigerung führt.

8.2.1   Haptisches Feedback

Der Begriff der Haptik wurde 1892 vom deutschen Psychologen Max Dessoir geprägt, der den Tastsinn in Anlehnung an die Optik bzw. Akustik beschreiben wollte. Neuere Untersuchungen zeigen, dass haptische Erfahrungen für das Langzeitgedächtnis wertvoller sind als z. B. visuelle (Hutmacher & Kuhbandner, 2018; Spitzer, 2019). Durchaus umstritten ist jedoch die These des Ulmer Hirnforschers Manfred Spitzer, die Nutzung digitaler Medien führe, weil u. a. wenig haptisch, zur digitalen Demenz (siehe auch Lossau, 2013; Spitzer, 2014).

- *Die **haptische Wahrnehmung**, die **Haptik**, ist das tastende **Begreifen**, und geht über die **taktile Wahrnehmung** hinaus, die nur die Berührung als Sinneswahrnehmung beschreibt.*

In der Haptik werden zwei Typen der Sinneswahrnehmung unterschieden (siehe Abb. 8.1): Die einfache Berührungswahrnehmung – *taktil* – kann mechanisch, thermisch, aber auch elektrisch und chemisch sein. Die sog. *Kinästhetik* gibt Informationen über Ausrichtung und Kräfte auf die Gliedmaßen.

Unumstritten ist aber, dass das haptische handschriftliche Schreiben kreativer ist als das Tastaturschreiben.

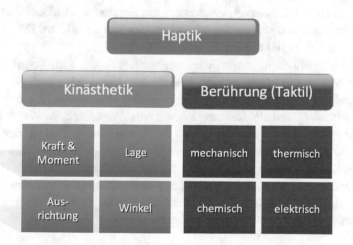

Abb. 8.1   Haptik. (In Anlehnung an DIN ISO 9241)

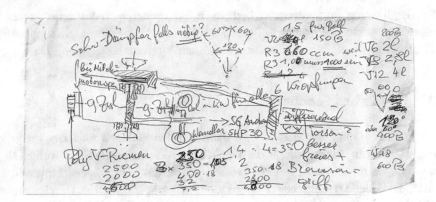

Abb. 8.2 Kreativität besser auf dem Papier – Skizze eines 18-Zylinder-Motors von Ferdinand Karl
Piëch (VW) für den Bugatti Veyron. (Mit freundlicher Genehmigung von Bugatti)

So entstand z. B. auf einer Zugfahrt mit dem Shinkansen-Express in Japan 1997
eine handschriftliche Skizze für einen 18-Zylinder-Motor. Zeichner war der langjährige
Vorstands- und Aufsichtsratsvorsitzende der Volkswagen AG, Ferdinand Karl Piëch. Die
Zeichnung (siehe Abb. 8.2) war Grundlage für den später im Bugatti Veyron eingesetzten
Motor (Bugatti Newsroom, 2020).

Industrielle Anwendungsbereiche ergeben sich bei der haptischen Rückkopplung dann,
wenn die Welten der Maschine und des Menschen verschmelzen, z. B. bei mobilen
Robotern, bei Exoskeletten oder bei der Virtual Reality (VR). So gibt es bereits
Handschuhe als Eingabegeräte mit einem haptischen Feedback (siehe Abb. 8.3).

Neu in Bezug auf die Mensch-Maschine-Interaktion ist, dass eine MMI keine Ein-
bahnstraße mehr ist. Beispielsweise durch ein *haptisches Feedback* kann die Maschine
einen Rückkanal nutzen, um mit dem Menschen zu interagieren. Dies ist weit mehr als
das Vibrieren eines Handys bei Tastatureingaben.

So kann in Militärflugzeugen die Lageinformation des künstlichen Horizontes in die
Sitzrückenlehne übertragen werden. Ursache ist, dass durch Überlagerung der Gewicht-
skraft und der Zentrifugalkraft beim Kurvenflug dem Innenohr ein falsches Lagebild
übermittelt wird. Deshalb verlieren Piloten ohne Außensicht in kurzer Zeit (<30 s) die
räumliche Orientierung. Abhilfe schafft der Kreiselkompass sowie der künstliche Hor
izont – Kreiselinstrumente, die nicht auf Gravitation bzw. Fliehkräfte reagieren. Da es
in einem Cockpit recht viele zu beobachtende Instrumente gibt, kann diese Information
durch Druckpunkte im Rücken übertragen und damit „gefühlt" werden.

Besonderen industriellen Einsatz findet die Haptik bei KI-unterstützten Arbeiten und
beim Training (siehe Abb. 8.3, 8.4 und 8.5).

Abb. 8.3 MMI-Hand mit haptischem Feedback. (© Dexta Robotics 2020. All rights reserved)

Abb. 8.4 Anwendung einer Hand mit haptischem Feedback bei KI-unterstützten Arbeiten. (© Dexta Robotics 2020. All rights reserved)

8.2.2 Gedankensteuerung

Noch exotisch, aber technisch bereits realisierbar ist die „Gedankensteuerung" über eine sog. Gehirn-Computer-Schnittstelle (siehe Abb. 8.6). Die Vorteile sind einleuchtend. Dies schürt allerdings auch Ängste, da befürchtet wird, Computer könnten Gedankenlesen.

Abb. 8.5 Anwendung einer Hand mit haptischem Feedback beim industriellen Training. (© Dexta Robotics 2020.)

So weit ist die Technik allerdings auf lange absehbare Zeit nicht, dennoch sind die derzeit technisch möglichen Anwendungen interessant.

Forscher der Columbia University in New York gelang es 2019 für Anwendungen im medizinischen Sektor, menschliches Denken in Sprache umzuwandeln (Schmidt, 2019; Akbari et al., 2019). In 2016 konnte ein Affe per Gedanken einen Rollstuhl steuern (DW, 2016; Rajangam et al., 2016).

Abb. 8.6 Jugendliche steuern einen Ball mit ihren Gedanken

8.3   Natural Language Processing (NLP)

Das Natural Language Processing (NLP) ist zunächst eine Methode zur maschinellen Verarbeitung natürlich gesprochener Sprache, wird aber auch auf in natürlicher Sprache geschriebene Texte angewendet. Ziel ist eine möglich einfache, barrierefreie Kommunikation zwischen Mensch und Maschine. *Vorsicht: Die Buchstabenkombination NLP ist mehrfach belegt und fungiert auch für die Abkürzung der Neurolinguistischen Programmierung, eine Kommunikationstheorie, die mit dem Natural Language Processing nichts gemein hat.*

Es gibt bereits jetzt vielfältige Einsatzmöglichkeiten. Die bekanntesten sind wohl die intelligenten persönlichen Assistenten Alexa, Siri & Co.

Natural Language Processing (NLP) teilt sich in mehrere für sich allein betrachtbare Module auf:

- *Spracherfassung:* Zunächst muss die gesprochene Sprache erfasst und von Hintergrundgeräuschen bzw. anderen Gesprächen getrennt werden.
- ggf. Erkennung eines *Aktivierungsworts* (OK Google, Alexa etc.).
- *Spracherkennung und Segmentierung:* Wörter, (nichtgesprochene) Satzzeichen und Sätze müssen erkannt werden.
- *Funktions- bzw. Grammatikerkennung:* Die Aufgaben der Worte (z. B. Subjekt, Prädikat, Objekt etc.) sowie die Bedeutung der Stellung im Satz (z. B. Frage, Aufforderung u. Ä.) muss erkannt werden.
- *Erkennen von Bedeutungen und Beziehungen* von Satzteilen, Sätzen und Absätzen.
- Erkennen von *Mehrdeutigkeit* und *Einordnung in einen Kontext* zur richtigen Interpretation.

Die Sprachtechnologie hat bei NLP eine Schlüsselfunktion. Die Herausforderungen sind ähnlich der bei der Bilderkennung: Es geht nicht nur darum, einzelne Elemente im Bild zu erkennen, oder hier, welche einzelnen Worte gesprochen wurden, sondern es geht um die Erfassung des Inhalts. Dieser kann aber häufig in mehrere Richtungen gedeutet werden.

Für eine KI ist es einfach zu reagieren, wenn ein eindeutiger Sachverhalt vorliegt. Dies ist aber nicht immer so. *Ambiguität* bezeichnet den Bedeutungsreichtum eines Sachverhalts. Dieser kann mehrdeutig oder vieldeutig sein (Jannidis et al., 2003):

- Eindeutig: Die Bedeutung ist klar.
- Mehrdeutig: Es gibt eine begrenzte Anzahl von Bedeutungen.
- Vieldeutig: Es gibt eine große Fülle an Bedeutungen.

Eine KI muss zunächst erkennen, ob ein Sachverhalt eindeutig ist oder ob eine mögliche Ambiguität vorliegt. Liegt Ambiguität vor, so muss vorrangig die Bedeutung entschlüsselt werden. Dies kann über zusätzliche Daten geschehen. Bei Sprache bzw. Spracherkennung kommt die **Semantik,** die Lehre von der sprachlichen Bedeutung, hinzu, also eine mögliche Interpretation des Inhalts.

Dies alles stellt eine große Herausforderung für digitale Systeme dar.

So wurde der Autor mit einer KI-Warnmeldung konfrontiert, seine europäischen Kunden seien weit weniger zufrieden als seine US-amerikanischen Abnehmer. Letztlich hing dies aber mit kulturellen Eigenarten zusammen: Amerikaner neigen zu üppigeren Formulierungen, wenn ihnen etwas gefällt, als Europäer (insbesondere Deutsche). Ein „Gut" von den hiesigen Bewertern wurde von der amerikanisch geprägten KI als „gerade noch ausreichend" interpretiert, „outstanding" hätte dem deutschen „gut" entsprochen.

Kritisch wird es bei der Verarbeitung von Texten bzw. gesprochener Sprache im Zusammenhang mit ironisch oder höflich gemeinten Inhalten. „Gut" kann hier auch ein höfliches „Ausreichend" oder eine ironisches „Schlecht" sein.

Dabei ist **Vieldeutigkeit** besonders problematisch, weil es unbekannte Bedeutungen geben kann und zusätzlich, weil „richtig" bzw. „falsch" nicht die geeigneten Dimensionen für eine Lösung sein könnten (siehe Abschn. 7.2): Nicht alle Bedeutungen und damit Handlungsoptionen zu kennen, erzeugt zunächst Unsicherheit beim Menschen, damit verbunden Zögern. In unsicheren Entscheidungssituationen ist es aber mitunter wichtig, überhaupt zu handeln. Ob eine Handlung dann richtig bzw. optimal war, lässt sich oft im Nachhinein nicht mehr klären.

Für die Weiterentwicklung der KIs, insbesondere bei der Mensch-Maschine-Kommunikation über natürliche Sprache, aber auch klassisch geschriebene Texte, ist ein maschinelles Verständnis der Semantik wichtig. „Um die Semantik großer Textmengen automatisiert zu extrahieren, werden weitgehend automatisierte Verfahren eingesetzt, die unter dem Begriff Text Mining zusammengefasst werden" (Noyer, 2013; siehe Abschn. 8.4).

Das Funktionsprinzip ist hier: „Daten werden nach inhaltlichen Kriterien miteinander verknüpft. Es entsteht ein Wissensnetz, das Ausgangspunkt für einen Schlussfolgerungsprozess ist" (von Henke, 2020).

8.4   Text Mining

Text Mining ist ein extrahierendes Verfahren und eine Sonderform des Data Mining (siehe Abschn. 11.2) bzw. Big Data (siehe Abschn. 5.2). Extrahierende Verfahren sollen spezifische Informationen aus einer großen Menge von (vorab semistrukturierten) Daten herausfiltern, Beziehungen erkennen und, z. B. über Mustererkennung, auswerten. Es wird vorzugsweise bei der Verarbeitung von geschriebenen oder gesprochenen Texten (z. B. NLP, siehe Abschn. 8.3) eingesetzt.

- *Text Mining (Text Data Mining) erkennt **Bedeutungsstrukturen** durch die Verarbeitung und Analyse von Texten (bzw. Sprache) über Algorithmen.*

Dabei bedient sich Text Mining zweier Methoden:

- statistische Methoden und Einordnung nach Wahrscheinlichkeiten,
- Klassifizierung nach semantischen Charakteristika.

Daher wird alternativ für Text Mining auch der Begriff „semantische Technologie" verwendet (Expert Systems, 2018):

- *Semantische Technologie bezieht sich in seiner einfachsten Definition auf eine „Software, mit der Texte analysiert und Wörtern Bedeutungen zugeordnet werden."*

In letzter Konsequenz funktioniert das algorithmusbasierte Analyseverfahren des Text Mining aber über Wahrscheinlichkeiten für eine bestimmte Deutung. Eine KI kann dabei, genau wie der Mensch, irren. Daher muss vorab festgelegt werden, ob oder in welchem Umfang die KI falschliegen darf und wie dann ggf. zu reagieren ist. Falls dies nicht möglich ist, muss für eine KI vorab festgelegt werden, wie in diesem Fall zu verfahren ist (Risikoentscheidung, keine Entscheidung, Default/Rückfalllösung etc.).

8.5   Bild- & Objekterkennung (Image Recognition)

„Nach Schach, Go und Jeopardy sind Maschinen heute auch besser als der Mensch in der bildbasierten Objekterkennung und dem Verstehen gesprochener Sprache."

Electronics Frontier Foundation, AI Progress Metrics, 2018

Bild- bzw. Objekterkennung ist das Gegenstück zu Text Mining in der Bild- und Videoverarbeitung. Es geht darum, aus einem digitalen Bild, bestehend aus einer Unzahl von Pixeln, ein Objekt zu extrahieren (z. B. aus 10 Millionen bunter Bildpunkte ein Gesicht einer bestimmten Person oder ein Insekt – siehe Abb. 8.7).

Abb. 8.7 Identifikation eines Insekts aus Pixeln

Hierzu ist u. a. ein *Perspektivenwechsel* notwendig. Manchmal ist es wichtig, sich von der Detailebene zu entfernen, um das Große und Ganze zu erkennen. Umgekehrt liegen die Probleme häufig im Detail. Algorithmen tun sich i. A. schwer damit: Wann muss ein Algorithmus verwendet werden, der die Mosaiksteine einzeln betrachtet, wann muss der Algorithmus zurücktreten, um das gesamte Bild zu erkennen?

Übersicht

Ein Beispiel für einen algorithmischen Perspektivenwechsel ist das Paradoxon von Achilles und der Schildkröte. Dieses von Zenon von Elea im 5. Jahrhundert v. Chr. entwickelte und von Aristoteles in seiner Abhandlung „Physik" beschriebene Gedankenexperiment geht wie folgt:

Achilles und eine Schildkröte machen ein Wettrennen. Die Schildkröte bekommt, weil langsamer, einen Vorsprung. Beide laufen gleichzeitig los. Bis Achilles den Startpunkt der Schildkröte erreicht hat, ist diese, weil auch losgelaufen, schon ein Stück weiter. Wenn Achilles diesen Punkt dann erreicht hat, ist die Schildkröte wiederum weiter usw. Obwohl Achilles schneller ist, holt er die Schildkröte nie ein. Ein Algorithmus in diesem hohen Detaillierungsgrad (Punkt-zu-Punkt-Betrachtung) kommt zu dem Schluss, dass ein Überholen unmöglich ist. Dies widerspricht jedoch der realen Erfahrung. Nur der Algorithmus ist logisch und liefert nur dieses Ergebnis. Man ist „gefangen".

Das Paradoxon lässt sich nur durch einen Perspektivenwechsel lösen:

Mathematisch entsteht eine Reihe von immer kleiner werdenden Streckenabschnitten, die aber insgesamt eine endliche Summe (Stecke) hat. Mittels vollständiger Induktion lässt sich dies beweisen. Man muss sich also von der Perspektive des Achilles lösen und das Rennen von außen, als Zuschauer, betrachten: Nach x Metern hat Achilles die Schildkröte eingeholt und ist anschließend vorbeigezogen.

Ein Algorithmus, der eine übergeordnete Perspektive annimmt (Gesamtstrecke Achilles vs. Gesamtstrecke Schildkröte), wird zu dem Schluss kommen, dass nach der Laufstrecke x Achilles die Schildkröte überholt hat.

Sind die Objekte so aus den Mosaiksteinen extrahiert, so muss den Gebilden noch eine Bedeutung zugewiesen werden. Im Beispiel, Abb. 8.8, muss die Wolke vom Gleitschirmflieger getrennt werden und die Bedeutung „Kollisionsgefahr" dem Gleitschirm zugewiesen werden.

Problematisch kann dann noch das sog. Lügenparadox sein, das in Abschn. 7.2 behandelt wurde. Dort ist ein Bild mit einer Pfeife dargestellt, darunter der Text „Dies ist keine Pfeife" (Ceci n'est pas une pipe von René Magritte, 1929). Ein Perspektivenwechsel von Bildbedeutung zu Satzbedeutung führt hier, künstlerisch gewollt, zur Verwirrung.

Eine weitere Herausforderung bei der Objekterkennung und -klassifizierung: Der Mensch kann Objekte erkennen, die eigentlich nicht vorhanden sind. Dies funktioniert durch

Abb. 8.8 Klassifizierung & Bedeutungszuweisung: Wolke (Sichtbehinderung aber ungefährlich), Gleitschirm (keine Wolke, Kollisionsgefahr)

Komplexitätsreduzierung (siehe Abschn. 2.6 und 13.5) und *Modellierung* (Einordnung in Bekanntes). Eine KI tut sich schwer damit.

- *Optische Doppeldeutigkeit (optische Täuschung): Sehen und Verstehen im Zusammenhang ist ein komplexer Prozess (filtern, strukturieren, einordnen). Dabei können Informationen grundsätzlich fehlen oder während der Verarbeitung verloren gehen. Um handlungsfähig zu bleiben, werden diese, vermutlich evolutionsbedingt, vom menschlichen Gehirn „hinzugedacht".*

Ein Beispiel für eine optische Doppeldeutigkeit zeigt Abb. 8.9. Die Problematik für eine KI ist, dass ein Quadrat auftaucht, das an sich nicht gegenständlich ist. Eine KI erfasst nur die vier Dreiviertelkreise, den Rest denkt sich der Mensch „dazu". Ursache ist die menschliche, vermutlich evolutionär bedingte Fähigkeit zur *Komplexitätsreduzierung* und *Modellierung.* Diese kann auch bei Informationsmangel wirksam werden. Um seine Handlungsfähigkeit aufrechtzuerhalten, ordnet menschliches Denken Wahrnehmungen in bekannte Muster ein, die dann bewertet werden. Bei den hier dargestellten Dreiviertelkreisen ist die Sinnfindung zunächst zu komplex, das Gehirn reduziert auf ein bekanntes Muster, das Quadrat.

Ein gutes Beispiel ist hierfür das Logo des Versanddienstleisters FedEx Express: Zwischen dem E und dem x verbirgt sich ein Pfeil, der für Geschwindigkeit, Richtung und Präzision des Unternehmens stehen soll (FedEx Express, 2020). So genutzt übrigens auch in Dan Browns KI-Thriller „Origin" (Brown, 2017).

Abb. 8.9 Optische
Doppeldeutigkeit – Ein
Quadrat, wo keines ist

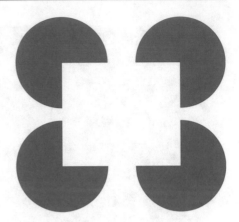

Die Extrahierung von Objekten erfolgt über Mustererkennung, zumeist mittels Deep Learning. Im Vergleich mit Trainingsmustern können dann spezifische Besonderheiten erkannt bzw. klassifiziert werden, z. B. in der Medizintechnik, ob es sich um Krebszellen handelt oder unkritisches Gewebe.

Das benötigt aber Geschwindigkeit. Ein interessanter Ansatz, die Objekterkennung zu beschleunigen und zu verbessern, sind daher Künstliche Neuronale Netzwerke *aus Silizium* (neuromorpher Hardware), z. B. im Projekt ***Pohoiki Beach*** von Intel (siehe Abschn. 6.10).

Ein Problem gibt es: Bilderkennung ist besonders anfällig für Manipulationsversuche, z. B. Evasion und Adversarial Attacks (siehe Abschn. 9.3 und 9.5). Dabei werden einzelne Pixel ausgetauscht oder ein Lernprozess mit Falschbildern beeinflusst, mit großer Wirkung auf die (Falsch-)Erkennung.

Im industriellen Bereich kommt der Bilderkennung eine ganz besondere Bedeutung zu, z. B. in der Qualitätssicherung. Statt KI-Systeme aufwendig eigens für die Erkennung zu trainieren, wird derzeit daran gearbeitet, vorliegende Objektdaten aus anderen Systemen, z. B. CAD oder PDM (Produktdatenmanagement), direkt zu nutzen (Fuchslocher, 2020). Auch müssen bei Zerspanungsmaschinen die Werkstücke nicht mehr hochgenau eingespannt bzw. positioniert werden. Die Bilderkennung erkennt die Lage und ändert die Prozessparameter entsprechend.

Daneben ist die Medizintechnik eine der wesentlichen kommerziellen Anwendungen. Durch Maschinelles Lernen und Deep Learning in Mustererkennung sind schnellere und bessere Diagnosen bei medizinischen bildgebenden Verfahren möglich. Die Wichtigkeit wird durch die Vergabe des zweiten deutschen KI-Preises im Oktober 2020 an das Start-up Merantix aus Berlin-Brandenburg unterstrichen, das sich u. a. auf das das automatisierte Erstellen von Diagnosen durch KI anhand von Röntgenbildern spezialisiert hat (Die WELT, 2020).

8.6   Intelligente, autonome Agenten

Zusätzlich zum Sammeln von vorhandenen Daten aus bekannten Quellen werden, insbesondere bei selbstorganisierenden Systemen, intelligente Agentensysteme eingesetzt. Dabei – einmal wieder gibt es keine allgemeingültige Definition – wird unterschieden zwischen Agenten, die nur Daten aufspüren, und Agenten, die auf eine Umgebung einwirken, um verändernd eigene Ziele zu verfolgen.

Der Begriff „Agent" leitet sich vom lateinischen „agere" ab, in der Bedeutung von „treiben", „handeln" und „verhandeln". Es gibt in der KI-Nutzung des Begriffs eine enge Verwandtschaft zur geheim- bzw. nachrichtendienstlichen Tätigkeit eines Spions (Agenten): unabhängig (autonom) Informationen sammeln, Aufgaben ausführen und verändernd zu wirken im Sinne vorgegebener Ziele.

- *Autonome Agenten sind Systeme in einer komplex-dynamischen Umgebung. Innerhalb dieser Umgebung wirken sie bezüglich Wahrnehmung und Handeln autonom. Sie führen Aufgaben aus, für deren Erledigung sie entworfen worden sind (in Anlehnung an:* Maes, 1995).

Alternativ wird genutzt:

- *Softbots sind Programme, die in Interaktion mit einer digitalen Umwelt eigenständig Aufträge erledigen sowie eigene Ziele verfolgen.*
- *Avatar: Künstliches Erscheinungsbild zur Verkörperung eines realen bzw. virtuellen Benutzers im Cyberspace (Internet).*

Die möglichen Fähigkeiten eines intelligenten Agenten ergeben sich in Anlehnung an (Wooldridge & Jennings, 1992):

- Autonomie: freie Handlung ohne menschliche Intervention.
- Sozialfähigkeit (Interoperabilität): Agenten interagieren und kommunizieren untereinander, ggf. auch mit Menschen.
- Reaktionsfähigkeit: Agenten nehmen ihre Umwelt wahr und reagieren rechtzeitig auf Veränderungen.
- Proaktive Aktionsfähigkeit: Agenten verfolgen eigene Ziele und übernehmen Initiative, diese Ziele zu erreichen.
- Anpassungsfähigkeit: Agenten sind autonom lernfähig.
- Mobilität: Agenten können in einem Netzwerk „wandern".
- Persönlichkeit: Agenten können sich mit eigenem, emotionalem Charakter ausstatten (tarnen).

In der Anwendung werden verschiedene Agentenarten unterschieden, z. B. können Agenten ausschließlich beobachtend sein (Sammeln von Daten), aber auch mit der Umgebung interagieren und diese beeinflussen. Wichtige *Agentenarten* sind:

Der *glaubwürdige Agent* soll möglichst natürlich, auch emotional agieren. Dieser wird häufig bei der Kommunikation mit einem Menschen eingesetzt, z. B. in Form eines Avatars oder innerhalb eines humanoiden Roboters.

Ein *Informationsagent* soll Informationen im Internet sammeln sowie entsprechend verwalten und darstellen. Er kommt z. B. bei Internet-Suchmaschinen zum Einsatz.

Mobile Agenten sind in der Lage, sich durch ein Netzwerk zu bewegen. Sie können zum einen gesammelte Daten vorab sichten, um nur relevante Informationen zu übertragen und damit die Netzauslastung zu reduzieren. Damit sind sie, wenn als Schadsoftware verwendet, auch schlechter lokalisierbar. Sie können sich aber auch zu einem bestimmten Zielort bewegen, der auf direktem Weg nicht erreichbar ist.

Mulitagenten bzw. *kollaborative Agenten* arbeiten gemeinsam an der Lösung eine Aufgabe, sind aber individuell autonom. Sie sind in der Lage, sich bei Aufgaben, die die eigenen Fähigkeiten überschreiten, selbstständig andere Agenten zu suchen, um mit ihnen zu kooperieren.

Interessant im Zusammenhang mit Produktion und Technologie ist der Angriff auf Uranzentrifugen 2010 in der iranischen Anreicherungsfabrik Natanz, wobei etwa 1000 dieser Zentrifugen sich selbst zerstört haben. Ursache soll der Stuxnet-Virus gewesen sein (ISIS et al., 2010). Dieser Computerwurm wurde speziell für einen Angriff auf das Steuerungs- und Überwachungssystem von Siemens entwickelt. Diese Malware soll über USB eingeschleust worden sein (Kopfstein, 2012). Danach pflanzt sich das Schadprogramm über die an das System angeschlossenen Rechner und Geräte fort – und überträgt sich auch wieder auf neue USB-Sticks, die angesteckt werden (Gaycken, 2010). Wir sprechen also von einem intelligenten, mobilen Agenten, der seinen Weg auch weitgehend ohne Netzwerk gefunden hat.

Weitere Beispiele für den Einsatz intelligenter Agenten sind das verteilte Rechnen (Computer teilen sich die Arbeit bei umfänglichen Berechnungsaufgaben) oder das RoboCup-Fußballspiel.

Eine Sonderform der intelligenten Agenten ist die Robotic Process Automation (RPA).

8.7 Robotic Process Automation (RPA)

Bei RPA handelt es sich nicht, wie der Name vielleicht vermuten lässt, um klassische Roboter, sondern um Softwarebots. Ähnlich physischen (realen) Robotern, die sich wiederholende manuelle Arbeiten in Produktionsprozessen erledigen, imitieren sie die (manuelle) Interaktion des Menschen mit den Anwenderoberflächen von IT-Systemen und IT-Anwendungen. Der Mensch soll so von sich wiederholender digitaler Arbeit entlastet werden. Es handelt sich bei RPA also um einen „digitalen Roboter".

- **Robotic Process Automation (RPA)** *nutzt Softwareroboter (Softwarebot), die automatisiert wiederholbare Aufgaben mit großen Datenmengen bewältigen, welche zuvor Menschen ausgeführt haben. Hierzu wird Künstliche Intelligenz und Maschinelles Lernen eingesetzt.*

Unterschied zu anderen Prozessautomatisierungen ist, dass RPA die genutzten Prozesse, insbesondere der Anwenderschnittstellen (User Interface), nicht verändert. Damit sind RPAs wichtige Werkzeuge für Produktion und Entwicklung, z. B. beim:

- *Daten sammeln, extrahieren und strukturieren*
  - von (Maschinen-)Daten und Log-Dateien,
  - von Informationen, z. B. aus dem Internet bzw. Sozialen Medien,
  - Öffnen, Sortieren und Verarbeiten von E-Mails,
  - Pflege von Lagerbeständen.
- *Informationen weitergeben*
  - Ausfüllen von (Kunden-)Formularen und (Kunden-)Reports,
  - Erstellen von Dokumentationen,
  - Übergabe von extrahierter Information ins Internet of Things (IoT, IIoT),
  - Verfolgung von Warensendungen.
- *Autonome Tätigkeiten*
  - automatisiertes Einloggen,
  - bedienen von elektronischen Systemen.
- *Autonomes Testen*
  - von Software,
  - von Bedienungsoberflächen.

8.8 Fragen zum Kapitel

1. Was sind autonome Agenten und wofür könnte man sie im Qualitätsmanagement einsetzen?
2. Denken Sie sich Anwendungen für einen glaubwürdigen Agenten im industriellen Umfeld aus.
3. Was bedeutet Gamification und wozu würden Sie dabei einen Avatar einsetzen? Überlegen Sie Vorteile, die eine Gamification in der Produktion hätte.
4. Wann wäre eine „Gedankensteuerung", wenn sicher realisierbar, im industriellen Umfeld von Vorteil?
5. Erläuterns Sie Ambiguität und Semantik im Zusammenhang mit autonomen Systemen.
6. Erläutern Sie M2M und MMI. Welche industriellen Anwendungen gibt es?

7. Beschreiben Sie NLP im Sinne einer Spracheingabe. Was geht einfach, wo liegen die Herausforderungen?
8. Was ist Text Mining? Erläutern Sie in diesem Zusammenhang den Begriff „Semantik".
9. Wodurch zeichnet sich ein „glaubwürdiger Agent" aus, wo liegen Vorteile, wo Gefahren?
10. Was hat Robotic Process Automation (RPA) mit Robotern zu tun?
11. Beschreiben Sie zwei Anwendungen der Bild- bzw. Objekterkennung, jeweils für das Qualitätsmanagement und im Kundenkontakt. Worin liegen die Herausforderungen bzw. Gefahren (siehe dazu auch Abschn. 9.3 und 9.5)?
12. Was ist Komplexitätsreduzierung, wozu ist sie gut und wie funktioniert sie?
13. Welches sind Einsatzmöglichkeiten für ein haptisches Feedback. Diskutieren Sie hierbei einen möglichen Zusammenhang von Haptik und Kreativität.

Literatur

Akbari, H., Khalighinejad, B., Herrero, J., Mehta, A., & Mesgarani, N. (29. Januar 2019). Towards reconstructing intelligible speech from the human auditory cortex. https://www.nature.com/art icles/s41598-018-37359-z. Zugegriffen: 16. Juni 2020.

Brown, D. (2017). *Origin (Deutsche Ausgabe)*. Hamburg.

Bugatti Newsroom. (15. April 2020). 15 Jahre Bugatti Veyron – Wie alles begann. https://newsroom. bugatti/de/pressemeldungen/15-years-of-bugatti-veyron-how-it-all-began. Zugegriffen: 10. Juli 2020.

Die WELT. (2. Oktober 2020). Zweiter „Deutscher KI-Preis": WELT zeichnet Top-Leistungen bei Künstlicher Intelligenz aus. https://www.axelspringer.com/de/presseinformationen/zweiter-deutscher-ki-preis-welt-zeichnet-top-leistungen-bei-kuenstlicher-intelligenz-aus. Zugegriffen: 2. Okt. 2020.

DW. (3. März 2016). Tierischer Test: Affen steuern Rollstuhl mit Gedanken. https://www.dw.com/de/tierischer-test-affen-steuern-rollstuhl-mit-gedanken/a-19089807. Zugegriffen: 16. Juni 2020.

Electronics Frontier Foundation, AI Progress Metrics. https://www.eff.org/issues/ai

Expert Systems. (13. August 2018). Semantische Technologie für Big Data: Analyse, Abwehr, Sicherheit und künstliche Intelligenz. https://expertsystem.com/de/semantische-technologie-fuer-big-data-analyse-abwehr-sicherheit-und-kuenstliche-intelligenz/. Zugegriffen: 28. Mai 2020.

FedEx Express. (2020). Wie man ein aufmerksamkeitsstarkes Logo gestaltet. https://www.fedex. com/de/enews/2017/september/how-to-design-an-eye-catching-logo.html. Zugegriffen: 11. Okt. 2020.

Fuchslocher, G. (10. Juni 2020). Digitale Montageassistenten: KIT-Spinoff arbeitet an KI-gestützter Objekterkennung. https://www.automobil-produktion.de/technik-produktion/produktionstech nik/ausgruendung-des-kit-arbeitet-an-ki-gestuetzter-objekterkennung-105.html. Zugegriffen: 30. Aug. 2020.

Gaycken, S. (25. November 2010). Stuxnet: Wer war's? Und wozu? In: Die ZEIT, Hamburg, Nr. 48/ 2010. https://www.zeit.de/2010/48/Computerwurm-Stuxnet. Zugegriffen: 5. Apr. 2021.

Hutmacher, F., & Kuhbandner, C. (2018). Long-term memory for haptically explored objects: Fidelity, durability, incidental encoding, and cross-modal transfer. *Psychological Science, 29,* 2031 ff.

ISIS, I., Albright, D., Brannan, P., & Walrond, C. (22. Dezember 2010). Did Stuxnet Take Out 1,000 Centrifuges at the Natanz Enrichment Plant? https://isis-online.org/uploads/isis-reports/docume nts/stuxnet_FEP_22Dec2010.pdf. Zugegriffen: 5. Mai 2020.

Jannidis, F., Lauer, G., Martinez, M., & Winko, S. (2003). *Regeln der Bedeutung.* Oldenburg.

Kopfstein, J. (12. April 2012). Stuxnet virus was planted by Israeli agents using USB sticks. https://www.theverge.com/2012/4/12/2944329/stuxnet-computer-virus-planted-israeli-agent-iran. Zugegriffen: 29. Juni 2020.

Lossau, N. (2. Januar 2013). Digitale Demenz? Von wegen! https://www.welt.de/gesundheit/articl e112361058/Digitale-Demenz-Von-wegen.html. Zugegriffen: 11. Okt. 2020.

Maes, P. (1995). Artificial life meets entertainment: Life like autonomous agents. *Communications of the ACM, 38*(11), 108–114.

N.N. (2020). Freie Enzyklopädie und Wörterbuch der Werte. https://www.wertesysteme.dc/intuit ion/. Zugegriffen: 29. Aug. 2020.

Noyer, U. (15. November 2013). Semantische Technologien zur domänenspezifischen und formalen Beschreibung von Zeitreihen in Datenbanken (Dissertation). https://publikationsserver.tu-bra unschweig.de/servlets/MCRFileNodeServlet/dbbs_derivate_00035037/Dissertation_Ulf_Noyer. pdf. Zugegriffen: 28. Mai 2202.

Rajangam, S., Tseng, P.-H., Yin, A., Lehew, G., Schwarz, D., Lebedev, M., & Nicolelis, M. (3. März 2016). Wireless cortical brain-machine interface for whole-body navigation in primates. https:// www.nature.com/articles/srep22170. Zugegriffen: 16. Juni 2020.

Schmidt, F. (3. Februar 2019). KI: Computer verwandelt Gedanken in Robotersprache. https://www. dw.com/de/ki-computer-verwandelt-gedanken-in-robotersprache/a-47279116. Zugegriffen: 16. Juni 2020.

Spitzer, M. (2014). *Digitale Demenz.* Droemer Knauer.

Spitzer, M. (2019). Das haptische Gedächtnis. https://www.znl-ulm.de/Veroeffentlichungen/Geist_ und_Gehirn/NHK19_Das_haptische_Gedaechtnis.pdf. Zugegriffen: 30. Mai 2020.

von Henke, F. (2020). Semantische Technologien für das intelligente Unternehmen. https://www. uni-ulm.de/fileadmin/website_uni_ulm/iui.inst.090/SemTechFiles/Semantische-Technologien. pdf. Zugegriffen: 28. Mai 2020.

Wooldridge, M., & Jennings, N. R. (1992). Intelligent agents: Theory and practice. *The Knowledge Engineering Review, 10*(2), 115–152.

Angriffssicherheit und Manipulationssicherheit bei KI-Systemen

9.1 Angriffe auf industrielle IT-Systeme

„Mit ihren Weltmarktführern ist die deutsche Industrie besonders interessant für Kriminelle. Wer nicht in IT-Sicherheit investiert, handelt fahrlässig und gefährdet sein Unternehmen."

Achim Berg, Bitkom-Präsident (Bitkom, 2018)

Industrie 4.0 führt in der produzierenden Wirtschaft zu mehr Computertechnologie und mehr Vernetzung – intern und extern. Dabei treffen zwei Welten aufeinander, die Automatisierung (Operational Technology – OT) und Informationstechnologie (IT). Diese müssen „sicher" gestaltet werden, wobei ggf. unterschiedliches Vokabular genutzt wird. Während es im Deutschen nur das Wort „Sicherheit" gibt, verwendet die englische Sprache zwei unterschiedliche Bezeichnungen, nämlich „Security" und „Safety".

- *Safety bezeichnet die Sicherheit vor Unfällen. Dies können mechanische Einrichtungen sein (z. B. Schutzgitter), aber elektronische oder softwaregesteuerte Schutzmaßnahmen.*
- *Security schützt die Vertraulichkeit von Daten im Hinblick auf Angriffe, z. B. unautorisierte Nutzung, Veränderung, Löschung oder Diebstahl. Klassisches Werkzeug sind Mechanismen zur Authentifizierung sowie Trojaner-, Viren- oder Malwarescanner.*

Angriffe auf IT-Systeme führen immer wieder zu einer gewissen Ernüchterung bezüglich Digitalisierung, insbesondere beim Mittelstand (KMUs). Das war 2017 nach einem Cyberangriff auf mehrere Konzerne so (Gaycken, 2017) und aktuell wieder, nachdem Twitter-Konten von bekannten US-Politikern gehackt wurden (ARD Börse vor acht, 2020).

A. Mockenhaupt and T. Schlagenhauf, *Digitalisierung und Künstliche Intelligenz in der Produktion*, https://doi.org/10.1007/978-3-658-41935-6_9

Die Unternehmen fürchten zum einen den nicht autorisierten Abfluss von Know-how, so wird z. B. aktuell Russland (unbewiesen) unterstellt, Entwickler von Corona-Impfstoffen auszuspähen (Handelsblatt, 2020).

Vor allem in der Produktion wird aber der Abfluss von Fertigungswissen befürchtet, der sich u. a. in Maschineneinstellungen und -programmen manifestiert. „Eine auf dem Markt frei verkäufliche Maschine produziert bei geeigneter Einstellung gleich gut, egal, wo sie in der Welt steht", sagte ein Mittelständler. Dieser ging so weit, dass er wieder auf analoge Kopierer setzte, nachdem in seinem Netzwerkkopierer ein Stick mit einer Schadsoftware gefunden wurde.

In einer Ende 2017 vom Verband Deutscher Maschinen- und Anlagenbau (VDMA) veröffentlichten Studie wurde gezeigt, dass sich die Hälfte der befragten Unternehmen mit veralteter Technik gegen potenzielle Angriffe aus dem Netz schützt (vgl. VDMA, 2017). Die Folgen sieht der Gesamtverband der Deutschen Versicherungswirtschaft e. V. (GDV) in mehreren neuerlichen Studien. Demnach ist 2020 jedes dritte Maschinenbau-unternehmen betroffen, z. T. mehrfach (siehe Abb. 9.1).

Laut GDV meldeten 46 % infolge eine sehr starke Einschränkung und 18 % der Betroffenen benötigen mehr als drei Tage, um ihr IT-System nach einem Angriff wieder zum Laufen zu bringen (GDV, 2019), mit z. T. immensen Schäden (siehe Abb. 9.2).

Interessant dabei ist, dass nach einer Studie der Bitkom Unternehmen mit hohem Digitalisierungsniveau weniger betroffen sind als Unternehmen mit eher niedrigem Digitalisierungsniveau (Bitkom, 2018).

Neben den vorsätzlichen Cyberattacken sollte die spaßbetonte Variante nicht unberück-sichtigt bleiben, die auch zu großen materiellen Schäden oder Imageschäden führen kann. Hierbei handelt es sich um User, die einfach einmal ausprobieren wollen, was möglich ist. Motivationsfaktoren sind schlichtweg Neugier, Zeitvertreib, aber auch Geltungsbedürfnis,

Jeder dritte Maschinenbauer bereits betroffen

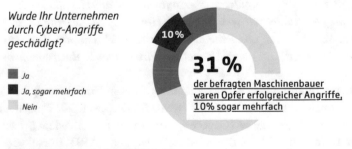

Wurde Ihr Unternehmen durch Cyber-Angriffe geschädigt?

■ Ja
■ Ja, sogar mehrfach
■ Nein

31 %
der befragten Maschinenbauer waren Opfer erfolgreicher Angriffe, 10 % sogar mehrfach

10 %

Quelle: Forsa-Befragung unter 100 kleinen und mittleren
Maschinenbau-Unternehmen; Befragungszeitraum: Februar 2020
© www.gdv.de | Gesamtverband der Deutschen Versicherungswirtschaft (GDV)

Abb. 9.1 Cyberangriffe auf Unternehmen (GDV, 2020)

In vier von zehn Fällen legen Cyberattacken den Betrieb lahm

Erfolgreiche Cyberangriffe erfolgten durch ...

Kosten für Aufklärung und Datenwiederherstellung — **59 %**

Unterbrechung des Betriebsablaufs/der Produktion — **43 %**

Reputationsschaden — **14 %**

Diebstahl von Kunden-/Kreditkartendaten — **11 %**

Diebstahl unternehmenseigener Daten/Betriebsgeheimnisse — **8 %**

Zahlung von Lösegeld — **3 %**

Zahlung von Geldbußen/Strafen — **2 %**

sonstige finanzielle Schäden — **5 %**

Mehrfachnennungen möglich

Quelle: Forsa-Befragung in kleinen und mittleren Unternehmen, Frühjahr 2018
© www.gdv.de | Gesamtverband der Deutschen Versicherungswirtschaft (GDV)

Abb. 9.2 Cyberattacken legen Betriebe lahm (GDV G. d., 2018)

z. B. die Aufnahme in einer Art Hall of Fame. Den Tätern, z. T. im Teenageralter, fehlt häufig jedes Unrechtsbewusstsein.

Beim Täterkreis kommt es neben technischen Möglichkeiten und Gelegenheit auf das Ziel des Manipulators an, diese können sein:

- Technologiespionage,
- Datendiebstahl,
- Sabotage,
- Betrug,
- Beeinflussung von Menschen (individuell),
- Beeinflussung der öffentlichen Meinung (z. B. bei Wahlen),
- Frustration (allgemein oder konkret, z. B. ungerechte Behandlung),
- Geltungsbedürfnis etc.

Neben den üblichen, allgemeinen Sicherheitsgefahren für IT-Systeme (durch Viren etc., diese werden hier nicht weiter behandelt), ist es bei KI-Systemen die **Manipulation,** von der die Gefahr ausgeht. Besonders perfide dabei, weil schlecht feststellbar bzw. nachweisbar, ist die Beeinflussung während des Maschinellen Lernens sowie die Veränderung bereits trainierter Algorithmen.

Angriffe können und sollten gemeldet werden. Hierfür gibt es die Meldestelle für Cyber-Sicherheit des Bundesamts für Sicherheit in der Informationstechnik. Leider schweigen Unternehmen aber lieber, laut der o. g. Bitkom-Studie, vornehmlich, weil sie einen Imageschaden fürchten.

9.2   Cyberresilienz

> *„The good pilot is not the one who can fly through a storm, but the one who can avoid it".*
>
> *Pilotenweisheit*

Wichtigstes Thema in der IT-Sicherheit ist die Cyberresilienz, also die Widerstandsfähigkeit gegen Manipulationen der Daten. Da viele dieser Angriffe letztlich monetären Aspekten gelten, definiert die Bundesanstalt für Finanzdienstleistungsaufsicht (BaFin, 2019):

- *Cyberresilienz* *„bezeichnet die Widerstandsfähigkeit von Unternehmen gegen Angriffe auf die Sicherheit ihrer Informations- und Kommunikationstechnik (IKT). Im Fokus der Angreifer stehen die Systeme der Unternehmen oder auch die Daten von Kunden."*

Die im Rahmen des State of Email-Security Report von Mimecast erarbeiteten **vier Dimensionen der Cyberresilienz** bieten eine gute Handlungsempfehlung (in Anlehnung an Minecast, 2019):

1. **Bedrohungsschutz (Threat Protection)**
   Vorbeugung durch technische Vorkehrungen und Sensibilisierung der Mitarbeiter.
2. **Anpassungsfähigkeit (Adaptability)**
   Kontinuierliche Überwachung, Anpassung und Verbesserung (Mensch & Technik).
3. **Beständigkeit (Durability)**
   Auch nach einem erfolgreichen Angriff sollte das System unterbrechungsfrei weiterarbeiten, ggf. einen Notbetrieb aufrechterhalten.
4. **Fähigkeit zur Wiederherstellung (Recoverability)**
   Der Status vor dem Angriff muss sich wiederherstellen lassen (z. B. aus Backups). Stichwort: **Disaster-Recovery-Plan.**

Letztlich geht es bei Resilienz darum, „robuste" Systeme zu schaffen (siehe Abschn. 10.2.3).

9.3 Evasion, Bypassing (Ausweichen, Umgehen)

Evasion versucht zu bewirken, dass das KI-System auf ein anderes Ergebnis ausweicht oder zumindest eine bestimmte Lösung umgeht.

Die einfachste und sehr häufig eingesetzt Methode ist, das System dazu zu bewegen, etwas als richtig zu erkennen, obwohl es falsch ist. So kann beispielsweise Einfluss genommen werden auf qualitätsrelevante Sortieralgorithmen (Sabotage) oder eine nichtautorisierte Datenübertragung an Dritte (Spionage) arrangiert werden.

Evasion kann bereits in der Lernphase angreifen, aber auch nachher, im regulären KI-Betrieb: So werden KIs gerne mit veränderten Bildern „verwirrt". Die Veränderung einiger weniger Pixel in einem Bild, für den Menschen nicht zu bemerken, kann Einfluss auf die Klassifizierung des Bildinhalts haben. Aus einem Hund wird eine Katze für die KI oder aus einem Ausschussteil wird ein Gutteil.

9.4 Poisoning Attacks (Vergiftungsattacken)

Bei Poisoning Attacks (oder Poison Attacks – Giftattacke) wird ein Lernalgorithmus mit „vergifteten", also falschen Daten infiltriert. Dies kann geschehen durch:

- **Data Selection:**
  Beeinträchtigung der Datenerfassung (z. B. nur bestimmte Daten werden berücksichtigt).
- **Label Modification:**
  Daten werden falsch gekennzeichnet und damit falsch klassifiziert.
- **Data Modification:**
  Bei Zugriffsmöglichkeiten auf die Grunddaten werden diese verändert.
- **Data Injection:**
  Es werden zusätzliche Daten eingefügt (injiziert). Die richtigen Daten werden dann z. B. als statistische Ausreißer behandelt.
- **Logic Corruption:**
  Die Veränderung der Logik bzw. des Algorithmus.

Ein Beispiel für Poisoning Attacks war der Bot namens Tay von Microsoft (vgl. Abschn. 5.1.3). Hier wurde der Tay-Algorithmus durch Angreifer mit einer Vielzahl von falschen Behauptungen bestürmt, sodass er im Endergebnis rassistisch reagierte (Data

Injection). Aber auch Wahlmanipulationen als Angriff auf die Demokratie werden über Vergiftungsattacken versucht.

Übersicht

Ein aktuelleres Beispiel ist das Algorithmus-Software-Tool *Fawkes,* das an der University of Chicago entwickelt wurde (SAND Lab, 2020). Das Programm „vergiftet" maschinelle Lernsysteme, die über Bilderkennung lernen wollen, wie eine bestimmte Person aussieht. Das Verfahren nennt sich auch *Image Cloaking* (Bildtarnung) und wird eingesetzt, damit man z. B. auf Bildern im Internet bzw. von Überwachungskameras an öffentlichen Plätzen nicht erkannt wird.

Hintergrund ist, dass staatliche und nichtstaatliche Organisationen ungefragt Fotos von Bürgern, z. B. aus öffentlich frei zugänglichen Internetseiten, in großen Datenbanken sammeln. Laut ZEITonline macht dies beispielsweise die US-Firma Clearview, die mit drei Milliarden Foto-Namens-Kombinationen ihre Algorithmen trainieren (Drösser, 2020). Das Funktionsprinzip ist, dass Fawkes die Fotos so subtil verändert (vergiftet), dass das menschliche Auge keinen Unterschied erkennt, für den Algorithmus (intelligenter Suchagent) aber sieht das Gesicht völlig anders aus.

Abwehrmechanismen können, neben der menschlichen Aufsicht (Supervised Learning, vgl. Abschn. 6.2.1), die Beschränkung auf ausschließlich zugelassene Datenquellen sein, eine Kreuzvalidierung (Cross Validation), größere Datenmengen oder spezielle Filtersysteme (z. B. sog. Label Sanitization Techniques – Desinfektionstechniken).

9.5   Adversarial Attacks (feindliche Angriffe)

Adversarial Attacks nutzen Formen der Poisoning Attacks sowie der Evasion. Dadurch bedrohen sie die Funktionsfähigkeit von KI-Algorithmen, insbesondere in der Bilderkennung. Eine wiederholte und bewusst herbeigeführte optische Illusion durch sog. „Adversarial Images" (gegensätzliche oder gegnerische Bilder) überlistet das KI-System.

So wurde an der École polytechnique fédérale de Lausanne nachgewiesen, dass man durch immer gleiche Störbilder, eine KI dazu bringen kann, Objekte völlig falsch zu klassifizieren (Moosavi-Dezfooli et al., 2016). Weniger kritisch ist dabei, dass Eidechsen als Labradore kategorisiert wurden. Wenn aber autonome Fahrzeuge so manipuliert werden, dass sie Verkehrszeichen falsch erkennen, ist das ein Sicherheitsrisiko. Was möglich ist, erläutert der Autor der Studie auf YouTube unter dem Titel: „A single Permutation can fool deep learning architectures" (Eine einzelne Permutation kann Deep-Learning-Architekturen täuschen; Moosavi, 2017).

Adversarial Attacks haben auch in der Produktion Angriffsziele, und zwar überall da, wo mittels Bilderkennung Situationen gedeutet werden. Dies geschieht beispielsweise bei der Steuerung von Maschinen durch Gesten, bei der Robotersteuerung und bei autonomen Flurfahrzeugen.

Unterschieden wird zwischen **Black-Box Attacks** und **White-Box Attacks**. Bei der Black-Box-Attacke verfügt der Angreifer über keine relevanten Informationen über die Funktionsweise des Algorithmus, daher sind diese meist einfacher abzuwehren. Bei der White-Box-Attacke hat der Eindringling vollständige Kenntnisse, er kennt die Schwachstellen des Systems. Hier versucht man, die Datenbasis zu vergrößern, z. B. durch mehr Sensorik oder frei zugängliche externe Quellen. Damit entstehen Redundanzen, was den Angriff schwieriger gestaltet. Beispielsweise gibt es sehr viele Abbildungen von Verkehrszeichen in den unterschiedlichsten Konstellationen im Netz, die zum Lernen zusätzlich genutzt werden können. Auch die Vernetzung mit anderen autonomen Systemen in ähnlicher Situation kann entsprechende Angriffe abwehren und die Robustheit erhöhen.

Eine neue Form des Adversarial Attacks ist das **Adversarial Reprogramming**. Ziel ist es, einen einmal bestehenden Algorithmus umzuprogrammieren, zumeist zu Sabotagezwecken.

9.6   Backdoor Attacks – Backdooring (Angriff durch die Hintertür)

Ziel ist zunächst ein ganz normal funktionierendes KI-System, allerdings mit der zusätzlichen Eigenschaft, unter ganz bestimmten Umständen eine „Hintertür" zu öffnen, um ein verändertes Verhalten zu zeigen.

Ein Beispiel ist die Zugangskontrolle, real durch eine Tür oder virtuell zu einem Datensatz. Diese kann durch Gesichtskontrolle erfolgen. Eine Hintertür könnte sein, dass der Zugang für alle erfolgt, unabhängig vom Gesicht bzw. der Person, wenn zusätzlich eine Polizeimütze getragen wird. Dies kann gewollt sein (Autos mit Blaulicht haben immer Vorfahrt), aber auch kriminell, um IT-Systeme auszuhebeln.

So wird dem chinesischen Netzausrüster Huawei von der US-Regierung vorgeworfen, eine solche Backdoor zugunsten ihrer 5G-Technologie integriert zu haben, was Huawei bestreitet und wofür es nur eine unübersichtliche Beweislage gibt (New York Times, 2020).

9.7   KI-basierte Intrusion-Detection- und Intrusion-Prevention-Systeme (IDS, IPS)

Intrusion-Detection- und Intrusion-Prevention-Systeme sind Angriffserkennungs- und Angriffsabwehrsysteme. Die Problematik bislang war, dass die Angreifer zumeist den Verteidigern einen Schritt voraus waren. Die Angriffswaffen mussten zuerst bekannt sein, bevor man an Abwehr denken konnte. Als Alternative stellte man häufig die Angriff-serkennung zu scharf ein, was zu häufigen Fehlalarmen („false positive") und infolge zu Alarmmüdigkeit führte.

KI basierte Erkennungssysteme nutzen verhaltensorientierte Ansätze, um auch unbekannte Angriffsarten zu erkennen. Sie werden insbesondere als zusätzlicher Schutz von betrieblichen Informations- und Produktionssystemen genutzt.

Der Einsatz in Produktionssystemen ist besonders geeignet, weil das Verhalten vergleichsweise determiniert, also vorbestimmbar ist. Kommt es zu einer ungewöhnlichen Interaktion, kann diese mittels KI zunächst weiter untersucht werden, ob ein False-Positive-Fall vorliegt. Darüber hinaus ist bei der industriellen Produktionssteuerung aufgrund der Komplexität immer notwendig, die Nebenwirkungen von Abwehrhandlungen zu berücksichtigen. Der Schaden eines Produktionsstillstands könnte höher sein als der durch den Angriff verursachte Schaden. IDS/IPS-Systeme können über Maschinelles Lernen hier geschult werden, auch bislang unberücksichtigte Faktoren, z. B. Auswirkungen auf die Lieferkette, Kundenreaktionen u. Ä., miteinzubeziehen.

9.8   Fragen zum Kapitel

1. Unterscheiden Sie Safety und Security.
2. Welche Ziele verfolgen Cyberattacken?
3. Was könnte einen Mitarbeiter zum Täter machen?
4. Was verstehen Sie unter Cyberresilienz? Welche vier Vorkehrungen (Dimensionen) sind sicherzustellen?
5. Welches sind die Angriffsmethoden bei einer Poisoning Attack?
6. Beschreiben Sie Angriffsmöglichkeiten bei der Mustererkennung.
7. Was sind Deep Fakes und warum sind sie so besonders gefährlich?
8. Was ist „false positive" bei Intrusion-Detection- und Intrusion-Prevention-Systemen und warum ist dies eine Herausforderung?

Literatur

ARD Börse vor acht. (16. Juli 2020). ARD Börse vor acht 16.07.2020.
BaFin (15. April 2019). Fokus Cyber-Resilienz. https://www.bafin.de/SharedDocs/Veroeffentlichu ngen/DE/Fachartikel/2019/fa_bj_1904_Cyber-Resilienz.html. Zugegriffen: 7. Juni 2020.
Barnes, J. E. (11. Februar 2020). New York Times. White house official says Huawei has secret back door to extract data. https://www.nytimes.com/2020/02/11/us/politics/white-house-huawei-back-door.html. Zugegriffen: 11. Okt. 2020.

Bitkom. (2018). Spionage, Sabotage und Datendiebstahl – Wirtschaftsschutz in der Industrie. Studienbericht 2018. https://www.bitkom.org/sites/default/files/file/import/181008-Bitkom-Studie-Wirtschaftsschutz-2018-NEU.pdf. Zugegriffen: 2. Mai 2020.

Bovenschulte, M. (2019). Deepfakes – Manipulation von Filmsequenzen. https://publikationen.bibliothek.kit.edu/1000133910https://www.tab-beim-bundestag.de/de/pdf/publikationen/themenprofile/Themenkurzprofil-025.pdf. Zugegriffen: 8. Juni 2020.

Drösser, C. (23. August 2020). Gesichtserkennung: Die unsichtbare Maske. https://www.zeit.de/digital/datenschutz/2020-08/gesichtserkennung-fawkes-software-app-algorithmus-ki-bildanalyse.

Gaycken, S. (28. Juni 2017). heute-journal. ZDF.

GDV. (2019). Cyberrisiken im Mittelstand. https://www.gdv.de/resource/blob/48506/a1193bc12647d526f75da3376517ad06/cyberrisiken-im-mittelstand-2019-pdf-data.pdf. Zugegriffen: 7. Juni 2020.

GDV. (Februar 2020). Jeder dritte Maschinenbauer bereits betroffen. https://www.gdv.de/resource/blob/59394/4ddd634510079f98b87e833af30f6815/d-cybermaschbau-betroffenheit-data.pdf. Zugegriffen: 7. Juni 2020.

GDV. (2018). In vier von zehn Fällen legen Cyberattacken den Betrieb lahm. https://www.gdv.de/resource/blob/32742/93f30d4636ee3de32c0ca89a34053fch/grafik-download-in-vier-von-zehn-faellen-legen-cyberattacken-den-betrieb-lahm-data.pdf. Zugegriffen: 7. Juni 2020.

Handelsblatt. (16. Juli 2020). Cyberkriminalität: Russische Hacker sollen angeblich Corona-Impfforscher ausspähen. https://www.handelsblatt.com/politik/international/cyberkriminalitaet-russische-hacker-sollen-angeblich-corona-impfforscher-ausspaehen/26012022.html?ticket=ST-5912459-iyMbtmyjcQMmJ3D64vpc-ap4. Zugegriffen: 30. Juli 2020.

Menkens, S. (21. November 2019). Fahndung im Darknet – Um in die Foren zu kommen, müssen Kinderpornos geliefert werden. https://www.welt.de/politik/deutschland/article203673432/Darknet-Um-in-die-Foren-zu-kommen-muessen-Paedophile-Kinderpornos-liefern.html. Zugegriffen: 20. Juni 2020.

Minecast. (2019). The state of email security report 2019. https://www.mimecast.com/globalassets/documents/ebook/state-of-email-security-2019.pdf?v=2,,48247?epieditmode%3DFalse. Zugegriffen: 7. Juni 2020.

Moosavi, S. (22. März 2017). A single Permutation can fool deep learning architectures. https://www.youtube.com/watch?v=yrvNnuTiGuU&feature=youtu.be. Zugegriffen: 8. Juni 2020.

Moosavi-Dezfooli, S.-M., Fawzi, O., Fawzi, A., & Frossard, P. (20. Oktober 2016). Universal adversarial perturbations. https://www.researchgate.net/publication/309460742_Universal_adversarial_perturbations. Zugegriffen: 8. Juni 2020.

SAND Lab. (Juli 2020). Image „Cloaking" for Personal Privacy. https://sandlab.cs.uchicago.edu/fawkes/. Zugegriffen: 15. Aug. 2020.

Schäfer, J. (27. November 2019). Kindesmissbrauch: Ermittler sollen Deepfakes nutzen dürfen. https://www.e-recht24.de/news/strafrecht/11760-deepfake-kindermissbrauch-ermittlungen.html. Zugegriffen: 20. Juni 2020.

Theile, G. (04. Juni 2019). Wie man künstliche Gesichter enttarnt. https://www.faz.net/aktuell/wirtschaft/digitec/wie-man-von-einer-ki-generierte-gesichter-enttarnt-16071253.html. Zugegriffen: 20. Juni 2020.

This Person does not exist. (2019). https://thispersondoesnotexist.com/. Zugegriffen: 11. Okt. 2020.

VDMA. (2017). VDMA Cyber Studie und Online-Tool helfen bei der Risikoeinschätzung. https://www.vdma.org/v2viewer/-/v2article/render/24777539. Zugegriffen: 7. Juni 2020.

Digitalisierung und KI in der Produktion

10

10.1 Chancen der Digitalisierung und KI in der Produktion

Industrie 4.0 und die Künstliche Intelligenz durchdringen immer mehr Abläufe in produzierenden Unternehmen. So hat Mercedes-Benz im September 2020 mit der Eröffnung seiner Factory 56 (siehe Abb. 10.1) Maßstäbe in der Digitalisierung, aber auch bezüglich Effizienz und Nachhaltigkeit gesetzt. Die smarte Fabrik soll bei der Montage der S-Klasse um 25 % effizienter sein und im Sinne der Daimler-Strategie *Ambition 2039* mit deutlich reduziertem Energiebedarf zur Zero-Carbon-Fabrik, also vollständig CO_2-neutral werden (Daimler, 2020).

Aber nicht nur in großen Unternehmen, sondern auch bei klein- und mittelständischen Unternehmen (KMUs) wird an der Umsetzung der Digitalisierung im Wertschöpfungsprozess gearbeitet: Abb. 10.2, 10.3, 10.4 und 10.17 zeigen die Veränderung im Konditoreihandwerk über 65 Jahre hinweg.

Unter „Handwerk 4.0" wird in diesem Sinne zusammengefasst, dass die allgegenwärtige Digitalisierung auch kleinere Betriebe erreicht hat und so deren Existenz sichert (Schröder, 2023). Die Herausforderungen sind dabei hohe Investitionen, die nicht jeder kleine Betrieb aufbringen kann, sowie der Mangel an geeignet qualifiziertem Personal im Handwerk – Stichwort Fachkräftemangel und zu wenig junge Auszubildende. Der Zentralverband des Deutschen Handwerks sieht demnach als „Hürden für die Digitalisierung […] vor allem fehlende eigene betriebliche Ressourcen und Kompetenzen, aber auch langsame Internetverbindungen und die Anforderungen zur Gewährleistung der IT-Sicherheit" (ZDH, 2018). Eine aktuelle Studie des ZDH mit dem Digitalverband Bitkom zeigt, dass 68 % aller Handwerksbetriebe in Deutschland bereits digitale Technologien und Anwendungen nutzen und 83 % dafür aufgeschlossen sind (ZDH, 2022; Bitkom, 2022).

© Der/die Autor(en), exklusiv lizenziert an Springer Fachmedien Wiesbaden GmbH, ein Teil von Springer Nature 2024
A. Mockenhaupt und T. Schlagenhauf, *Digitalisierung und Künstliche Intelligenz in der Produktion*, https://doi.org/10.1007/978-3-658-41935-6_10

Abb. 10.1 Mercedes-Benz Factory 56. (Quelle: Mercedes-Benz)

Abb. 10.2 Konditorei ca. 1955

Das bringt neben Chancen auch anspruchsvolle Herausforderungen mit sich. Nachdem in den letzten Jahrzehnten umfangreich optimiert wurde, war bezüglich Effizienz ein Plateau erreicht, von dem einige bereits ausgingen, es wäre kaum mehr steigerungsfähig. Aber hier kann die KI durch bessere und tiefere Datenanalyse sowie durch Mustererkennung und Maschinelles Lernen noch erstaunliche Fortschritte bewirken – beispielsweise, wenn es darum geht, Prozesse in Fertigung, Organisation und Logistik zu optimieren,

KONDITOREN:

- Softwarehersteller (ERP, MES, PLM)
- Maschinenbauer
- Automatisierer
- Plattformanbieter
- Verbände, Institute

GOURMETS FÜHRER:

- Institute & Organisationen
- Regierung & Politik
- Gewerkschaften
- Juristen & Datenschutz
- Berater & Journalisten

ZUTATEN:

- Cloud
- Big Data
- Internet of Things
- Virtualisierte Systeme
- Tablets, Smartphones, Smart Objects
- Erweiterte schnellere Netzwerktechnologien

GENIESSER:

- Industrie
- Handel
- Mitarbeiter
- Verbraucher (Auto als IoT)

Abb. 10.3 Konditoreianforderung mit Industrie 4.0. (Quellen: Carl Zeiss MES Solutions GmbH – Guardus & Stadtcafé Frechen)

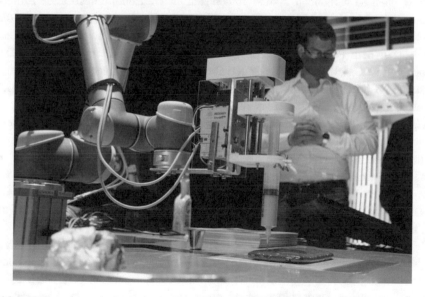

Abb. 10.4 Roboterarm glasiert mittels Künstlicher Intelligenz Aachener Printen. (Quelle: RFH Köln, Zunker, Foto: Pinner Zunker & Pinner, 2020)

Abfallmengen und Energieverbrauch zu reduzieren oder Qualität und Nachhaltigkeit zu steigern.

KI und Digitalisierung sind in der Produktion also nicht mehr wegzudenken. Allerdings unterscheidet sich die Umsetzung zwischen Großunternehmen und Mittelstand. Während sich Konzerne dem Thema perspektivisch nähern und sich hierzu kreative „Spielwiesen" leisten, stehen beim Mittelstand schnell erreichbare Leistungsvorteile im Vordergrund.

So sieht z. B. der Nationale IT-Rat die Anwendungen von Smart-Data-Technologien besonders für kleine und mittlere Unternehmen als interessant (Nationaler IT-Gipfel, 2014): „Es gibt zwei bedeutende Entwicklungen, die es kleinen und mittleren Unternehmen ermöglichen, die Potenziale von Smart Data zur Entscheidungsunterstützung genauso erfolgreich zu nutzen, wie es Großunternehmen bereits tun. Zum einen werden die technischen und finanziellen Anforderungen für die Einführung von Smart-Data-Technologien in den Unternehmen dank voranschreitender Etablierung von Cloud-Computing-Lösungen (Infrastructure, Platform sowie Software as a Service) immer geringer. Zum anderen gibt es mit den aufkommenden Informationsmarktplätzen zunehmend bessere Möglichkeiten zum gegenseitigen Austausch von Daten, was zur Folge hat, dass auch kleinen Unternehmen immer mehr Daten zur Verfügung stehen."

Der derzeitige Einsatz von KIs im Bereich der Wertschöpfungsprozesse ist eher mit der schwachen KI verbunden. Aktuell finden sich im Wertschöpfungsbereich zumeist KI-Anwendungsfälle, die auf Maschinendaten basieren. Intelligente Anwendungen, die den Menschen in seiner täglichen Arbeit individuell unterstützen und ihm assistieren, sind heute trotz hohem Potenzial noch wenig gängig (vgl. Fraunhofer IAO, 2020). Demgegenüber befinden sich weitergehende KI-Konzepte eher im Experimentierstadium, denn eine starke KI im eigentlichen Sinne oder eine Artificial General Intelligence (AGI) gibt es noch nicht, wie im Kap. 3 bereits gezeigt.

In Zukunft soll die Produktion flexibler und agiler auf individualisierte Kundenwünsche reagieren können; dies bis hin zur Losgröße 1, unter ökonomischen Fertigungsbedingungen, wie sie derzeit nur in der Massenproduktion realisiert werden kann. Dabei soll nachhaltiger und unter Berücksichtigung von Ressourcenknappheit gefertigt werden sowie, wie aktuell die Corona-Krise mahnt, eine hohe Nachfragevolatilität berücksichtigen. Die Produktionsregelung im Jahr 2030 sieht das Forschungsinstitut für Realisierung (FIR) e. V. an der RWTH Aachen wie in Abb. 10.5 gezeigt.

Weitere Chancen resultieren daher, dass durch Automatisierung und Digitalisierung weit größere Datenmengen anfallen als in der Vergangenheit. Diese Daten liegen aber häufig verteilt auf verschiedenen, räumlich und vernetzungstechnisch getrennten Systemen vor, z. T. in wenig kompatiblen Standards verfasst. Übergreifende Analysen scheitern oft an der Verfügbarkeit dieser Daten, aber auch aufgrund von Geheimhaltungs-, Whistleblowing- bzw. Cybersicherheitsbedenken.

Menschliche Aufsicht und Entscheidung in Form von Steuerung, Überwachung und Kontrolle wird auf absehbare Zukunft im Produktionsumfeld weiterhin erforderlich sein.

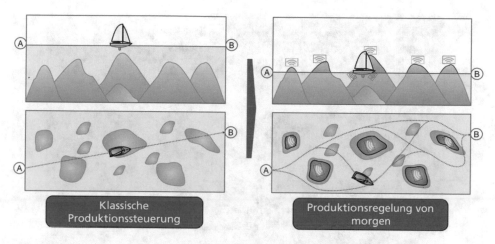

Abb. 10.5 Produktionsregelung 2030 ermöglicht eine dynamische und situationsabhängige Produktionssteuerung. (Quelle FIR e. V. an der RWTH Aachen, 2015)

Aber Digitalisierung und KI gibt der Produktion mächtige Werkzeuge zur Effizienzsteigerung an die Hand, um die Fertigungsabläufe zu optimieren und näher am Markt bzw. Kunden zu produzieren:

„Die Künstliche Intelligenz bietet noch enorme Potenziale für die Industrie. Aktuell steckt diese Thematik noch in den Grundbausteinen und beinhaltet unvorstellbare Möglichkeiten. Es werden große Entwicklungsschritte in den kommenden fünf bis zehn Jahren folgen.", sagt Walter Mattis vom niederländischen Unternehmen Phillips N.V.

Doch die Manager in der Industrie müssen aufpassen: Eine Studie der Deloitte zu *Manufacturing 4.0* (M4.0) untertitelt provokant (Deloitte, 2016): „Meilenstein. Must-Have oder Millionengrab?" und gibt zu bedenken „Zudem wird M4.0 noch häufig als Selbstzweck gesehen."

Sascha Kößler vom mittelständischen Unternehmen Kößler Technologie GmbH sieht das so: „KI im Wertschöpfungsprozess muss einen Mehrwert haben und den hat KI auch, sonst würden wir es nicht einsetzen. Der Weg zu einer digitalen Produktion besteht aber aus vielen kleinen Schritten, die umgesetzt werden müssen. Daraus ergibt sich das Gesamtbild der digitalen Produktionsumgebung." Erfolgreich, so Kößler weiter, ist sein Betrieb, weil er den Menschen bewusst im Prozess lässt (siehe Abb. 10.6). Denn Datenqualität sei trotz aller Anstrengungen ein Riesenproblem, da wäre das Erfahrungswissen der Mitarbeiter auch in Zukunft unabdingbar. Darüber hinaus, so der Mittelständler, dort wo Zwischenmenschliches erforderlich ist, z. B. bei Lieferanten- und Kundenkontakten innerhalb der Wertschöpfung, wird die KI den Menschen nicht ersetzen können. Bei der Systematisierung und Analyse von Produktionsprozessen und im Qualitätsmanagement sowie im vorausschauenden Bereich (Predictive Technologies) gibt es erfolgversprechende Einsatzmöglichkeiten.

Abb. 10.6 KI muss einen Mehrwert haben, daher bleibt der Mensch bewusst Teil des Prozesses. (Quelle: Kößler Technologie GmbH)

Die entsprechenden Chancen werden in der o. g. Deloitte-Studie aufgezeigt und quantifiziert. Und Deloitte sieht das Thema „Produktion" als den wichtigsten Bereich für die Anwendung von Industrie 4.0 (siehe Abb. 10.7). Darüber hinaus ist es wichtig, die Themen in eine organisatorische Gesamtstruktur zu integrieren und die innovativen Technologien als „Befähiger" (Enabler) zu stärken (Abb. 10.8).

Dabei basiert die Anwendung der Digitalisierung und KI in der Produktion auf mehreren Technologien (siehe Abb. 10.9), die in den folgenden Kapiteln besprochen werden:

Die technologische Basis im Einzelnen:

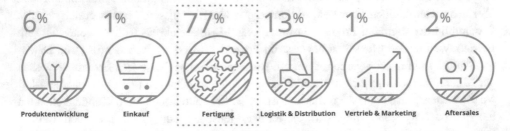

Abb. 10.7 Industrie-4.0-Anwendungsbereiche. (Quelle: Deloitte, 2016)

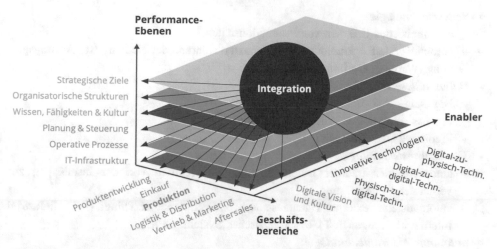

Abb. 10.8 Deloitte Manufacturing 4.0-Cube. (Quelle: Deloitte, 2016)

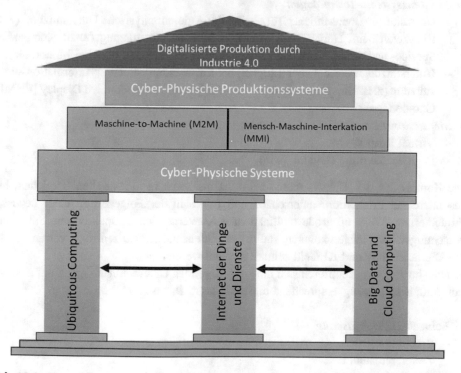

Abb. 10.9 Bausteine einer digitalen Infrastruktur in der Produktion. (In Anlehnung an: Siepmann & Roth, 2016; Ruderschmidt, 2019)

- *Sensortechnologie*
  - automatisiertes Erfassen von Produktionsdaten,
  - automatisierte Rückmeldung von Produkten während der Nutzung (für Auftragsplanung, Wartung, Optimierungen).
- *Datenanalysetechnologie*
  - Big Data,
  - Process Analytics & Process (Data) Mining,
  - Predictive Data Analysis.
- *Vernetzungstechnologie:*
  - automatisierter interner Datenaustausch: Entwicklung von der Insellösung zur vernetzten Systemlösung,
  - automatisierter externer Datenaustausch: z. B. Internet of Things (IoT), Industrial Internet of Things (IIoT), cyberphysisches System (CPS).
- *autonome Aktorentechnologie:*
  - autonomes agieren: z. B. Robotik, autonome Logistik (Transportieren, Fahren).
- *Assistenzsysteme-Technologie:*
  - Unterstützung menschlicher Tätigkeit beim Agieren: physische Unterstützung (z. B. Exoskelett beim Heben von Lasten), kognitive Unterstützung (z. B. Sichtgeräte), Service- und Assistenzroboter (z. B. in Gefahrenbereichen oder bei Monotonie),
  - Unterstützung menschlicher Tätigkeit bei Entscheidungsfindung: Informationsunterstützung (z. B. Einspiegelung in Brille – Peripheral Head-Mounted Display [PHMD] Google Glass),
- *Simulationstechnologie:*
  - Virtual Reality,
  - Digitaler Zwilling (Digital Twin).

Die Komplexität des Themas wurde bei der Umsetzung in industriellen Bereichen, insbesondere der Produktion, unterschätzt und führte in der Folgezeit zu einer gewissen Ernüchterung. Während große multinationale Konzerne sich perspektivische Spiel- und Forschungswiesen leisten konnten, stellte der Mittelstand die Nutzenfrage, vorrangig, wie mit Digitalisierung und KI Geld zeitnah verdient werden kann.

Dies im Auge konzentrieren sich die produzierenden Unternehmen derzeit auf das, was sich mittelfristig erfolgversprechend umsetzen lässt. Das ist:

- *Echtzeit-Datenerfassung*
  - Produktionsdaten,
  - Zuliefererdaten,
  - Kundendaten,
  - Nutzerdaten,
  - in der Logistik,
  - IoT.
- *Vorausschauende Werkzeuge*

- Predictive Analysis,
- Predictive Maintenance,
- Predictive Quality (Analysis),
- IIoT.
- *Agilität*
  - schnellere Reaktionszeiten in Entwicklung & Produktion,
  - anpassungsfähige, frei konfigurierbare Produktionsmittel.
- *Transparenz*
  - Informationspartizipation (-teilhabe),
  - bezüglich Zuliefer-, Produktions- und Marktdaten.

Die Einführung digitaler Anwendungen erfordert eine präzise Bewertung des Digitalisierungsnutzens. Dabei geht es im Umfeld der Produktion (auch Produktionsentwicklung) weniger um Marketinganalysen (wieviel mehr kann ich verkaufen), sondern mehr um die Frage der Effizienzsteigerung im Wertschöpfungsprozess.

Zunächst müssen daher die Ausgangssituation analysiert und die Digitalisierungsziele festgelegt werden. Anhand von produktionsspezifischen Kennzahlen und branchenspezifischen Benchmarkanalysen kann anschließend eine Investition bewertet und eine Umsetzungsroadmap aufgestellt werden.

Weiter unterteilt sich die Digitalisierung in der Produktion in mehrere Bereiche:

- vernetzte Fabrik (Connected Factory),
- intelligente Produktion (Smart Factory),
- virtuelle Fabrik (Virtual Factory),
- Robotik & Advanced Manufacturing Technology.

Digitalisierung und KI werden als strategischer Faktor in der Produktion angesehen. In der derzeitigen Umsetzung sind Schlagworte: IoT, Losgröße 1, Smart Robotics, Predictive Maintenance Zero Downtime, Predictive & Advanced Analytics, Digital Twins u. v. m. Sie firmieren unter Oberbegriffen wie „Smart Factory" mit einer Reihe von Synonymen bzw. ähnlichen Begriffen wie Manufacturing 4.0, Smart Industry u. Ä.

Die Digitalisierung in der Produktion wird unter vielen Bezeichnungen vorangetrieben. Gängig sind die Begriffe „Industrie 4.0", „Fertigung 4.0" oder „Manufacturing 4.0", im Amerikanischen „Smart Manufacturing" u. v. m.

Allen Bezeichnungen gemeinsam ist Ziel, durch Vernetzung und KI-Methoden eine kundenzentrierte, flexiblere und damit wirtschaftlichere Produktion zu ermöglichen. Wichtig dabei ist die Konzentration auf den Bereich Wertschöpfung, also i. W. der Produktionsprozess und Fabrikbetrieb (Shop Floor), darüber hinaus auch angrenzende Bereiche wie Logistik, Instandhaltung sowie Produktservice und Recycling.

10.2   Anforderungen an ein KI-System im Produktionsumfeld

10.2.1 Skalierbarkeit

Eine der wichtigsten Eigenschaften von käuflichen KI-Lösungen ist die Skalierbarkeit. Die große Anzahl an Datenquellen, mobilen und webbasierten Kanälen, Maschinen im Betrieb und Geräten im Feld macht es schwer, eine Balance zu erzielen zwischen Datenüberlastung und Content-Engpässen.

- *Skalierbarkeit* *ist die Fähigkeit eines Systems, eines Netzwerks oder eines Prozesses zur bedarfsgerechten Größenanpassung.*

Gerade bei der Produktion unter Industrie 4.0 ist Flexibilisierung ein Thema. Von der Massenproduktion zur Losgröße 1 und wieder zurück. Hierzu müssen nicht nur die Maschinen und Anlagen anpassbar sein. Das ganze Produktionssystem inklusive der Produktionsplanung und -steuerung, Maschinenanpassung, Logistik und darüber hinaus der Risikobetrachtung muss von klein auf groß und zurück angepasst werden. Das kostet jedoch Zeit und ist derzeit noch nicht unbegrenzt skalierbar. Ziel ist demnach eine Produktionsumstellung und Umrüstung per Knopfdruck. Werkzeuge der Digitalisierung und KI können helfen. So können Maschinen beispielsweise mittels Internet of Things (IoT – Abschn. 10.5) kommunizieren, Digitale Zwillinge (Abschn. 10.12) erlauben eine Simulation vorab. Auch diese Systeme müssen aber auf den Einsatzzweck skalierbar sein.

10.2.2 Resilienz bei autonomen Systemen

In der Psychologie beschreibt Resilienz (lat. resilire: zurückspringen bzw. abprallen) die Fähigkeit des Menschen, mit kritischen Situationen umzugehen und sie ohne bleibende Schäden zu überstehen.

- *In der Technik bedeutet* *Resilienz* *eine* *Widerstandsfähigkeit* *gegen Störungen jeglicher Art sowie* *Ausfallsicherheit* *eines komplexen Gesamtsystems, insbesondere auch bei Teilausfall von Untersystemen.*

Darüber hinaus beinhaltet die Resilienz in der Technik, dass ein System schnell in einen (Normal-)Zustand wie vor diesen kritischen Situationen zurückkehren kann. Resilienz wird häufig in Zusammenhang mit Robustheit gesehen (siehe hierzu Abschn. 10.2.3).

In der Produktion kann es zu Störungen kommen. Insbesondere komplexe Systeme wie Industrie 4.0 werden leicht fragil, also zerbrechlich.

Beispiel ist hier die Just-In-Time-Produktion: Zulieferprodukte werden kurzfristig nach dem jeweiligen Bedarf geordert. Wenn ein Glied der Lieferkette ausfällt, kommt es schnell zu größeren Problemen bis hin zum Stillstand der Produktion. So geschehen nach der Havarie des Kernkraftwerks in Fukushima 2011, bei dem Automobilzulieferbetriebe in der Umgebung nicht mehr produzieren konnten, oder aktuell bei der Corona-Pandemie. Die Einflussfaktoren sind vielfältig. Wetter kann eine Rolle spielen: So waren die Flusspegel im Sommer 2019 so niedrig, dass die Schifffahrt und damit die Logistik eingeschränkt war. Politische Konflikte wie etwa Strafzölle oder dadurch verursachte Schwankungen der Rohstoffpreise haben Einfluss.

KI soll helfen Resilienz, zu schaffen, was heißt, schnell in den Normalbetrieb zurück-zukehren. Derzeit geschieht dies durch Analysen der aktuellen Situation (Trendanalysen) mit Empfehlungen für eine optimierte Produktionsplanung (z. B. in Szenarienmodellen). Hierdurch sollen die Handlungsoptionen transparenter gemacht und eine KI-gestützte Entscheidung ermöglicht werden.

Zur Erhöhung der Resilienz in der Produktion gibt es verschiedene Erfolgsfaktoren:

- kontinuierliche *Risikobewertung,*
- *Dezentralität* zur Verminderung von Abhängigkeiten,
- *Redundanzen* in der Produktion bzw. Lieferkette,
- *Adaptivität* der Produktion,
- *Flexibilisierung* der Fertigungstiefe,
- *Diversifizierung* des Leistungsangebots,
- klare, *transparente Strukturen.*

Interessant an diesen Erfolgsfaktoren ist, dass sie zunächst die Effizienz mindern. Redun-danzen, Adaptivität oder Dezentralität kostet zunächst, weil nicht ausschließlich am Optimum orientiert und produziert wird. Auf der Negativliste steht z. B., dass nicht ausschließlich am effizientesten Standort produziert wird, dass nicht ausschließlich der billigste Zulieferer den Zuschlag bekommt bzw. dass Rabatt- und Liefersysteme, die auf Menge ausgelegt sind, nicht passen. Wie aber das Problem bei FFP3-Atemschutzmasken in der Corona-Krise zeigte, war es wenig klug, sich nur auf wenige Zulieferer in Fernost zu verlassen.

Wesentlich für Resilienz ist daher neben einer KI ein Management, das konsequent Unwägbarkeiten berücksichtigt, sowie hohe Transparenz und eine klare Organisation-sstruktur.

Für autonome Systeme reicht dies allerdings nicht aus und muss entsprechend erweitert werden: Die autonomen Systeme dürfen sich nicht „selbstständig" machen und müssen zu jedem Zeitpunkt einen „sicheren Zustand" aufrechterhalten. Unterschieden wird hier die Resilienz gegenüber Fehlern (eigene, fremde Fehler – Bedienungsfehler, Programm-fehler) sowie die Cyberresilienz, d. h. die Aufrechterhaltung eines sicheren Zustands bei Angriffen (siehe Abschn. 9.2).

Unterschieden werden dabei zwei Handlungsansätze:

- *Failsafe bedeutet **Versagens- bzw. Ausfallsicherheit**. Dies ist i. A. eine Fehlervermei-dungsstrategie, d. h., ein System ist so optimiert, dass es nicht ausfällt. Es gibt allerdings keine Handlungsanweisung, falls es doch zu einem Ausfall von Teilsystemen kommt.*

  Beispiel: Eine Produktionsmaschine wird weit unterhalb der maximal möglichen Volllast gefahren, um Überlastung zu vermeiden.

- *Safe-to-fail bedeutet **schadloses Versagen,** d. h., Teilsystemausfälle bzw. Programmfehler führen nicht zu einem Totalausfall des gesamten Systems. Die negativen Konsequenzen sind zumindest beherrschbar. Hier sind es zumeist konstruktive Vorkehrungen oder entsprechende Programmcodes, die bei Fehlern das Schlimmste verhindern sollen. Das Problem, insbesondere bei komplexen Systemen und Software: Fehlermöglichkeiten sollten vorab bekannt sein (z. B. durch eine FMEA).*

  Beispiele: Die Last an einem Kran wird beim Bruch von Bauteilen in der aktuellen Position gehalten und fällt nicht herunter. Ein autonom fahrendes Flurförderfahrzeug wäre so programmiert, dass es bei Problemen möglichst anhält und die Energieversorgung sichert. Umgekehrt sollte eine voll autonom fliegende Lieferdrohne unter keinen Umständen die Triebwerke abstellen oder die Last abwerfen, sondern bis zu einem geeigneten Landeplatz weiterfliegen.

Jeder kennt das Problem, dass ein Computer plötzlich einfriert oder abstürzt. Der Autor selbst hatte einmal in einem einmotorigen Flugzeug das Problem, dass die komplette elektronische Instrumentierung (Fachjargon „Glascockpit") sich im Landeanflug mit dem freundlichen Hinweis verabschiedete: Bitte warten, bis das System neu gestartet wird. Gut, dass eine mechanische Grundinstrumentierung als Redundanz vorgeschrieben ist und das Flugzeug manuell geflogen wurde. Einfach „aufhören" dürfte ein solches autonomes System nicht.

In der kommerziellen Luftfahrt hat im Normalfall der Pilot die Hoheit über das Flugzeug. Moderne Flugzeuge verfügen aber über eine Vielzahl von Assistenzsystemen. Das Flugzeug wird dann autonom vom Computer gesteuert, der Pilot ist Beobachter.

„Solange die Systeme einwandfrei funktionieren, ist das kein Problem. Doch Sensoren können falsche Daten liefern, Computersysteme Fehler machen und gefährliche Manöver einleiten. [...] Wenn die Dinge bei diesen automatisierten Flugzeugen schiefgehen, dann gehen sie richtig schief", sagt Alan Diehl, ehemaliger Luftsicherheitsermittler des National Transportation Safety Board (Koenen & Hanke, 2019).

In jedem Fall sollte aber vermieden werden, dass Systeme sich verselbstständigen. So aber Geschehen auf dem Quantas-Flug 72, der im Jahr 2009 fast autonom abstürzte: „Fest steht, dass das Flugzeug einige Zeit aus eigenen Stücken gehandelt hat.", so Julian Walsh von der australischen Behörde für die Untersuchung von Flugunfällen (Traufetter, 2009).

Im Zweifel sollte an den Menschen übergeben werden. Dieser benötigt aber Zeit, um sich in die Situation einzufinden, Zeit, die es ggf. nicht gibt: So benötigt der Passagier eines autonomen Fahrzeugs laut einer Studie der Universität Southampton zwischen 3,2 und 25,8 s, um nach Aufforderung durch das System die Kontrolle über das Fahrzeug zu übernehmen (Erikson & Stanton, 2017), also bei Tempo 60 km/h zwischen 50 und 400 m Fahrweg.

10.2.3 Robustheit (Robustness)

Robustheit ist eine mögliche Maßnahme zur Resilienz (siehe Abschn. 10.2.1), die insbesondere in der Digitalisierung und beim Einsatz von Künstlicher Intelligenz gefordert wird. Ein Prozess ist „robust", wenn er auf eine Störung angemessen reagiert. „Angemessen reagieren" kann vieles bedeuten, z. B. dass die Stördaten ignoriert werden oder dass Abweichungen in den Daten automatisiert bereinigt werden.

Die DIN SPEC 92001-2 (nur in Englisch verfügbar – [DIN SPEC 92001-2 2020]) beschäftigt sich besonders mit dem Thema der „adversarial robustness", wobei „adversarial" im Deutschen sowohl mit „widersprüchlich – konfliktär", also ein Problem der Daten bzw. Informationen, als auch mit „gegnerisch – feindlich", also ein Sicherheitsproblem, übersetzt werden kann.

- *Robustheit bezeichnet Systeme, die ihre Funktion trotz unsteter Einsatzbedingungen beibehalten, d. h., diese sind gegenüber Störungen unempfindlich.*

Speziell für KIs definiert die DIN SPEC 92001-2 verschiedene Arten von Robustheit (siehe Abb. 10.10):

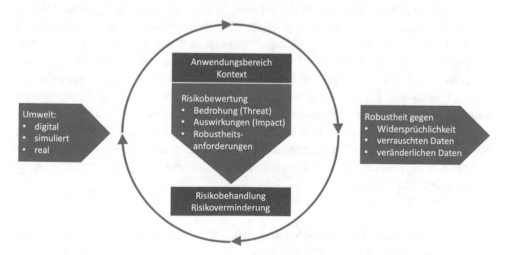

Abb. 10.10 Risikomanagement & Robustheit. (In Anlehnung an DIN SPEC 92001-2)

- *AR: Adversarial Robustness (Robustheit gegen widersprüchliche Störungen): Die Fähigkeit eines KI-Moduls, mit widersprüchlichen Situationen umzugehen.*
- *CR: Corruption Robustness (Robustheit bei verrauschten Signalen oder unbeabsichtigt veränderten Daten): Hier gibt es weitere Unterteilungen zur Feststellung von Anomalitäten, Datenveränderungen, Verschiebungen innerhalb von Vorhersagemodellen etc.*

In widersprüchlichen Situationen wird auf Redundanz gesetzt, d. h., wichtige Systeme sind mehrfach vorhanden, z. T. dreifach abgesichert. Letztlich kann aber nicht „demokratisch" zwischen den Computern abgestimmt werden. Manchmal liegen zwei Computer gleich falsch und der einsame Dritte liegt richtig. So kam es 2015 bei einem Airbus A321 vor, dass zwei der drei Sensoren, die den Winkel zum Boden messen, auf den gleichen Wert eingefroren waren. „Die Elektronik schaltete nun das eine funktionierende Messgerät ab und verließ sich auf die beiden eingefrorenen. Und da der von ihnen angezeigte Winkel größer war als der Stabilität des Flugzeugs dienlich, befahl der Computer kontinuierlich, die Nase der Maschine zu senken" (Schrader, 2015).

- *Daher gilt für die **Adversarial Robustness (AR)** bei autonomen Systemen, dass im Konfliktfall von mehreren redundanten Systemen eine zusätzliche, unabhängige Instanz, z. B. **basierend auf anderen physikalischen Gesetzmäßigkeiten oder vollkommen anderen Datenquellen,** hinzugezogen werden muss.*

Verrauschte Daten sind Daten, die von einer Reihe von Störungen überlagert sind und zunächst relevant herausgefiltert werden müssen. So kann der Mensch sich beim Zuhören auf eine Quelle konzentrieren und laute Musik, Verkehrsgeräusche etc. ausblenden. Schon bei der Nutzung von Hörgeräten geht diese Fähigkeit z. T. verloren. Bei der technischen Sprachverarbeitung, z. B. NLP, stellt dies eine Herausforderung dar. Aber nicht nur dort:
Autonome Systeme, beispielsweise in der Produktion, müssen in der Lage sein, relevante Signale von anderen Signalen zu unterscheiden. Dies kann bei Sensorsignalen beispielsweise durch eine Vorverarbeitung (Preprocessing) erfolgen, die verrauschte Signale glättet, ausblendet oder durch Interpolation fehlende Messpunkte einfügt. Da die Vorverarbeitung in vielen Fällen zeitkritisch ist und die zu übertragenden Datenmengen reduziert, erfolgt dieser Schritt oft noch direkt auf dem Embedded Controller oder der Echtzeit-SPS (Wallner, 2020).
Zur Bereinigung von verrauschten Daten gibt es verschiedene Möglichkeiten:

- Wenn Daten fehlen, muss entschieden werden, ob diese sinnvoll (nach einem Algorithmus, z. B. durch Interpolation) automatisiert ergänzt oder ignoriert werden können.
- Wenn fehlende Daten nicht sinnvoll bzw. sicherheitstechnisch akzeptabel ergänzt werden können, muss entschieden werden, ob ein Vorgang unverändert bzw. verändert

weitergeführt werden kann oder („safe-to-fail") abgebrochen werden muss (z. B. mittels Risikoanalyse oder Szenarienmodellen).

- Wenn Daten aus dem erwarteten Bereich ausscheren (unerwartete Daten), muss geklärt werden, ob diese ignoriert werden können (z. B. mittels statistischen Ausreißertests).
- Wenn unsicher ist, ob die Daten zu den relevanten Daten gehören oder Stördaten sind, müssen geeignete Filter entwickelt und eingesetzt werden.

Ein bislang in der Produktion wenig beachteter Faktor ist die zeitliche Synchronität von Daten und die Robustheit gegenüber Abweichungen in *verteilten Systemen.*

So spielen beim computerisierten Börsenhandel bereits die Entfernung zum Handelscomputer und die Laufzeit der Börsenkurse sowie die Kauf- bzw. Verkaufssignale mit Lichtgeschwindigkeit eine Rolle (Buchanan, 2015). Auch beim autonomen Fahren unter Verwendung des 5G-Netzes reicht die Lichtgeschwindigkeit zur Signalverarbeitung z. T. nicht aus (siehe Abschn. 13.5).

Blickt man auf die Chancen der Industrie 4.0, insbesondere mit IIoT, so werden hier robuste Konzepte wichtig werden. „Zentrale Frage bei KI-Projekten wird stets sein: Wer ist der Owner des KI Algorithmus im laufenden Betrieb, um im Fehlerfall eingreifen zu können?

Ist dies unzureichend definiert, ist ein Einsatz unmöglich, da das System im Fehlerfall kippt, weil niemand die Skills hat, den KI-Algorithmus zu reparieren" (Nguyen, 2019).

10.2.4   Plausibilität

Plausibilität ist im Bereich der Wertschöpfung besonders wichtig, weil im Gegensatz zu anderen Anforderungen leichter zu überprüfen. Während beim autonomen Fahren auch mit einem chaotischen Umfeld gerechnet werden muss, der Einsatz von KI im Marketing vielleicht mehr kreativ sein soll, liegt in der Produktion ein mehr strukturierter, eher geordneter Bereich vor.

Da Plausibilität nicht die vollständige Richtigkeit überprüft, sondern nur eine überschlagsmäßige Machbarkeit und Sinnhaftigkeit, ist sie bei zeitkritischen Prozessen schneller und benötigt weniger Ressourcen (Rechnerleistung, Speicher, Netzwerk).

- *Die **Plausibilität** beurteilt, ob ein Prozess grundsätzlich nachvollziehbar ist, nicht aber seine Richtigkeit.*

Dies beinhaltet das Vorhandensein notwendiger materieller Bestände sowie die erforderlichen Informationen unter Berücksichtigung der zeitlichen Reihenfolge von Ereignissen. Darüber hinaus wird überprüft, ob die verfügbaren Daten ausreichend für den Prozess sind und das Ergebnis im erwarteten Rahmen liegt.

Beispiel Auftragsmanagement: Sind die Auftragsangaben vollständig? Passt Schraube A zu Mutter B? Stimmt die Priorisierung mit der möglichen Maschinenbelegung überein? Ob alles plausibel ist, lässt sich einfach kontrollieren und schützt vor unangenehmen Überraschungen, etwa wenn bei der Montage Schrauben und Muttern nicht zusammenpassen.

Aber auch beim automatisierten Erfassen von Kundenaufträgen, z. B. mittels OCR (Optical Character Recognition), die unstrukturiert per Brief, E-Mail, WhatsApp etc. hereinkommen, kann die Plausibilität geprüft werden. Sind alle notwendigen Daten eingelesen? Sind Protokolle, die irgendwo in der Cloud abgelegt sind, berücksichtigt? Gibt es veränderte Normen und Richtlinien, die ggf. mit dem Kunden vorab diskutiert werden müssen? Zusätzlich kann das System auch Hinweise geben, z. B. den richtigen Schraubenschlüssel, der standardmäßig nicht mit verschifft wird.

Plausibilität gilt dabei als nachgeordnete zweite Überprüfung. Die KI plant und überprüft sich dynamisch selbst anhand der Plausibilitätsprüfung. Das Ergebnis kann darüber hinaus als Eingabe für ein automatisiertes kontinuierliches Lernen genutzt werden.

10.3   Smart Factory, Smart Manufacturing & Production Level 4

Die „Smart Factory" steht im Mittelpunkt von Industrie 4.0. Gemeint ist hier eine intelligente Produktionsumgebung, die sich selbst, ohne menschlichen Eingriff, organisiert, sich also autonom um effizientere Abläufe in Produktion, Logistik und Lieferkette kümmert. Parallel dazu soll die gesamte Wertschöpfungskette flexibilisiert und individualisiert werden.

Ein aktuelles Beispiel ist hier die Factory 56 von Mercedes-Benz. Kern dabei ist ein einheitliches digitales Ökosystem sowie die Unterstützung mit Daten der weltweiten Fahrzeugproduktion in Echtzeit. Notwendig hierfür sind neben Kommunikationstechniken wie 5G auch Industrie-4.0-Anwendungen von Smart Devices bis zu Big-Data-Algorithmen. „Maschinen und Anlagen sind in der gesamten Halle miteinander vernetzt, der größte Teil davon ist bereits Internet-of-Things(IoT)-fähig. Die 360-Grad-Vernetzung erstreckt sich jedoch nicht nur in der Factory 56 selbst, sondern auch über die Fabrikhallen hinaus über die gesamte Wertschöpfungskette" (Daimler, 2020).

- *Smart Factory bedeutet im Kern die intelligente Abstimmung der Wertschöpfungskette in Echtzeit durch Vernetzung und automatisierte Kommunikation innerhalb von Produktionsnetzwerken mit dem Ziel der Optimierung und Effizienzsteigerung.*

Das BMWi erklärt dies als „Fabrik der Industrie 4.0" so (BMWi, 2020):

- *Fabrik der Industrie 4.0: „Maschinen koordinieren selbstständig Fertigungsprozesse, Service-Roboter kooperieren in der Montage auf intelligente Weise mit Menschen,*

fahrerlose Transportfahrzeuge erledigen eigenständig Logistikaufträge, […] Zur gegen-
seitigen Vernetzung werden die einst passiven Bestandteile der Produktion wie
Werkzeuge, Maschinen oder Transportmittel mit digitalen ‚Augen und Ohren' (Sensoren)
und ‚Händen und Füßen' (Aktoren) ausgerüstet und über IT-Systeme zentral gesteuert. "

Neben Daimler arbeiten auch andere Automobilkonzerne erfolgreich am Konzept der
Smart Factory und Industrie 4.0. Bei Porsche ist es die Porsche Produktion 4.0 (siehe
Abb. 10.11) als „eine natürliche Evolution des bestehenden Porsche-Produktionssystems –
eine ständige Verbesserung mithilfe neuer Technologien und Methoden" (Porsche, 2020).

Wichtig dabei ist, dass sowohl bei Porsche als auch bei Daimler der Mensch im Mittelpunkt bleibt. Genau so äußerte sich das mittelständische Unternehmen Kößler: Der
Mensch bleibe zentral und unersetzbar in der digitalisierten Produktion.

Da es vorzugsweise um die Steuerung der Produktion geht, trifft die häufig verwendete deutsche Übersetzung als „Intelligente Fabrik" weniger zu, richtiger ist „Intelligente
Produktion". Im Englischen steht „plant" für Fabrik als Gebäudekomplex und „factory"
für Fabrik als Produktionsstätte – Intelligente (Fabrik-)Gebäude sind „Smart Buildings"
(Facility Management, Smart Building Management). Die Übersetzungsmöglichkeiten
werden aber synonym benutzt. Alternativ, ebenfalls weitgehend synonym benutzt, sind
Begriffe wie **Smart Manufacturing** oder **Smart Industry**, die eine Bezeichnung graduell
mehr auf der Produktionsseite, die andere graduell mehr auf der Seite des Unternehmens
als Ganzes.

Abb. 10.11 Industrie 4.0 – Fertigung bei Porsche. (Quelle: Porsche)

Abb. 10.12 Smart … Digitalisierung verändert Unternehmen aller Branchen tief greifend. (Quelle: FIR e. V. an der RWTH Aachen, 2015)

Smart bedeutet hier zunächst einmal „intelligent" bzw. „klug". Im Zusammenhang mit Industrie 4.0 können zunächst physische, also reale Dinge smart sein, z. B. die *Smart Factory* (als Produktion), aber auch die Produkte selbst als *Smart Products*, die dann, z. B. über das Internet der Dinge (IoT), mit der Smart Factory kommunizieren. Dazu gehören aber auch virtuelle Vorgänge wie die *Smart Operations* (vernetzte Produktion) und auf der Produktseite die *Smart Services* (Vernetzung von Produkt und Hersteller) (FIR e. V. an der RWTH Aachen, 2015). Das alles gehört zusammen, siehe Abb. 10.12.

Dabei kommen sowohl Technologien der Automatisierung und Digitalisierung zum Tragen. Das ist nicht wirklich neu, vgl. „Geisterschicht" oder das „Computer Integrated Manufacturing" (CIM – siehe Abschn. 2.1). Den Begriff „Geisterschicht" stammt bereits aus den 1980er-Jahren und bezeichnet eine Produktionsschicht, die ohne Menschen abläuft – zumeist die Nachtschicht. So wird Vorstandsmitglied Hannes W. Politsch von der Münchner Werkzeugmaschinenfirma Friedrich Deckel AG 1981 in der ZEIT zitiert: Das „Ziel der Geisterschicht ist gewiss nicht, vorrangig neue Arbeitsplätze zu schaffen, sondern die Verbesserung der Wettbewerbsfähigkeit […]" (Bößenecker, 1981).

Hinzu kommt Künstliche Intelligenz mit Maschinellem Lernen und Entscheiden (das ist wirklich neu). Wichtige Instrumente der Smart Factory sind:

- eingebettete Systeme (Embedded Systems) – siehe Abschn. 10.8,
- cyberphysische Systeme – siehe Abschn. 10.9,
- Ubiquitous Computing – siehe Abschn. 10.11,
- Big-Data-Technologien,
- Cloud Computing,

- drahtlose Kommunikation (RFID, NFC),
- durchgängiger bidirektionaler Datenaustausch.

Smart Factory ähnelt dem Industrial Internet of Things, das IIoT gilt aber als deutlich komplexer. In diesem Zusammenhang wird häufig die Produktion Level 4 (Production Level 4) erwähnt. Dabei handelt es sich um eine Bezeichnung, generiert unter Leitung der SmartFactory[KL], die den Level 4 als Weiterentwicklung innerhalb der Ära von Industrie 4.0 sieht. Der Begriff selbst lehnt sich an die Autonomiestufen beim autonomen Fahren an (siehe Abschn. 3.7):

- *Der Begriff* **Production Level 4** *beschreibt das aktuell mögliche bzw. erstrebenswerte Level an autonomer Produktion. Der Mensch ist hierbei Entscheider und Verant-wortlicher im Mittelpunkt der Produktion.* (*In Anlehnung an:* SmartFactory[KL], 2020)

Das Level 4 sei dabei bewusst gewählt, so SmartFactory[KL], da Level 5, die höchste Stufe der Level des autonomen Fahrens, den Menschen bereits ausschließt. Während Industrie 4.0 den groben Rahmen für Digitalisierung und die Vernetzung von Maschinen ebnet, integrierte *Production Level 4* Autonomie, Mensch und IT als autonome Elemente. Diese kommunizieren miteinander und ermöglichen innerhalb der Produktion maximale Agilität für Produkte der Losgröße 1. Beispiele für Smart Factory in der Automobilindustrie zeigt Abb. 10.13.

Gerade Mittelständler tun sich häufig schwer damit, alle Komponenten entlang der Wertschöpfungskette, zum Kunden hin und vom Nutzer zurück, zu vernetzen. Zu unterschiedlich sind die Maschinen, Komponenten, Cloudsysteme und Endgeräte. Derzeit ist es sehr aufwendig, Daten und Systeme geeignet zu integrieren. Und die Erfahrung zeigt: Ist einmal ein Verknüpfungsprojekt fertig, so gibt es schnell Änderungen, der ehemalige Projektleiter ist aber nicht mehr greifbar. Auch werden, insbesondere bei den sog. Hidden Champions, den sehr spezialisierten Unternehmen, sehr hohe Anforderungen an die Datensicherheit von Produktionsdaten und Know-how-tragenden Anwendungen gestellt (siehe auch Collaborative Condition Monitoring (CCM, Abschn. 11.4). Zur Sicherstellung können Daten hierzu auf drei verschiedenen Netzwerkebenen zentral bzw. dezentral bearbeitet werden (nach Festo, 2019 bzw. BMWi, 2020):

- KI on Edge: Verarbeitung direkt auf der Feldkomponente,
- KI on Premises: Verarbeitung in der Anlagensteuerung oder auf Werksebene.

Bis hier behält der Anlagenbetreiber die volle Daten-Souveränität über seine (Maschinen-) Daten.

- KI in Cloud: Hier biete z. B. das EU-Projekt GAIA-X eine europäische Perspektive.

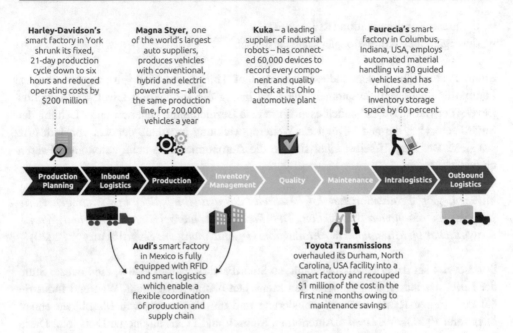

Abb. 10.13 Beispiele für Smart Factory in der Automobilindustrie. (Quelle: Capgemini, Automotive Smart Factories 2018)

Beispielsweise ermöglicht das EU-Projekt GAIA-X , Edge und Cloud Computing miteinander zu verbinden. Damit wird die Möglichkeit geschaffen, die Vorteile zentraler sowie dezentraler Datenarchitekturen zu nutzen (BMWi [GAIA-X], 2020).

10.4 Autonome Produktion

Die Smart Factory hat u. a. das Ziel einer autonom gesteuerten Produktion. Wie bereits im vorherigen Kapitel erwähnt, gab es hierzu bereits in der Vergangenheit vielfältige Ansätze. Gerade die Digitalisierung hat hier aber große Fortschritte gebracht. Der Einsatz der KI in der Produktion eröffnet zukünftig neue Möglichkeiten. Nach einer Studie von Roland Berger rückt die Vision der autonomen Produktion in greifbare Nähe, derzeit allerdings mit Einschränkungen (Langefeldt & Roland Berger, 2019):

„Zwar arbeiten einige „smarte" Fabriken schon heute relativ autonom, doch das Gros der Industrie erreicht derzeit allenfalls ein Autonomielevel von 2, in der Automobil- und Elektronikindustrie wird auch Level 3 erreicht" (Level: vgl. Abschn. 3.7 Autonomiestufen).

Zur Differenzierung (vgl. auch Abschn. 2.3 und 3.2) ein Zitat zu autonomen Systemen und Künstlicher Intelligenz (Fay & VDI, 2019): „Wir müssen zunächst zwischen hochautomatisiert und autonom klar unterscheiden […]. Anders als bei automatisierten Systemen

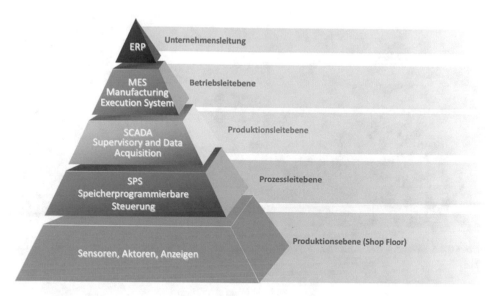

Abb. 10.14 Die Automatisierungspyramide. (In Anlehnung an Heinrich et al., 2017, S. 4)

entscheidet ein autonomes System selbständig, wann es welche Mittel einsetzt, um das Ziel zu erreichen."

In der Literatur gibt es verschiedenste Modelle, die den Aufbau und die Funktion der Automatisierungspyramide mit unterschiedlicher Anzahl an Ebenen erläutern. Das nachfolgende, in Abb. 10.14 dargestellte Modell basiert auf insgesamt fünf Ebenen (Ruderschmidt, 2019):

In der autonomen Produktion sind die bisherig hierarchisch aufgebauten Strukturen als veraltet anzusehen und werden in Zukunft durch zunehmende Dezentralität abgelöst. (siehe Abb. 10.15 in Anlehnung an VDI/VDE, 2013). Die Planung erfolgte in klassischen Pyramiden von der obersten Ebenen der Organisationshierarchie mit hohen Freiheitsgraden in der Entscheidung, aber geringer Detailliertheit, top-down in Bereiche mit mehr Detaillierung aber weniger Entscheidungskompetenz. Dezentralität bedeutet ebenfalls, dass Hierarchien an Bedeutung verlieren, möglicherweise sogar entfallen, und sämtliche erforderlichen Kompetenzen für Entscheidungen jeweils als Netzwerk neu entwickelt werden. (vgl. auch Chaostheorie, Selbstorganisation, Schwarmverhalten, Abschn. 7.8). Das Internet der Dinge (IoT bzw. IIoT) sowie cyberphysische Systeme (CPS) werden diese neuen Ordnungsstrukturen intensivieren, wobei viele Daten „onboard" (eingebettet – „embedded") verarbeitet werden (siehe entsprechende Abschn. 10.5, 10.8 und 10.9).

Die autonome Produktion wird aber nicht als Selbstzweck angestrebt, es geht um den ökonomischen Vorteil. Dies ist nicht nur eine rein technische Frage, weil der gesamte

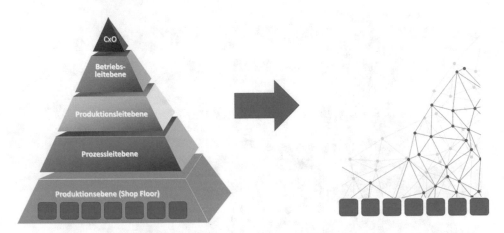

Abb. 10.15 Wandel der Automatisierungspyramide hin zu SPS. (In Anlehnung an VDI/VDE, 2013)

Wertschöpfungsprozess integriert werden muss, d. h., man muss sich, möglichst international, auf gemeinsame Standards einigen, und die Auswirkungen auf die Arbeitswelt sind zu berücksichtigen.

Weitere zu klärenden Fragen sind der Freiraum, der der Autonomie gegeben werden soll. Dabei geht es um Sicherheitsaspekte, aber auch um Nützlichkeiten bezüglich Qualität, Zeit und Ressourcen.

Diese Überlegungen führen dazu, dass auch mittelfristig eher eine „kleine" Autonomie in der Produktion angestrebt wird.

10.5   Internet der Dinge – (Industrial) Internet of Things (IoT & IIoT)

> „Das Industrial Internet of Things, der wohl größte Treiber für Produktivität und Wachstum in den nächsten zehn Jahren, wird die Neuerfindung von Sektoren beschleunigen, die fast zwei Drittel der Weltproduktion ausmachen."
>
>   Siemens & Accenture, 2020

Der Begriff „Internet of Things" (IoT) geht auf den Briten Kevin Ashton zurück. 1999 wollte der bei Procter & Gamble arbeitende Ingenieur wissen, warum ein bestimmter Lippenstift immer ausverkauft war. Er vermutete, dass mittels eines RFID-Chips dieses Rätsel zu lösen wäre. Die Idee, ohne Begrifflichkeit, geht auf das Jahr 1982 zurück: Der Informatikstudent David Nichols und seine Kommilitonen der Carnegies Mellon University ärgerten sich über einen leeren Getränkeautomaten. Dieser wurde so modifiziert, dass er, wenn leer, ein Signal an einen Zentralcomputer sendete. Nichols, inspiriert von dieser

Idee, schrieb seine Doktorarbeit über die Steuerung eines Süßigkeitenautomaten (Stuecka, 2018).

- *Das **Internet der Dinge (Internet of Things – IoT)** bezeichnet als Sammelbegriff ein System von miteinander über das Internet kommunizierender Maschinen. Dabei bekommt jedes Gerät eine eindeutige Identität (z. B. eigene IP-Adresse) und gibt Auskunft über den eigenen Zustand. Dadurch können Maschinen untereinander selbstständig Aufgaben abstimmen und steuern.*

Bei IoT steht der Konsument bzw. Endanwender im Fokus. Studien zufolge soll es bis 2025 weltweit mehr als 41 Mrd. IoT-fähige Geräte geben. Anwendungen finden sich im Smart-Home-Bereich (Steuerung intelligenter Haushaltsgeräte, Heizungssysteme, Beleuchtung, Feuermelder etc.), bei Automobilen (Fahrzeug meldet Problem oder Service an Werkstatt) oder bei digitalen Assistenten („Druckerpatrone ist bald leer, neue sind bestellt").

Darüber hinaus ist innerhalb von Industrie 4.0 eine neue Anwendungskategorie entstanden, die den Zusatz „Industrial" zu „Internet of Things" trägt: IIoT. Dieser von General Electric (GE) geprägte Begriff verweist auf die deutlich höheren Anforderungen bei industriellen Anwendungen als im Konsumentenmarkt. Eine gute Arbeitsdefinition liefert QSC AG Blog (2019):

- *Das **Industrial Internet of Things (IIoT)** ist „die Vernetzung komplexer Maschinen mit Sensoren, um mithilfe von Machine-to-Machine-Kommunikation (M2M) und Big-Data-Technologien Produktionsprozesse zu optimieren, Geräte zu überwachen und neue Geschäftsmodelle zu generieren." Auch hier sind Maschinen individuell, z. B. über eigene IP-Adressen, zu identifizieren.*

Leider sind diese Bezeichnungen (IoT, IIoT) in der Literatur nicht konsistent. So existieren in Veröffentlichungen über Industrie 4.0 beide Bezeichnungen, IoT und IIoT, nebeneinander, auch weil technologisch nur graduelle Unterschiede bestehen. IIoT arbeitet mit mehr Daten, präziseren Sensoren und genaueren Standorten. IoT-Geräte sind eher für einen Massenmarkt bestimmt, daher in der Regel einfacher und kostengünstiger. Man könnte es so auf den Punkt bringen: Smart Factory ist IIoT (Industrial Internet of Things), Smart Home ist IoT (Internet of Things).

Das Thema ist auch und besonders im Mittelstand angekommen. So sieht eine Trendstudie im Auftrag der Deutschen Telekom, die wohl wegen der Datennetze und Konnektivität Interesse am Thema hat, dass 94 % aller befragten Mittelständler das Thema IoT für sehr relevant halten, 84 % haben bereits IoT-Anwendungen im Einsatz und 29 % haben eine Anwendung in der Einführungsphase (PAC Deutschland & Vogt, 2019).

Die Anwendungen des IIoT liegen in der Überwachung und Steuerung von Produktionsprozessen, dem Qualitätsmanagement und der Logistik. Die flexible Produktion kann automatisiert Bestellvorgänge auslösen, Kapazitäten reservieren und Qualitätsdaten mit dem Kunden absprechen.

Hierdurch entsteht eine große Transparenz über die gesamte Liefer- und Wertschöpfungskette hinweg. Einzelne Objekte, seien es einzelne Produkte, Kisten, Container, können über GPS lokalisiert werden. Aktuelle Verfügbarkeiten, aber auch Lieferverzüge oder Qualitätsstreuungen können in Echtzeit automatisiert berücksichtigt werden.

Weiter hilft IIoT bei der vorausschauenden Instandhaltung (Predictive Maintenance – siehe Abschn. 11.3). Maschinen können während der Anwendung Wartungsbedarf an den Hersteller melden und so auch die Produktion von Ersatzteilen initiieren.

Für IoT-Dienstleistungen gibt es mehrere Anbieter, u. a. hat Siemens ein offenes cloudbasiertes IoT-Betriebssystem namens MindSphere. Weitere Anbieter (Auswahl) sind die SAP Cloud Plattform for Internet of Things, IBM IoT oder Googles Cloud IoT Core.

Eine weitere interessante Anwendung von IoT ist die automatisierte Rückmeldung aus dem Feld, also während der Nutzung eines Produktes. Hieraus können automatisiert Informationen zu Wartung, Ersatzteillogistik, aber auch Fehlern gewonnen und über einen direkten Zugriff auf den Produktionsprozess verarbeitet werden. So werden optimierte Durchlaufzeiten auch bei Auftragsänderung direkt an die Produktionsmaschine ermöglicht. Auf der gesamten Wertschöpfungskette entstehen ein Mehrwert und eine verbesserte Kundenbindung. Dies geht auch mittels intelligenter Agenten, einer agentenbasierte Rückmeldung.

Ein Anwendungsgebiet von IoT ist die Luftfahrt: Beispielsweise erfasst der britische Turbinenbauer Rolls-Royce in Zusammenarbeit mit dem indischen Tata-Konzern seine Sensordaten über eine IoT-Plattform und stellt so sicher, dass seine Triebwerke optimal laufen (Hill, 2017).

Wichtige Erfolgsfaktoren, wenngleich auch Herausforderungen bei IoT und häufig unterschätzt sind die *Konnektivität (Connectivity)* und Interoperabilität. Basis dafür sind verschiedenste Funktechnologien. Besonders in der drahtlosen Kommunikation sind deutliche Technologiesprünge zu verzeichnen. Unterschieden wird zwischen Funksystemen mit kurzer bzw. hoher *Reichweite,* bezüglich der *Gebäudedurchdringung*sfähigkeit sowie dem *Energiebedarf.* Für autonome System ist die *Flächenabdeckung,* im Gebäude oder als Netzabdeckung im Gelände, ebenfalls wichtig.

Während die Machine-to-Machine-Kommunikation (M2M, siehe Abschn. 8.1) beim IIoT noch häufig über das 2G-Netz (fern) sowie über normales Bluetooth bzw. WLAN (nah) funktioniert, wird das 5G-Netz wesentlich schnellere Datenübertragung zulassen, was z. B. für autonome System wichtig ist. Funkstandards NarrowBand IoT (NB IoT), LTE-M oder Bluetooth-Low-Energy (LE9) werden für Anwendungen im Internet of Things optimiert. Sie nutzen bestehende Geräte oder Mobilfunknetzwerke, sind aber bezüglich des Energieverbrauchs optimiert. In ersten Anwendungen sind sogenannten Low-Power-Wide-Area-Netzwerke (LPWA oder LPWAN). Diese entwickeln sich rapide weiter. Auch eingebettet Systeme wie die eSIM, ein fest im Gerät integrierter Chip, der per Funksignal auf verschiedene Mobilfunkanbieter eingestellt werden kann, wird vieles verkleinern und bezüglich der Energieversorgung effizienter machen (siehe auch Abschn. 10.8).

10.6 Maschine als Service – Machine as a Service (MaaS)

„IoT wird für die Industrie der Zukunft eine zentrale Rolle spielen, davon bin ich überzeugt. Die Technologie wird helfen, Wertschöpfungsketten besser zu managen und zu optimieren. Nehmen wir den Maschinenbau: Die Branche steht in der Corona-Krise vor großen Herausforderungen, was den Absatz ihrer Produkte angeht, weil viele Kunden mit Investitionen zögern oder keine Finanzierung bekommen. Da sind gerade jetzt neue Modelle gefragt wie beispielsweise „pay-per-use". Der Kunde zahlt nur das, was er wirklich nutzt."

Carsten Maschmeyer (Höhle der Löwen – Gründer Show; Maschmeyer, 2020).

Im Kontext der Smart Factory und Internet of Things wird häufig auch das Konzept der Maschine *als Service* genannt. Dabei gibt es zwei Typen:

- *Machine as a Service (MaaS) – Typ 1: Maschinen werden kostenlos oder zu geringen Kosten vom Hersteller bereitgestellt. Der Nutzer zahlt pro auf dieser Maschine hergestelltem Artikel.*
- *Machine as a Service (MaaS) – Typ 2: Ein Kunde kauft eine Maschine und seine Kunden könnten diese Maschine dann, z. B. abonnementbasiert, kostenpflichtig als Dienstleistung in ihren Montagelinien einsetzen.*

Typ 1 ist derzeit die gängige Anwendung. Die Einbindung in das Konzept der Smart Factory und des IIoT erleichtert die Anbindung zwischen Hersteller, Kunden und Nutzern, indem die von den Maschinen generierten Produkt- und Betriebsdaten in die entsprechenden Prozesse intern und extern integriert werden. Wie auch bei Leasingmodellen üblich, verringern sich die Investitionskosten, die Flexibilität wird erhöht und es können auch temporäre Fertigungsaufträge angenommen werden. Die Wartung ist, z. B. durch Predictive Maintenance, besser planbar und kostengünstiger, muss aber i. A. vertraglich abgesichert vom Hersteller selbst durchgeführt werden statt von einem ggf. günstigeren freien Dienstleister. Bereits eingesetzt wird MaaS, z. B. in der Medizintechnik, aber auch z. B. bei Flugzeugtriebwerken.

10.7 Fertigungsmanagementsysteme (Manufacturing Execution Systems – MES)

Als wichtiger Baustein innerhalb einer smarten Produktion wird das *Manufacturing Execution Systems (MES)* angesehen.

Einfach definiert ist ein MES:

- *Ein **Manufacturing Execution Systems (MES)** erstellt ein digitales Abbild der Produktion und erfasst umfangreiche Daten aus verschiedenen Bereichen. So ermöglicht MES die Überwachung der Produktionsprozesse in Echtzeit.*

Die Richtlinie VDMA 66412-40 legt fest, wie MES in ein Industrie-4.0-Konzept als integrierte Datenbasis eingebunden werden kann. Daher spezifiziert diese Richtlinie unter Bezug auf die VDMA 66412 Teil 1 genauer:

- *„Ein **Manufacturing Execution System (MES)** ist ein prozessnah operierendes Fertigungsmanagementsystem oder Betriebsleitsystem. Es zeichnet sich gegenüber ähnlich wirksamen Systemen zur Produktionsplanung wie dem ERP (Enterprise Ressource Planning) durch die direkte Anbindung an die Automatisierung aus und ermöglicht die zeitnahe Kontrolle und Steuerung der Produktion. Dazu gehören klassische Datenerfassungen und Aufbereitungen wie Betriebsdatenerfassung (BDE), Maschinendatenerfassung (MDE), Qualitätsdatenerfassung (CAQ), logistische Datenerfassung (Traceability), Maßnahmenmanagement zur Unterstützung des kontinuierlichen Verbesserungsprozesses (KVP) und Personalzeiterfassung (PZE), aber auch alle anderen Prozesse, die eine zeitnahe Auswirkung auf den Fertigungs-/Produktionsprozess haben."*

MES-Fertigungsmanagementsysteme sind in der VDI-Richtlinie 5600 beschrieben. Diese besagt (VDI, 2016): „Manufacturing Execution Systems (MES) [...] bieten eine sinnvolle funktionale Ergänzung, um alle Fertigungsprozesse zeitnah zu planen und zu steuern, die Prozesstransparenz zu gewährleisten und den Material- und Informationsfluss innerhalb der Supply Chain aktuell abzubilden. Darüber hinaus ergeben sich Möglichkeiten zur Unterstützung des kontinuierlichen Verbesserungsprozesses (KVP)."

Der Vorteil eines MES ist, dass statt einer vergangenheitsbezogenen Auswertung die Analyse in Echtzeit (Condition Monitoring) erfolgt. Dabei werden verschiedene, bereits existierende Ansätze, z. B. CAQ (rechnerunterstützte Qualitätssicherung), MDE (Maschinendatenerfassung) sowie BDE (Betriebsdatenerfassung) unter einem Dach vereinheitlicht und zusammengefasst (Kirsch, 2019). Die Einbindung eines MES-Systems in den Wertschöpfungsprozess zeigt Abb. 10.16 .

Weiter relevant ist die ISO 22400-2 (Automatisierungssysteme und Integration – Leistungskennzahlen [KPI] für das Fertigungsmanagement; ISO, 2014). Diese wird benötigt, um die Kennzahlen für MES zu standardisieren, und beschreibt unter anderem die enge Verknüpfung produktionsrelevanter Kennzahlen sowie die daraus resultierenden Key Performance Indikatoren (KPIs). KPIs können dann, beispielsweise per App, dezentral und flexibel abgerufen werden (siehe Abb. 10.17).

Um dies besser und bezüglich der Anforderungen an den Datenfluss effizienter zu gestalten, werden neuartige Sensoren benötigt, die in Systemen „eingebettet" sind.

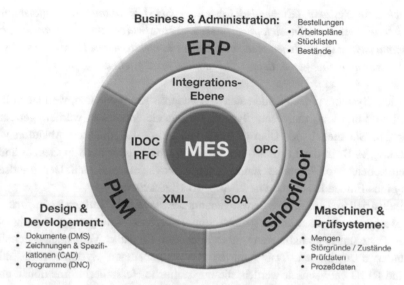

Abb. 10.16 MES-System. (Quelle: Carl Zeiss MES Solutions GmbH – Guardus)

Abb. 10.17 Produktionsüberwachung per App. (Quelle: Carl Zeiss MES Solutions GmbH – Guardus)

10.8 Eingebettete Systeme (Embedded Systems)

Innerhalb vieler KI-Systeme werden sog. eingebettete Systeme (Embedded System) verwendet. Diese Begriffe sollen hier erläutert werden:

- *Eingebettete Systeme (Embedded System – EBS)* *sind integrale, informationsverarbeitende Systeme, die sich aus Energie-, Hardware- und Softwarekomponenten zusammensetzen und in denen Mechanik, Sensorik, elektronische Hardware und Software als Wirkverbund eine genau definierte Funktion ermöglichen.*

Eingebettete Systeme unterscheiden sich von anderen Komponenten, weil sie vollständig integriert sind und i. A. nicht vom System, für das sie entwickelt wurden, getrennt werden können. Sie dienen der Überwachung von speziell definierten Abläufen während der Nutzung, z. B. in der Luftfahrt, der Medizintechnik, aber auch in Gegenständen des täglichen Lebens wie Waschmaschinen, Unterhaltungselektronik u. ä. Der grundsätzliche Aufbau eines Embedded System ist in Abb. 10.18 skizziert.

Im industriellen Einsatz werden sogenannte *Embedded Industrieplattformsysteme* immer wichtiger. Diese werden genutzt, um komplexe Bewegungssteuerungen innerhalb der Fertigungsautomatisierung, aber auch der Logistik, Verpackungstechnik u. ä. miteinander abzustimmen. Dabei dürfen die eingebetteten Systeme nicht mit Barcodes und RFID verwechselt werden, die nur statische Herstellerinformationen auflisten.

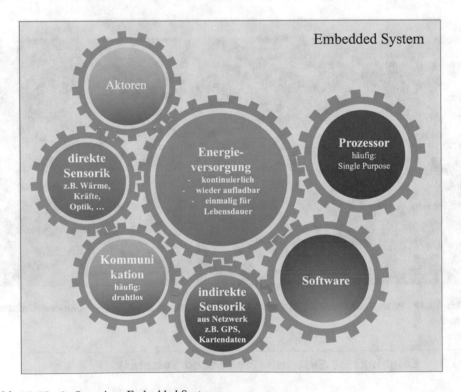

Abb. 10.18 Aufbau eines Embedded Systems

Embedded Systems sind kleine Computer mit integrierter Sensorik, die dynamisch den aktuellen Zustand eines Bauteils melden.

Besonders günstig sind die EBS, weil wegen des MRE-Konzeptes (siehe unten) Entwicklungskosten nur einmal anfallen und die Stückkosten (Unit Cost) häufig ohne die NRE-Entwicklungskosten kalkuliert werden.

- **Non-Recuring Engineering Cost (NRE):** *Einmalige Entwicklungskosten für einbettete Systeme, d. h., nach Abschluss der Entwicklung können beliebige Stückzahlen produziert werden, ohne dass es zu weiteren Entwicklungskosten kommt.*

Darüber hinaus werden häufig für einen speziellen Zweck konstruierte Prozessoren, sog. **Single Purpose Processors,** eingesetzt. Diese haben den Vorteil des geringeren Bauraums, der besseren Leistung für die spezifizierte Anwendung sowie des geringeren Energiebedarfs. Zusammen mit NRE macht dies eine nachträgliche Modifikation schwierig und vermindert die Maintainability:

- **Maintainability:** *Möglichkeit, das Embedded System nach dem ersten Release zu modifizieren.*

Alle diese Aufgaben, sei es industrielle oder im Consumerbereich, werden i. A. im Verborgenen ausgeführt. Ziel ist es, sie möglichst klein und bezüglich des Energiebedarfs sparsam zu konzipieren. Manche „deeply embedded Systems" (tief eingebettete Systeme) sind nicht an eine zentrale Energie- bzw. Datenversorgung angeschlossen, müssen also drahtlos kommunizieren und die i. A. nicht wiederaufladbare oder austauschbare Energieversorgung sollte möglichst Jahre halten. Dies erfolgt u. a. durch spezielle Softwarelösungen (vgl. dazu auch Sieber, 2016).

Eingebettete Systeme gelten als sehr robust und wartungsarm bzw. -frei. Sie erfordern aber plausible Sensordaten. Da häufig eine Updatemöglichkeit wegen NRE fehlt, kann dies u. U. zu Problemen führen, die schwierig abgestellt werden können. Dies ist auch eine Herausforderung im Qualitätsmanagement, der u. a. mit In-the-Loop-Simulationen begegnet wird (siehe Abschn. 12.8).

Zwei Beispiele

Die zwei Abstürze der Boeing 737 MAX 2018 und 2019 mit 346 Todesopfern werden mit Embedded Systems in Zusammenhang gebracht (Jacob's Blog, 2019; Yoshida, 2019). Eine in der Presse häufig als „Softwareproblem" bezeichnete Tatsache sollte sich doch zügig abstellen lassen, was aber nach über einem Jahr und Milliardenverlusten bei Boeing noch nicht geschehen ist. Dies spricht für eine sehr tiefe Einbettung des fehlerhaften Systems.

Die EU fordert, dass alle Neufahrzeuge mit einem fest eingebauten, auf dem 112-Notruf basierenden bordeigenen eCall-System ausgerüstet sein müssen (EU, 2015). Hierfür wird in der Regel eine „embedded SIM-Karte" eingesetzt. Beim neuen Golf VIII scheint es hierbei ein Problem zu geben, was zu Produktionsstop und Rückrufaktion führt (HNA, 2020; tagesschau.de, 2020).

10.9 Cyberphysische Systeme (CPS und CPPS)

Cyberphysikalische Systeme (CPS) sind Teil der Umsetzung von Industrie 4.0 in der Produktion und bilden die Grundlage für das Internet of Things (IoT). Jedoch gibt es für CPS, wie häufig bei der Digitalisierung und KI, verschiedene Definitionen. Allen ist ähnlich, dass CPS auf drei Komponenten basiert: eine (elektro-)mechanische Komponente, die Software sowie Informationstechnologie, die dezentral agiert. Anwendungsbezogen geeignet sind die folgenden Arbeitsdefinitionen:

- *„**Cyber-Physical Systems** sind hoch vernetzte eingebettete Systeme (Embedded Systems), die über Sensoren die Umwelt erfassen und Aktionen auslösen können"* (Hansen & Thiel, 2012).
- *„Bei **Cyber-Physical Systems** handelt es sich um verteilte, miteinander vernetzte und in Echtzeit kommunizierende, eingebettete Systeme, welche mittels Sensoren die Prozesse der realen, physischen Welt überwachen und durch Aktuatoren steuernd bzw. regulierend auf diese einwirken. Sie zeichnen sich zudem häufig durch eine hohe Adaptabilität und die Fähigkeit zur Bewältigung komplexer Datenstrukturen aus"* (Fraunhofer IIS und Pflaum, 2016).

Dabei bedienen sich CPS-Systeme verschiedener Technologien (siehe Abb. 10.19):

- Sensorik (zur Wahrnehmung der Umwelt),
- Aktoren (zum Agieren in der realen, physischen Umwelt),

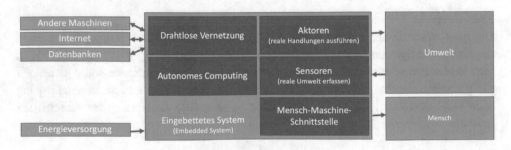

Abb. 10.19 Aufbau eines cyberphysischen Systems (CPS)

- Datenbanken & Echtzeit-Datenverarbeitung,
- Software für autonomes Computing (zum autonomen Agieren),
- drahtlose Vernetzungstechnologien (i. W. RFID, NFC, WSN, RTLS),
- Embedded Systems Technology (eingebettete Systeme),
- Mensch-Maschine-Schnittstelle.

Eingesetzt werden CPS-Systeme innerhalb der Industrie 4.0 für Logistik, Produktion, Mobilität und Energie sowic bei Smart-Grid-Anwendungen.

Insbesondere wenn solitär in der Produktion eingesetzt, spricht man von *CPPS (Cyber-Physical Production System)*. Dieses modulare Produktionskonzept auf Basis von CPS soll einfach konfigurierbar, variabel bezüglich Produktänderungen und flexibel bei Quantitätsschwankungen sein. „Die [...] Integration der Informations- und Kommunikationstechnologie (IKT) der CPS in Produktionssysteme führt zur Entstehung sogenannter Cyberphysischer Produktionssysteme (CPPS) im Sinne einer intelligenten Fabrik (Smart Factory). Ziel der CPPS ist eine durchgängige Verfahrenskette über den gesamten Produktlebenszyklus, um nachhaltig die Flexibilität und Effizienz der industriellen Produktion zu steigern" (BMWi, 2014).

10.10 System der Systeme – System of Systems (SoS)

CPS-Systeme zeigen ein Schwarmverhalten wie in der Natur, wobei sich Aggregationen (Anhäufung) von Individuen zu einem Schwarm zusammenzuschließen. Schwarmintelligenz bedeutet hierbei eine kollektive Intelligenz, die über die Möglichkeiten des Individuums hinausgehen.

Wichtig ist hierbei die sog. Emergenz *(lat. emergere:* hervorkommen, auftauchen), ein Begriff aus der Systemtheorie, der das plötzliche, selbstorganisierte Entstehen von geordneten Strukturen aus Unordnung beschreibt (vgl. Chaostheorie, Abschn. 7.8).

In der Technik gibt es für Schwarmverhalten den Begriff „System der Systeme":

- *Bei **System der Systeme** bzw. englisch **„System of Systems" (SoS)** handelt es sich um mehrere Systeme, die sich selbst durch ein übergeordnetes, komplexeres System **zweckgebunden** verknüpfen, um als Einheit eine bestimmte Aufgabe zu lösen. Wesentlich für SoS ist das **emergente Verhalten**, d. h., die Eigenschaften des Gesamtsystems bilden sich spontan erst durch das Zusammenspiel.*

Die Einordnung von SoS und CPS in intelligente Systeme zeigt Abb. 10.20.

Wichtig dabei ist das Zusammenspiel mehrerer CPS-Systeme, die *Interoperabilität.* Eine generische Interoperabilität stellt aber derzeit noch eine Herausforderung dar. Standards für die Interoperabilität befinden sich noch in der Entwicklung (generisch hat

Abb. 10.20 Vom intelligenten System über die Kooperation von Systemen zum cyberphysischen System (CPS)

mehrere Bedeutungen, hier: nicht spezifisch, austauschbar). Es gibt allerdings bereits Ansätze, z. B. in Form offener Standards, wie z. B. der Multi-Standard IOS (Interoperabilitätsspezifikation) oder OPC UA (siehe Kapitel M2M 8.1).

Grundlegend wichtig für CPS ist u. a. die Verwendung von eingebetteten Systemen als Basistechnologie, die in den Bereich des **Ubiquitous Computing** fallen.

10.11 Ubiquitous Computing

Ubiquitäres Computing (Ubiquitous Computing), kurz *UbiComp,* ist der nächste Schritt der Entwicklung. Hierbei geht es um die *Vision des allgegenwärtigen, aber unsichtbaren Computers* (siehe Abb. 10.21):

- *„Ubiquitous (allgegenwärtiges) Computing"* ist ein Post-Desktop-Modell der Mensch-Computer-Interaktion, bei der digitale Informationsverarbeitung in weiten Teilen in Alltagsgegenstände und Alltagspraxen integriert ist"* (Pipek, 2014).
- *„Ubiquitäre Systeme"* bezeichnet keine konkrete Technologie, sondern eine informatische Vision allgegenwärtiger Datenverarbeitung und Nutzung informatischer Systeme, bei der es weder nennenswerte Bedienungsanforderungen noch Hardwarebelastungen für den Nutzer gibt. Ubiquitäre Systeme agieren quasi unsichtbar im Hintergrund unseres Handlungsfeldes"* Wiegerling, 2013).

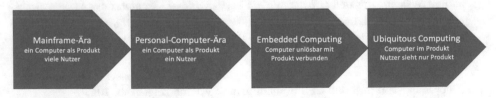

Abb. 10.21 Entwicklungsstufen vom Mainframe-Computer zu Ubiquitous Computing

Letztlich charakteristisch für die aktuell angewendete Technologie ist Dezentralisierung der Systeme, die damit einhergehende umfassende Vernetzung, die Einbettung von Hardware und Software in Geräten und Gegenständen des täglichen Gebrauchs sowie deren mobile Nutzung.

Synonym genutzt wird häufig der Begriff *Pervasive Computing.* Von der englischen Wortbedeutung her ist „pervasive" der Vorgang des Ein- bzw. Durchdringens der Technologie während „ubiquitous" den Zustand des Allgegenwärtigseins beschreibt. Dabei ist Pervasive Computing eher industriell geprägt und die unterschiedliche Benennung wohl historisch begründet:

Ubiquitous Computing wurde Anfang der 1990er-Jahre von Mark Weiser, einem Wissenschaftler des Xerox Palo Alto Research Center (PARC), als eine akademisch-idealistische Langfristvision geprägt: „The Computer for the 21st Century: Specialized elements of hardware and software, connected by wires, radio waves and infrared, will be so **ubiquitous** that no one will notice their presence" (Weiser, 1991). Angesichts des sich abweichenden Trends zur Vernetzung und Mobilkommunikation entwickelte die Industrie, allen voran IBM 1998 auf der Computermesse CeBit in Hannover, das alternative Konzept des Pervasive Computing (vgl. Friedewald, 2008).

Mit der Zeit entwickelten sich weitergehende Begriffe im Umfeld des Ubiquitous Computing wie „Ambient Intelligence" (Intelligenz der Umgebung), „Mobile Computing" (mobile Datenverarbeitung) sowie das von Nokia Research eingeführte Wortspiel „Everyware".

Ubiquitous Computing kombiniert verschiede Technologien in eine zumeist eingebettete („embedded") Umgebung: Sensoren, Aktoren, automatische Identifikationssysteme (Auto-ID, z. B. durch RFID) sowie Positionierungssysteme (z. B. GPS) wie auch drahtlose Netzwerke.

Getragen wird Ubiquitous Computing neben der *dominierenden Vernetzungstechnologie* vor allem von mehreren wesentlichen Trends:

- *Einbettung („embedded"):* Der klassische Computer verschwindet mehr und mehr. Er wird immer weiter in Alltagsgegenstände integriert, bis er vom Anwender gar nicht mehr als solcher wahrgenommen wird.
- *Mensch-Maschine-Kommunikation (MMI):* Die klassischen (Tastatur-)Eingaben werden abgelöst durch Spracherkennung, Gestensteuerung, Erkennung von Situationen (z. B. Schlafen, Sport) oder menschlicher Mimik u. v. m.
- *Interoperabilität:* Die KI besorgt sich die notwendigen Informationen selbst, z. B. über Internet of Things (IoT) oder interne bzw. externe Sensorik. Dies bedeutet, dass die Geräte untereinander kompatibel kommunizieren und agieren können. Auch hier verschwindet die Wahrnehmung des Computers als solcher.
- *Miniaturisierung* aller Bauteile, insbesondere der Sensorik sowie der drahtlosen Netzwerktechnik und der Energieversorgung.

- *Intelligente Materialien (Smart Materials):* Dieses sind „normale" Gegenstände, also beispielsweise Bekleidung oder Flugzeugtragflächen, die gleichzeitig sensorische Eigenschaften besitzen, z. B. Lokalisierung und Messung von Wärme, Feuchtigkeit, Belastungsspitzen etc.
- *Verteilte Systeme, dienstbasierte Architektur (Service-oriented Architecture, SOA) & Grid Computing:* Softwarearchitektur, die eine gemeinsame Nutzung von Rechenkapazitäten auf verschiedenen Geräten eines Netzwerks erlaubt sowie verteilte Softwarearchitektur, bei der Dienste an verschiedenen Stellen in einem Netzwerk oder im Internet verfügbar sind.
- *Webbasierte Dienste (Webservices)* mit offenen und standardisierten Protokollen zum Datenaustausch zwischen Anwendungen.

Damit ist Ubiquitous Computing in der Lage, einen Kontext wahrzunehmen *(Context Awareness)* und mit Aktivitäten zu reagieren, ohne dass es einer fallspezifischen Konfiguration bedarf.

Ubiquitous Computing durchdringt mittlerweile alle Lebensbereiche sowohl auf der Konsumentenseite, über beispielsweise eine Smart Watch oder mit SmartX-Anwendungen (z. B. Smart Home, Smart Energy etc.), als auch im industriellen Bereich, z. B. der Produktion.

Im industriellen Bereich wird Ubiquitous Computing derzeit insbesondere bei der Produktidentifikation, in der Warenwirtschaft und Logistik, in Fahrzeugkontrollsystemen sowie bei der Zugangskontrolle eingesetzt.

10.12 Digitaler Zwilling (Digital Twin)

> *„Okay, Houston, we've had a problem here."*
>
> Jack Swigert, Astronaut Apollo 13

Dieser Satz aus der Apollo-Raumkapsel im April 1970, weit weg von der Erde in Richtung Mond, hätte die Initialzündung für den Digitalen Zwilling sein können. Es begann die Rettung der Astronauten. Dabei musste ein hochkomplexes System vollkommen gegen seinen ursprünglichen konzipierten Zweck abgeändert werden. Das Mondlandemodul (LEM – Lunar Excursion Module) übernahm die Lebenserhaltung und Steuerung. Es kam zu Inkompatibilitäten, z. B. beim Anschluss eines CO_2-Filters – das LEM-System war anders als das in der Apollo-Kapsel. Keiner wusste, wie das Gesamtsystem auf die Änderungen reagiert. Der zuständige Entwicklungsingenieur für das LEM in der Hollywoodverfilmung von 1995 zog sich recht ungeschickt aus der Verantwortung mit dem Satz: „We can't make any guaranty. We designed the LEM to land on the moon." (Wir können für nichts garantieren. Das Mondlandemodul wurde entwickelt, um auf dem Mond zu landen.)

Wie einfach wäre es doch damals gewesen, hätte man einen Digitalen Zwilling gehabt, mit dem man die Auswirkungen der nun folgenden extrem komplexen Eingriffe ins System hätte vorhersehen können. Es ist dennoch gut ausgegangen, nicht nur im Film, sondern auch für den LEM-Entwicklungsingenieur.

Die zentrale Herausforderung an heutige Produktionssysteme ist die Geschwindigkeit. Produktionszeiten sollen verkürzt werden, Kosten- und Termindruck steigt. Maschinen und Anlagen sollen produzieren, während die nächsten neuen Aufgaben bereits in der Konzeption sind.

Zeit für ausführliche Experimente mit realen Produktionsmitteln oder gar „Spielwiese" für Innovationen ist kaum mehr vorhanden. Simulationssysteme sind die Lösung, diese stoßen aber aufgrund nur bedingter Echtzeitfähigkeit schnell an Grenzen.

Der Digitale Zwilling (Digital Twin) gilt als Basis für Industrie 4.0. Dabei handelt es sich um eine Virtualisierungstechnologie, die einen realen Prozess virtuell in Echtzeit abbildet.

Beim Digitalen Zwilling (Digital Twins) handelt es sich um ein deutschsprachiges Phänomen. „„Im angelsächsischen Sprachraum ist der Terminus weitgehend ungebräuchlich', bestätigt Damian Bunyan, Brite und CIO des weltweit operierenden Energiekonzerns Uniper" in einem Interview. Dies kann zu Missverständnissen führen, denn Digitale Zwillinge gehen weit über digitale Modelle der realen Produkte bzw. Prozesse hinaus. Sie reagieren mit ihrer Umwelt in Echtzeit und agieren dabei dann so, wie ein „echter" Prozess (Köhler H.-J., 2018).

In der Europäischen Datenstrategie der Europäischen Kommission werden Digital Twins wie folgt definiert (Europäische Kommission, 2020, S. 3):

- Ein **Digitaler Zwilling** *ist eine virtuelle Nachbildung eines physischen Produkts, Prozesses oder Systems.*

Ein Digitaler *Zwilling eines Produkts* kann bereits in der Definitionsphase der Produktentwicklung entstehen. Mit ihm können dann im Vorfeld diverse Tests simuliert werden, etwa zu Stabilität, Benutzerfreundlichkeit und Produktsicherheit. In der Nutzungsphase geben Sie Aufschluss über die Funktionsfähigkeit des Produkts oder können bei Problemen vorab die Ursache ermitteln. In diesem Fall kann schnell entschieden werden, was zu tun ist – Vor-Ort-Instandsetzung, Einsenden an den Hersteller etc. –, was an Ersatzteilen und Werkzeugen bereitgestellt werden muss, ggf. wo diese beschafft werden können, und wie lange es dauern wird.

Genauso wichtig wie das Produkt ist die Produktion desselben. Hier wird ein Großteil der Kosten festgelegt. Daher gibt es auch einen **Digitalen Zwilling für die Produktion.** Dieser bildet den kompletten Wertschöpfungsprozess in einer virtuellen Umgebung ab. Besonders bei Ausfällen in hochkomplexen Anlagen können Digitale Zwillinge verschieden Szenarien „ausprobieren". Lange Stillstandzeiten zur Fehlerlokalisierung, die

Gefahr, dass bei einer Veränderung hier eine ungewollte Reaktion dort entsteht, können vermindert werden.

Darüber hinaus gibt es einen sog. *Digitalen Zwilling der Performance.* Hier lassen sich neben dem Energieverbrauch auch Betriebszeiten und die vorausschauende Instandhaltung optimieren.

Diese unterschiedlichen Digitalen Zwillinge können miteinander verknüpft werden.

Im Gegensatz zu einer einfachen Simulation, die mehr oder weniger nur einmal für einen bestimmten Zweck genutzt wird, begleiten Digitale Zwillinge das reale Vorbild über den gesamten Lebenszyklus. Dadurch lernen die Digitalen Zwillinge und leisten einen Beitrag zur Optimierung. Die Stärke liegt nämlich darin, dass der digitale Zwilling hochkomplexe Systeme in Echtzeit abbilden kann. So entsteht eine hohe Transparenz über die gesamte Wertschöpfungskette vom Zulieferer bis zum Kunden und darüber hinaus während der Produktnutzung.

Der Digitale Zwilling arbeitet optimal in Verbindung mit dem Internet of Things. Reale Nutzungsdaten in Echtzeit mittels IoT bzw. IIoT ergänzen und verbessern die virtuellen Modelle. So können Leistungserwartungen mit den Performancevoraussagen abgeglichen werden.

10.13 Digital Thread

Der Partner des Digitalen Zwillings ist der Digital Thread. Der Digitale Zwilling stellt das „Jetzt" seines realen Zwillings dar. Der Digital Thread ist demgegenüber eine Aufzeichnung der vergangenen Daten und ihrer zeitlichen Entwicklung. Er kann also sagen, „warum" etwas so gekommen ist, insbesondere bei KI-Systemen die „Absicht" transparent machen.

Dabei greift der Digital Thread auf alle vorhandenen Daten eines Systems zurück, auch die verstreut abgelegten aus nichtvernetzten IT-Systemen. So wird eine lückenlose Rückverfolgung über den gesamten Lebenszyklus ermöglicht. Diese aus dieser Rückkopplung gewonnene Erfahrung fließt dann bei neuen Produkten mit ein.

Der Unterschied zu früheren einfachen Datenaufzeichnungen ist die einheitliche Struktur und der einheitliche Zugriff auf Daten, auch wenn sie chaotisch verstreut sind.

- *Unter **Digital Thread** versteht man den **einheitlichen** Zugriff auf alle Daten, auch verstreute Daten, die während des gesamten Lebenszyklus entstanden sind.*

Unterschieden wird dabei zwischen zwei Datengruppen:

Die digitalen Definitionen der Produkte bzw. Prozesse geben das „Soll" wieder, so wie beispielsweise in Konstruktion, Lasten- und Pflichtenheften, Lieferantenvereinbarungen oder Prozessplänen festgelegt. Diese Daten liegen oft verstreut, auf verschiedenen, nicht aufeinander abgestimmten Systemen vor und müssen entsprechend zusammengeführt werden.

Die zweite Datengruppe entspringt aus der Nutzung des Produktes bzw. aus der Produktion. Dies können Sensorwerte sein, aber auch QM-Daten oder andere Aktivitätsdaten.

10.14   Virtual, Augmented & Mixed Reality Systems (VR, AR, MR) in der Produktion

Es geht bei den genannten Technologien darum, Immersion zu erzeugen. Dies muss zunächst erläutert werden:

- *Immersion beschreibt das Eintauchen in eine (künstliche) Welt. Dabei entsteht **Präsenz,** das subjektive Gefühl, man befindet sich mit seinen Sinnen und auch mental tatsächlich „im" Geschehen. Immersion ist das Gegenstück zu einem Fenster bzw. Bildschirm, bei dem man das Geschehen „von außen" wahrnimmt.*

Weiter werden unterschieden:

- *Mentale Immersion: Der Rezipient (Empfänger, hier für Leser, Hörer, Betrachter) fühlt sich „in die Handlung hineinversetzt", also als tatsächlicher Teilnehmer. Dies ist nicht nur ein neueres Phänomen bei VR/AR, sondern vom vertieften Bücherlesen oder Film anschauen her bekannt.*
- *Physikalische Immersion beschreibt das sinnhafte und körperliche Erleben einer Situation und verstärkt so die mentale Immersion. Dies kann z. B. durch eine frei wählbare 360°-Blickrichtung (VR-Brillen, HMDs – Head-Mounted-Displays) geschehen oder Handschuhe mit haptischem Feedback, Sitze mit Vibratoren oder, wie im Flugsimulator, durch das Fühlen von Lage im Raum bzw. Beschleunigungen.*

Eine Sonderform der mentalen Immersion ist die **Ortsillusion,** man fühlt sich an einem anderen Ort, die eine Involviertheit des Nutzers hervorruft. Dies wird bei Videospielen gerne genutzt.

- *Virtual Reality (VR) bzw. die „virtuelle Realität" bezeichnet das Eintauchen in eine computergenerierte, virtuelle Welt.*

Bekannt sind Konsumentenanwendungen, z. B. im Gaming und bei 360°-Filmen. Darüber hinaus gibt es Ansätze in der Bildung, dem sog. *immersive Learning.* Im Produktmarketing wird VR eingesetzt, um Produkte bzw. deren Anwendung zu präsentieren.

Für industrielle Anwendungen interessanter ist die Augmenten Reality, die häufig mit Mixed Reality einhergeht:

- *Augmented Reality (AR)* *bedeutet im Deutschen soviel wie „erweiterte Realität". Es geht dabei darum, dem Nutzer zusätzlich zur Realität weitere Informationen zu geben oder zusätzliche Gegenstände einzublenden. Im Prinzip werden die zwei Welten (Bilder), real und virtuell, überlagert, ohne jedoch zusammen zu interagieren.*

Häufig genutzt wird dies z. B. beim Smartphone. Ortsbasierte AR-Anwendungen blenden in Museen oder historischen Bauwerken beispielsweise zusätzliche Informationen oder Bilder ein, wenn die Kamera auf einen bestimmten, realen Gegenstand gerichtet wird. Auch gibt es Spiele-Apps, die mit AR funktionieren, z. B. Pokémon GO.

- *Mixed Reality* *ist der Augmented Reality sehr ähnlich, erlaubt aber zusätzlich eine direkte Interaktion zwischen realer und virtueller Welt.*

Im Prinzip handelt es sich bei Mixed Reality um eine besondere Art der Mensch-Computer-Interaktion (Human Computer Interaction, HCI) bei der Umgebungseinflüsse mitberücksichtigt werden (Abb. 10.22).

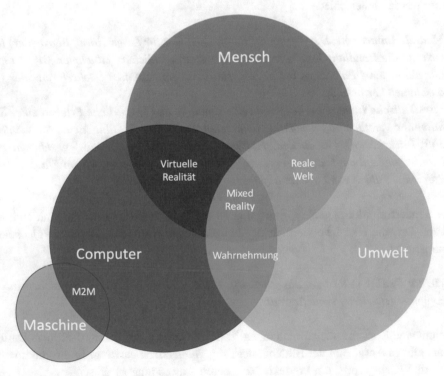

Abb. 10.22   Virtual, Real & Mixed Reality in Anlehnung an Microsoft (2018)

Tab. 10.1 Unterschiede zwischen Virtual, Augmented und Mixed Reality (VR, AR, MR)

	Virtual Reality (VR)	Augmented Reality (AR)	Mixed Reality (MR)
	Virtuelle & reale Welt getrennt	Digitaler Inhalt überlagert reale Welt	Digitale Inhalte interagieren mit der realen Welt
Reale Welt	Unsichtbar	Sichtbar	Sichtbar
Verbindung zwischen realer und virtueller Welt	Nein	Ja, nur Information	Ja, auch Geschehen
Handlung in der einen Welt betrifft die andere Welt	Nein	Nein	Ja

Das vielleicht bekannteste Beispiel hierfür ist Google Glass, eine Brille des Unternehmens Google LLC, **Microsoft HoloLens.**

Zumeist geschieht dies durch sog. Wearables („wearable computers" – am Körper getragene Computer; Tab. 10.1).

10.15 Anwendung in der Entwicklung (Generative Design)

„Nicht mit Erfindungen, sondern mit Verbesserungen macht man Vermögen."

Henry Ford

Entwicklung und Produktion gehören zusammen. Wie bereits Henry Ford erkannt hat, nützt das bestentwickelte Produkt nichts, wenn es nicht kostengünstig hergestellt werden kann. Umgekehrt muss das Produkt auch optimal für die Fertigung entwickelt werden. In modernen Organisationen wird daher die Entwicklungsabteilung gerne fertigungsnah verortet. Daher ist es industriepolitisch für Deutschland bzw. Europa wichtig, die Produktion im Land zu lassen. Die Philosophie einen Think-Tank (den kreativen Bereich sowie die Entwicklung) hier, die Produktion in außereuropäischen Billiglohnländern geht nicht auf. Wie das Beispiel China und Indien zeigen, folgt die Entwicklung, allerdings mit einigem Zeitverzug, der Produktion.

- *Generative Design* beschreibt eine algorithmische Entwurfsmethode von Produkten, aber auch von Produktionsprozessen, bei dem das Ergebnis nicht mehr direkt durch den Entwickler (Designer) erzeugt wird, sondern durch einen programmierten Algorithmus.

Beim Generative Design, so wie es derzeit angewendet wird, entwerfen KI und Mensch gemeinsam. Dies können Produkte sein, aber auch Produktionsprozesse. Der Vorteil:

Innerhalb kürzester Zeit lassen sich sehr viele Designvarianten generieren und direkt virtuell mittels Algorithmus testen.

Die Vorgaben sind lediglich Parameter wie Werkstoff, geometrische Bedingungen, Gewicht, verfügbare Herstellungsverfahren sowie Kosten (z. B. über Target Costing – Zielkostenrechnung). Die KI, unterstützt durch Maschinelles Lernen, erstellt z. T. Tausende von Entwürfen zusammen mit den entsprechenden Leistungsanalysen. Prototypen können dann z. B. in 3D-Druckern gefertigt werden.

„Der dadurch erheblich beschleunigte Design- und Entwicklungsprozess ermöglicht kürzere Modellzyklen, und er hilft Unternehmen, Kosten zu senken, sowohl in der Produktion wie auch in der Anwendung bzw. im Betrieb." So setzen z. B. Airbus und Mercedes-Benz auf Generative Design (Schaffrinna, 2018).

3D-Druck wird häufig auch mit dem Begriff additive Fertigung (additive Manufacturing) in Verbindung gebracht.

- **Additive Fertigung (Additive Manufacturing, AM)** bezeichnet ein Fertigungsverfahren, das ein Produkt durch Schicht-für-Schicht-Auftragen herstellt. Damit unterscheidet es sich von herkömmlichen Fertigungsverfahren, die zumeist über Materialabtrag (z. B. Zerspanen) funktionieren.

  Es können Bauteile schnell und flexibel direkt aus CAD-Daten hergestellt werden, Änderungen sind kurzfristig möglich. Additive Fertigungsmethoden wie der 3D-Druck eignen sich vor allem für Prototypen, sind aber m. E. auch für eine Serienfertigung geeignet.

10.16 Connected Shopfloor

Die Fertigungsplanung sowie die Sicherung der Fertigungsqualität unter Industrie-4.0-Bedingungen, z. B. Losgröße 1, benötigen eine durchgängige Transparenz der Fertigungsdaten. Dies erfordert ein einheitliches Datenhandling. In gewachsenen Strukturen stellt dies häufig ein Problem dar. Es kommt zu Kompatibilitätsbrüchen, weil Fertigungselemente zumeist an einen proprietären Standard gebunden und nicht „offen" genug sind.

- *Connected Shopfloor ist ein Ansatz, der im Produktionsbereich Digitalisierungsinseln öffnet, um mit anderen, ebenfalls offen gestalteten Anwendungen zusammenarbeiten zu können.*

Im Prinzip werden unter diesem Schlagwort viele bereits beschriebene Technologien zusammengefasst, z. B. die Vereinheitlichung von Datenstandards, Edge- bzw. Cloudspeicherung (dezentrale Speicher bzw. Netzspeicher), das Data bzw. Process Mining,

VR-Techniken und Predictive-Ansätze. Hierzu bedarf es eines zentralen Datenmanagements, in diesem Zusammenhang gerne als „Datendrehscheibe" bezeichnet. Wichtig dabei ist die sog. *Skalierbarkeit,* die Fähigkeit eines Systems, eines Netzwerks oder eines Prozesses zur bedarfsgerechten Größenanpassung.

10.17 Fragen zum Kapitel

1. Was sind die grundsätzlichen Chancen der Digitalisierung in der industriellen Wertschöpfung? Überlegen Sie, ob es Unterschiede gibt für kleine Unternehmen, für Mittelständler und für Konzerne.

2. Aus welchen technologischen Errungenschaften speist sich die derzeit in **der Produktion** angewendete Digitalisierung? Nennen Sie Beispiele.

3. Benennen Sie verschiedene Bausteine einer digitalen Infrastruktur in der Produktion. Nennen Sie zu jedem Punkt ein Beispiel aus Ihren industriellen Erfahrungen.

4. Was ist eine Smart Factory und aus welchen Teilelementen besteht sie?

5. Welche Anforderungen werden an ein KI-System im Produktionsumfeld gestellt? Begründen Sie jeden Punkt mit einem Beispiel aus dem Wertschöpfungsprozess.

6. Was bedeutet Skalierbarkeit, Robustheit und Resilienz? Wo liegen die Schwierigkeiten?

7. Was unterscheidet eingebettete Systeme von einer „normalen" Sensorik. Warum ist es dabei besonders wichtig, bereits in der Entwicklung die Soft- und Hardware genauestens abzustimmen?

8. Wozu werden In-the-Loop-Simulationen bei Embedded Systems eingesetzt (siehe auch Abschn. 12.8)?

9. Welche Technologien beinhalten cyberphysische Systeme (CPS, CPPS)? Beschreiben Sie dabei den Aufbau und die Aufgabe von CPS-Systemen.

10. Was verstehen Sie unter dem System of Systems (SoS)? Erklären Sie dabei das emergente Verhalten und ziehen Sie Parallelen zur Chaostheorie.

11. Denken Sie sich Anwendungen für den Digitalen Zwilling im Produktionsumfeld aus. Worin liegen die Vorteile? Was ist der Unterschied zum Digital Thread?

12. Was ist das Internet of Things? Erklären Sie das Funktionsprinzip und warum wird es als die Schlüsseltechnologie bei Industrie 4.0 bezeichnet?

13. Überlegen Sie Anwendungen des Industrial Internet of Things im Qualitätsmanagement.

14. Abgesehen von Qualitätsüberwachung, wofür könnte eine automatisierte Rückmeldung von Produkten aus der Nutzung wichtig sein?

15. Erklären Sie Ubiquitous Computing und warum ist dies auch für industrielle Anwendungen wichtig? Finden Sie Beispiele.

16. Erläuterten Sie AR und VR und geben Sie industrielle Verwendungen hierfür.

17. Bei verteilten Systemen kann die Lichtgeschwindigkeit limitierender Faktor sein, warum? Wie begegnen Sie diesem Problem, ohne die Naturgesetze infrage zu stellen?
18. Viele Industrieunternehmen, Konzerne wie KMUs, sehen den Menschen weiterhin im Mittelpunkt der digitalen Produktion mit Industrie 4.0. Demgegenüber stehen populäre Autoren, die vor hohen Arbeitsplatzverlusten warnen. Wie sehen Sie die Zukunft der menschlichen Arbeit im Wertschöpfungsbereich? Tragen Sie Argumente pro und contra zusammen und wägen Sie diese gegeneinander ab.
19. Was wird unter „additiver Fertigung" verstanden und wie unterscheidet sich dies von herkömmlichen Fertigungsmethoden? Wo liegen die Vorteile und Einschränkungen?

Literatur

Bitkom. (2022). Roboter, Drohnen, smarte Software: Das Handwerk wird digitaler. https://www.bit kom.org/Presse/Presseinformation/Handwerk-wird-digitaler. Zugegriffen: 2. März 2023.

Bößenecker, H. (07. August 1981). Die dritte Schicht: Geister der Nacht. https://www.zeit.de/1981/33/die-dritte-schicht-geister-der-nacht/komplettansicht. Zugegriffen: 10. Juni 2020.

BMWi. (Mai 2014). Zukunft der Arbeit in Industrie 4.0. https://www.bmwi.de/Redaktion/DE/Pub likationen/Digitale-Welt/zukunft-der-arbeit-in-industrie-4-0.pdf?__blob=publicationFile&v=3. Zugegriffen: 11. Okt. 2020.

BMWi. (2020). GAIA-X. Eine vernetzte Datenstruktur für ein europäisches digitales Ökosystem. https://www.bmwi.de/Redaktion/DE/Dossier/gaia-x.html. Zugegriffen: 11. Okt. 2020.

BMWi. (2020b). Was ist eine intelligente Fabrik („Smart Factory")? https://www.bmwi.de/Redakt ion/DE/FAQ/Industrie-40/faq-industrie-4-0-03.html. Zugegriffen: 14. Juni 2020.

BMWi (GAIA-X). (04. Juni 2020). Broschüre: GAIA-X – das europäische Projekt startet in die nächste Phase. https://www.bmwi.de/Redaktion/DE/Publikationen/Digitale-Welt/gaia-x-das-eur opaeische-projekt-startet-in-die-naechste-phase.html. Zugegriffen: 5. Juni 2020.

Buchanan, M. (11. Februar 2015). Finanzmärkte und Technologie: Börsenhandel in Lichtgeschwindigkeit. https://www.spektrum.de/kolumne/boersenhandel-in-lichtgeschwindigkeit/1331927. Zugegriffen: 6. Juli 2020.

Capgemini. (02. Mai 2018). Automotive smart factories. https://www.capgemini.com/de-de/wp-con tent/uploads/sites/5/2018/05/dti-automotive-smart-factories_report-update.pdf. Zugegriffen: 21. Juni 2020.

Daimler. (02. September 2020). Mercedes-Benz präsentiert mit der Factory 56 die Zukunft der Produktion. https://www.daimler.com/innovation/digitalisierung/industrie-4-0/eroeffnung-fac tory-56.html. Zugegriffen: 18. Okt. 2020.

Deloitte. (Dezember 2016). Manufacturing 4.0: Meilenstein, Must-Have oder Millionengrab? Warum bei M4.0 die Integration den entscheidenden Unterschied macht. https://www2.deloitte. com/content/dam/Deloitte/de/Documents/operations/DELO-2267_Manufacturing-4.0-Studie_s. pdf. Zugegriffen: 14. Juni 2020.

DIN SPEC 92001-2. (05. Mai 2020). Künstliche Intelligenz – Life Cycle Prozesse und Qualitätsanforderungen – Teil 2: Robustheit. https://www.beuth.de/de/technische-regel/din-spec-92001-1/303650673. Zugegriffen: 6. Mai 2020.

Erikson, A., & Stanton, N. (26. Januar 2017). Takeover time in highly automated vehicles: Noncritical transitions to and from manual control. https://journals.sagepub.com/doi/full/https://doi.org/10.1177/0018720816685832. Zugegriffen: 4. Juni 2020.

EU. (29. April 2015). Verordnung (EU) 2015/758 des Europäischen Parlaments und des Rates. https://publications.europa.eu/resource/cellar/8a6d6896-fdf8-11e4-a4c8-01aa75ed71a1.0004.03/DOC_1. Zugegriffen: 20. Mai 2020.

Europäische Kommission. (19. Februar 2020). WEISSBUCH Zur Künstlichen Intelligenz – ein europäisches Konzept für Exzellenz und Vertrauen – COM (2020) 65 final. https://ec.europa.eu/transparency/regdoc/rep/1/2020/DE/COM-2020-65-F1-DE-MAIN-PART-1.PDF. Zugegriffen: 11. Okt. 2020.

Fay, A., & VDI. (02. July 2019). Künstliche Intelligenz (KI). Produktion der Zukunft: Autonome Systeme sind mehr als hochautomatisiert. https://www.vdi.de/news/detail/produktion-der-zukunft-autonome-systeme-sind-mehr-als-hochautomatisiert. Zugegriffen: 24. Juni 2020.

Festo. (31. März 2019). Künstliche Intelligenz für die Automatisierung. https://www.festo.com/net/de_de/SupportPortal/Details/565524/PressArticle.aspx#ctl00_a_cphMain_trImage. Zugegriffen: 11. Okt. 2020.

FIR e. V. an der RWTH Aachen. (2015). Smart Operations Whitepaper. https://www.fir.rwth-aachen.de/fileadmin/publikationen/whitepaper/fir-whitepaper-smart-operations.pdf. Zugegriffen: 11. Okt. 2020.

Fraunhofer IAO. (2020). Innovationsnetzwerk – Menschzentrierte KI in der Produktion. https://www.engineering-produktion.iao.fraunhofer.de/de/innovationsnetzwerke/innovationsnetzwerk-kuenstliche-intelligenz-in-der-produktion.html. Zugegriffen: 28. Aug. 2020.

Fraunhofer IIS, & Pflaum, A. (30. Juni 2016). Cyber-Physische Systeme als Enabler für die digitalisierte Versorgungskette. https://zentrum-digitalisierung.bayern/wp-content/uploads/06_FhG_IIS_Pflaum-1.pdf. Zugegriffen: 27. Mai 2020.

Friedewald, M. (2008). Ubiquitous computing: Ein neues Konzept der Mensch-Computer-Interaktion und seine Folgen. In H. Hellige (Hrsg.), *Mensch-Computer-Interface – Zur Geschichte und Zukunft der Computerbedienung* (S. 261 f.). Bielefeld: Transcript. https://friedewald.website/wp-content/uploads/2015/05/10-Friedewald-9-fin.pdf. Zugegriffen: 31. Mai 2020.

Hansen, M., & Thiel, C. (2012). Cyber-Physical Systems und Privatsphärenschutz, Datenschutz und Datensicherheit. *Datenschutz und Datensicherheit – DuD, 36*(1), 26–30.

Heinrich, B., Petra, L., & Glöckler, M. (2017). *Grundlagen der Automatisierung*. Wiesbaden: Springer Vieweg.

Hill, J. (21. November 2017). IoT-Partnerschaft mit Tata Consultancy Services: Rolls-Royce treibt Strategie Digital First voran. https://www.computerwoche.de/a/rolls-royce-treibt-strategie-digital-first-voran,3332070. Zugegriffen: 30. Aug. 2020.

HNA. (19. Mai 2020). VW: Mängel bei Golf 8 behoben? Volkswagen nimmt Lieferung wieder auf – Freiwilliger Rückruf. https://www.hna.de/verbraucher/vw-kassel-rueckruf-golf8-golf-software-lieferung-wolfsburg-sicherheit-notruf-zr-13766974.html. Zugegriffen: 20. Mai 2020.

ISO. (2014). *ISO 22400–2:2014: Automatisierungssysteme und Integration – Leistungskennzahlen (KPI) für das Fertigungsmanagement – Teil 2: Begriffe und Beschreibungen*. Beuth.

Jacob's Blog. (02. Mai 2019). 5 Lessons to learn from the Boeing 737 MAX Fiasco. https://www.beningo.com/5-lessons-to-learn-from-the-boeing-737-max-fiasco/. Zugegriffen: 20. Mai 2020.

Köhler, H.-J. (2020. März 2018). Digitaler Zwilling – Spiegelbild mit Potenzial. https://www.t-systems.com/de/best-practice/03-2018/fokus/ethik/einsatzgebiete/digitaler-zwilling-839036. Zugegriffen: 16. Juni.

Kirsch, A. (2019). Qualität trifft Industrie 4.0. https://www.guardus-mes.de/home.

Koenen, J., & Hanke, T. (12. März 2019). Was passiert, wenn Flugzeug-Computer Fehler machen? https://www.handelsblatt.com/unternehmen/handel-konsumgueter/boeing-737-max-was-pas siert-wenn-flugzeug-computer-fehler-machen/24094840.html?ticket=ST-71533-nCRqgwWZQ f2zDowgW1O7-ap6. Zugegriffen: 4. Juni 2020.

Langefeldt, B., & Roland Berger. (08. Mai 2019). Trendthema „smarte" Fabrik: Bislang hat kein Unternehmen die höchste Autonomie-Stufe erreicht. https://www.rolandberger.com/de/Point-of-View/Autonome-Produktion-Neue-Chancen-durch-K%C3%BCnstliche-Intelligenz.html#Sub scribe. Zugegriffen: 24. Juni 2020.

Maschmeyer, C. (08. July 2020). Carsten Maschmeyer im Interview „Internet der Dinge spielt zentrale Rolle". https://www.n-tv.de/wirtschaft/wirtschaft_startup/Internet-der-Dinge-spielt-zen trale-Rolle-article21897684.html. Zugegriffen: 10. Juli 2020.

Microsoft. (21. März 2018). Was ist Mixed Reality? https://docs.microsoft.com/de-de/windows/ mixed-reality/mixed-reality. Zugegriffen: 17. Juni 2020.

Nationaler IT-Gipfel, A. (20. Oktober 2014). Smart Data – Potenziale und Herausforderungen. https://div-konferenz.de/app/uploads/2015/12/150114_AG2_Strategiepapier_PG_SmartData_ zurAnsicht.pdf. Zugegriffen: 10. Okt. 2020.

Nguyen, L. C. (21. Oktober 2019). Interview: Was sind die Erfolgsfaktoren für die künstliche Intelli-genz? Interview mit Herrn Dr. Sönke Iwersen von der HRS Group. https://www.dataleaderdays. com/interview-was-sind-die-erfolgsfaktoren-fuer-die-kuenstliche-intelligenz/. Zugegriffen: 30. Apr. 2020.

PAC Deutschland, & Vogt, A. (April 2019). Das Internet der Dinge im deutschen Mittel-stand: Bedeutung, Anwendungsfelder und Stand der Umsetzung. Eine Studie im Auftrag der Deutschen Telekom. https://iot.telekom.com/resource/blob/data/183656/e16e24c291368e1 f6a75362f7f9d0fc0/das-internet-der-dinge-im-deutschen-mittelstand.pdf. Zugegriffen: 10. Juli 2020.

Pipek, V. (26. September 2014). Ubiquitous computing. https://www.enzyklopaedie-der-wirtsc haftsinformatik.de/lexikon/technologien-methoden/Rechnernetz/Ubiquitous-Computing/index. html. Zugegriffen: 31. Mai 2020.

Porsche. (2020). Produktion 4.0 @ Porsche. https://www.porsche.com/germany/aboutporsche/inn ovation/innovation-factory/. Zugegriffen: 18. Okt. 2020.

QSC AG Blog. (22. September 2019). IoT vs. IIoT: Die Besonderheiten des Industrial Inter-net of Things. https://blog.qsc.de/2016/09/iot-vs-iiot-die-besonderheiten-des-industrial-internet/. Zugegriffen: 15. Juni 2020.

Ruderschmidt, R. (2019). *Digitalisierungsmöglichkeiten der Produktion durch Industrie 4.0.* Bachelor-Thesis an der Hochschule Albstadt-Sigmaringen, Studiengang Wirtschaftsingenieur-wesen.

Schaffrinna, A. (16. Juli 2018). Generatives Design – Co-Kreation dank künstlicher Intelligenz. https://www.designtagebuch.de/generatives-design-co-kreation-dank-kuenstlicher-intelligenz/. Zugegriffen: 23. Mai 2020.

Schrader, C. (25. März 2015). Technik als Fehlerquelle. https://www.sueddeutsche.de/panorama/fru ehere-stoerfaelle-bei-lufthansa-und-germanwings-technik-als-fehlerquelle-1.2410105. Zugegrif-fen: 4. Juni 2020.

Schröder, D. (2023). Handwerk 4.0. Focus 12/2023 S. 60 ff.

Sieber, A. (2016). Energiemanagement für drahtlose tief eingebettete Systeme: Feingranulares, faires Management zum Erreichen von Lebenszeitzielen bei knappen Energieressourcen. https:// opus4.kobv.de/opus4-btu/frontdoor/index/index/year/2016/docId/3928. Zugegriffen: 5. Apr. 2020.

Siemens, & Accenture. (Februar 2020). Applying the internet of things to manufacturing & winning with the industrial internet of things. https://www.plm.automation.siemens.com/global/de/topic/industrial-internet-of-things/59233. Zugegriffen: 28. Mai 2020.

Siepmann, D., & Roth, A. (Hrsg.). (2016). *Industrie 4.0 – Struktur und Historie. In Einführung und Umsetzung von Industrie 4.0 (S. 22).* Springer.

SmartFactoryKL. (2020). Was ist Production Level 4? https://smartfactory.de/production-level-4/. Zugegriffen: 11. Okt. 2020.

Stuecka, R. (10. Dezember 2018). Innovation – Kalte Cola macht erfinderisch: Die Geschichte des weltweit ersten IoT-Geräts. https://www.ibm.com/de-de/blogs/think/2018/12/10/iot-geraet/. Zugegriffen: 15. Juni 2020.

tagesschau.de. (15. Mai 2020). Softwareprobleme: VW stoppt Auslieferung des Golf 8. https://www.tagesschau.de/wirtschaft/auslieferungsstopp-golf-101.html. Zugegriffen: 20. Mai 2020.

Traufetter, G. (27. July 2009). Captain computer. https://www.spiegel.de/spiegel/print/d-66208581.html. Zugegriffen: 4. Juni 2020.

VDI. (2016). *VDI 5600 Blatt 1 Fertigungsmanagementsysteme (Manufacturing Execution Systems – MES).* Beuth.

VDI, VDE. (2013). *Thesen und Handlungsfelder – Cyber-Physical Systems: Chancen und Nutzen aus Sicht der Automation.* VDI.

Wallner, P. (Juni 2020). Messdaten verarbeiten – Was steckt in Ihren Daten? https://aktuelletechnik.blverlag.ch/messdaten-verarbeiten-was-steckt-in-ihren-daten/. Zugegriffen: 10. Juli 2020.

Weiser, M. (September 1991). The computer for the 21st century. Scientific American. https://www.ics.uci.edu/~corps/phaseii/Weiser-Computer21stCentury-SciAm.pdf. Zugegriffen: 5. Apr. 2021.

Wiegerling, K. (2013). Ubiquitous Computing. In A. Grunwald & M. Simonidis-Puschmann (Hrsg.), *Handbuch Technikethik* (S. 374). J.B. Metzler.

Yoshida, J. (21. März 2019). Boeing 737 Max: Is Automation at Fault? https://www.eetindia.co.in/boeing-737-max-is-automation-at-fault/. Zugegriffen: 20. Mai 2020.

ZDH (Zentralverband des Deutschen Handwerks). (2018). Ergebnisse einer Umfrage unter Handwerksbetrieben im ersten Quartal 2018, https://www.zdh.de/ueber-uns/fachbereich-wirtschaft-energie-umwelt/sonderumfragen/umfrage-digitalisierung-der-handwerksbetriebe/Zugriff. Zugegriffen: 28. Febr. 2023.

ZDH (Zentralverband des Deutschen Handwerks). (2022). Das Handwerk in Deutschland wird digitaler. https://www.zdh.de/ueber-uns/fachbereich-wirtschaft-energie-umwelt/digitalisierung-im-handwerk/das-handwerk-in-deutschland-wird-digitaler/Zugriff. Zugegriffen: 1. März. 2023.

Zunker, L., & Pinner, N. (25. July 2020). Technik versüßt den Strukturwandel. https://www.ksta.de/region/rhein-erft/technik-versuesst-strukturwandel-ein-besuch-der-technik-standorte-im-rhein-erft-kreis-37080066. Zugegriffen: 26. Juli 2020.

Datengetriebene Prozessanalyse

11.1 Arten der Datenanalyse

Das industrielle Datenmanagement steht derzeit häufig noch im Bereich der Operational Technologies (OT). Das heißt, es werden derzeit hauptsächlich Primärdaten, also Daten, die für einen speziellen Zweck erhoben wurden, zur Überwachung und Prozessoptimierung verwendet. Die Künstliche Intelligenz bringt hier, vor allem durch die erweiterten Möglichkeiten der Datenanalyse und des maschinellen Lernens, neue Möglichkeiten, Wissen über Prozesse und Vorgänge zu erlangen. Insbesondere in der vorwärts gerichteten, vorausschauenden Datenanalyse liegen die Stärken. „Wir wissen, was passiert, bevor es passiert und können vorausschauend agieren", so nannte es ein Produktionsleiter eines mittelständischen Betriebs.

Derzeit werden aber diese Daten zumeist nur innerhalb eines Fertigungssystems verwendet. Systemübergreifende Lösungen scheitern häufig an Kompatibilitätsschranken – unterschiedliche Maschinen, unterschiedliche Konzepte. Tatsächlich können Daten aber wesentlich breiter und intelligenter genutzt werden. Der nächste Schritt ist ein wesentlich umfänglicher Datenaustausch und umfänglichere Datenanalyse innerhalb eines Unternehmens bzw. Unternehmensverbundes.

Aber auch kollaborative Datenanalyse, gemeinsam zusammenarbeitend, über Unternehmensgrenzen hinweg Informationen in größerem Umfang auszutauschen, ist denkbar. Die Automobilindustrie hat das bereits seit vielen Jahren vorgemacht. Dies war von den Zulieferern aber eher ungeliebt, da top-down und der Vorteil bottom-up war nicht immer erkennbar. Auch ging es bei den Vorbehalten verständlicherweise um Geheimhaltung von internen Geschäftsprozessen und Schutz des eigenen Technologie-Know-hows. Die KI-getriebene Prozess- und Datenanalyse kann, richtig angewendet, hier mehr. Aber Vorsicht: Kartellrecht und Datenschutz setzen dabei enge Grenzen (siehe Abschn. 11.4).

A. Mockenhaupt und T. Schlagenhauf, *Digitalisierung und Künstliche Intelligenz in der Produktion*, https://doi.org/10.1007/978-3-658-41935-6_11

Eine effektive Möglichkeit zur Produktivitätssteigerung besteht in der Implementierung einheitlicher digitaler Anwendungen entlang der Wertschöpfungskette von der Produktion bis zum Controlling. Es werden Werkzeuge benötigt, um die gängigen Maschinen, auch unterschiedlicher Hersteller, einfach anzubinden. Damit sollen alle relevanten Daten abgreifbar sein, um sie anschließend zu strukturieren und in einem Datenpool (Data Lake) zur weiteren Analyse bereitzustellen.

Im Unterschied zu bisherigen Systemen, wo Daten direkt für ein vorab bestimmtes Ziel erhoben wurden, geht es hierbei zunächst darum, die Daten in ein einheitliches System zu überführen, um die Möglichkeit einer auch nachgelagerten Nutzbarmachung zu haben. Über Big-Data-Prozesse können so Optimierungspotenziale oder Risikoprozesse gefunden werden.

Dies geschieht über entsprechende Datenanalyse. Denn die Primärdaten beschreiben Fakten, was warum passiert. Sinn und Zweck ist aber, daraus Handlungsoptionen zu extrahieren, also Ziel ist: Prognosefähigkeit und Handlungsorientierung – was wird passieren und wie sieht mein Beitrag dazu aus? Die Lösung identifiziert mit datenbasierter Prozessanalyse Optimierungspotenziale entlang der gesamten Produktionskette und unterstützt so die ressourcenoptimierte Produktionsfeinplanung (Rösinger und BMWi, 2020).

Dabei werden vier Arten der Datenanalyse unterschieden (siehe Abb. 11.1):

1. **Deskriptive Analyse** *(beschreibende Informationsgenerierung): vergangenheitsorientiert – Was passiert?*
2. **Diagnostische Analyse** *(Mustererkennung): Ursachenforschung – Warum ist es passiert?*
3. **Prädiktive Analyse** *(vorausschauende Prognosefähigkeit): zukunftsorientiert – Was wird wahrscheinlich weiter passieren?*
4. **Präskriptive Analyse** *(handlungsorientiert): proaktiv – Was sind die nächsten erforderlichen Schritte?*

Bezüglich Digitalisierung und KI im industriellen Bereich, vor allem bei Produktionssystemen und dem Qualitätsmanagement wurden hieraus vier Analysetools entwickelt:

- **Descriptive Analysis** *nutzt historische Daten, um einen Prozess oder ein System zu beschreiben. Sie untersucht vergangene Zustände bis zur Jetztzeit. Diese können visualisiert oder mit statistischen Werkzeugen untersucht werden, z. B. um bislang aufgetauchte Trends ausfindig zu machen.*
- **Diagnostic Analysis** *klärt mit vergangenheitsgewandter Blickrichtung Ursachen für Auswirkungen und Wechselwirkungen zu anderen Prozessen. Dazu werden u. a. Korrelationen berechnet, es kommen aber auch Einordnungen (Interpretationen) zum Tragen.*

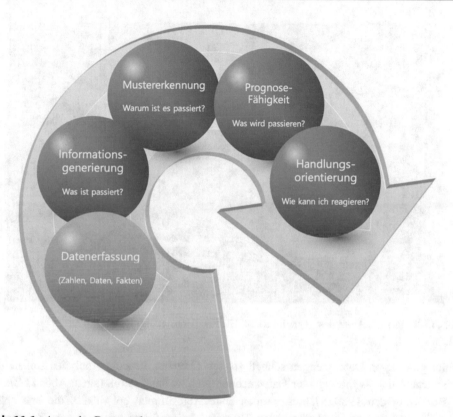

Abb. 11.1 Arten der Datenanalyse

- *Predictive Analysis versucht die Wahrscheinlichkeit von zukünftigen Ereignissen bzw. Trends vorherzusagen. Dabei wird versucht, aus vorliegenden (historischen) Daten zusammen mit Statistiken und Erfahrungswerten eine Prognose abzugeben. Anwendung findet Predictive Analysis z. B. im Data bzw. Process Mining (siehe Abschn. 11.2).*
- *Prescriptive Analysis modelliert das Verhalten komplexer Prozesse, um, z. B. in Form von Szenarien, Handlungsempfehlungen abzuleiten (z. B. Handlungsmöglichkeit A hat folgende Konsequenzen, Handlungsmöglichkeit B andere, …). Über Maschinelles Lernen kann dies Grundlage für eine autonome maschinelle Entscheidung sein (siehe Kap. 6).*

11.2 Process Analytics, Data Mining & Process Mining

Durch den technologischen Fortschritt fallen immer mehr Daten in Prozessen an. Diese Daten sollen genutzt werden, um die Prozesse besser zu verstehen und zu optimieren. Konventionelle Analysetools stoßen heutzutage aufgrund der komplexen Prozesse und den

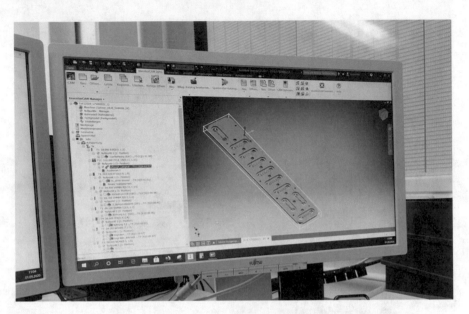

Abb. 11.2 Prozess Analytics. (Quelle: RUMPEL Präzisionstechnik)

schier gewaltigen Datenmengen schnell an ihre Grenzen. Process Analytics soll helfen, diese Daten mittels intelligenter Datentechnologien zu analysieren (siehe Abb. 11.2).

Bereits in den 1980er-Jahren wurden erste Algorithmen entwickelt, die erst später dem Data Mining zugeordnet wurden. Process Mining folgte mit geringem Zeitverzug. Dennoch gelten beide Techniken als relativ jung (Dagher, 2019).

Ziel der Techniken ist es, bestimmte unerklärbare Prozessreaktionen zu erklären (vorzugsweise mit Data Mining) und Aussagen über die Zukunft zu treffen (vorzugsweise Process Mining). Für die Anwendung gut geeignete Definitionen liefert IEEE Task Force on Process Mining (2011):

- **Data Mining:** *die Analyse (oftmals großer) Datenmengen, um unerwartete Beziehungen zu finden und Daten auf neue Art und Weise zusammenzufassen, mit dem Ziel, neue Einsichten zu gewinnen.*

Data Mining analysiert vorhandene Daten und versucht auf empirischer Basis, Zusammenhänge und Querverbindungen zu finden. Daraus ergeben sich **punktuelle** KPIs (Key Performance Indicator – Leistungskennzahlen), die auch für Prognosen genutzt werden können. Dabei gibt es die folgenden *Data-Mining-Methoden:*

1. *Clusteranalyse:*

Große Datenmengen bzw. Big Data werden anhand von Ähnlichkeiten in den Daten in kleinere Untergruppen (Cluster) aufgeteilt (Segmentierung), die dann aufgrund der geringen Datenmenge einfacher zu analysieren sind. Der Erfolg der Clusteranalyse steht und fällt mit der Abgrenzung von Ähnlichkeiten.

2. *Klassifizierung:*

Zuordnung der Daten zu einer vorher festgelegten Klasse. Unterschied zur Clusteranalyse sind explizite Klassifikationsregeln statt Ähnlichkeit (z. B. Bestandskunde, >50 Jahre, kein Zahlungsverzug). Wesentliche Klassifikationsverfahren: Neuronale Netzwerke, Entscheidungsbäume, Bayes-Klassifikation, Maximale-Likelihood-Schätzung und das k-nächster-Nachbar-Verfahren

3. *Regressionsanalyse:*

Sucht nach numerischen Zusammenhängen zwischen einer abhängigen und einer oder mehrere unabhängigen Variablen.

4. *Assoziationsanalyse:*

Identifiziert Elemente, die häufig zusammen miteinander auftreten. Anwendung z. B. im Marketing bei der Kundensegmentierung („Personen mit ähnlichem Warenkorb haben auch Folgendes gekauft, …")

5. *Anomalieerkennung (Anomalie Detection):*

Erkennt durch Musteranalyse Abweichungen, sog. Outliners. Anwendung z. B. beim Predictive Maintenance.

Im Zusammenhang mit Data Mining steht das *Knowledge Discovery in Databases (KDD).*

- *Knowledge Discovery in Databases (KDD)* *ergänzt das Data Mining durch* **vorbereitende Untersuchungen** *und transformiert die auszuwertenden Daten. Dabei werden die Daten anhand von vorgegebenen Zielen und Hintergrundwissen ausgewählt, bereinigt und reduziert.*

Damit dies innerhalb von Data Mining auch branchenübergreifend möglich ist, wurde bereits 1996 in einem EU-geförderten Projekt ein entsprechender Standard entwickelt, das CRISP-DM und 2015 als ASUM-DM weiterentwickelt:

- *CRISP-DM (Cross Industry Standard Process for Data Mining) ist ein branchenübergreifendes Standardmodell für das Data Mining. Es definiert insgesamt sechs verschiedene Prozessphasen, siehe* Abb. 11.3 (Jensen, 2015):

- *ASUM-DM (Analytics Solutions Unified Method for Data Mining/Predictive Analytics) ist eine von IBM überarbeitete Erweiterung von CRIS-DM. Der ASUM-DM-Prozess durchläuft fünf nicht chronologisch aufgebaute Phasen: Analyse, Design, Konfiguration & Herstellung, Inbetriebnahme, Betrieb & Optimierung* (Kienzler, 2018).

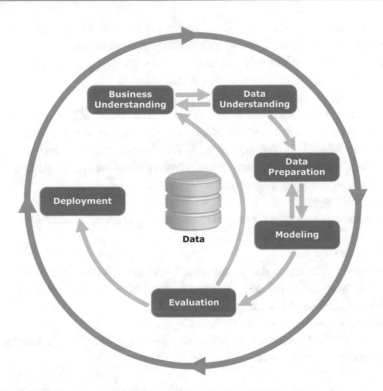

Abb. 11.3 CRISP-CM-Modell. (Quelle: Wikimedia, 2012 CC BY-SA 3.0)

Im Unterschied zu Data Mining analysiert *Process Mining* anhand von Ereignisprotokollen (Event-Log-Daten), wie die Daten entstanden sind, um daraus Vorhersagen zu
treffen. Statt punktuelle Ergebnisse wie beim Data Mining ergeben sich **Verläufe,** die
in die Zukunft reflektiert werden und, weil in Echtzeit erhoben, fortlaufend angepasst
werden.

- *Die Grundidee von **Process Mining** ist es, reale Prozesse (im Gegensatz zu vermuteten
  oder angenommenen Prozessen) durch Extrahieren von Wissen aus Ereignislos heutiger
  (Informations-)Systeme zu erkennen, zu überwachen und zu verbessern.*

Unterschieden werden die folgenden *Process-Mining-Typen:*

- *Discovery (Erkennung)* wird eingesetzt, um (bislang unbekannte) Prozesse zu entdecken.
  *Hierzu werden Ereignisprotokolle ohne weitere Information ausgelesen und analysiert,
  um Prozessmodelle zu erstellen.*
- *Conformance (Übereinstimmungsprüfung)* ist eine Beurteilung der Konformität beste-
  hender, vorgegebener Prozessmodelle zu aktuellen Daten. Hierzu werden die aus der

$$OEE = \frac{Betriebsdauer}{geplanter\ Operationszeit} * \frac{Produzierte\ Menge}{Vorgegebener\ Menge} * \frac{Gutmenge}{Produzierter\ Menge}$$

$$= \quad Nutzungsfaktor \quad * \quad Effizienzfaktor \quad * \quad Qualit\ddot{a}tsfaktor$$

Abb. 11.4   OEE – Overall Equipment Effectiveness Kennzahl

Planung vorgegebenen Prozessmodelle mit den zugehörigen Ereignisprotokollen verglichen. Damit wird das Modell mit der Realität verglichen und Abweichungen werden identifiziert.

- **Enhancement (Erweiterung)** *geht über Erkennung und Übereinstimmungsprüfung hinaus. Es erweitert bestehende Prozessmodelle anhand des Abgleichs mit den Ereignisprotokollen, um ein neues, verbessertes Prozessmodell zu erhalten.*

Beispiel aus der Lean Production, hier zeigt sich der Beitrag von KI besonders:

In der Lean Production wird die Produktivität häufig anhand von einfach zu handhabenden Kennzahlen ermittelt und optimiert. Die Richtlinie VDMA 66412-40 schlägt für Prozessanalysen im Zusammenhang mit MES (siehe Abschn. 10.7) und Industrie 4.0 als geeignetes Messinstrument z. B. die Kennzahl OEE (Overall Equipment Effectiveness – alternative Bezeichnungen: Gesamtanlageneffektivität [GAE] bzw. auch Overall Asset Effectiveness [OAE], vgl. auch VDMA- Einheitsblatt 66412 bzw. ISO 22400 Teil 2) vor.

Nach REFA berechnet sich die OEE wie in Abb. 11.4 angegeben (REFA, 2020):

Die OEE-Kenngröße steht zunächst für die Wertschöpfung eines Produktionsprozesses und stammt ursprünglich aus dem TPM (Total Production Maintenance). Die OEE erscheint besonders geeignet, weil sie als eingeführter, gut handhabbarer Key Performance Indicator (KPI) im sehr komplexen Produktionsumfeld die wichtigsten Parameter Verfügbarkeit, Leistung und Qualität brauchbar bündelt (nach Ehrich, 2019).

Was die OEE selbst weniger gut erklärt, sind die Gründe für Abweichungen und Ausreißer. Hier kann Process Mining helfen, weil sie die zugrunde liegenden Daten, aber auch darüber hinaus Informationen aus vielen Quellen, auch z. B. ERM, CRM etc., nutzt. „Die Visualisierung und Analyse der tatsächlichen Abläufe in Ihrer Fertigung liefert zu den nackten Zahlen also den Inhalt und hilft so nicht nur bei deren Interpretation, sondern zeigt auch direkt diejenigen Prozessschritte oder -abfolgen auf, die wahrscheinlich Probleme verursachen" (vgl. auch: Rosik, 2019; Kohrs, 2020).

11.3   Predictive Maintenance & Predictive Machines (PdM)

„Heutzutage können die Werke den Zustand ihrer Produktionsanlagen und Maschinen mittels IoT-Sensoren überwachen. Man spricht von vorausschauender Wartung." Hoffmann (2020)

Die Instandhaltung (Wartung) von Produktionsanlagen ist ein sehr sensibles, weil kosten-
und risikobeladenes Thema. Daher muss hier zunächst die Instandhaltungsproblematik
diskutiert werden:

- Wenn Ausfälle kein Problem darstellen, ist die kostengünstigste Variante die *reaktive Instandhaltung,* z. B. beim Auftreten kleinerer Unregelmäßigkeiten. Reaktive
  Instandhaltung birgt aber immer das Risiko eines ungeplanten Stillstands.
- Das Risiko ungeplanter Stillstände vermindert *präventive Instandhaltung,* z. B. in
  festen Abständen nach Kalender, Betriebszeiten oder Nutzungskennzahlen. Dies ist
  kostenintensiv, weil eigentlich unnötig häufig gewartet wird (geplante Stillstände)
  und die Austauschteile ggf. verfrüht ausgetauscht werden (z. B. Zündkerzen bei
  Fahrzeugen).

Was angewendet wird, ist auch abhängig von der Art, wie sich Ausfälle ankündigen:

- Degradationsausfall: allmählicher Ausfall, ggf. bis zum Totalausfall,
- Katastrophenausfall: plötzlicher Ausfall (Sudden Death).

Mechanischen Systeme kündigen ihre Ausfälle zumeist allmählich an, z. B. durch
Geräuschentwicklung oder Vibrationen. Elektronische Komponenten oder Software, die
heutzutage in beinah jeder Steuerung auch von mechanischen Systemen vorhanden sind,
versagen demgegenüber oft plötzlich, *Sudden Death* (plötzlicher Totalausfall) genannt.

Bei der Gefahr eines Katastrophenausfalls in Verbindung mit einem hohen möglichen
Schadenspotenzial (finanziell oder für Leib und Leben) gibt es daher klassisch nur eine
Möglichkeit: Die Bauteile oder ganze Maschinen werden weit vor dem Ende der statistischen Lebensdauer ausgetauscht. So z. B. bei Flugzeugen, bei denen Motoren nach einer
bestimmten Laufzeit ausgetauscht werden müssen, egal, wie gut sie noch aussehen. Das
kostet allerdings Zeit und Geld.

Weiter können Ausfälle klassifiziert werden in (Auswahl, in Anlehnung an TGL
26096):

- Abhängigkeit: unabhängiger Ausfall, Folgeausfall,
- Auftreten: Zufallsausfall (Grund), systematischer Ausfall,
- Zeitpunkt: Frühausfall, Zufallsausfall (Zeitpunkt), Spätausfall,
- Änderungsverlauf: Driftausfall, Sprungausfall,
- Ursache: konstruktionsbedingt, fertigungsbedingt, nutzungsbedingt,
- Beanspruchung: nach zulässiger Belastung, bei Überlastung.

Künstliche Intelligenz kann mittels Maschinellen Lernens das Verhalten von Produktionsanlagen besser einschätzen. Dabei ist die Vorhersage von Ausfällen interessant.
Wartung muss dann nicht reaktiv oder präventiv erfolgen, sondern kann vorausschauend

nur dort, wo Ausfälle wahrscheinlich werden, erfolgen. Dies erhöht die Planungssicherheit für Stillstände und vermindert, da nur das repariert wird, was notwendig ist, auch die Materialkosten.

Predictive Maintenance bzw. *Predictive Machine* erkennt Anomalien innerhalb der Prozesse anhand von Datenströmen mittels Künstlicher Intelligenz (KI) und Maschinellem Lernen (ML) und ermittelt anhand von Daten die Wahrscheinlichkeit für ein Versagen. Bei Maschinen und Produktionsanlagen können so kritische Situationen bereits vor Eintreten verhindert werden, indem sie unter Berücksichtigung aller Randbedingungen zu einem optimalen Zeitpunkt gewartet werden.

- *Predictive Maintenance (vorausschauende Wartung – PdM) wartet Maschinen und Anlagen **prädiktiv**, d. h. vorausschauend statt in festen Intervallen. Dies geschieht auf Basis intelligenter Analyse der Maschinen- und Prozessdaten sowie Rückmeldungen aus der Produktnutzung (z. B. Internet of Thing – IoT, IIoT).*
- *Predictive Machine ist als Begriff weniger verbreitet und bezieht sich eher auf die Maschinenebene, während Predictive Maintenance sich sowohl auf die Fertigung als auch auf Produkte bezieht. Anmerkung: Da Predictive Maintenance weiter verbreitet ist, wird es im Weiteren synonym für beide Begriffe genutzt.*

Weitere Wartungsstrategien sind:

- *Reactive Maintenance beschreibt die Wartung erst bei Ausfall der Maschine.*
- *Condition Based Maintenance: Zustandsbasierte Wartung (mit regelmäßigen Inspektionen, die den Zustand feststellen).*
- *Preventive Maintenance: routinemäßige, vorbeugende Wartung (Austausch nach kalendarischer Zeit, Lauf- bzw. Betriebszeit).*

Geplante Wartungsaktivitäten sind zumeist kostenintensiver als das Reactive Maintenance. Dies weil ggf. häufiger gewartet und unnötig Bauteile ausgetauscht werden. Reaktive Wartung birgt demgegenüber aber das größere Risiko, ist also weniger zuverlässig, z. B. gegen den Sudden Death (plötzlicher Totalausfall). Wenn man sich diesen leisten kann, ist reaktive Wartung günstiger. Predictive Maintenance versucht, die Vorteile beider Wartungsstrategien zu verbinden. Abb. 11.5 zeigt verschiedene Wartungsstrategien bezüglich Ausfallsicherheit und Kosten.

Predictive Maintenance dient der Reduzierung von Inspektionskosten bei gleichzeitiger Risikominimierung. Das wesentliche Ziel ist es, die Instandhaltung möglichst präzise zu planen und zu optimieren. Dadurch sollen Ausfallzeiten, vor allem die ungeplanten, reduziert und die Anlagenverfügbarkeit erhöht werden. Potenziell erhöht sich auch die Lebensdauer der Anlage.

Neben dem Wissen um den optimalen Zeitpunkt einer Wartung sind für die Planung der Instandhaltung Kenntnisse über Umfang, notwendige Werkzeuge sowie zu beschaffende

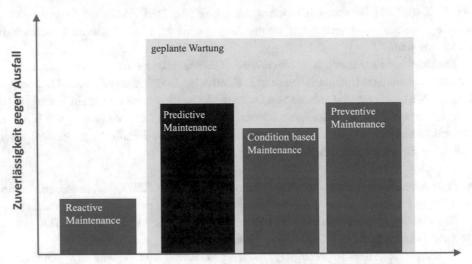

Abb. 11.5 Wartungsstrategien. (Ausfallsicherheit vs. Kosten)

Ersatzteile wichtig. Dies kann im Rahmen des IIoT (Industrial Internet of Things – vgl. Abschn. 10.5) autonom geschehen.

Ein schematisiertes Vorgehen bei Predictive Maintenance zeigt Abb. 11.6.

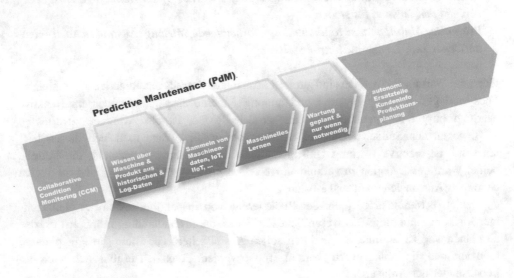

Abb. 11.6 Predictive Maintenance

11.4 Collaborative Technologies (CM, CCM, SCC)

Die Idee hinter den **Collaborative Technologies** ist, Daten aus regelmäßiger bzw. permanenter Messung und Analyse von Maschinen und Sensoren **über Unternehmensschranken hinweg gemeinsam zu nutzen.** Von der kollaborativen Nutzung dieser großen Datenmengen (bis hin zu Big Data) können alle Beteiligten profitieren (nach Plattform Industrie 4.0 und BMWi, 2020).

In der Industrie sind oft große Bestände an Produktions- und Logistikdaten vorhanden. Dabei handelt es sich um Maschinendaten. Zusätzlich können sie über mit dem Internet of Things (IoT) verbundene Geräte generiert und abgerufen werden. Aus Schutz von Betriebsgeheimnissen oder von personenbezogenen Daten werden diese Daten aber nur sehr eingeschränkt firmenfremden Nutzern zur Verfügung gestellt, was den sog. Collaborative Technologies entgegensteht. Dennoch kann es durchaus sinnvoll und gewinnbringend für alle Beteiligten sein, sich zu öffnen. Voraussetzung ist natürlich, dass die Daten anonymisiert und frei von speziellem Firmen-Know-how zur Verfügung stehen. Interessant wären diese Daten z. B. bei der Entwicklung neuer Geräte durch den Hersteller, nei Nutzeranwendungen oder einfach dafür, dass Fehler nicht mehrfach gemacht werden. Es gibt hierzu Ansätze von Verbänden, die Problematik ist aber auch kartellrechtlich brisant. Weitere Herausforderungen entstehen bei der Nutzung von ähnlichen Maschinen unterschiedlicher Hersteller.

- **Condition Monitoring (CM)** *(Zustandsüberwachung) sammelt Betriebsdaten bilateral (z. B. ausschließlich beim Maschinenlieferanten und dem Betreiber) und analysiert sie.*
- **Collaborative Condition Monitoring (CCM)** *sammelt Daten multilateral vom Komponentenhersteller über das gesamte Wertschöpfungsnetzwerk bis zum industriellen Nutzer und stellt die Daten auf einer herstellerunabhängigen, digitalen Plattform bereit.*
- **Supply Chain Collaboration (SCC)** *erhöht die Transparenz innerhalb der Zulieferkette. Dabei geht es um Früherkennung von (Serien-)Fehlern und Rückverfolgbarkeit (Track and Trace) sowie um **Supply Chain Resilience** (Widerstandskraft) und **Supply Chain Contingency** (Eventualitätenvorsorge, Schwachstellenanalyse)*

Condition Monitoring (CM) überwacht den Maschinenzustand mittels regelmäßiger bzw. permanenter Messung und Analyse der Sensordaten. Ein Hersteller von Maschinen oder Komponenten hat seine Entwicklungsdaten, ggf. auch von größeren Testläufen bzw. Inbetriebnahmen. An die tatsächlichen Daten in der alltäglichen (Massen-)Produktion kommt er aus verständlichem Know-how-Schutz nicht, so der Mittelständler Sascha Kößler (siehe auch weiter unten). Der Maschinen- aber auch der Komponentenhersteller könnte aber daran interessiert sein, Zugang zu Betriebsdaten seines Produkts bzw. seiner Komponente, die in einer Maschine verbaut ist, zu erhalten, die wiederum bei einem dritten Unternehmen betrieben werden. Die permanente Erfassung des Maschinenzustands erlaubt ihm, die Sicherheit und Effizienz sowohl seiner Komponente als auch der gesamten

Anlage zu optimieren (Jochem und BMWi, 2020). ***Collaborative Condition Monitoring (CCM)*** kann hier Lösungen bieten.

Während CCM quasi in den Rückspiegel schaut, geht es beim **Supply Chain Collaboration (SCC)** um das „jetzt" in einer größeren Perspektive: Ziel von SCC ist die Steuerungsfähigkeit innerhalb der Supply Chain durch gegenseitigen, automatisierten Abgleich direkt von Produktionsmaschine zu Produktionsmaschine. Insbesondere angesichts der Globalisierung mit derzeit einer Reihe von Handelskonflikten und Krisen ist das eine Herausforderung.

Der Vorteil liegt auf der Hand, wirft aber verschiedene Fragen rechtlicher Natur sowie zur Datensouveränität (Geheimhaltung, Know-how-Schutz, mögliche Patentierung) auf:

Zum einen muss noch rechtlich geklärt werden, wem überhaupt die Daten gehören – dem Komponentenhersteller, dem Hersteller der Maschine bzw. Anlage oder dem Nutzer? Diese Frage wurde bereits für das autonome Fahren diskutiert. Bereits jetzt produzieren moderne Autos eine Unmenge an Daten, tendenziell zunehmend, die z. T. direkt übertragen werden können oder bei der regelmäßigen Inspektion manuell ausgelesen werden können. Auch Versicherungen überwachen die Fahrweise ihrer Kunden. Falls diese das erlauben, sinkt deren Versicherungsprämie. Wer aber darf diese Daten für was nutzen und ggf. weitere Geschäfte damit machen? Der Bundesdatenschutzbeauftragte Ulrich Kelber zieht eine klare Grenze für die kommerzielle Nutzung von Daten aus computergesteuerten Autos. Sehr viele entstehende Daten seien personenbezogen, also klar im entsprechenden Eigentum. Dies betreffe unveräußerliche Grundrechte. Allerdings scheinen diese Daten sogar bis nach China exportiert zu werden (nach dpa & heise online, 2019).

Zum anderen ist eine Datenöffnung bei gleichzeitiger Wahrung der Datensouveränität eine große Herausforderung: Collaborative Condition Monitoring setzt ein gewisses Vertrauen in die Datensicherheit voraus. Ohne dieses Vertrauen gibt es keine Akzeptanz, und genau hier hapert es derzeit, insbesondere beim Mittelstand. Im Sinne der Datensouveränität möchte niemand, dass sein spezifisches Know-how aus den Maschinendaten unbefugt abfließt. „Eine Maschine in China produziert mit den gleichen Maschineneinstellungen und -daten gleich gut wie hierzulande" war ein Einwand eines KMU-Geschäftsführers. Diese Daten geheimzuhalten, darauf fußt sein Geschäftskonzept.

Digitale Ökosysteme müssen daher selbstbestimmt gestaltbar sein: Die relevanten Daten dürfen nicht aggregiert (angesammelt) über viele Anwender allgemein zur Verfügung stehen und eine allgemeine **Skalierbarkeit,** d. h. die Fähigkeit eines Systems zur bedarfsgerechten Größenanpassung, über das gesamte Wertschöpfungsnetzwerk darf nur eingeschränkt und anonymisiert möglich sein.

Damit die Partner zusammenarbeiten können, brauchen sie darüber hinaus eine vertrauenswürdige, angriffssichere Infrastruktur für den Datenaustausch und gemeinsame Regeln der unternehmensübergreifenden Authentifizierung und Zugriffssteuerung. Des Weiteren muss die Datenmonetarisierung geregelt sein, d. h., wie ein möglicher Profit aus den Daten ermittelt und unter den Akteuren aufgeteilt wird.

Auch sind kartellrechtliche Fragen zu klären. Interessant in diesem Zusammenhang ist, dass vor allem in der Automobilindustrie *Kostentransparenz* häufig von den Zulieferern gefordert wird. Die Offenlegung von Kalkulationsgrundlagen berührt aber bereits das Kartellrecht. Worüber bei Collaborative Technologies nachgedacht wird, geht in die Richtung einer *Technologietransparenz,* was neben dem Kartellrecht auch Schutzfragen aufwirft (Patent, Urheberrecht etc.).

11.5   Fragen zum Kapitel

1. Was sind die Ziele der datengetriebenen Prozessanalyse und warum wäre es sinnvoll, Daten auch über Unternehmensgrenzen hinweg auszutauschen. Warum macht man dies dann nicht?
2. Listen und erläutern Sie die vier Arten der Datenanalyse auf und finden Sie anwendungsorientierte Beispiele.
3. Unterscheiden und erläutern Sie Data Mining und Process Mining.
4. Was unterscheidet Data Mining vom Text Mining (siehe Abschn. 8.4)?
5. Bezüglich des Ausfallablaufs bzw. -geschehens sind mechanische System zumeist problemloser. Warum? Unterscheiden Sie dabei verschiedene Ausfallarten nach ihrer Brisanz.
6. Wann ist eine reaktive Wartung sinnvoll und wie gliedert sich Predictive Maintenance in die verschiedenen Wartungsstrategien ein?
7. Beschreiben Sie Predictive Maintenance und Predictive Machine und geben Sie Beispiele, wo dies sinnvoll ist.
8. Was sind die Vorteile eines Collaborative Condition Monitoring? Was könnte ein Unternehmen davon abhalten, dies anzuwenden?

Literatur

Dagher, S. (07. März 2019). Eine Evolution? Von Data Mining zu Process Mining. https://der-pro zessmanager.de/aktuell/news/von-data-mining-zu-process-mining. Zugegriffen: 17. Juni 2020.

dpa, & heise online. (August 2019). Datenschützer sieht klare Grenzen für Nutzung von Autodaten. https://www.heise.de/newsticker/meldung/Datenschuetzer-sieht-klare-Grenzen-fuer-Nutzung-von-Autodaten-4490457.html. Zugegriffen: 15. Apr. 2020.

Ehrich, J. (05. Dezember 2019). Process Mining: Analysefragen in der Produktion. https://der-pro zessmanager.de/aktuell/news/process-mining-tools-im-einsatzgebiet-produktion. Zugegriffen: 17. Dez. 2020.

Hoffmann, T. (20. Februar 2020). The Agigity Effect (by Vinci Engineers): Wie die KI in Auto-fabriken Einzug hält. https://www.theagilityeffect.com/de/article/wie-die-ki-in-autofabriken-ein zug-haelt/. Zugegriffen: 17. Mai 2020.

IEEE Task Force on Process Mining. (2011). Process mining manifest. https://www.win.tue.nl/iee etfpm/lib/exe/fetch.php?media=shared:Pmm-german-v1.pdf. Zugegriffen: 10. July 2020.

Jensen, K. (2015). BM SPSS modeler CRISP-DM guide. ftp://public.dhe.ibm.com/software/analyt ics/spss/documentation/modeler/18.0/en/ModelerCRISPDM.pdf. Zugegriffen: 30. Aug. 2020.

Jochem, M., & BMWi. (2020). Collaborative condition monitoring. https://www.bmwi.de/Red aktion/DE/Artikel/Digitale-Welt/GAIA-X-Use-Cases/collaborative-condition-monitoring.html. Zugegriffen: 30. Aug. 2020.

Kienzler, R. (05. Dezember 2018). Architectural thinking in the Wild West of data science. https:// developer.ibm.com/articles/architectural-thinking-in-the-wild-west-of-data-science/?mhsrc=ibm search_a&mhq=asum-dm#asum-dm. Zugegriffen: 11. Okt. 2020.

Kohrs, G. (21. April 2020). Was ist OEE und wie hilft Process Mining, es zu verbessern? https:// www.sdggroup.com/de/webroom-events/insights/blog/was-ist-oee-und-wie-hilft-process-min ing-es-zu-verbessern. Zugegriffen: 30. Sept. 2020.

Plattform Industrie 4.0, & BMWi. (12. Mai 2020). Collaborative condition monitoring. https:// www.plattform-i40.de/PI40/Redaktion/DE/Newsletter/2020/Ausgabe23/2020-05-CCM.html. Zugegriffen: 21. Juni 2020.

Rösinger, A., & BMWi. (2020). IIoT Platform with out of the box MES applications. https://www. bmwi.de/Redaktion/DE/Artikel/Digitale-Welt/GAIA-X-Use-Cases/IIot-platform-with-out-of- the-box-mes-applications.html. Zugegriffen: 1. Sept. 2020.

REFA. (2020). OEE – Overall Equipment Effectiveness. https://refa.de/service/refa-lexikon/oee-ove rall-equipment-effectiveness. Zugegriffen: 11. Okt. 2020.

Rosik, M. (04. April 2019). Using process mining to maximize OEE. https://www.minit.io/blog/ using-process-mining-to-maximize-oee. Zugegriffen: 25. Juni 2020.

Wikimedia. (2012). Process diagram showing the relationship between the different phases of CRISP-DM. https://en.wikipedia.org/wiki/Cross-industry_standard_process_for_data_mining#/ media/File:CRISP-DM_Process_Diagram.png. Zugegriffen: 30. Sept. 2020.

Qualitätsmanagement 4.0

12

12.1 Qualität 4.0 & Smart Quality

„Qualität lässt nach, wenn sie nicht verbessert wird."

Georg-Wilhelm Exler

Digitalisierung, Industrie 4.0 und KI mit ihrer Vernetzung der Wertschöpfungskette mittels digitaler Technologien beeinflusst auch das Qualitätsmanagement: Abläufe und deren Änderungen beschleunigen sich. Echtzeitanalyse großer Datenmengen sind möglich, sowohl direkt aus dem Wertschöpfungsprozess als auch, das ist sehr neu, aus der Nutzung der Produkte, z. B. durch eingebettete Systeme (Embedded Systems, vgl. Abschn. 12.8).

So nutzt der Daimler-Konzern, u. a. in seiner Factory 56, ein digitales Ökosystem namens MO360 auch zur Verbesserung des Qualitätsmanagements. Bestandteil dieses digitalen Ökosystems ist „Quality Live", das in Echtzeit alle relevanten Qualitätsdaten übermittelt und verarbeitet. „Das System informiert dabei die Qualitätsbeauftragten wie auch die Werker proaktiv per Smartphone oder Handheld über den aktuellen Qualitätsstatus in ihrem Bereich. Zudem unterstützt das System einen strukturierten Problemlösungsprozess sowie eine nachhaltige Prozessoptimierung, indem es – wenn notwendig – mit KI-Methoden Vorschläge für eine effiziente Nacharbeit macht" (Hill, 2020; Daimler, 2020).

Statt langer statistischer Auswertungen können über Maschinelles Lernen bzw. Deep Learning Trends schneller erkannt und entsprechende Maßnahmen getroffen werden. Mechanismen des Internet of Things (IoT bzw. IIoT) erlauben es auch, Qualitätsdaten unternehmensübergreifend abzugleichen und die resultierenden Handlungen automatisiert abzustimmen.

© Der/die Autor(en), exklusiv lizenziert an Springer Fachmedien Wiesbaden GmbH, ein Teil von Springer Nature 2024
A. Mockenhaupt and T. Schlagenhauf, *Digitalisierung und Künstliche Intelligenz in der Produktion*, https://doi.org/10.1007/978-3-658-41935-6_12

Bezogen auf die Fertigung wird der Begriff Smart Quality verwendet. Er kann synonym für Qualität 4.0 genutzt werden, der aber umfassender über die gesamte Wertschöpfungskette verstanden wird:

- **Smart Quality** *ist die Umsetzung des Qualitätsmanagements in der intelligenten Produktion (Smart Factory – siehe* Abschn. 10.3).

Der Begriff Qualität 4.0 steht in Verbindung mit Industrie 4.0.

> **Qualität 4.0** *beschreibt die Digitalisierung der Qualitätssicherung und des Qualitätsmanagements unter Nutzung der Technologien aus Industrie 4.0.*

Analog zu Industrie 4.0 können vier Stufen der Entwicklung im Qualitätsmanagement differenziert werden (in loser Anlehnung an Radziwill, 2018) zeitlich:

Qualität 1.0: Qualitätskontrolle (Radziwill: Quality as Inspection)
Diese war der Produktion nachgelagert und verursachte dadurch sehr viel Ausschuss. Im weiteren Verlauf halfen jedoch statistische Werkzeuge, zumindest den Prüfaufwand zu verringern. Vordenker: Walter A. Shewhart u. a. mit der statistischen Prozesslenkung (Statisical Process Control – SPC)
Qualität 2.0: vorausschauende Fehlervermeidung & kontinuierliche Verbesserung (Radziwill: Quality as Design)
Fehlervermeidung statt Fehlerkorrektur. Qualität wird in den Prozess mit hineindesignt. Vordenker: Willam Edwards Deming u. a. mit dem Deming-Kreis.
Qualität 3.0: Einbindung in ein Managementsystem (Radziwill: Quality as Empowerment)
Weg vom Fehler in einem Bauteil hin zur Verantwortung für Prozesse und der Verantwortlichkeit jedes Einzelnen. Vordenker: ISO 9000-Reihe.
Qualität 4.0: Agiles Qualitätsmanagement (Radziwill: Quality as Discovery)
Zum einen geht es um die Effizienz, mit der wir Erkenntnisse über Produkte und Organisation entdecken und Handlungsoptionen daraus entwickeln können.
Zum anderen geht es um VUKA (Volatilität, Unsicherheit, Komplexität und Ambiguität), da es immer schwieriger wird, potenzielle Fehler und Fehlerursachen komplexer Produkte präventiv zu adressieren.

12.2 Qualitätssicherung & KI

„Mit einer KI-gestützten visuellen Prüfung konnten wir das Verhältnis von False Positives zu den bisherigen Systemen deutlich reduzieren", sagt Demetrio Aiello, Leiter des KI & Robotics Labs bei Continental dem Capgemini Research Institute (Capgemini, 2019). Eine visuelle Qualitätsprüfung, bei der Mensch und KI kollaborativ zusammenarbeiten, zeigt Abb. 12.1.

Bauteile melden ihren Werkzeugmaschinen, Produkte ihren Entwicklern Daten zur Funktionsfähigkeit. Produktionsanlagen sowie automatisierte Bestell- und Vertriebssysteme können Ersatzteile bestellen und die entsprechende Logistik bereitstellen.

Die größte Veränderung kommt aber über bilderkennende Verfahren in der Qualitätssicherung. Dies auch, weil die notwendige Hard- und Software für die smarte Bildverarbeitung mittlerweile kostengünstig ist und in kurzer Zeit trainiert werden kann.

Typische Einsatzgebiete einer visuellen Qualitätskontrolle sind in allen Bereichen des Wertschöpfungsprozesses zu finden, insbesondere aber in der Montage und in der Automobilindustrie:

- erkennen eines Bauteils (ohne zusätzliche Markierung, z. B. Barcode),
- lesen von Kennzeichnungen in normaler Schreibweise,
- Positions- & Lageerkennung,
- Objekterkennung,
- Vollständigkeitsprüfung,

Abb. 12.1 Visuelle Qualitätsprüfung bei der Kößler Technologie GmbH

- Oberflächenprüfung (Farbe, Beschaffenheit, Fehler),
- Vermessung von Größe und Formen,
- erkennen von minimalen Veränderungen durch Musteranalyse.

Auch bietet die Analyse vorhandener Daten nicht nur die Möglichkeit klassischer Prozessoptimierung, sondern liefert auch weitere qualitätsrelevante Informationen. Diese Daten müssen „nur" zusammengeführt werden:

- *Beim **Production Process Mining** wird verborgenes Prozesswissen, z. B. über Big Data und KI, visualisiert und entsprechende Leistungsfaktoren (Prozess-KPIs – Key Performance Indicator) beobachtet.*

Das vom BMWi geförderte Projekt PRO-OPT nimmt sich einer weiteren Chance, u. a. zur Qualitätsverbesserung, an durch die Zusammenführung von Produktionsdaten (PRO-OPT, 2017): „Datenquellen liegen dabei verteilt bei verschiedenen, wirtschaftlich unabhängigen Teilnehmern des Ecosystems vor, insbesondere da in die Produktion meist nicht nur Teile aus eigener Fertigung eingehen. Übergreifende Analysen müssen unter Berücksichtigung von Zugriffsberechtigungen auf diese Quellen heruntergebrochen werden. Big-Data-Strategien sollen hier helfen, diese Analysen zu ermöglichen bzw. effizienter zu gestalten. Die Lösung wird in der Automobildomäne angesiedelt, da diese in Deutschland eine Schlüsselstellung besitzt und einen starken Leuchtturmeffekt für weitere Branchen hat."

Eine besondere KI-Anwendung der Qualitätssicherung in der Automobilindustrie findet sich im Bereich **Homologation** (aus dem altgriechischen: Übereinstimmung, bezeichnet auch eine gerichtliche Beglaubigung eines Schriftstücks). Die ECE-Homologation bezeichnet den Zulassungsprozess neuer Automodelle. Auf Basis relevanter Zulassungsvorschriften wird so überprüft, ob Fahrzeuge zulässig sind. Diese Vorschriften, z. B. Crashtests, Farbe der Blinker, Abgasvorschriften, sind länderspezifisch unterschiedlich. Vor allem die USA und China unterscheiden sich deutlich gegenüber Europa.

Besondere Probleme bereitete hier das Anbringen vorgesehener Sticker. Anfang 2019 steckten wegen falscher Kennzeichnung 1600 T Modell 3 im chinesischen Zoll fest (F.A.Z., 2019). Diese Herausforderung konnte mittels einer KI-basierten Bilderkennung gut gelöst werden (Invision-News, 2019).

Die gängigen Qualitätsmanagementnormen fordern darüber hinaus, Kundenrückmeldungen zu berücksichtigen. Diese Feldbeobachtungen können im Rahmen von ***Quality-Feedback-Mechanismen (QFM)***, z. B. durch IoT-Systeme, erfolgen.

So fordert die DIN EN ISO 9001:2015 unter 8.5.5 eine Tätigkeit nach der Lieferung unter Berücksichtigung der Rückmeldung von Kunden. Die darauf aufbauenden Richtlinien IATF 16.949:2016 (Automobilindustrie) sowie DIN EN 9100:2018 (Luftfahrtindustrie) sehen ebenfalls unter 8.5.5 eine Sammlung und Analyse von Daten aus der Nutzung vor (z. B. Leistung, Zuverlässigkeit, Projekterfahrungen).

12.3 Qualitätsmanagement & KI (DIN EN ISO 9000 f.)

Das klassische Qualitätsmanagement ist gekennzeichnet durch ein stabiles Umfeld und längere Produktionszyklen. „Kontrollierte Prozesse" sind wesentlicher Bestandteil eines QM-Systems.

Dies ändert sich durch Digitalisierung und Künstliche Intelligenz:

Die Kontrolle von Prozessen kann eingeschränkt sein: Die KI übernimmt autonom Entscheidungsprozesse, die nur bedingt transparent sind und deren Reaktion sich daher nicht immer eindeutig voraussagen lässt. Durch autonom selbstlernende Systeme kann sich das Prozessergebnis verändern. Gerade dies ist Sinn und Ziel von autonomen Systemen. Für die DIN-EN-ISO-9000-Reihe mit ihrem starken Fokus auf kontrollierte Prozesse stellt dies eine Herausforderung dar.

Insbesondere gibt es grundsätzliche Widersprüche der Prinzipien des „kontrollierten Prozesses" mit denen des „Maschinellen Lernen". ML ist ein wenig wie die Erziehung von Kindern: 13 Jahre geben die Eltern sich alle Mühe, Werte zu vermitteln, um dann zu hoffen, dass die erste Teenieparty unüberwacht funktioniert. Hier muss sich das Qualitätsmanagement noch weiterentwickeln (Mockenhaupt, 2023).

Im Sinne eines agilen Ansatzes muss sich das Qualitätsmanagement daher wandeln. Weg von starren Prozessen hin zu flexiblen, beweglichen Abläufen. Kontrolle und Verantwortlichkeit müssen daher bei autonomen Systemen neu definiert werden. Der Weg im Qualitätsmanagement geht weg von „Anweisung und Kontrolle" (Command and Control) hin zu „Absicht und übergeordneten Prinzipien" (Purpose and Principles).

Die Deutsche Gesellschaft für Qualität (DGQ) hat hier zusammen mit dem QM-Experten Benedikt Sommerhoff analog zu den sieben Grundsätzen der DIN EN ISO 9000 ein Manifest mit sieben neuen Grundsätzen für agiles Qualitätsmanagement entwickelt, Tab. 12.1 zeigt einen Vergleich der QM-Grundsätze zwischen der ISO-9000-Reihe und einem agilen QM:

Tab. 12.1 Vergleich der sieben Grundsätze des Qualitätsmanagements (QM) und des agilen QM (Sommerhoff & DGQ, 2016)

Sieben Grundsätze der ISO 9000	Sieben Grundsätze des agilen QM
Kundenorientierung	Kundeninteraktion
Führung	Dienende Führung
Einbeziehung von Personen	Interdisziplinäre Vernetzung
Prozessorientierter Ansatz	Evolutionärer Ansatz
Verbesserung	Iteration
Faktengestützte Entscheidungsfindung	Knackpunktbasierte Lösungsfindung
Beziehungsmanagement	Menschenzentrierung

12.4   KI-Normung & Konformitätsbewertung

Der Trend allgemein bei Normung geht in Richtung weniger produktspezifischer und mehr systemspezifischer Normen (Managementnormen). Die Normung zur KI befindet sich noch im Aufbau. Aktuell werden vorrangig Normungsroadmaps und sog. SPEC-Normen erstellt.

DIN SPEC ist eine Art Vorstufe zur DIN-Norm. Sie kann schneller erstellt werden, allerdings sind die Arbeitsgruppen kleiner und es besteht keine Konsenspflicht (Gesellschaft für Qualitätsprüfung mbH, 2020).

Zukünftig wird es wichtig sein, auch KI-Applikationen von sachkundigen und neutralen Prüfern auf ihre Konformität, d. h. die Übereinstimmung mit Vorgaben, zu überprüfen. Dies gilt nicht nur für die bekannten Qualitäts- und Umweltmanagementnormen (DIN EN ISO 9001 und 14001), sondern auch für noch zu entwickelnde Standards bezüglich des vertrauenswürdigen Einsatzes von KI. Gefordert wird eine Zertifizierung für transparente, vertrauenswürdige bzw. erklärbare KIs (siehe Abschn. 3.12).

- *Zertifizierung bestätigt, zeitlich begrenzt, die **Konformität** zu Vorgaben (Normen, Richtlinien etc.). Sie wird durch hierfür zugelassene, akkreditierte Organisationen vergeben.*
- ***Konformitätsbewertung** ist definiert in der DIN EN ISO 17000 als Darlegung, dass festgelegte Anforderungen bezogen auf ein Produkt, einen Prozess, ein System, eine Person oder eine Stelle erfüllt sind.*

Eine Auswahl von Normen und Standards mit KI-Bezug zeigt Tab. 12.2.

12.5   KI-Zertifizierung

Eine Initiative der Kompetenzplattform KI.NRW hat Vorschläge erarbeitet, wie eine vertrauenswürdige KI sichergestellt und zertifiziert werden kann (Kompetenzplattform KI.NRW & Fraunhofer IAS, 2019). Herausgekommen ist ein Whitepaper zum „Vertrauenswürdige[n] Einsatz von Künstlicher Intelligenz" (Fraunhofer IAIS, 2019).

Die Initiative schlägt in dem Whitepaper eine sachkundige und neutrale Prüfung von KI-Systemen vor mit dem allgemeinen Zweck, Unrecht bzw. ethisch nicht gerechtfertigte Zustände von der Gesellschaft abzuwenden. Dies beträfe neben den Freiheitsrechten des Einzelnen und dem Gleichbehandlungsgrundsatz gerade auch allgemeine gesellschaftliche Interessen wie etwa den Schutz und die Erhaltung der Umwelt sowie des demokratischen Rechtsstaats. Die vorgeschlagenen Handlungsfelder sind in Abb. 12.2 aufgelistet.

Tab. 12.2 Auswahl von Normen und Standards mit KI-Bezug

Norm	Titel der Norm
DIN EN ISO/IEC 17000	Zertifizierung und Konformitätsbewertung (noch kein KI-Bezug)
DIN ISO/IEC 25000	Software-Engineering – Qualitätskriterien und Bewertung von Softwareprodukten (SQuaRE)
ISO/IEC 25010	Qualitätsmodell und Leitlinien
ISO/IEC 25012	Modell der Datenqualität
ISO/IEC 25020	Qualitätsmessung – Messungsreferenzmodell und Leitfaden
ISO/IEC 25021	Elemente zur Qualitätsmessung
DIN SPEC 5306 (DIN ISO/TS 15066)	Roboter und Robotikgeräte – Kollaborierende Roboter
DIN SPEC 2343	Übertragung von sprachbasierten Daten zwischen Künstlichen Intelligenzen – Universal Namespace Protokoll – Festlegung von Parametern und Format
DIN SPEC 13266	Leitfaden für die Entwicklung von Deep-Learning-Bilderkennungssystemen
DIN SPEC 91406	Automatische Identifikation von physischen Objekten und Informationen zum physischen Objekt in IT-Systemen, insbesondere IoT-Systemen
DIN SPEC 91426	Qualitätsanforderungen für videobasierte Methoden der Personalauswahl
DIN SPEC 92000	Datenaustausch auf der Grundlage von Eigenschaftsausprägungsaussagen
DIN SPEC 92001-1	Artificial Intelligence – Life Cycle Processes and Quality Requirements – Part 1: Quality Metamodel
DIN SPEC 92001-2	Künstliche Intelligenz – Life Cycle Prozesse und Qualitätsanforderungen – Teil 2: Robustheit
ISO/IEC 2382	Information technology – Vocabulary Part 36: Learning, education and training
ISO 8373	Robots and robotic devices – Vocabulary
EN ISO 9241-10	Ergonomische Anforderungen für Bürotätigkeiten mit Bildschirmgeräten – Teil 10: Grundsätze der Dialoggestaltung
ISO/IEC JTC 1/SC 38	Cloud Computing and Distributed Platforms
ISO/IEC 20546	Information technology – Big data – Overview and vocabulary
ISO/IEC 20924	Information technology – Internet of Things (IoT) — Vocabulary

(Fortsetzung)

Tab. 12.2   (Fortsetzung)

Norm	Titel der Norm
VDI/VDE/VDMA 2632 Blatt 2 Blatt 3 Blatt 3.1	Industrielle Bildverarbeitung – Leitfaden für die Erstellung eines Lastenhefts und eines Pflichtenhefts Industrielle Bildverarbeitung – Abnahme klassifizierter Bildverarbeitungssysteme Industrielle Bildverarbeitung – Abnahme klassifizierter Bildverarbeitungssysteme – Prüfung der Klassifizierungsleistung
VDMA 66412-1 -3 -4 -10 (40)	Manufacturing Executions Systems (MES) MES – Ablaufbeschreibung zur Datenerfassung MES – Daten für Fertigungskennzahlen MES im Umfeld von Industrie 4.0
VDI 5600 (mehrere Blätter)	Fertigungsmanagementsysteme (Manufacturing Executions Systems – MES) – Wirtschaftlichkeit
ISO 22400 (mehrere Blätter)	Automatisierungssystem und Integration – Leistungskennzahlen (KPI) für das Fertigungsmanagement

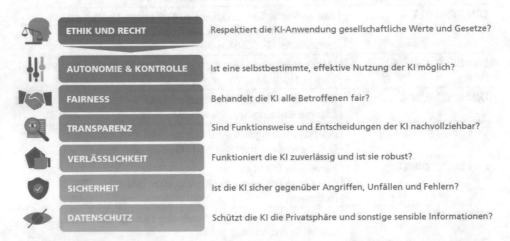

Abb. 12.2   Handlungsfelder einer KI-Zertifizierung. (Quelle: © Vertrauenswürdiger Einsatz von Künstlicher Intelligenz, Hrsg. Fraunhofer IAIS, 2019, S. 15)

12.6   Umsetzung bei Qualität 4.0

Das Ulmer Unternehmen Carl Zeiss MES Solution (vorm. Guardus) sieht Qualität 4.0 zunächst so: „Egal wie mächtig Software im Rahmen von 4.0-Szenarien auch ist, sie ist trotz allem nur das Helferlein, das den Menschen unterstützt" (GUARDUS Solutions AG, 2016).

Dabei wird auf fünf Bausteine innerhalb eines Funktionsnetzwerks Qualität 4.0 fokussiert, die gleichzeitig als Werkzeuge und als kritische Erfolgsfaktoren gesehen werden können:

- *Mobilität*

  Zeit- und ortsungebundene Information zur Prozesssteuerung und Entscheidungsfindung.
- *Prozesstransparenz*

  Im Sinne umfassender Informationen zur automatisierten Steuerung und Überwachung von sich selbstorganisierenden und -optimierenden Produktionsflüssen (siehe hierzu auch MES – Abschn. 10.7).
- *Onlineinformationen in Echtzeit*

  360-Grad-Blick auf die tagesaktuelle Produkt- und Prozessqualität.
- *Kennzahlen & KVP*

  Selbstorganisierende Produktionsabläufe bedürfen neben einer aktiven Prozesssteuerung der kontinuierlichen Verbesserung.
- *Mitarbeiterqualifikation*

  Aufbau von Entscheidungskompetenzen innerhalb des 4.0-Umfelds.

Aus dem Bereich des Business Intelligence Reporting (BI-Reporting) wurden vier Analysestufen in Qualität 4.0 übernommen (siehe Abb. 12.3):

1. Descriptive Analytics:
   beschreibende, vergangenheitsbezogene Auswertung von Daten

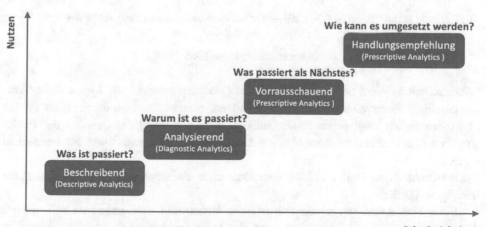

Abb. 12.3   Das Analysekontinuum. (Nach Gartner, 2014)

2. Diagnostic Analytics:
    analysierende, vergangenheitsbezogene Auswertung von Daten
3. Prescriptive Analytics
    Prognoseverfahren für Vorhersagen
4. Prescriptive Analytics
    Handlungsempfehlungen

Bei Predictive Quality werden große Mengen an Qualitätsdaten sowie Sensor-, Maschinen- und Umweltdaten in Echtzeit erfasst und analysiert. Mithilfe von Maschinellem Lernen werden Fehlermuster und mittels KI Risiken ermittelt sowie Handlungen initiiert.

- *Predictive Quality* *bezeichnet die Voraussage von qualitätsrelevanten Größen auf Grundlage von Daten, die während der Benutzung eines Produkts erhoben werden. Beispielsweise können in Kraftfahrzeugen erfasste Betriebsdaten Informationen über die Funktionsfähigkeit oder Restlebensdauer bestimmter Bauteile geben.*

Nach DIN SPEC 92001-2 sind die Schlüsselkriterien für Qualität bei KI-Systemen Funktionalität, Leistungsfähigkeit, Robustheit und Verständlichkeit („The key quality characteristics, the so-called quality pillars, that need to be taken into account throughout the whole life cycle of an AI module are functionality & performance, robustness and comprehensibility.").

12.7   Exkurs: Lernen durch Fehler

„Es ist ein großer Vorteil im Leben, die Fehler, aus denen man lernen kann, möglichst frühzeitig zu machen."

   Sir Winston Churchill, Britischer Politiker, 1874–1965

Fehlerfreiheit ist eines der obersten Ziele des Qualitätsmanagements. Menschliches Lernen geschieht aber auch durch Negativerfahrungen, zumeist ausgelöst durch eigene Fehler. Menschen lernen auch durch Fehler, müssen aber mit den Konsequenzen der Fehler umgehen. Zum effektiven Maschinellen Lernen muss dies auch einer KI ermöglicht werden.

   Das Problem, so Detlev Zühlke vom Deutschen Forschungszentrum für Künstliche Intelligenz (DFKI):

   „Einer Produktionsanlage, die selbstständig lernen und sich verbessern soll, müsste gestattet werden, Fehler zu machen. Und das heißt gegebenenfalls auch Ausschuss zu produzieren, denn Fehlentscheidungen gehören zu einem Lernprozess dazu. Das können wir uns in einer realen Produktion aber meistens nicht leisten" (Zühlke & Spinnarke, 2017).

Weiter Bernhardt Quendt (Siemens-CTO Digital Factory Division): „Dabei ist ein ‚Lernen durch Fehler' in der Industrie natürlich heikel bis indiskutabel und es müssen andere Herangehensweisen gewählt werden. Üblicherweise beginnt man mit der KI erst einmal in Simulationen oder lässt KI-Systeme im sogenannten 'überwachten Modus' im Realbetrieb ‚mitlernen'" (Quendt & Spinnarke, 2017).

Lösungen sind angedacht und gehen in die Richtung „überwachtes Lernen". Für „unüberwachtes Lernen" oder „bestärkendes Lernen" (siehe Abschn. 6.2) müssen neue Konzepte her. Diese funktionieren über Risikomanagement, eigentlich so wie bei Kindern: Die müssen ihre Erfahrungen selbst machen, es darf nur nicht „allzu viel" passieren. Die Problematik in der Produktion liegt dabei hauptsächlich in der Interpretation der Kosten: Es wird Ausschuss anfallen, sind dies Fehler- oder Lernkosten?

Das Testen von mechanischen Komponenten sowie integrierten Steuerungselementen ist teuer und kann zeitaufwendig, sogar gefährlich sein. Daher wird versucht, diese Systeme über Simulationen bereits im Entwurfsstadium zu validieren und somit den Testzeitraum zu verkürzen und die Testabdeckung zu verbessern.

12.8   In-the-Loop-Simulationen

In-the-Loop-Simulationen leisten einen wichtigen Beitrag zur Qualitätssicherung bei zeitkritischen oder risikobehafteten Entwicklungsvorhaben. Sie werden verwendet, um eingebettete Systeme (Embedded System, siehe Abschn. 10.8) in einer frühen Entwicklungsphase in einer Simulationsumgebung zu prüfen. Embedded Systems sind nach Entwicklungsfertigstellung nur noch schwierig veränderbar, daher ist eine besonders sorgfältige Prüfung notwendig.

Daher ist eine minuziöse Entwicklung erforderlich.

* *Model in the Loop (MIL)* ist die Simulation eines eingebetteten Systems. Eingesetzt wird MIL in der Entwicklung, um Embedded Systems kostengünstig zu testen und, wegen der oben erwähnten eingeschränkten Updatemöglichkeit eingebetteter Systeme, deren Funktion sicher zu stellen. Im Weiteren wird zwischen Software in the Loop (SIL), Prozessor in the Loop (PIL) und Hardware in the Loop (HIL) unterschieden. Es gibt aber eine Vielzahl weiterer In-the-Loop-Bezeichnungen, z. B. Driver in the Loop.
* *Hardware in the Loop (HIL)* sind Simulationstechniken, die aus der Automobilindustrie stammen. „Sie simulieren Fahrer, Fahrzeug und Umwelt (Driver-Vehicle-Environment, DVE), um die Funktion oder das Diagnoseverhalten von Steuergeräten im Labor zu testen. Dabei ermöglichen automatisierte Tests eine hohe Testabdeckung.

Es lassen sich beliebige Situationen reproduzierbar und umfangreich testen – ohne dass eine Gefahr für Fahrer und Fahrzeug entsteht"·(ETAS, 2020)

- *Driver in the Loop (DIL)* bezieht in den Simulationsmodellen subjektive menschliche Erfahrung mit ein, noch bevor der reale Prototyp gefahren werden kann.

12.9   Fragen zum Kapitel

1. Erläutern Sie die grundlegenden Prinzipien von Quality 1.0 bis Quality 4.0. Alle Prinzipien werden in Betrieben noch angewendet, suchen Sie nach Beispielen.
2. Was ist das Geheimnis des Product Process Mining?
3. Beschreiben Sie ein Quality-Feedback-System mittels des Internet of Thing (IoT). Wo könnten hier Probleme auftauchen?
4. Die DIN EN ISO 9000 basiert auf „kontrollierten Prozessen". Wo liegt hier die Herausforderung beim Einsatz von KI-Systemen? Wie würden Sie dies einem QM-Auditor bei einer Zertifizierung erklären?
5. Nennen Sie Werkzeuge und kritische Erfolgsfaktoren bei Quality 4.0 und überlegen Sie Beispiele aus dem industriellen Umfeld.
6. Kinder lernen auch durch Fehler. Warum ist dieses Konzept bei KI-Anwendungen schwierig umsetzbar?
7. Beschreiben Sie das Konzept der In-the-Loop-Simulation. Warum ist diese bei Embedded Systems so wichtig (siehe Abschn. 10.8)?

Literatur

Capgemini. (26. März 2019). Automobilbranche noch zögerlich bei der Umsetzung von Künstlicher Intelligenz. https://www.capgemini.com/de-de/wp-content/uploads/sites/5/2019/03/PM_AI-in-Automotive_DE.pdf. Zugegriffen: 21. Juni 2020.

Daimler. (02. September 2020). Mercedes-Benz präsentiert mit der Factory 56 die Zukunft der Produktion. https://www.daimler.com/innovation/digitalisierung/industrie-4-0/eroeffnung-factory-56.html. Zugegriffen: 18. Okt. 2020.

ETAS. (2020). Test und Validierung (Hardware-in-the-Loop (HiL)-Systeme). https://www.etas.com/de/anwendungen/applications_testing_validation.php. Zugegriffen: 20. Mai 2020.

F.A.Z. (06. März 2019). Falsche Kennzeichnung: 1600 Teslas stecken in Chinas Zoll fest. https://www.faz.net/aktuell/wirtschaft/unternehmen/tesla-model-3-steckt-in-chinesischem-zoll-fest-16074296.html. Zugegriffen: 2. July 2020.

Fraunhofer IAIS, F.-I.-U. (2019). Whitepaper: Vertrauenswürdiger Einsatz von Künstlicher Intelligenz. https://www.iais.fraunhofer.de/content/dam/iais/KINRW/Whitepaper_KI-Zertifizierung.pdf. Zugegriffen: 11. Okt. 2020.

Gartner. (10. Juni 2014). The Analytics Continuum. https://www.slideshare.net/sucesuminas/business-analytics-from-basics-to-value. Zugegriffen: 9. Juni 2020.

Gesellschaft für Qualitätsprüfung mbH. (2020). DIN, DIN NORM, DIN SPEC – Was verbirgt sich hinter diesen Kürzeln? https://gesellschaft-fuer-qualitaetspruefung.de/din-din-norm-din-spec-was-verbirgt-sich-hinter-diesen-kuerzeln/. Zugegriffen: 11. Okt. 2020.

GUARDUS Solutions AG. (24. Februar 2016). Qualität 4.0 trifft Control 2016. https://www.guardus-mes.de/news/presse/news-singlesite/qualitaet-40-trifft-control-2016. Zugegriffen: 10. Juni 2020.

Hill, J. (04. Juni 2020). Factory 56: Wie Daimler Industrie 4.0 realisiert. https://www.computerwoche.de/a/wie-daimler-industrie-4-0-realisiert,3549692. Zugegriffen: 18. Okt. 2020.

Invision-News. (20. September 2019). KI-basierte Qualitätssicherung bei der Homologation von Autos. https://www.invision-news.de/allgemein/falsch-geklebt/. Zugegriffen: 2. July 2020.

Kompetenzplattform KI.NRW, & Fraunhofer IAS. (2019). KI-Zertifizierung. https://www.iais.fraunhofer.de/de/kompetenzplattform-ki-nrw/ki-zertifizierung.html. Zugegriffen: 16. Mai 2020.

Mockenhaupt, A. (2023). *Qualitätssicherung – Qualitätsmanagement* (7. Aufl.). Verlag Handwerk und Technik.

PRO_OPT. (2017). Big Data Produktionsoptimierung in Smart Ecosystems. https://www.pro-opt.org/de/. Zugegriffen: 30. April 2020.

Quendt, B., & Spinnarke, S. (22. März 2017). Künstliche Intelligenz wird allmählich Ingenieurtauglich. https://www.produktion.de/trends-innovationen/kuenstliche-intelligenz-wird-allmaehlich-ingenieur-tauglich-317.html. Zugegriffen: 20. Juni 2020.

Radziwill, N. (09. Oktober 2018). Quality 4.0: Let's Get Digital – The many ways the fourth industrial revolution is reshaping the way we think about quality. https://www.researchgate.net/publication/328380917_Quality_40_Let%27s_Get_Digital_-_The_many_ways_the_fourth_industrial_revolution_is_reshaping_the_way_we_think_about_quality. Zugegriffen: Juni 2020.

Sommerhoff, B., & DGQ, D. (11. Oktober 2016). Manifest für Agiles Qualitätsmanagement. https://blog.dgq.de/manifest-fuer-agiles-qualitaetsmanagement/. Zugegriffen: 10. Juni 2020.

Zühlke, D., & Spinnarke, S. (22. März 2017). Der Maschinenbau ist reif für Künstliche Intelligenz. https://www.produktion.de/technik/der-maschinenbau-ist-reif-fuer-kuenstliche-intelligenz-115.html. Zugegriffen: 26. Juni 2020.

Robotik

13

13.1 Robotik und KI

„Verzeihung, Sir, diese R2-Einheit ist im besten Zustand. Ein echtes Angebot!"

Roboter C-3PO zu Luke Skywalker in Film Star Wars, 1977

Die Robotik ist eine Schlüsselanwendung der Künstlichen Intelligenz, insbesondere für KI-basierte autonome Systeme. Sie sind die Aktoren der KI, die Hände, die in der realen Welt Manipulationen, also Bewegungen durchführen können. Dabei wird bei KI-Anwendungen der Begriff Roboter zumeist weiter gefasst als üblich: Neben klassischen Robotertypen wie Industrierobotern oder humanoiden Robotern gelten auch Drohnen oder sich autonom bewegende Schöpfungen gemeinhin als Roboter.

In Bereich Robotertechnik ist Deutschland traditionell stark, sowohl in der Forschung als auch in der Anwendung. Insbesondere die Automobilproduktion ist der wohl am weitesten robotorisierte Industriezweig. Neben weiteren Anwendungen in der Produktion kommt auch die Medizintechnik als wichtiges Feld hinzu. Das Deutsche Patent- und Markenamt sieht die Robotik neben dem autonomen Fahren und der Medizintechnik als Haupttreiber der Künstlichen Intelligenz und als Schlüsseltechnologie (DPMA, 2019).

Roboter nutzen dabei neben dem Maschinellen Lernen vor allem die Bildverarbeitung. Sie sind für die Anwendung der Digitalisierung und KI so wichtig, weil es sich um Aktoren handelt, d. h., sie übertragen digitale Berechnungsergebnisse in reale Handlungen.

Die meisten aktuellen KI-Anwendungen kreisen um die Datenverarbeitung und Informationsgewinnung im weiteren Sinne und bleiben letztlich in einer virtuellen Welt. Demgegenüber ermöglicht die Robotik, Dinge in der realen Welt tatsächlich zu bewegen.

© Der/die Autor(en), exklusiv lizenziert an Springer Fachmedien Wiesbaden GmbH, ein Teil von Springer Nature 2024
A. Mockenhaupt and T. Schlagenhauf, *Digitalisierung und Künstliche Intelligenz in der Produktion*, https://doi.org/10.1007/978-3-658-41935-6_13

Dies ist in industriellen Anwendungen wie der Produktion, aber auch in der Medizintechnik von essenzieller Bedeutung. Die Umsetzung in der realen Welt gestaltet sich aber
schwieriger als in der virtuellen Welt.

Dies liegt an zweierlei:

Zum einen ist Forschung in realer Umgebung kostspieliger und zeitintensiver als die
Simulation des Vorgangs auf einem Rechner. Roboter sind teurer als Computer, mit
dem gleichen Geld kann man in der Informatik mehr fördern als im Maschinenbau.
Auch werden für die digitale Revolution andere Roboter gebraucht, als es der klassische
Industrieroboter ist, wie es Abb. 13.1 zeigt.

Der andere Grund, warum sich die Umsetzung der IR-Idee KI in der realen Welt
schwierig gestaltet, ist das Moravec-Paradox (siehe Abschn. 13.3).

The many faces
of the robot revolution

	Humanoid Robots	Stationary Robots	Aerial and Underwater Robots	Non-humanoid Land Robots
Adoption among companies by 2022	23%	37%	19%	33%
First movers	(35%) Financial Services and Investors	(53%) Automotive, Aerospace, Suppy Chain	(52%) Oil and Gas	(42%) Automotive, Aerospace, Suppy Chain

Source: Future of Jobs Report 2018, World Economic Forum

Abb. 13.1 Neue Arten von Robotern für die Digitale Revolution (World Economic Forum, 2018)

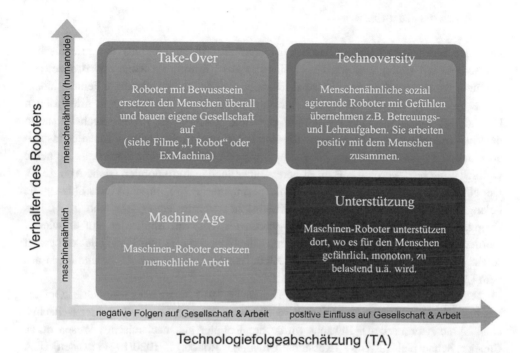

Abb. 13.2 Auswirkungen von KI und Robotik – Szenarien in Anlehnung an AG 5, Plattform Industrie 4.0 & BMWi (2019)

Die Plattform Industrie 4.0 hat in Zusammenarbeit mit dem BMWi innerhalb einer Studie ein Szenariomodell zu den Auswirkungen von KI und Robotik in der Zukunft entwickelt (AG 5, Plattform Industrie 4.0, & BMWi, 2019). Abb. 13.2 zeigt ein Portfolio in Anlehnung an dieses Modell. Dabei wird unterschieden, ob der Roboter letztlich eine Maschine bleibt oder sich in Richtung Humanoide (menschenähnlich, menschengestaltig) entwickelt. Weiter wird unterteilt, ob die Auswirkungen auf Gesellschaft und Arbeitswelt eher positiv oder negativ sind. Im Bereich der Wertschöpfung sind Ansätze des Machine Age bzw. der Unterstützungstechnologien bereits im Einsatz, im Pflegebereich gibt es Ansätze der sog. Technoversity. Insofern sind, mit Ausnahme des Take-over-Szenarios, die Szenarien bereits mittelfristig realisierbar. Letzteres ist (und bleibt hoffentlich) Science-Fiction, beflügelt aber leider auch einige Verschwörungstheorien.

13.2 Historie und aktuelle Situation der Robotik

„Wenn jedes Werkzeug auf Geheiß, oder auch vorausahnend, dass ihm zukommende Werk verrichten könnte, [...] so bedürfte es weder für den Werkmeister den Gehilfen noch für die Herren den Sklaven."

Aristoteles 320 v. Chr.

Die Idee eines künstlichen Menschen ist sehr alt: So stammt aus der griechischen Mythologie der Bodyguard von Hephaistos namens „Talos", ein Riese aus Bronze, den ein nicht weiter spezifizierter Blutkanal lebendig machte. Talos verbrannte Feinde, indem er sie umarmte. Der römische Gott Vulcanos (entspricht weitgehend dem griechischen Hephaistos) soll sich weibliche Sklaven aus Gold geschmiedet haben. Auch Leonardo da Vinci experimentierte (zeichnete) Riesenroboter, was auch moderne Künstler inspiriert (Lindinger, 2007; Rosheim, 2006). Auch experimentierte er mit Getrieben, die heute vielfach eingesetzt werden, z. B. in Robotern, aber auch in Automobilen (siehe Abb. 13.3). Der NASA-Ingenieur Mark E. Rosenheim experimentierte 2002 mit da Vincis Skizzen. Es gelang ihm, einen Roboterritter (Robot Knight) zu rekonstruieren (siehe Abb. 13.4). Das Original war vom Universalgelehrten 1495 für ein Fest am Mailänder Hof entwickelt worden und konnte automatisch Schultern, Ellenbogen, Arme und Handgelenke bewegt sowie das Visier öffnen (Habeck, 2012; Klein, 2009). Genutzt wurden Zeichnungen aus dem Codex Atlanticus (579r).

Der moderne Begriff „Roboter" wurde erstmalig 1917 in der Kurzgeschichte „Opilec" des tschechischen Autors Karel Čapek verwendet („Robota" beschreibt in der tschechischen Sprache Fronarbeit). Bekannt wurde der Roboter als mechanisches Wesen durch Capeks Schauspiel „R.U.R. (Rossums Universal Robots)", 1920/1921 in den USA uraufgeführt.

Abb. 13.3 Leonardo da Vinci
– Getriebe, Auto. (Quelle:
Wikimedia Commons)

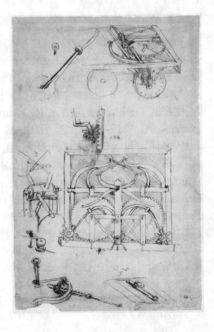

Abb. 13.4 Leonardo da Vinci – Roboterritter, Rekonstruktion. (Quelle: Wikimedia Commons)

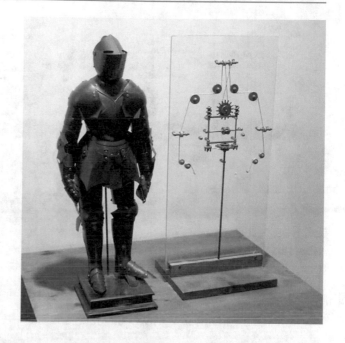

Qualitätsprobleme, hoher Krankenstand und hohe Produktionskosten führten 1964 beim norwegischen Schubkarrenhersteller Nils Underhaus zu der Überlegung, ein automatisch arbeitendes Lackiersystem zu entwickeln. Die Entwicklung dieses ersten Lackierroboters dauerte bis 1967, er wurde hydraulisch angetrieben und im „Playbackverfahren" (Point-to-Point-Anlernen) programmiert: Der Lackierer bewegt den Roboterarm entsprechend der Aufgabe, der Roboter fährt dann diese Bewegung nach. Der deutsche Wannenhersteller Kaldewei zeigte sich von dieser Idee so begeistert, dass er 1970 zehn dieser Roboter bestellte. Die ersten Lackierroboter bei BMW und Daimler-Benz wurden 1973 installiert (Mockenhaupt, 1994). Weitere Highlights der Roboterentwicklung zeigt Abb. 13.5.

Laut World Robotics Report 2020 der International Federation of Robotics (IFR) sind etwa 2,7 Mio. Roboter im Einsatz. Im Jahr 2019 wurde noch eine weltweite Steigerungsrate von 6 % für Europa verzeichnet, was sich aber 2020 abflachte. Knapp drei Viertel aller Roboterinstallationen teilen sich die fünf Industrienationen China, Japan, USA, Südkorea und Deutschland. Abb. 13.6 zeigt die jährlichen Wachstumserwartungen bei Industrierobotern (noch vor der Corona-Krise), Abb. 13.7 zeigt die weltweite Verteilung von Roboterinstallationen für 2019 (IFR, 2019, 2020a; Kutzbach & Müller, 2020).

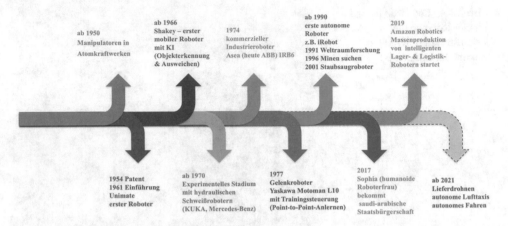

Abb. 13.5 Highlights der Roboterentwicklung

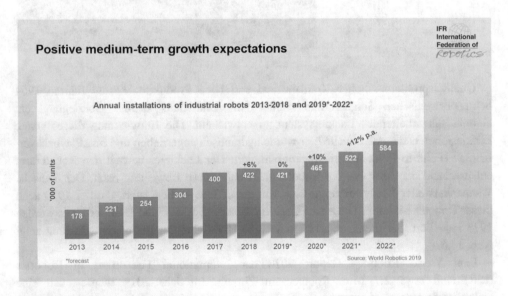

Abb. 13.6 Wachstumserwartung für Industrieroboter. (Quelle: World Robotic 2019 – IFR, 2019)

13.3   Moravec-Paradox & „Griff in die Kiste" („bin picking")

Bereits in den 1970er-Jahren erkannte der Roboterpionier Hans Peter Moravec, dass für Computer kognitive Fähigkeiten, z. B. das Schachspielen, einfacher sind als einfache manuelle Manipulationen (Bewegungen) in der Umwelt. Der „Griff in die Schraubenkiste" ist schwieriger technisch zu realisieren als das Lösen eines mathematischen Geometrieproblems, das der Bewegung vielleicht zugrunde liegt.

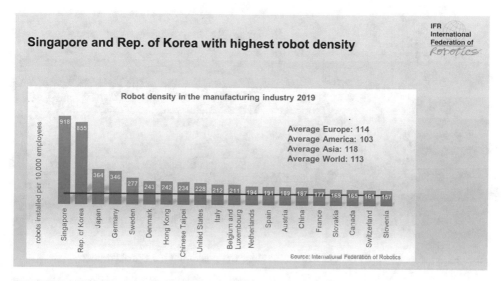

Abb. 13.7 Industrieroboterdichte nach Ländern. (Quelle: World Robotic 2020   IFR, 2020)

Diese Problematik ist als das ***Moravec-Paradox*** bekannt. Selbst schreibt er dazu (Moravec, 1988): „Es ist vergleichsweise einfach, Computer dazu zu bringen, Leistungen auf Erwachsenenniveau bei Intelligenztests oder beim Dame spielen zu erbringen, und schwierig oder unmöglich, ihnen die Fähigkeiten eines Einjährigen in Bezug auf Wahrnehmung und Mobilität zu vermitteln."

Bereits in den 1990er-Jahren wurden hier Versuche mit mechanischen Nadelgreifern angestellt (Sehrt & Mockenhaupt, 1994; Wolf & Steinmann, 2004).

Am Griff in die Schüttgutkiste durch Roboter (engl. „bin picking"), fachlich „Vereinzelung chaotisch bereitgestellter Objekte" genannt, arbeitet man bereits seit Ende der 1980er-Jahre. Der Lösung komplexer Aufgabenstellung ist man nähergekommen, wenngleich der Stand der Technik noch weit von den menschlichen Fähigkeiten entfernt ist. Sie gilt nach wie vor als noch nicht vollständig gelöst (in Anlehnung an: Siciliano & Khatib, 2008; Nördinger, 2018; Abb. 13.8).

Etwas zuversichtlicher sieht es Roland Berger, der den „Griff in die Kiste" kurz vor dem Durchbruch sieht (Langefeldt & Roland Berger, 2019): „Durch die Kombination von optischen Scan-Systemen und Robotern können inzwischen Teile in beliebiger Lage aus Kisten entnommen werden und in Kombination mit Automated Guided Vehicles (AGVs) in der Fabrik frei bewegt werden." Dies bedeute einen Sprung von Level 2 auf 3 in der Automation (Level: vgl. Abschn. 3.7 Autonomiestufen). KUKA hat bereits eine Lösung wie in Abb. 13.9.

Eine wichtige Fähigkeit ist demnach die Orts- und Umgebungserkennung. Ortserkennung funktioniert über Lokalisierung und Abgleich mit einer Karte. Umgebungserkennung dann über die Bildverarbeitung. Der Roboter muss also wissen, wo genau eine bestimmte

Abb. 13.8 Robotergreifer bei der Aufnahme einer frei positionierten Büroklammer

Abb. 13.9 Griff in die Kiste
mit KUKA-Robotern. (Quelle:
KUKA)

Kiste steht und dann innerhalb der Kiste nach einem bestimmten Teil suchen. Danach kommt die mechanische Herausforderung, das nicht ausgerichtete Teil so zu greifen, dass es danach ausgerichtet weiter genutzt werden kann. Beispiel Schraubenkiste: Kiste finden, bestimmte Schraube fixieren, greifen und so in der Hand drehen, dass es in die vorgesehene Bohrung passt.

Hierbei kommt eine Technik zum Tragen, die *Simultaneous Localization and Mapping(simultane Positionsbestimmung und Kartenerstellung – SLAM)* genannt wird.

13.4 Soft Robotics

Ein ähnliches Problem wie beim „Griff in die Kiste" ist eine Flexibilität und Anpassungsfähigkeit in wenig spezifizierter Umgebung. Dies können holprige Straßen sein, seitlich unebene Wege oder herumliegende Gegenstände.

Eine starre Konstruktion von Roboterarmen und -greifern bzw. Bewegungselementen erfordert eine genaue Positionierung. Daher sind die Positioniergenauigkeit und die Wiederholungsgenauigkeit bei mehrfachem Anfahren einer Position wichtige Kenngrößen bei der Auslegung üblicher Robotersysteme.

Soft Robotik geht einen anderen Weg, der von der Natur inspiriert ist: Die Roboterkinematik wird „weich", d. h. nachgiebig. Damit kann Soft Robotics auch beim Moravec-Paradox helfen. Viele bisherige Lösungsansätze funktionierten elektronisch oder softwaregetrieben, etwa über bessere Bildverarbeitung oder positioniergenauere elektronische Motoren. Soft Robotics nutzt die Mechanik in Form von Flexibilität und Weichheit. Abb. 13.10 und 13.11 zeigen zwei Bionic Softhands der Firma Festo.

Dies hat Vorteile, wie ein Beispiel aus einem anderen Gebiet, der Fahrrad-Kettenschaltung zeigt. Früher waren die Umwerfer sehr starr konstruiert. Um zu schalten, musste der Umwerfer erst etwas zu weit bewegt werden, damit die Kette das nächste Ritzel packte. War die Kette dann auf dem neuen Ritzel aufgesprungen, musste der Umwerfer in eine bezüglich Kettenverbiegung und Reibung günstige Position gebracht werden. Das erforderte viel Justierarbeit und Aufmerksamkeit, eine gerastete Schaltung war nicht möglich. Heutzutage wird der Umwerfer weicher bzw. flexibler gebaut, was auch die Fertigung günstiger macht. Die Kette findet so beim Schalten von selbst das entsprechende nächste Ritzel und sucht sich dann, rein mechanisch, die energieärmste (reibungsärmste) Position. Dadurch ist erst die heute übliche, gerastete Schaltweise möglich geworden.

Bei Soft Robotik wird diese Weichheit aber nicht nur durch Werkstoffe oder mechanisches Spiel erreicht, sondern auch durch die Art des Antriebes.

Hierbei gibt es verschiedene Prinzipien: Am Tokio Institute of Technology wird der 1948 in Deutschland erfundene pneumatische McKibben-Muskel auf seine Anwendbarkeit hin untersucht. Das Prinzip: Das aus einer Gummiblase bestehende System verkürzt sich beim Aufblasen in der Länge, damit zieht es den Muskel zusammen

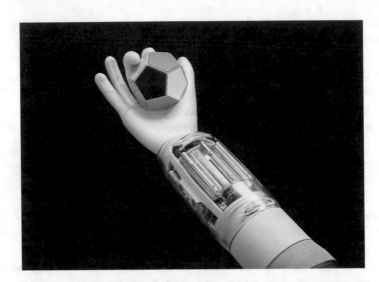

Abb. 13.10 Bionic Softhand. (Quelle: ©Festo SE & Co. KG, alle Rechte vorbehalten)

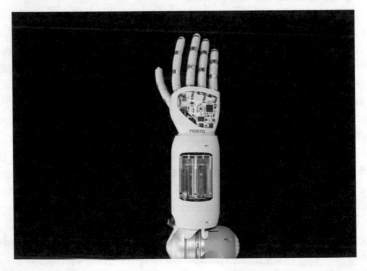

Abb. 13.11 Bionic Softhand. (Quelle: ©Festo SE & Co. KG, alle Rechte vorbehalten)

(Marsiske, 2019). Forscher an der University of Bristol versuchen es, inspiriert vom menschlichen Blutkreislauf, mit Salzwasser, das über Elektroden gesteuert wird (Garrad et al., 2019).

13.5 Wahrnehmung bei Robotern & autonomen Systemen

„AI wird eine wichtige Rolle in der Zukunft der Robotik spielen, da sie es Robotern ermöglicht, komplexe Aufgaben zu erledigen und sich an veränderte Umgebungen anzupassen"

ChatGPT (ein KI-Bot) über die zukünftige Rolle der KI in der Robotik (ChatGPT, 2023).

Intelligente Roboter, außerhalb des klassischen Industrieroboterbereichs, sollen die Umgebung wahrnehmen können, flexibel auf Veränderungen reagieren und daraus lernen können. Bei Bedarf soll der Roboter mit dem Menschen kommunizieren bzw. kooperieren. Ähnliches gilt für jede Art von autonomen Systemen, z. B. beim autonomen Fahren, die im weiteren Sinne auch Roboter sind.

Hierzu bedarf es spezieller Sensorik und Echtzeit-Datenverarbeitung, darüber hinaus entsprechender Aktoren:

Wie beim „Griff in die Kiste" (siehe Abschn. 13.3) diskutiert, treten manche Informationen erst beim Manipulieren mit den Gegenständen hervor. So erschließt sich der Sinn mancher Gegenstände erst dadurch, dass wir ihn in den Fingern drehen und mal hier, mal dort ausprobieren.

Bei der Sensorik ist der Stand der Technik mittlerweile recht weit fortgeschritten. Insbesondere die Miniaturisierung und eingebettete Systeme (Embedded Systems) haben ihren Beitrag dazu geleistet, letztlich aber auch die Verbilligung der Technik.

Die Herausforderungen bei der Wahrnehmung liegen eher in der Verarbeitung der Sensordaten. So kann ein Dreijähriger schon recht sicher feststellen, ob es sich bei einem Osterei um ein hartgekochtes Ei handelt, hier kann er kräftig zulangen, oder um die hohle, ausgeblasene Variante, hier würde zu festes Zudrücken zur Zerstörung führen. Auch macht er diese Feststellung praktisch in Nullzeit, ohne Vorinformationen und (hoffentlich) ohne Fehlversuche.

Ein Robotergreifer würde diese Aufgabe zu komplex, mit dem Anspruch an Fehlerfreiheit angehen, was dauert: Reibungswert ermitteln, maximale, durch Reibung übertragbare Kräfte errechnen, daraus maximale Zudrückkraft des Greifers ermitteln, diese mit Bruchkräften von Eiern aus Datenbanken vergleichen und letztlich die notwendigen maschinellen Befehle errechnen.

Unter anderem innerhalb des Projekts Google Brain arbeitet ein Forscherteam an der Lösung solcher Aufgaben durch Maschinelles Lernen. Ihnen ist es gelungen, nach ca. 800.000 Greifversuchen zu demonstrieren, wie Roboterarme die Hand-Auge-Koordination lernen und ihre Erfahrungen bündeln können, um sich schneller selbst zu unterrichten (Sergey et al., 2016).

Bei komplexen Aufgaben sind eine Echtzeit-Datenverarbeitung und der Abgleich robotereigener Wahrnehmung mit externen Datenbanken von Wichtigkeit. Dies wird beispielsweise benötigt beim Abgleich von Orts- und Navigationsdaten mit situations-

und kontextabhängigen Informationen (etwa Öffnungszeiten) oder bei der Personenerkennung. Hierbei gibt es aber ein Problem: Die Lichtgeschwindigkeit ist ein limitierender Faktor.

Beispiel autonomes Fahren und das 5G-Netz: „Bisherige Mobilfunknetze sind zentralistisch aufgebaut. Die zentrale Vermittlungs- und Speichertechnik steht in den Rechenzentren der Anbieterzentralen – beispielsweise in Bonn (Telekom), Düsseldorf (Vodafone) oder München (O2). Innerhalb einer Millisekunde legt ein Lichtsignal auf einem Glasfaserkabel maximal 300 km zurück" (Rügheimer, 2019). Für schnelle Entscheidungen und Reaktionen, u. U. mit mehrfachem Hin und Her der Daten, kann diese Zeit zu lange dauern.

Daher wird im Sinne von robusten Systemen (vgl. Abschn. 10.2.3) überlegt, gewisse, für die Verarbeitung der Wahrnehmung erforderliche Intelligenz dezentral in eingebettete Systeme (Embedded Systems) zu verlagern. Alternativ kann die Cloud mit lokalen Computern näher zusammengebracht werden oder die Zusammenarbeit wird in anderer Form organisiert (Stichwort: Edge Computing, Edge Clouds – z. B. GAIA-X, siehe BMWi [GAIA-X], 2020).

Es gibt aber einen wesentlichen Unterschied zwischen der menschlichen Sinnes- und Denkleistung und dem derzeitigen Stand der Wahrnehmungs- und Verarbeitungstechnik: Der Mensch ist in der Lage, die Komplexität einer Aufgabe sehr effizient zu reduzieren.

- *Die **Komplexitätsreduzierung**ist eine menschliche Fähigkeit, um eine Handlungsfähigkeit in unübersichtlichen Situationen aufrechtzuerhalten (siehe auch Abschn. 2.6 und 8.5).*

Dies funktioniert beim Menschen über eine situative, zumeist unbewusste Einordnung. Für das Schubladendenken gibt es eine eigene Hirnregion. Dies ist z. T. evolutionär geprägt und kann in der modernen Welt auch zu Fehlreaktionen führen. So reagieren wir beispielsweise heftig auf ein leises Rascheln hinter uns (es könnte ja ein Raubtier sein), unterschätzen aber die Geschwindigkeit eines auf uns zu rasenden Autos (solch hohe Geschwindigkeiten gab es in der Steinzeit nicht). Insofern ist die Übertragung der menschlichen Komplexitätsreduzierung auf KI-Systeme noch schwierig.

13.6   Simultane Lokalisierung und Kartenerstellung (SLAM)

Mobile Roboter müssen ihre genaue Position kennen, dabei sind nicht alle Gegebenheiten kartographiert. Innerhalb von Gebäuden gibt es i.A. keine allgemeinverfügbaren Informationen, aber auch außerhalb muss sich ein Mähroboter zunächst im Garten zurechtfinden, bevor er richtig anfangen kann zu mähen.

- *Mit der simultanen **Positionsbestimmungund Kartenerstellung(Simultaneous Localization and Mapping – SLAM**)kann ein mobiler Roboter gleichzeitig eine Karte seiner Umgebung erstellen sowie seine Position innerhalb dieser Karte bestimmen.*

Schwierig daran ist, dass das SLAM-Verfahren einem Henne-Ei-Problem folgt: Eine Roboterlokalisierung bei gegebener Karte bzw. die Erstellung einer Karte aus Sensordaten bei bekannter Position ist relativ einfach, aber ohne Karte keine Positionsbestimmung und ohne Wissen um die eigene Position keine Kartenerstellung. Beide Probleme gleichzeitig zu lösen, ist schwierig und kann nur über Wahrscheinlichkeiten abgeschätzt werden.

Hierzu wurden verschiedene SLAM-Algorithmen entwickelt: der EKF SLAM, der Graph SLAM und einige mehr (auf die hier nicht näher eingegangen wird, da es sich um ein IT-Thema handelt, kein typisches Produktionsthema). Die aktuell eingesetzten SLAM-Algorithmen sind jedenfalls probabilistisch (Wahrscheinlichkeitsaussagen), die Unsicherheiten beinhalten und modellieren.

Die Schlüsseltechnologien bei SLAM sind neben einer speziellen Sensorik z. B. maschinelles Sehen, zumeist als Embedded Systems, sowie Laserpositionierungen und agentenbasierte Leitsysteme für flexible Wegplanung, Stauvermeidung und proaktives Ausweichen im Vorfeld. Deep Learning leistet hier einen großen Beitrag.

Einsätze im industriellen Umfeld sind vor allem FTF (fahrerlose Transportfahrzeuge) und flexible Materialflusssysteme. Gerade größere Unternehmen haben eine Vielzahl unterschiedlicher Beteiligter am Materialfluss, hier wird an einer Multi-Supplier-Lösung (offene FTS-Systeme) zur Integration in einen Werksverkehr gearbeitet. Weitere wichtige Anwendungen sind kollaborative Roboter, Drohnen und unbemannte Luftfahrzeuge (UVA), Augmented Reality sowie das autonome Fahren.

13.7 Kollaborative Robotik (Cobots)

Kollaborierende Roboter (Cobots) stellen ein Bindeglied zwischen rein manuellen Arbeitsplätzen und Vollautomation dar. Während in der Vergangenheit Roboter aus Sicherheitsgründen mit trennenden Schutzeinrichtungen vom Menschen abgesondert waren, erfordert gerade Industrie 4.0 mit der Tendenz zu immer kleineren Losgrößen immer häufiger, dass Roboter und Mensch direkt zusammenarbeiten. Kollaborierende Roboter helfen Menschen beispielsweise dort, wo sie aus physischen Gründen überlastet sind, und umgekehrt helfen Menschen den Robotern, wo Automatisierung technisch oder ökonomisch nicht sinnvoll ist oder dort, wo menschliche Kreativität gefragt ist.

Kollaborierende Roboter werden i. W. im industriellen Umfeld eingesetzt. Dabei sind sie zu unterscheiden von den (mobilen) Servicerobotern, die verstärkt außerhalb der Produktion eingesetzt werden (siehe Abschn. 13.9). Kollaborierende Roboter werden in der DIN ISO/TS 15066 (DIN SPEC 5306) behandelt.

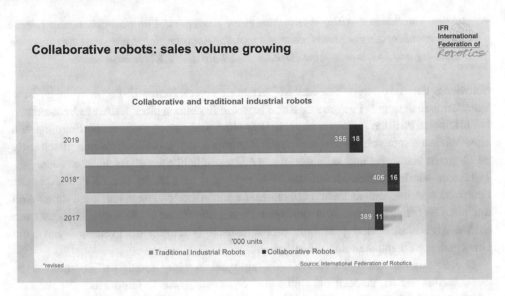

Abb. 13.12 Kollaborative Roboter sind eine wachsende Nische. (Quelle: World Robotic 2020 – IFR 2020)

In einer Studie der International Federation of Robotics (IFR) wurden 2019 erstmalig kollaborative Roboter mit aufgeführt. Demnach führen diese mit 3,24 % Marktanteil noch ein Nischendasein, mit 24 % ist die Wachstumsrate allerdings bei Weitem überdurchschnittlich, 2020 dann mit deutlichem Wachstumspotenzial, wie in Abb. 13.12 zu sehen ist (IFR, 2019, 2020). Abb. 13.13 zeigt die Mensch-Roboter-Kollaboration (MRK) mittels eines KUKA-HRC-Cobots.

13.8 Mensch-Roboter-Kollaboration (MRK) & Human Robot Interaction (HRI)

Die Interaktion zwischen Mensch und KI ist bereits im Abschn. 3.9 beschrieben, ein Spezialfall ist das Zusammenwirken von Mensch und Roboter. Schon heute arbeiten Menschen und Roboter in der Produktion zusammen. Roboter unterstützen und entlasten die Mitarbeiter, ermöglichen vielfältige Automatisierungsschritte und erhöhen die Produktivität. Dabei ist die Mensch-Roboter-Kollaboration (MRK) ein zusätzliches Element, das die Fähigkeiten des Menschen mit der Effizienz und Präzision einer Maschine kombiniert. Dabei können sich folgende Vorteile ergeben (KUKA, 2020):

- maximale Flexibilität,
- konstant hohe Qualität,
- Entlastung der Mitarbeiter,

Abb. 13.13 Mensch-Roboter-Kollaboration (MRK) – HRC Cobots. (Quelle: KUKA)

- erhöhter Automatisierungsgrad (menschliche Fähigkeiten ergänzen den Roboter).

Häufig wurde diese Kollaboration, die menschliche Ergänzung zum Roboter, vorrangig bei Automatisierungslücken angewendet. Automatisierungslücken sind Prozesse, die sich schlecht automatisieren lassen. Dabei gibt es zwei Möglichkeiten: Zum einen versucht man, doch irgendwie zu automatisieren, was zumeist kostenintensiv und störungsanfällig ist. Zum anderen lässt man den Menschen dort im Prozess, wo es sinnvoll ist. Früher entstanden hieraus ergonomisch sehr ungeeignete Arbeitsplätze, wo Menschen monoton im Takt der Maschine eben diese Lücke schließen mussten. Aus diesen Fehlern ist gelernt worden. Heute wird eine andere Philosophie verfolgt, die insbesondere mit KI-gesteuerten Robotern Anwendung findet:

- *Die **Mensch-Roboter-Kollaboration** (MRK),alternativ **Human Robot Interaction** (HRI), ist ein zusätzlicher Bestandteil der Produktion, der die Fähigkeiten des Menschen mit der Kraft, Ausdauer und Präzision eines Roboters verknüpft. Ziel ist, den Menschen zu entlasten bei gleichzeitiger Erhöhung der Effizienz.*

KUKA sieht MRK dann auch als die Symbiose aus modernster Robotertechnik und dem klassischen Teamwork. Hierbei kommt es auf die Art der Trennung zwischen Mensch und Roboter an. Diese kann räumlich und/oder zeitlich sein (siehe Abb. 13.14) sowie auf den *Charakter der Zusammenarbeit* abzielen (Abb. 13.15):

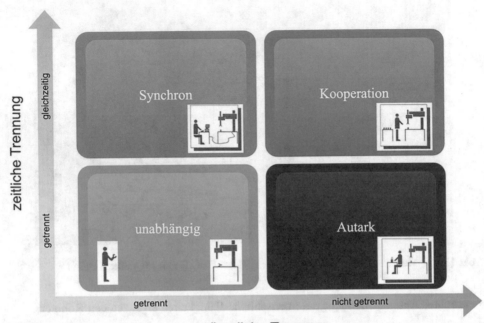

Abb. 13.14 Zeitliche und räumliche Trennung von Mensch und Roboter

Abb. 13.15 Mensch-Roboter-Kollaboration (MRK) bei Skoda mit Roboter von KUKA. (Quelle: KUKA)

- **Koexistenz:** Mensch und Roboter arbeiten räumlich getrennt und unabhängig voneinander an getrennten Arbeitsaufgaben. Der sonst übliche Schutzzaun zur Trennung der Arbeitsbereiche entfällt aber.
- **Kooperation:** Mensch und Roboter arbeiten im gleichen Arbeitsraum an einer aufeinander aufbauenden Arbeitsaufgabe.
- **Kollaboration:** Mensch und Roboter interagieren miteinander an einer gemeinsamen Arbeitsaufgabe, wie wenn zwei Menschen zusammenarbeiten.

Bei der Kollaboration kommt u. a. Soft Robotics zum Einsatz (siehe Abschn. 13.4). Die Anwendungsfelder liegen im Bereich der industriellen Produktion in der Montage oder beim Teilehandling (Werkstückzufuhr, Entnahme), aber auch in ergonomischen Verbesserungen. Auch in der Medizintechnik gibt es ein weites Einsatzgebiet für MRK. Durch den Einsatz von KI und Maschinellem Lernen kann die intuitive Assistenz solcher Mensch-Roboter-Systeme stark verbessert werden. Die Vision des Roboters als **gleichwertiger** Assistent in einer industriellen Produktion oder während einer Operation ist aber derzeit noch nicht greifbar.

13.9 Serviceroboter & Cobots

„Klassische Industrieroboter haben zumeist ein engbegrenztes Aufgabenfeld. Hierfür benötigen sie wenige Sensoren und sie können auch vom Menschen aus Sicherheitsgründen durch Käfig oder Lichtschranken abgegrenzt werden. Mit dem Begriff Industrielle Servicerobotik werden robotische Systeme bezeichnet, die nicht wie bei der Industrierobotik nahezu ausschließlich in der Fertigung von Massenprodukten eingesetzt werden, sondern als Folge ihrer erweiterten Fähigkeiten in vielen Anwendungsfeldern innovative Prozesse und Dienstleistungen ermöglichen" (BMWi, 2013).

Serviceroboter werden aber vornehmlich außerhalb der Produktion eingesetzt, dort, wo Menschen Unterstützung benötigen. Die ISO 8373 bzw. die International Federation of Robotics (IFR) definieren weitgehend gleich (Original nur in englischer Sprache):

- *Serviceroboter sind Roboter, die nützliche Aufgaben für Menschen oder Geräte ausführen, ausgenommen industrielle Automatisierungsanwendungen* (IFR, 2020) (*ISO, ISO 8373:2012, 2012*).

Der Übergang ist aber fließend, so titelte der Spiegel: „Ära des Cobots: Die Pandemie beschleunigt den Vormarsch der Roboter. Sie desinfizieren Kliniken, räumen Regale ein und helfen sogar bei der Wohnungsbesichtigung" (Jung, 2020). Wenngleich alles Anwendungen außerhalb des klassischen Wertschöpfungsprozesses, so sind die Aufgaben ähnlich. Klassische Roboterhersteller wie Kuka, ABB, Universal Robots investieren „massiv in Entwicklung und Fertigungskapazitäten". Daher wird in anderen Definitionen der Industriebereich mit eingerechnet:

- *Ein **Serviceroboter** ist eine frei programmierbare Bewegungseinrichtung, die teil- oder vollautomatisch Dienstleistungen verrichtet (z. B. Inspektionsroboter in Rohrleitungen, Serviceroboter im Pflegebereich, Rasenmähroboter, Industrieroboter;* Cernavin & Lemme, 2018)

Weiter wird in der ISO 8373 unterteilt:

- **Personal Service Roboter**
  (Nur für nichtkommerzielle Aufgaben verwendet, üblicherweise von Nichtfachleuten).
- **Professional Service Robots**
  (Für kommerzielle Anwendungen durch einen speziell geschulten Bediener).
- **Assistenzroboter**
  a) Unterstützen den Menschen im Alltag z. B. als Pflegeroboter (auch: Sozialroboter).
  b) Robotische Co-Worker speziell für die Zusammenarbeit mit dem Menschen, lernfähig, kommunikationsfähig. Kennzeichnend ist die den Menschen (Arbeiter) in unterschiedlichem Arbeitskontext unterstützende Funktion. Die Anwendungsbereiche können sehr breit gestreut sein (BMWi, 2013).

Insgesamt entwickelt sich hier ein interessanter Markt, insbesondere für Start-ups (Abb. 13.16).

Ein Spezialfall des Assistenzroboters ist der Sozialroboter, eingesetzt allerdings außerhalb industrieller Anwendungen, sondern eher im Bereich Senioren- bzw. Behindertenhilfe. Die Übergänge zu industriellen Anwendungen sind allerdings fließend, häufig werden derzeit unterschieden:

- **Assistenzroboter (imSozialbereich)**
  Robotersysteme, z. B. als Haushaltshilfe, die insbesondere behinderten und älteren Menschen bei alltäglichen Tätigkeiten helfen sollen.
- **Serviceroboter (im Sozialbereich)**
  Sie sollen als direkte Interaktions- und Kommunikationspartner unterstützen. Dazu müssen sie in ein alltägliches Umfeld integriert sein und mit verschiedenen Fähigkeiten versehen sein wie: Kommunikation in natürlicher gesprochener Sprache (NLP), Erkennung von Identitäten sowie von Gestik, Mimik und Stimmung des menschlichen Gegenübers. Darüber hinaus können sie mit verschiedenen Manipulatoren (Aktoren) agieren. Sozialroboter haben oft eine humanoide (menschenähnliche) Gestalt, um eine gewisse Empathie bzw. Sympathie zu erzeugen.

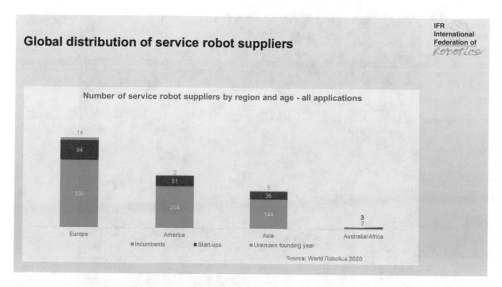

Abb. 13.16 Servicerobotik, interessanter Markt auch für Start-ups. (Quelle: World Robotic 2020 – IFR, 2020)

- *Humanoide Roboter*(Abb. 13.17) *sind Maschinen, die einer menschlichen Gestalt nachempfunden sind. Dabei sind Aussehen, Positionen der Gelenke sowie Bewegungsabläufe vom menschlichen Aussehen bzw. Bewegungsapparat inspiriert.*

Neben den genannten Anwendungen in der Pflege werden Assistenz- und Serviceroboter auch in öffentlichen Einrichtungen wie Museen, Hospitälern u. ä. als Helfer oder Informationsgeber eingesetzt. Hier wären Anwendungen in der Produktion denkbar.

In einer Studie an einer chilenischen Schule wurde ein solcher humanoider Roboter namens Bender versuchsweise als Lehrkraft eingesetzt. Er hielt dort einen Vortrag vor Kindern im Alter von 10–13 Jahren in verschiedenen Klassen (Ruiz-del-Solar et al., 2010). Die Resonanz war recht positiv, über 90 % der Kinder könnten sich weitere Robotervorträge denken. Allerdings war das Ergebnis der anschließenden Wissensfragen weniger gut, nur etwas über 50 % der Kinder erinnerten sich richtig. Letztlich könne dies an mangelnder Motivationsmöglichkeit des Roboters bzw. schlechter Interaktivität mit der Maschine liegen. Für industrielle Anwendungen, z. B. beim Training von Mitarbeitern, kann daran gearbeitet werden.

Wichtig für die Akzeptanz von humanoiden Robotern ist, dass der Mensch diesen als menschenähnlich wahrnimmt und eine Vertrautheit aufbaut. Bereits 1970 erkannte dabei der japanische Roboterforscher Masahiro Mori die Problematik, dass bereits sehr menschenähnliche humanoide Roboter krankhaft bzw. zombiehaft wirken können (Zombie: Untoter, wird in Horrorfilmen verwendet). Er nannte diesen Bereich das ***unheimliche Tal*** (siehe Abb. 13.18; MacDorman, 2005).

Abb. 13.17   Humanoider Serviceroboter. (Quelle: Hochschule-Albstadt-Sigmaringen)

13.10   Schwarmrobotik (Swarm Robots)

Schwarmroboter werden für Überwachungs-, Erkundungs- und Reinigungsaufgaben eingesetzt. Denkbar sind auch Ernteroboter. Die Einzelroboter organisieren sich dabei autonom untereinander und ohne an einen Zentralrechner angeschlossen zu sein. Neben den üblichen Kommunikationsverfahren wie RFID, NFC etc. nutzen einige Schwarmroboter auch Infrarot.

- *Bei **Schwarmrobotern (Schwarmrobotik)** handelt es sich um ein dezentrales, selbstorganisierendes Mehrrobotersystem. Damit lösen Schwarmroboter Probleme, die für Einzelroboter zu komplex sind.*

Alternativ wird auch der Name *„Kilobot"* für Schwarmroboter verwendet, den Wissenschaftler an der Harvard-Universität entwickelt haben. Der irreführende Name stammt von einer Aussage, es benötige viele dreibeinige Schwarmroboter, um ein Kilogramm vollzubekommen. Ein Schweizer Unternehmen hat die Lizenz erhalten, die Roboter in Serie zu fertigen (Pluta, 2011; Rubenstein et al., 2012).

Wie bei Schwärmen aus Lebewesen müssen sich Roboterschwärme mit ganz normalen gruppendynamischen Prozessen auseinandersetzen, hier KI-gesteuert. Beispielsweise bedarf es ggf. einer zeitweisen Führung. Dabei muss sich in einem hierarchielosen

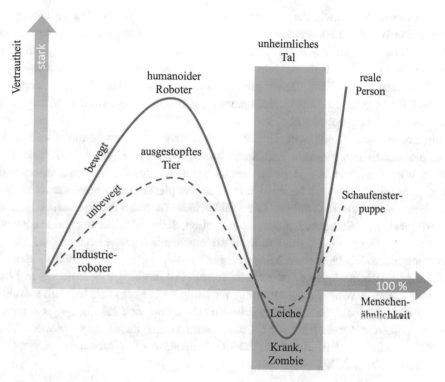

Abb. 13.18 Menschliche Wahrnehmung eines humanoiden Roboters (In Anlehnung an Mori & MacDorman)

Verbund ein *Primus inter Pares* herausbilden (lateinisch: „Erster unter Gleichen", weibliche Form: *Prima inter Pares*). Weiter kann es sein, dass einzelne Roboter ausreißen. Sie können durch äußere Einflüsse gezwungen werden, sich von der Gruppe trennen oder sie bewegen sich unterschiedlich schnell innerhalb des Schwarms. Auch kann es zu zufälligen bzw. versehentlichen Effekten kommen (Wind, Strömung, Kommunikationsprobleme).

Es kann vorkommen, dass mehrere Schwärme aufeinandertreffen, die einzelnen Roboter müssen sich dann zusätzlich zur internen Kommunikation mit dem anderen Schwarm koordinieren, u. a. zur Kollisionsvermeidung. Dies ist für dezentrale Systeme eine Herausforderung, da jeder einzelne Schwarm ja keine übergeordnete Steuerung besitzt. Es muss also so etwas wie das menschliche Teambuilding stattfinden, das andere „Teams" unterscheiden kann. Auch hier bedarf es ggf. eines KI-gesteuerten Primus-inter-Pares-Roboters.

Derzeit in der Experimentierphase befinden sich industrielle Anwendungen in der Logistik (Punkt-zu-Punkt-Lieferungen) sowie für Feldüberwachungsaufgaben, im Bereich der Predictive Technologies (insbesondere Predictive Maintenance) oder der Umweltüberwachung.

Ein essenzieller Vorteil der Schwarmtechnologien ist eine vergleichsweise geringe Komplexität sowie die hohe Redundanz beim Ausfall von Einzelsystemen, was zu einer höheren Robustheit (siehe Abschn. 10.2.3) des Gesamtsystems führt. Darüber hinaus sind einzelne schwarmfähige Roboter recht kostengünstig, was den Einsatz in Hochrisikozonen mit „Verlusten" ermöglicht. Daher gibt es Schwarmroboter für den Katastropheneinsatz und für ungünstige Umweltbedingungen (z. B. bei Radioaktivität). Auch ist eine militärische Nutzung angedacht.

Ein interessantes Experiment der Schwarmrobotik ist der Roboterfußball. Entstanden ist er aus der Erkenntnis, dass Künstliche Intelligenz bei (Gesellschafts-)Spielen, z. B. Schach oder Go, nicht alle Aspekte der KI umfasst. „Beim Mannschaftssport verhält sich dies anders. Situationen lassen sich nicht immer planen. Der Roboter muss viele verschiedene Aspekte berücksichtigen. Dazu zählen laut Wikipedia Planen, Lernen, Sensorik, Motorik, reaktives Verhalten, Schwarmkoordination, Selbstlokalisierung und Pfadplanung. Nicht nur die Gegenspieler, sondern auch die eigenen Mitspieler können eine Situation verkomplizieren. Wo läuft mein Mitspieler hin? Wohin sollte ich den Ball spielen? Wie positionieren sich die Spieler des anderen Teams? All das sind Probleme, deren Lösung sehr viel anspruchsvoller ist als ein ruhig verlaufendes Schachspiel, bei dem sowohl der menschliche als auch der technologische Spieler genug Zeit hat, um seinen nächsten Zug zu planen" (Roboterfussball.at, 2020). Mittlerweile finden sogar Roboterfußball-Weltmeisterschaften statt, Austräger ist die Federation of International Robot-Soccer Association (FIRA, 2020).

13.11 Myorobotics & Exoskelette

Im Rahmen des EU-Forschungsprojektes MYOROBOTICS entwickelt das Fraunhofer IPA 2013 ein modulares Hardwaresystem, mit dem nachgiebige, seilbasierte Leichtbaurobotersysteme realisierbar sind. Ziel war es, Forschern, industriellen Anwendern und Endanwendern eine kostengünstige Möglichkeit zu schaffen, für Exterminierzwecke eigene nachgiebige Roboter entwerfen und bauen zu können. Zielgruppe sind auch Nichtexperten.

Die Vorsilbe Myo steht für „Make your own", ist hier aber auch als Wortspiel zusammen mit der griechischen Bedeutung „Muskel" zu verstehen. Es geht dabei um ein Baukastensystem für Roboter zur Herstellung speziell zugeschnittener Robotersysteme.

Das *Myorobotics*Toolkit besteht aus verschiedenen einfachen Hardwarekomponenten, „design primitives" genannt. Die Funktion dieser wesentliche Grundbaustein ist an menschliche Knochen angelehnt, mit Seilzügen als Muskeln. Das gesamte weitere muskuloskelettale Design ist von der Mechanik des menschlichen Körpers inspiriert. Der MYO-Muscle ist mit einem Feder-Dämpfer-Mechanismus und einer Sensorik ausgestattet, die das Messen von Zugkräften ermöglicht.

Damit kann der Roboter sich beispielsweise in einer unstrukturierten Umgebung – Treppen, Schlaglöcher u. Ä. – bewegen. Gängige Versuchsobjekte sind „Robotertiere", die sich mit Beinen laufend über unwegiges Terrain bewegen können.

Ein Vorteil ist, dass sich diese Roboter in „normalem" Gelände zusammen mit dem Menschen bewegen und mit ihm zusammenarbeiten können. So sind Anwendungen im Lager oder in der Logistik angedacht.

Gerade beim Heben schwerer Lasten hätten diese Systeme Vorteile, die Umsetzung ist aber noch zu kostenintensiv und wenig flexibel. Ein anderer Weg ist daher, die „Intelligenz" beim Menschen zu belassen und nur die Kräfte maschinell zu unterstützen bzw. zu ersetzen. Sogenannte *Exoskelette*, eine über der Kleidung getragene, kabelbetriebener Mechanik, unterstützen den Arbeiter beim Heben schwerer Lasten. Damit ist das Exoskelett dem Myoroboter recht ähnlich, jedoch ohne Künstliche Intelligenz. Exoskelette werden außer in der Produktion bzw. Logistik auch in der Rehabilitation und beim Militär eingesetzt.

13.12   Medizintechnik

Gerade in der Medizintechnik haben Roboter ein großes Anwendungsfeld gefunden. So sind in der aktuellen COVID-19-Behandlung an der Charité Berlin (Level-1-Klinik) aktuell 25 Visitenroboter im Einsatz (kma-online, 2020).

Roboter in der Medizintechnik sind i. W. unterstützend tätig. Im o. g. Fall kann der Roboter ohne Ansteckungsgefahr näher an den Patienten, als es Pfleger und Ärzte sicher vermögen. Auch bei kraftanstrengende Arbeiten, z. B. beim Wenden eines Patienten, sowie bei Arbeiten mit hoher Präzision, z. B. beim Operieren mit Skalpell, assistieren Roboter. Die Entscheidungshoheit und die Verantwortung bleiben aber beim Menschen.

Erste Ansätze, Roboter in der Medizintechnik einzusetzen, gab es bereits Anfang der 1990er-Jahre. Beispielsweise übernahmen Roboter, die eigentlich für industrielle Montageaufgaben konzipiert waren, die Dosierung von Krebsmedikamenten (siehe Abb. 13.19; Mockenhaupt, 1994). Diese Zytostatika sind selbst krebserregend und somit für das Behandlungspersonal gefährlich. Durch den Einsatz eines Industrieroboters konnte die Dosierung automatisiert ablaufen, was die Arbeitssicherheit erhöhte und für den Patienten schnellere und genauere Dosierungen mit sich brachte (DLF, 1994; WDR3-TV, 1994). Zum Vergleich eine ähnliche Anwendung von KUKA in Abb. 13.20 dargestellt.

Weitere Anwendungen von Robotern mit KI-Unterstützung sind Operations- und Biopsieroboter (siehe Abb. 13.21). Diese Anwendungen der KI haben bereits viel früher begonnen als Anwendungen in der Industrie. Vorteil ist, dass hier die Erfahrung und das Können eines Chirurgen mit der Präzision eines Roboters kombiniert wird (Müllges, 1999): Anders als ein herkömmlicher Bohrer, Fräser oder eine Säge, sei ein Roboter intelligent. Bestehe die Gefahr, dass der Chirurg beispielsweise zu tiefbohrt oder zu nah an eine Gefahrenstelle herankommt, beendet das System die Arbeit.

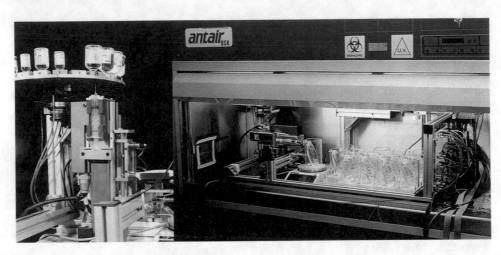

Abb. 13.19 Anfänge der Roboternutzung in der Medizintechnik (1994): Robotersystem zur Dosierung von Krebsmedikamenten (Mockenhaupt, 1994)

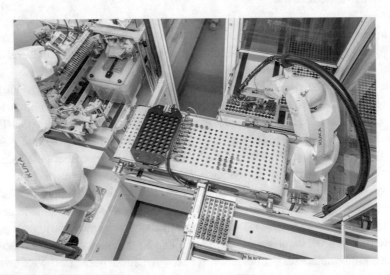

Abb. 13.20 Blutprobenhandling heutzutage. (Quelle: KUKA)

Seither hat sich einiges getan: Insbesondere können Roboter sich leichter Zugang verschaffen, was minimal-invasive Eingriffe ermöglicht. Direkte Sicht ist nicht notwendig. Ein Roboter kann sich über alle Formen bildgebender Verfahren und externer Koordinatensysteme im Raum in Echtzeit im Zehntel-Millimeter-Bereich orientieren und auch dann ausgleichen, wenn der Patient sich plötzlich bewegt. Das kann ein menschlicher Operateur nicht.

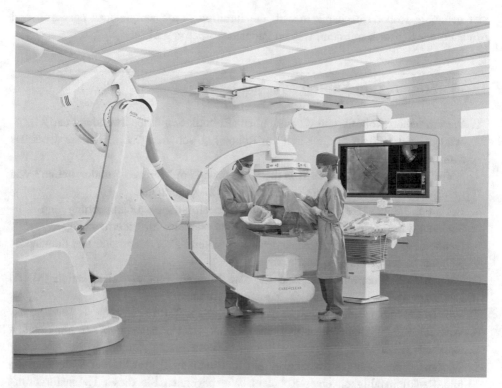

Abb. 13.21 Roboter im Operationssaal mit Mensch-Roboter-Kollaborations(MRK)-Fähigkeit. (Quelle: KUKA)

Bezüglich des Einsatzes von Künstlicher Intelligenz im Bereich der Medizintechnik gibt es aktuell nur wenig konkrete Festlegungen. Die US-amerikanische Food and Drug Administration (FDA) hat einen Entwurf „Proposed Regulatory Framework for Modifications to Artificial Intelligence/Machine Learning (AI/ML)-Based Software as a Medical Device (SaMD)" ausgearbeitet und veröffentlicht. Diese ist zwar nicht direkt auf die Robotik zugeschnitten, aber gibt ggf. wichtige Hinweise auf die weitere Entwicklung (FDA, 2019).

Die Frage der Autonomie ist hier aber eindeutig geklärt: Der Mensch bleibt Entscheider, der Roboter und die KI assistieren. „Trotz aller technologischen Sprünge wird ein autonomes System nicht in den nächsten 50 Jahren zu erwarten sein", sagt der Arzt Skander Bouassida, der mit dem Robotersystem Da Vinci am Berliner Vivantes Humboldt-Klinikum operiert (Piazena, 2019).

Dennoch wird sich in absehbarere Zeit dadurch die Arbeit von Chirurgen stärker ändern als in anderen von KI betroffenen Bereichen: Das optimale Operationsverfahren selbst wird von einem KI-Algorithmus bestimmt unter Berücksichtigung allen weltweit aktuell zur Verfügung stehenden Wissens. Das Fingerspitzengefühl wird durch die viel genauere Robotermechanik ersetzt, die Intuition durch zeitgleiches operieren und Abgleich der Sensorik mit dem, was im Patientenkörper geschieht.

13.13 Fragen zum Kapitel

1. Warum gehört Robotik und KI zusammen (Robotik Schlüsselanwendung der KI)?
2. Warum ist der „Griff in die Kiste" für Roboter so schwierig? Erklären Sie dabei das Moravec-Paradox.
3. Kann Soft Robotics beim Griff in die Kiste bzw. dem Moravec-Paradox helfen? Wie unterscheidet sich der Ansatz von bisherigen Überlegungen?
4. Erklären Sie das Henne-Ei-Problem bei der simultanen Lokalisierung und Kartendarstellung (SLAM) am Beispiel eines industriellen Flurförderfahrzeugs.
5. Denken Sie sich Einsatzmöglichkeiten für Assistenz-, Serviceroboter und humanoide Roboter in der Produktion aus.
6. Suchen Sie industrielle Beispiele für eine Mensch-Roboter-Kollaboration (MRK) innerhalb der drei Charaktere der Zusammenarbeit.
7. Was ist bei humanoiden Robotern das „unheimliche Tal"?
8. Was ist Komplexitätsreduzierung und warum ist sie besonders bei humanoiden Robotern wichtig?
9. Warum ist die Lichtgeschwindigkeit ein limitierender Faktor bei der Wahrnehmung und Reaktionsfähigkeit eines Roboters. Wie begegnen Sie dieser Herausforderung (möglichst, ohne gegen Naturgesetze zu verstoßen)?
10. Erläutern Sie die Vorteile der Swarm Robotic und beschreiben Sie dabei den Zusammenhang zwischen Selbstorganisation und Chaostheorie (siehe auch Abschn. 7.8)
11. Wägen Sie die Vor- und Nachteil zwischen einem menschlichen Operateur und einem KI-gesteuerten Operationsroboter ab.

Literatur

AG 5, Plattform Industrie 4.0, & BMWi. (06. September 2019). KI und Robotik im Dienste der Menschen. https://www.plattform-i40.de/PI40/Redaktion/DE/Downloads/Publikation/BMWi%20KI%20und%20Robotik.html. Zugegriffen: 11. Okt. 2020.

BMWi. (Januar 2013). Industrielle Servicerobotik. https://www.bmwi.de/Redaktion/DE/Publikationen/Digitale-Welt/autonomik-band-4.pdf?__blob=publicationFile&v=3. Zugegriffen: 28. Mai 2020.

BMWi (GAIA-X). (04. Juni 2020). Broschüre: GAIA-X – das europäische Projekt startet in die nächste Phase. https://www.bmwi.de/Redaktion/DE/Publikationen/Digitale-Welt/gaia-x-das-eur opaeische-projekt-startet-in-die-naechste-phase.html. Zugegriffen: 5. Juni 2020.

Cernavin, O., & Lemme, G. (2018). Technologische Dimension der 4.0-Prozesse. (Stowasser, Herausgeber). Zugegriffen: 28. Mai 2020

ChatGPT. (2023). KI-Software von Open AI beantwortet Fragen zur Robotik. *In Automationspraxis, Konradin Industrie,1*(2), 2023.

DLF. (03. Februar 1994). Aus Forschung und Technik.

DPMA. (11. April 2019). Künstliche Intelligenz: US-Unternehmen bei Patentanmeldungen für Deutschland weit vorne. https://www.dpma.de/service/presse/pressemitteilungen/20190411.html. Zugegriffen: 11. Okt. 2020.

FDA (2019). „Proposed Regulatory Framework for Modifications to Artificial Intelligence/Machine Learning (AI/ML)-Based Software as a Medical Device (SaMD). https://www.regulations.gov/document/FDA-2019-N-1185-0001https://www.fda.gov/files/medical%20devices/published/US-FDA-Artificial-Intelligence-and-Machine-Learning-Discussion-Paper.pdf. Zugegriffen 2. Jan. 2023

FIRA. (2020). FIRA robot competitions. https://www.firaworldcup.org/VisitorPages/default.aspx?itemid=3. Zugegriffen: 30. Sept. 2020.

Garrad, M., Soter, G., Conn, A., Hausser, H., & Rotisser, J. (21. August 2019). A soft matter computer for soft robots. https://robotics.sciencemag.org/content/4/33/eaaw6060. Zugegriffen: 28. Mai 2020.

Habeck, R. (2012). *Wesen, die es nicht geben dürfte – Unheimliche Begegnungen mit Geschöpfen der Anderswelt.* Carl Ueberreuter.

IFR. (September 2019). Industrial Robots: Robot Investment Reaches Record 16.5 billion USD. https://ifr.org/ifr-press-releases/news/robot-investment-reaches-record-16.5-billion-usd. Zugegriffen: 29. Mai 2020.

IFR (2020a). Von https://ifr.org/.

IFR. (2020b). World robotics 2019 industrial robots. (09 2019). https://ifr.org/downloads/press2018/Executive%20Summary%20WR%2020b19%20Industrial%20Robots.pdf. Zugegriffen: 29. Mai.

IFR. (24. September 2020c). IFR presents world robotics report 2020c. https://ifr.org/ifr-press-releases/news/record-2.7-million-robots-work-in-factories-around-the-globe. Zugegriffen: 30. Sept. 2020.

ISO. (2012). *ISO 8373:2012.* Beuth.

Jung, A. (16. Juni 2020). Ära der Cobots - Automatisierung Die Pandemie beschleunigt den Vormarsch der Roboter. S. 70 f.

Klein, S. (2009). *Da Vincis Vermächtnis.* Fischer.

kma-online. (11. Mai 2020). Telemedizinische Versorgung von Covid-19-Patienten per Roboter.https://www.kma-online.de/aktuelles/it-digital-health/detail/telemedizinische-versorgung-von-covid-19-patienten-per-roboter-a-43248. Zugegriffen: 18. Mai 2020.

KUKA. (2020). Mensch-Roboter-Kollaboration. https://www.kuka.com/de-de/future-production/mensch-roboter-kollaboration. Zugegriffen: 21. Juni 2020.

Kutzbach, N., & Müller, C. (2020). *World robotics 2020 – Industrial robots.* IFR Statistical Department.

Langefeldt, B., & Roland Berger. (08. Mai 2019). Trendthema „smarte" Fabrik: Bislang hat kein Unternehmen die höchste Autonomie-Stufe erreicht. https://www.rolandberger.com/de/Point-of-View/Autonome-Produktion-Neue-Chancen-durch-K%C3%BCnstliche-Intelligenz.html#Subscribe. Zugegriffen: 24. Juni 2020.

Lindinger, M. (03. Januar 2007). Da Vincis Konstruktionen: Wie Leonardos Roboter laufen lernen. https://www.faz.net/aktuell/wissen/da-vincis-konstruktionen-wie-leonardos-roboter-laufen-lernen-1407234.html. Zugegriffen: 10. July 2020.

MacDorman, K. (Januar 2005). Androids as an experimental apparatus: Why is there an uncanny valley and can we exploit it? https://www.researchgate.net/publication/245406914_Androids_as_an_Experimental_Apparatus_Why_Is_There_an_Uncanny_Valley_and_Can_We_Exploit_It. Zugegriffen: 28. Mai 2020.

Marsiske, H.-A. (Juni 2019). Robotik-Konferenz RSS: Weiche Roboter sind keine Softies. https://www.heise.de/newsticker/meldung/Robotik-Konferenz-RSS-Weiche-Roboter-sind-keine-Softies-4455441.html. Zugegriffen: 28. Mai 2020.

Mockenhaupt, A. (1994). *Beitrag zur Planung von Automationsvorhaben unter technischen, ergonomischen und sicherheitstechnischen Aspekten am Beispiel der Dosierung von Zytostatika mit Robotern.* VDI.

Moravec, H. (1988). *Mind children: The future of robot and human intelligence.* Harvard University Press (HUP).

Müllges, K. (1999). Künstliche Intelligenz: Roboter für die Gesichtschirurgie. https://www.aerzteblatt.de/archiv/17178/Kuenstliche-Intelligenz-Roboter-fuer-die-Gesichtschirurgie. Zugegriffen: 30. Mai 2020.

Nördinger, S. (17. July 2018). BMW macht's vor – So lohnt sich der ‚Griff in die Kiste'. https://www.produktion.de/trends-innovationen/so-lohnt-sich-der-griff-in-die-kiste-111.html. Zugegriffen: 29. Mai 2020.

Piazena, F. (10. August 2019). Operationsroboter in der Medizin. https://www.tagesspiegel.de/berlin/operationsroboter-in-der-medizin-ein-ganz-besonderer-assistent/24890878.html. Zugegriffen: 30. Aug. 2020.

Pluta, W. (28. November 2011). Schwarmroboter: Kilobots gehen in die Serienfertigung. https://www.golem.de/1111/88055.html. Zugegriffen: 16. July 2020.

Roboterfussball.at. (2020). Roboterfußball – Fußballballspielen mit Robotern. https://www.roboterfussball.at/. Zugegriffen: 30. Sept. 2020.

Rosheim, M. (2006). *Leonardo's lost robots.* Springer.

Rubenstein, M., Ahler, C., & Nagpal, R. (2012). Kilobot: A low cost scalable robot system for collective behaviors. https://nrs.harvard.edu/urn-3:HUL.InstRepos:9367001. Zugegriffen: 11. Okt.

Rügheimer, H. (20. März 2019). 5G: Das neue Mobilfunknetz und autonomes Fahren. https://aiomag.de/5g-so-wichtig-ist-das-schnelle-netz-fuer-autonomes-fahren-6681. Zugegriffen: 6. July 2020.

Ruiz-del-Solar, J., Mascaró, M., Correa, M., Bernuy, F., Riquelme, R., & Verschae, R. (Februar 2010). Analyzing the human-robot interaction abilities of a general-purpose social robot in different naturalistic environments. https://www.researchgate.net/publication/226792005_Analyzing_the_Human-Robot_Interaction_Abilities_of_a_General-Purpose_Social_Robot_in_Different_Naturalistic_Environments. Zugegriffen: 28. April 2020.

Sehrt, F., & Mockenhaupt, A. (1994). Universal-Stiftegreifer greift alle Gegenstände. www.uni-duisburg-essen.de/fet/mesb/mesb94/sehrt.htm. Zugegriffen: 30. Aug. 2018.

Sergey, L., Pastor, P., Krizhevsky, A., & Quillen, D. (28. August 2016). Learning hand-eye coordination for robotic grasping with deep learningand large-scale data collection. https://arxiv.org/pdf/1603.02199.pdf. Zugegriffen: 28. Mai 2020.

Siciliano, B., & Khatib, O. (Hrsg.). (2008). *Springer handbook of robotics.* Springer.

WDR3-TV. (24. November 1994). Aktuelle Stunde – Roboter hilft beim Dosieren in der Medizin.

Wolf, A., & Steinmann, R. (2004). *Greifer in Bewegung: Faszination der Automatisierung von Handhabungsaufgaben.* Hanser.

World Economic Forum. (2018). The jobs landscape. https://www.weforum.org/agenda/2018/09/future-of-jobs-2018-things-to-know/.

Erfolgsfaktoren 14

14.1 Gestaltungsfelder

„KI ist nur sinnvoll, wenn sie zu hohen potentiellen Leistungsgewinnen in der Fertigung und einem akzeptablen Return on Investment führt."

Hoffmann (2020)

So sinnvoll wie „Spielwiesen" in der Innovation und für die Zukunft eines Unternehmens sind, so müssen diese doch im Heute finanziert werden. Das Eine geht nicht ohne das Andere. Unternehmen, insbesondere der Mittelstand, benötigen daher eine sehr direkte Ertragswirkung. Erfolgreich im wirtschaftlichen Sinne ist die Digitalisierung und Künstliche Intelligenz dann, wenn man sich auf das realistisch Machbare konzentriert und sich hier an der Spitze des Stands der Technik positioniert.

„Vor Industrie 4.0 kommt noch Industrie 3.0", dabei gilt es, „die Produktion auf den Stand von Industrie 3.x zu bringen, indem eine IT-Durchdringung geschaffen und der Automatisierungsgrad erhöht wird" (Plass, 2015; siehe auch Abschn. 2.4.2).

In erster Linie benötigen KI-Projekte mehr Freiraum, aber eine erhöhte Aufmerksamkeit: „Scheitern können diese KI-Projekte, wenn KI-Themen mit zu viel Druck erzeugt werden müssen. Diese Projekte benötigen aktuell noch mehr Trainings-/Kontrollschleifen, bevor sie stabil laufen. Wenn dies nicht sorgfältig zu Ende geführt wird, bleiben die Datenprodukte in der Entwicklung hängen und erreichen keine Akzeptanz der anderen Geschäftsbereiche (zu viel Blackbox). Darin weichen diese Projekte von normalen Datenprojekten ab" (Thamm, A., 2019).

Gerade zu viel Erfolgsdruck ist kontraproduktiv, Chancen und Risiken liegen nämlich eng beieinander. Dies zeigt sich beispielsweise gut aus den Lehren, die aus den Abstürzen der Boeing 737 Max 2018 und 2019 gezogen wurden (Jastram, 2020):

A. Mockenhaupt and T. Schlagenhauf, *Digitalisierung und Künstliche Intelligenz in der Produktion*, https://doi.org/10.1007/978-3-658-41935-6_14

„Komplexe Systeme können nicht mal eben angepasst werden. Selbstorganisierende, nichtlineare Feedbacksysteme sind inhärent unvorhersagbar und schwer zu steuern. Bis auf triviale Änderungen können wir nicht an einer Schraube drehen und erwarten, dass sich sonst nichts ändert. Und erst recht nicht, dass es besser wird. […] Der Mensch muss Teil des Systems bleiben, […] [diese] haben Kreativität und sind in der Lage, mit Situationen umzugehen, bei denen autonome Systeme überfordert sind."

Es ist also evident wichtig, neben den Chancen die Grenzen und Gefahren zu erkennen, was erfolgreiche Unternehmen auch tun, hier aus der Automobilproduktion: „[Es] gibt zwei Haupthindernisse für eine schnellere Implementierung von KI-Lösungen: Der Reifegrad dieser neuen Technologien ist noch nicht optimal für einen großflächigen industriellen Einsatz, und gerade diese Industriebranche ist aufgrund ihrer Kultur extrem anspruchsvoll, was die Leistungsfähigkeit und Sicherheit des Endprodukts anbelangt" (Hoffmann, 2020).

Damit sind aber die wesentlichen Gestaltungsfelder genannt, um durch KI-Systeme die Technik besser, sicherer und nachhaltiger zu gestalten:

1. Optimierung des Zusammenspiels Mensch und Maschine im Entscheidungsprozess,
2. Überführung der KI-Anwendungen vom Pilotstadium zu ausgereiften Einsatzlösungen,
3. neue Wege zum Nachweis (Konformität, Zertifizierung) von Leistungsfähigkeit und Sicherheit suchen.

Etwas ausführlicher beschreibt dies der Nationale IT-Gipfel in Form von Handlungsempfehlungen bezüglich Smart Data (Nationaler IT-Gipfel, 2014):

- Ausbildung und Qualifizierung von Fachkräften,
- Weiterbildung des Führungspersonals,
- Qualifikation im sicheren Umgang mit Daten,
- Schaffung und Berücksichtigung rechtlicher und ethischer Rahmenbedingungen,
- Standardisierung,
- Ausbau der Cyberabwehr,
- Infrastruktur zu Unterstützung von Smart-Data-Services.

Der US-Konzern 3M sieht die Chancen und Herausforderungen von Künstlicher Intelligenz wie in Abb. 14.1 dargestellt. Mit großen Erfolgsaussichten werden dabei intelligentere Produkte, effizientere Prozess und neue Geschäftsmodelle gesehen, was letztlich zu einer verbesserten Wettbewerbsfähigkeit führt. Im Auge behalten sollte man nach 3M allerdings die Verbesserung der IT-Infrastruktur, der Verbindung zu Cloud-Dienstleistungen, der Datensicherheit sowie, wie bereits häufig erwähnt, der Absicherung der Datenhoheit. Die Anwerbung geeigneten IT-Personals ist ebenfalls ein Thema.

Abb. 14.1 Chancen & Herausforderungen von KI bei 3M. (Quelle: 3M Deutschland)

14.2 Wie kann man mit Digitalisierung & KI Geld verdienen?

„Was wird uns KI in der Automatisierung bringen? Wir werden alles automatisieren können, was wir beschreiben können. Das Problem ist, es ist nicht klar, was wir beschreiben können."

Stephen Wolfram, Wolfram Alpha

Ein zentraler Erfolgsfaktor für den Einsatz von Digitalisierung, Industrie-4.0-Technologien und Künstlicher Intelligenz ist das Alignement, d. h. das Passen zum individuellen technologischen und marktmäßigen Know-how und die Übereinstimmung mit der Ausrichtung eines Unternehmens. Die meisten Unternehmen sehen aber die neuen Technologien nur als Werkzeuge zur Kostensenkung. Die Wenigsten haben erfasst, dass sich neue Geschäftsfelder und Märkte parallel entwickeln. Neue Geschäftsmodelle sollten Priorität haben.

Wichtig dabei ist die Erkenntnis, dass die digitale Transformation technologiegetrieben, also Technology Push ist. Diese Technologie passt nicht unbedingt und direkt in die vorhandene Technologie bzw. den entsprechenden Markt. Deloitte definiert Manufacturing-4.0-Performancetreiber über die digitale Strategie und Struktur sowie über den Einsatz von Smart Operation (Deloitte, 2016). Hinzu tritt eine Datenstrategie, Abb. 14.2 zeigt diese erweiterten Performancetreiber.

Um mit Digitalisierung und KI Geld zu verdienen, bedarf es zunächst einmal eines generellen Verständnisses für Möglichkeiten und Zusammenhänge. Diese gehen über das klassische Dreieck der Produktionskennzahlen (Kosten, Qualität, Zeit) hinaus. Der Wert von Flexibilisierung und Komplexitätsmanagement muss erfasst werden, eine neue Priorisierung der Aufgaben und Ziele ist notwendig. Hierzu macht die o. g. Deloitte-Untersuchung folgenden Vorschlag zur Priorisierung (siehe Abb. 14.3):

Daher sind Investitionen notwendig, digitale Fähigkeiten zu erlangen. Hierzu gehören die Daten: Es sollte in die Datengrundlage und die Datenanalyse investiert werden. Das Sammeln und geeignet zugänglich machen von Daten ist eine wesentliche Voraussetzung für den Erfolg (z. B. beim autonomen Fahren: Ohne sehr genaue Karten- und

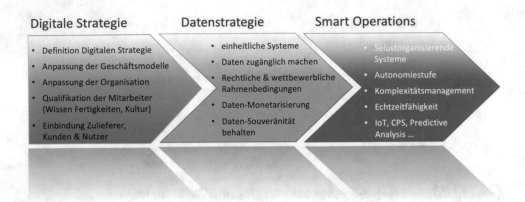

Abb. 14.2 Manufacturing 4.0 Performancetreiber

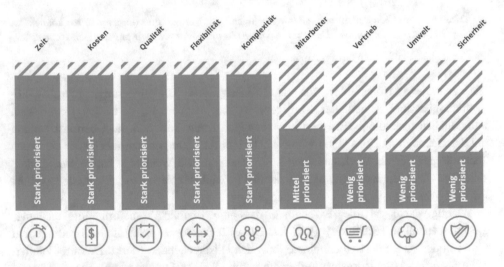

Abb. 14.3 Priorisierter Nutzen durch Industrie-4.0-Anwendungen. (Quelle: Deloitte, 2016)

Verkehrsdaten würde es nicht funktionieren). Darüber hinaus muss dies dann in die Unternehmensstrategie eingeordnet werden.

Es muss darüber hinaus ein spezifisches Verständnis für den entsprechenden Bereich erarbeitet werden, insbesondere dafür, wo der eigene und wo der Kundenmehrwert liegen soll. Hilfreich ist zunächst die Frage, was überhaupt das Ziel, der mögliche Einsatz sein soll. Effizienzsteigerungen lassen sich beispielsweise aus der Analyse von Maschinendaten, Nutzungsdaten sowie unstrukturiert vorliegenden Daten erzielen. Hierfür gibt es bereits ausgereifte Werkzeuge für die (Big-)Data-Analyse bzw. vorausschauende Analysetools. Sollen Systeme dem Menschen bei Entscheidungen oder bei Bearbeitungen assistieren oder ist das Ziel ein vollautonomes System? Bei Assistenzsystemen ist die

Abb. 14.4 Stichworte für den Einsatz von KI & Digitalisierung

Medizintechnik, aber auch die Fahrzeugtechnik bereits weiter fortgeschritten, eine Übertragung in die industrielle Massenfertigung erfolgt gerade. Vollautonome System im mechanischen Bereich sind, im Gegensatz zu rein elektronischen Produkten, noch in der Entwicklung bzw. Pilotphase (z. B. autonomes Fahren). Abb. 14.4 gibt einige Stichworte, die für Digitalisierungs- und KI-Projekte bedacht werden sollten.

Ist das Ziel klar, sollte geprüft werden, welche Technologie hilfreich und inwiefern diese bereits für den Einsatzzweck ausgereift ist. Leider gibt es auf dem derzeitigen Markt sehr viele Systeme, die sich letztlich eher in einer Experimentier- bzw. Pilotphase befinden, als dass sie ausgereifte Produkte darstellen.

Wie kann aber eine aktuelle Strategie aussehen, um sich mit dem Einsatz von KI, hier mit Fokus auf den Wertschöpfungsprozess, einen Markt zu schaffen? Hierzu einige Ansätze für Überlegungen:

Vorausschauende Analysen (Predictive Technology)

Viele „vorausschauende" Ansätze basieren auf Nutzungsdaten. Diese können zusammen mit dem Maschinellen Lernen bzw. Deep Learning zur Optimierung in der Anwendungsphase genutzt werden, sei es durch optimierte Wartung, durch Konzepte für die Logistik von Ersatz- bzw. Verbrauchteilen oder durch Hinweise für einen effizienteren Betrieb. Diese Technologien können für den Eigenbedarf entwickelt bzw. eingesetzt, aber auch als neues Produkt für den Kunden angeboten werden.

Aus Daten Mehrwert schaffen

Daten gibt es mittlerweile überreichlich, denn jeder betriebliche Ablauf hinterlässt seine Datenspur – sei es als Sensor- oder Maschinendaten oder in MES-, ERP-Systemen usw.

Aufgabe der IT ist es, diese einheitlich verarbeitbar zu machen, um beispielsweise Data Mining zu ermöglichen. Aber auch Algorithmen, Analysetools, Mustererkennung u. Ä. helfen wenig, wenn nicht definiert wird, was das Ziel ist. Mangels Mehrwerts kam es bei so manchem rein IT-getragenen Projekt zu der Aussage: „Data Mining is (almost) dead" (meetup.com, 2020).

Es geht darum, fachliche Fragestellungen klar zu formulieren. Zuerst kommt der Anwendungsfall, dann erst die Daten und Methoden (Thamm, 2019).

Daten als Produkt anbieten (Datenmonetarisierung)
Besonders der Mittelstand hat mit seiner tiefgehenden Ausrichtung auf sehr spezielle Ingenieurproblematiken, die Hidden Champions, besondere Chancen. Bezüglich ihrer Produkte besitzen sie quasi monopolistisch Entwicklungs-, Fertigungs- und Einsatzdaten. Zumeist besteht darüber hinaus eine besondere Beziehung mit den Kunden. Dies eröffnet Möglichkeiten, auch entsprechende Datenprodukte für diese Kunden anzubieten.

Darüber hinaus fallen Daten bei vielen Prozessen, im Betrieb und bei der Nutzung der Produkte quasi als Abfallprodukt an. Unter Beachtung des Datenschutzes können hier Datenprodukte für spezifische Anwendungen entwickelt werden, beispielsweise als Trainingsdaten für KIs etc.

Automatisierung interner Abläufe
Das (Industrial) Internet of Things (IoT bzw. IIoT) bietet vielfältige Möglichkeiten, interne Abläufe zu automatisieren. Maschinen kommunizieren untereinander, mit Kundenmaschinen und mit den Produkten während der Nutzung. Damit kann nicht nur eine bessere interne Planbarkeit vom Einkauf über die Produktion und Instandhaltung bis zur Logistik geschaffen werden (siehe vorausschauende Analysen), sondern auch automatisiert die Entwicklung angestoßen oder Änderungen direkt durchgeführt werden (Stichwort: Generative Design).

Collaborative Technologies
Der unternehmensübergreifende Austausch von (Maschinen-)Daten, vom Komponentenüber den Maschinenentwickler, der gesamten Supply Chain bis hin zum Hersteller der eigentlichen Endprodukte kann große Vorteile bringen. Insbesondere, wenn dies als CMM auch direkte Wettbewerber miteinschließt. Dies scheitert bislang am verständlichen und notwendigen Know-how-Schutz der einzelnen Unternehmen. Darüber hinaus sind, sobald es um Kosten und Preise geht, kartellrechtliche Fragen noch offen. In Medizintechnik sowie in der Luftfahrt gibt es aber, hier aus Sicherheitsgründen, Ansätze. Unternehmervertreter und Interessenverbände könnten jedoch ausloten, inwiefern hier unter Einhaltung Datensouveränität Chancen genutzt werden können.

Kritische Faktoren sollten allerdings nicht außer Acht gelassen werden. Diese ergeben sich aus dem zumeist disruptiven Charakter der digitalen Transformation und haben auch mit Akzeptanz zu tun:

„Ohne die Akzeptanz und das Einbeziehen der Erfahrungen der Mitarbeiter geht gar nichts. Auch dort, wo es um zwischenmenschliche Kommunikation geht, hat es die KI schwer.", so Sascha Kößler. Was hilft es, den perfekten humanoiden Roboter zu bauen, wenn der Zulieferer oder der Kunde lieber mit richtigen Menschen interagiert? So wurde viel in KI-Sprachcomputer für Kundenhotlines investiert, viele Unternehmen gehen aber mangels Akzeptanz wieder einen Schritt zurück. Neue Werbebotschaften sind: Sprechen sie direkt mit einem Mitarbeiter – ohne Wartezeit und Sprachcomputer (so z. B. 1&1, 2020).

Wie eingangs bereits ausgeführt, eröffnen die Digitalisierung und die KI große Chancen. Wichtig im Zusammenhang mit Produktion ist aber, sich auf das Machbare zu konzentrieren, um dies weiterzuentwickeln. Der klassische Produktionsbereich wird sich stark verändern, aber eher evolutionär, weniger revolutionär. Während Analysten davon ausgehen, dass Europa bzw. Deutschland bei dem, was die Amerikaner „Technology" Nachholbedarf haben, ist es gerade die industrielle Produktion, bei der wir hierzulande, ganz im Gegensatz zu den USA und China, stark aufgestellt sind.

Selbst der sonst so KI-kritische Philosoph Richard David Precht (Buchtitel wie: Künstliche Intelligenz und der Sinn des Lebens – Ein Essay) räumt im Spiegel-Interview ein (Precht & Thelen, 2020): „Zugleich gibt es Bereiche, wo wir stark sind: Umwelttechnik, KI-basierte Industrievernetzung oder Energiekonzepte, das sind wichtige Fragen für unsere ökologische Zukunft". Das ist eine Richtung, in der es weitergehen kann und sollte.

Literatur

1&1. (2020). Die 1&1 Service Card. https://hilfe-center.1und1.de/vertrag-und-lieferung-c85327/rund-um-ihren-vertrag-c82718/die-1und1-service-card-a798066.html. Zugegriffen: 11. Okt. 2020.

Deloitte. (Dezember 2016). Manufacturing 4.0: Meilenstein, Must-Have oder Millionengrab? Warum bei M4.0 die Integration den entscheidenden Unterschied macht. https://www2.deloitte.com/content/dam/Deloitte/de/Documents/operations/DELO-2267_Manufacturing-4.0-Studie_s.pdf. Zugegriffen: 14. Juni 2020.

Hoffmann, T. (20. Februar 2020). The agigity effect (by Vinci Engineers): Wie die KI in Autofabriken Einzug hält. https://www.theagilityeffect.com/de/article/wie-die-ki-in-autofabriken-einzug-haelt/. Zugegriffen: 17. Mai 2020.

Jastram, M. (23. April 2020). 6 Lehren aus dem Boeing 737 MAX Desaster für Systems Engineers. https://se-trends.de/boeing-737-max/. Zugegriffen: 20. Mai 2020.

meetup.com. (2020). 3 reasons why data mining is (almost) dead. https://www.meetup.com/de-DE/Data-Science-Business-Analytics/pages/5502152/3_Reasons_Why_Data_Mining_is_(almost)_Dead/. Zugegriffen: 10. Okt.

Nationaler IT-Gipfel, A. (20. Oktober 2014). Smart Data – Potenziale und Herausforderungen. https://div-konferenz.de/app/uploads/2015/12/150114_AG2_Strategiepapier_PG_SmartData_zurAnsicht.pdf. Zugegriffen: 10. Okt. 2020.

Plass, C. (15. Oktober 2015). Internet und Produktion: Vor Industrie 4.0 kommt noch Industrie 3.0. https://www.com-magazin.de/praxis/business-it/industrie-4.0-kommt-industrie-3.0-1013483.html. Zugegriffen: 16. Juni 2020.

Precht, R., & Thelen, F. (29. August 2020). SPIEGEL Streitgespräch R. D. Precht vs. Frank Thelen. *Spiegel, 36,* 60.

Thamm, A. (28. Mai 2019). Erfolgsfaktoren für KI-Projekte: Strategie & Realismus. https://www.
speicherguide.de/datacenter/erfolgsfaktoren-fuer-ki-projekte-strategie-realismus-24356.aspx.
Zugegriffen: 11. Okt. 2020.

„Man muss die Dinge so einfach wie möglich machen. Aber nicht einfacher."

Albert Einstein

Die digitale Disruption wird dazu führen, dass viele als sicher und unumstößlich geltende Gewissheiten ins Wanken geraten. Auch im kreativen Sektor gibt es bereits Auswirkungen. So kann eine Künstliche Intelligenz angeblich bereits besser malen als Rembrandt, was zu der Frage führt, ob Programmieren auch eine Kunstform sei (Plawner, 2019).

Die Zeitschrift *Forschung und Lehre* wirft die Frage auf, inwiefern sich KI-gestützte Übersetzungslösungen mit bestehenden Rewriting-Tools geschickt kombinieren lassen, um vermeintlich neue Texte zu generieren – und ob bzw. wie gängige Plagiatserkennungssoftware dabei überlistbar ist (Weißels, 2020). Auch der Hochschullehrerbund (hlb) sinniert unter dem Titel „Fakten, Fakes und Fiktion" darüber, was passiert, wenn KIs so ausgereift sind, dass sie per Knopfdruck wissenschaftliche Arbeiten erzeugen. Abgesehen von urheberrechtlichen Fragen: Seminar- und Abschlussarbeiten würden, so wie heutzutage konzipiert, keine adäquate Form der Kompetenzüberprüfung mehr darstellen (Weßels et al., 2020).

Dieses Buch ist jedenfalls von einem menschlichen Autor geschrieben.

Bei den ersten Überlegungen zu Künstlicher Intelligenz und algorithmischen Entscheidungsprozessen erinnerte ich mich an ein kürzlich gelesenes Interview mit dem Sprachwissenschaftler Dietz Bering. Es ging dabei um die Benennung eines Platzes in Köln sowie einem Ringen zwischen preußischem Staatsrigorismus und kölsch-französischem Liberalismus (Bering, 2020).

Ich fragte mich, ob die eine Künstliche Intelligenz überhaupt verstehen würde, um was es bei Freiheit gegen Regeln geht. Dabei sind Werte und Moral, wie in diesem Buch aufgezeigt, kulturell bedingt und damit schwierig handhabbar für mathematisch orientierte Algorithmen. Vermutlich wäre es der KI egal: Die Post muss halt wissen, wohin sie ausliefern soll.

Bering jedenfalls kam zu einem ganz KI-untypischen Schluss: „Es herrscht ein Gleichgewicht zwischen preußischer Orientiertheit und kölschen Heiligen". Ein Spagat, an dem sich ein Rheinländer in seiner schwäbisch-preußischen Wahlheimat Sigmaringen täglich versucht.

Vermutlich ist das alles ein akademischer Diskurs, denn was heutzutage wirklich wichtig ist, ist Handlungswissen. Und da wird eine KI im Wertschöpfungsprozess, das war das Thema dieses Buches, einen Menschen auf absehbare Zeit nicht ersetzen können. Denn hierfür ist mehr gefragt als Daten sammeln, diese verdichten und daraus lernen. Eine kritische oder emotionale Situation löst man vielleicht weniger durch die Aufzählung von Fakten. Manchmal reicht eine witzige Bemerkung, um die Situation zu retten. Aber KIs können das nicht. Situationskomik ist nicht mathematisch erfassbar. Handlungswissen ist kreativ, besonders in neuen und unbekannten Situationen mit unsicherer Datenbasis. Ohne Daten ist eine KI aber wie ein Käfer auf dem Rücken.

Daten gibt es allerdings im industriellen Umfeld genügend, der Schatz muss nur gehoben werden. Innerhalb der Produktion und Wertschöpfung gibt es daher offenkundig große Potenziale für den Einsatz von Digitalisierung und zunächst schwacher KI. Diese gilt es auszuschöpfen, weil, wie Jürgen Rüttgers eingangs sagte, das Wirtschaftswachstum der EU im Wesentlichen auf Produktivitätssteigerungen beruht. Dazu benötigen wir smarte, nachhaltige und inklusive Lösungen.

Harmonie bedeutet nicht »Gleichklang«, sondern »Zusammenklang«. Letzteres funktioniert nur bei »Gegenstimmen«. Harmonie ist also der kluge Umgang mit Gegenstimmen. (Sprenger, 2020) Eine Herausforderung ist, dass es in autoritären Ländern, die nicht unser Verständnis von Freiheit und Demokratie teilen, einfacher erscheint, Daten zu erheben und zu verarbeiten. Beispielsweise läuft die Corona-App in solchen Ländern erfolgreicher, z. B. in China mit der Health-Code-App (Sinoskop, 2020; Borst & Xifan, 2020). Bezüglich Produktionsdaten sitzt China auf einem Datenschatz (Dürmuth, 2019), dessen einfachere Nutzung durchaus wirtschaftliche Vorteile verschaffen kann. Es muss den westlich geprägten Demokratien gelingen, dies gleich zu tun, ohne aber auf die sehr schützenswerten demokratischen Freiheitswerte der Aufklärung zu verzichten. Wir sollten uns dabei auf unsere Stärken berufen und nicht den Technologiekonzernen in Amerika oder Fernost nacheifern. Unsere Stärken in der Digitalisierung und KI ist, wie es ausgerechnet ein Philosoph, der KI-kritische R. D. Precht feststellte, die KI-basierte Industrievernetzung. Auch bezüglich der „vertrauenswürdigen" bzw. „erklärbaren" KI haben wir die Nase vorn.

Dennoch erscheinen insbesondere amerikanische Konzerne schneller zu sein. Bundeswirtschaftsminister Peter Altmaier hat dies in seiner Rede zur Verleihung des zweiten Deutschen KI-Preises im Oktober 2020 zum Thema gemacht: Weniger Regulierung, mehr Experimente sollten möglich sein. Geschehen kann dies, indem man eine neue

Abb. 15.1 Deutscher KI-Innovationspreis 2020, Bernhard Schölkopf, Max-Planck-Institut für Intelligente Systeme. (Quelle: Die WELT, 2020)

Regel anwendet: Das neue Verfahren solle nicht universal sicher sein, nur nachweislich sicherer als das bisher eingesetzte.

Zu den Chancen der hiesigen Wirtschaft hinzufügen würde ich noch den Aspekt der Tradition von anwendungsorientierter Bildung und Forschung: Genau diese Anwendungsorientierung ist wichtig, um Handlungswissen zu erzeugen.

Besonders Deutschland hat hier eine gute Kombination aus Forschung und Industrie zu bieten, wie der o. g. zweite Deutsche KI-Preis zeigt: Der KI-Innovationspreis ging an einen Wissenschaftler, Professor Dr. Bernhard Schölkopf, Direktor der Abteilung für Empirische Inferenz am Max-Planck-Institut für Intelligente Systeme (siehe Abb. 15.1; Die WELT, 2020). Der KI-Anwendungspreis ging an die Westphalia DataLab (WDL), einer gelungenen Unternehmensgründung der FIEGE-Gruppe in Zusammenarbeit mit der Fachhochschule Münster, Spezialgebiet: Datenanalyse as a Service für Unternehmen (Fiege, 2020). Der Sonderpreis ging an Merantix, ebenfalls ein Start-up mit dem Spezialgebiet KI-Diagnose von Röntgenbildern, das wiederum einen KI-Campus in Berlin gründet (Stüber, 2020).

Letztlich sollte aber auch der Mittelständler S. Kößler gehört werden mit der Aussage, der Mensch solle und werde im Produktionsprozess von zentraler Bedeutung bleiben. Dies nicht aus Konservativismus (lat. *conservare:* bewahren, erhalten), sondern weil er weiter unabkömmlich bleiben wird.

Literatur

Bering, D. (06. August 2020). Es gibt keine aseptische Vergangenheit. https://www.ksta.de/kul
    tur/problematische-strassen-benennungen--das-ist-kein-name--sondern-nur-noch-reklame--371
    44248. Zugegriffen: 7. Aug. 2020.

Borst, M., & Xifan, Y. (11. November 2020). Corona-App: Virenschutz statt Datenschutz? (aus ZEIT
    47/2015). https://www.zeit.de/2020/47/corona-app-virenschutz-datenschutz-deutschland-suedko
    rea-taiwan/komplettansicht. Zugegriffen: 15. Dez. 2020.

Die WELT. (02. Oktober 2020). Zweiter „Deutscher KI-Preis": WELT zeichnet Top-Leistungen
    bei Künstlicher Intelligenz aus. https://www.axelspringer.com/de/presseinformationen/zweiter-
    deutscher-ki-preis-welt-zeichnet-top-leistungen-bei-kuenstlicher-intelligenz-aus. Zugegriffen: 2.
    Okt. 2020.

Dürmuth, S. (09. März 2019). Chinas Staat und Wirtschaft sitzen auf einem Datenschatz. https://
    www.swp.de/wirtschaft/news/chinas-staat-und-wirtschaft-sitzen-auf-einem-datenschatz-302
    51099.html. Zugegriffen: 15. Dez. 2020.

Fiege. (02. Oktober 2020). Deutscher KI-Preis. https://www.fiege.com/de/deutscher-ki-preis-wes
    tphalia-datalab-mit-dem-ersten-platz-in-der-kategorie-ki-die-zukunftstechnik-fuer-deutschla
    nds-schluesselindustrie-praemiert/. Zugegriffen: 2. Okt. 2020.

Plawner, S. (09. Dezember 2019). Kultur im digitalen Wandel – Kann KI kreativ sein? https://www.
    journal-frankfurt.de/journal_news/Gesellschaft-2/Kultur-im-digitalen-Wandel-Kann-KI-kreativ-
    sein-35057.html. Zugegriffen: 30. Sept. 2020.

Sinoskop. (14. April 2020). #56 Corona „Health Code"-App in China. https://www.sinoskop.de/
    blog/china-health-code-corona-app/. Zugegriffen: 15. Dez. 2020.

Sprenger, R. (2020). *Magie des Konflikts*. Deutsche Verlagsanstalt (DVA).

Stüber, J. (05. Oktober 2020). Merantix-Gründer eröffnen KI-Campus in Berlin. https://www.gruend
    erszene.de/business/merantix-gruender-ki-campus-berlin. Zugegriffen: 10. Okt. 2020.

Weißels, D. (05. Mai 2020). Zwischen Original und Plagiat. https://www.forschung-und-lehre.de/
    management/zwischen-original-und-plagiat-2754/. Zugegriffen: 21. Juni 2020.

Weßels, D., Wiebusch, A., & Pollmeier, I. (2020). Fakten, Fakes und Fiktion: Die wahre Heraus-
    forderung nach Corona. *Die neue Hochschule, 04-2020*, 14-17.

Anhang

A

Literatur

Deutscher Ethikrat. Mensch und Maschine – Herausforderungen durch künstliche Intelligenz. Berlin 2023. https://www.ethikrat.org/fileadmin/Publikationen/Stellungnahmen/deutsch/stellu ngnahme-mensch-und-maschine.pdf Zugegriffen 24.03.2023

DIN Roadmap & KI. (2022). Deutsche Normungsroadmap Künstliche Intelligenz (Autor war Mitglied im Expertenausschuss), DIN, Berlin und DKE, Frankfurt. https://www.din.de/resource/ blob/891106/57b7d46a1d2514a183a6ad2de89782ab/deutsche-normungsroadmap-kuenstliche-intelligenz-ausgabe-2--data.pdf. Zugegriffen 20.03.2023

DIN Roadmap & KI. (2020). Deutsche Normungsroadmap Künstliche Intelligenz (Autor war Mitglied im Expertenausschuss), DIN, Berlin und DKE, Frankfurt. https://www.din.de/ resource/blob/772438/ecb20518d982843c3f8b0cd106f13881/normungsroadmap-ki-data.pdf. Zugegriffen: 5. Apr. 2021.

Fawzi, A., Fawzi, O., & Frossard, P. (2020). Analysis of classifiers' robustness to adversarial perturbations. (02 2015). https://www.researchgate.net/publication/272195158_Analysis_of_classi fiers%27_robustness_to_adversarial_perturbations. Zugegriffen: 8. Juni

Heuer, M. (31. Mai 2019). https://www.computerwoche.de/a/in-vier-schritten-zur-cyber-resili enz,3547096, https://www.computerwoche.de/a/in-vier-schritten-zur-cyber-resilienz,3547096. Zugegriffen: 7. Juni 2020.

Hochschulgesetz NRW. (30. July 2020). § 22 Senat. https://recht.nrw.de/lmi/owa/br_bes_detail?sg= 0&menu=1&bes_id=28364&anw_nr=2&aufgehoben=N&det_id=450649.

Hutschenreuther, T. (2020). IMMS – Institut für mikroelektronik und Mechatronik-Systeme. https:// www.imms.de/wissenschaft/forschungsthemen/cps.html. Zugegriffen: 27. Mai 2020.

KFW. (August 2016). Von KMU-Definition. https://www.kfw.de/Download-Center/F%C3%B6rder programme-(Inlandsf%C3%B6rderung)/PDF-Dokumente/6000000196-KMU-Definition.pdf.

LHG BW. (30. März 2018). S16 un & 19. https://www.landesrecht-bw.de/jportal/?quelle=jlink& query=HSchulG%20BW%20%C2%A7%2019&psml=bsbawueprod.psml&max=true.

Neugebauer, R. (2018). Digitalisierung. Springer.

Porsche. (2015). Porsche über den Wolken. https://newsroom.porsche.com/de/historie/porsche-luf tfahrt-ueber-den-wolken-12012.html. Zugegriffen: 30. Aug. 2020.

Steinbrück, P. (26. Januar 2009). https://www.focus.de/politik/deutschland/profile-sprueche-der-woche_aid_364816.html. Zugegriffen: 7. Juni 2020.

Wikimedia. (kein Datum). The Turk – Wikimedia. https://en.wikipedia.org/wiki/The_Turk#/media/ File:Racknitz_-_The_Turk_3.jpg. Zugegriffen: 7. Juni 2020.

Zühlke, D. (22. März 2017). Maschinenbau ist reif für die Künstliche Intelligenz. https:// www.produktion.de/technik/der-maschinenbau-ist-reif-fuer-kuenstliche-intelligenz-115.html. Zugegriffen: 18. Mai 2020.

© Der/die Herausgeber bzw. der/die Autor(en), exklusiv lizenziert an Springer Fachmedien Wiesbaden GmbH, ein Teil von Springer Nature 2024
A. Mockenhaupt und T. Schlagenhauf, *Digitalisierung und Künstliche Intelligenz in der Produktion*, https://doi.org/10.1007/978-3-658-41935-6

Stichwortverzeichnis

© Der/die Herausgeber bzw. der/die Autor(en), exklusiv lizenziert an Springer
Fachmedien Wiesbaden GmbH, ein Teil von Springer Nature 2024
A. Mockenhaupt and T. Schlagenhauf, *Digitalisierung und Künstliche Intelligenz in der
Produktion*, https://doi.org/10.1007/978-3-658-41935-6

Printed in the United States
by Baker & Taylor Publisher Services